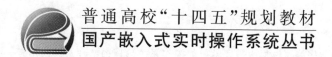
普通高校"十四五"规划教材
国产嵌入式实时操作系统丛书

SylixOS 设备驱动程序开发

韩　辉　李孝成　王　翮　张荣荣　徐贵洲　等编著

U0244752

北京航空航天大学出版社

内 容 简 介

本书讲述了 SylixOS 设备驱动程序编写过程中需要学习的操作系统内核的原理及其使用方法，包括：SylixOS 设备驱动的并发与同步原理、SylixOS 内存管理、Cache 与 MMU 管理、SylixOS 中断系统、SylixOS 时钟管理和 DMA 系统等。

本书适用于编写 SylixOS 设备驱动程序的开发者、高校教师及学生、科研人员。

图书在版编目(CIP)数据

SylixOS 设备驱动程序开发 / 韩辉等编著. –– 北京：
北京航空航天大学出版社，2021.12

ISBN 978 - 7 - 5124 - 3680 - 0

Ⅰ. ①S… Ⅱ. ①韩… Ⅲ. ①实时操作系统 Ⅳ.
①TP316.2

中国版本图书馆 CIP 数据核字(2021)第 274743 号

SylixOS 设备驱动程序开发

韩 辉 李孝成 王 翔 张荣荣 徐贵洲 等编著
策划编辑 胡晓柏 责任编辑 王 瑛 胡玉娟

*

北京航空航天大学出版社出版发行

北京市海淀区学院路 37 号(邮编 100191)　http://www.buaapress.com.cn
发行部电话：(010)82317024　传真：(010)82328026
读者信箱：emsbook@buaacm.com.cn　邮购电话：(010)82316936
三河市华骏印务包装有限公司印装　各地书店经销

*

开本：710×1 000　1/16　印张：29.5　字数：629 千字
2022 年 1 月第 1 版　2022 年 1 月第 1 次印刷　印数：3 000 册
ISBN 978 - 7 - 5124 - 3680 - 0　定价：89.00 元

序言一

习近平总书记指出："关键核心技术是要不来、买不来、讨不来的。只有把关键核心技术掌握在自己手中，才能从根本上保障国家经济安全、国防安全和其他安全。"在信息技术领域，计算机操作系统就是一项关键核心技术，而且是过去常被外国卡脖子的一个"命门"。近年来，在新一轮科技革命和产业变革风起云涌的背景下，通过国家部署的一系列发展科技和产业的重大举措，具有自主知识产权的操作系统取得了重大的进展，其中包括在大型嵌入式操作系统领域的国产翼辉操作系统 SylixOS。

"翼辉信息"在 2006 年进入该领域，用十余年时间打造了与全球该领域领先的美国风河公司（即 WRS 公司）VxWorks 可以同台竞争的、具有自主知识产权的大型嵌入式实时操作系统 SylixOS，经有关机构检测，其内核的代码自主率达到 90% 以上。目前，它已被广泛应用在航空航天、工业自动化、通信、新能源等重要领域，为加强这些领域的网络安全做出了重要贡献。

SylixOS 的内核源代码开放，并创建了自己的开源社区，而开源正是开放科学的核心精神在信息领域的体现，在该领域具有强大的持续发展势头，SylixOS 拥抱开源符合当今开源的国际潮流和趋势。当今世界，"开源"已成为全球技术创新和协同发展的一种模式，已成为新一代信息技术发展的基础和动力。SylixOS 操作系统团队十年如一日，投身于原创操作系统内核研发，坚持开源开放、自主创新，掌握了开源主动权，为中国新一代信息技术发展提供了不可或缺的基础软件支撑。

全书内容包括 SylixOS 的内核及驱动框架原理，SylixOS 的应用编程方法及其应用程序接口的使用，知识丰富、分析深刻、图文并茂、深入浅出，同时密切结合 SylixOS 开源内核代码，无论是高校的师生，还是专业程序开发者，都能在学习过程中深入了解操作系统的工作流程。

希望更多的软件开发者与 SylixOS 操作系统团队一起努力，共同构建可持续发展的、自主原创的开源软件生态。

倪光南

2021 年 9 月 4 日

序言二

我早在 2015 年就接触到北京翼辉信息技术有限公司（以下简称"翼辉公司"）的核心研发团队了，这些年来一直关注着翼辉公司的成长，其间也和翼辉公司有过一些合作。为了进一步促进我国广大嵌入式系统开发者对国产 SylixOS 的了解和使用，我一直希望翼辉公司能够出版 SylixOS 开发相关的书籍。经过两年的努力，翼辉公司终于完成了包括《SylixOS 应用开发权威指南》和《SylixOS 设备驱动程序开发》的系列丛书。因此，当翼辉公司邀请我为本系列丛书作序时，我欣然应允。

由于工作的原因，我长期从事计算机系统结构和嵌入式操作系统领域的研究，也一直对国产嵌入式操作系统产品十分关注并充满期待。近年来，国家大力支持国产操作系统的技术创新和研发，国产操作系统也顺势而为，业已形成了良好的发展势头。近几年来，在我国嵌入式操作系统市场上出现了几款很有潜力的产品，SylixOS 即是其中之一。SylixOS 是一款先进的开源实时嵌入式操作系统，翼辉公司拥有完全自主可控的知识产权，在实时性、可靠性、安全性等方面性能突出，在航空航天、电力电网、轨道交通、机器人、新能源等多个领域得到了初步应用验证，有潜力成长为我国核心智能装备的核心基础软件。SylixOS 的出现是我国大型实时操作系统发展史上一个令人欣喜的事件，我也期待着它能够在生态培育和商业运营方面取得成功。

2017 年，由我担任项目负责人，翼辉公司牵头，联合北京航空航天大学、沈阳自动化研究所、新松机器人等十余家单位，申请了国家重点研发计划"机器人操作系统及开发环境研究与应用验证"项目。在这个项目研发过程中，翼辉公司提供了重要技术支撑，并针对机器人领域的需求，进一步对 SylixOS 内核进行了实时性改造，对工业机器人应用场景的相关底层协议及软件生态做了大量的兼容适配工作，从而使 SylixOS 在国产机器人厂商中得到了实际的应用验证。也正是因为这个项目，我感觉到了 SylixOS 系统已经逐步成熟并能够接受市场的挑战和考验。因此，在我给研究生开设的"嵌入式系统"课程中，也将基于 SylixOS 操作系统的一些实验内容加入到了课程的实践环节。

随着 SylixOS 的持续研发与应用范围的不断扩大，将会有越来越多的研发人员加入到这一阵营。因此，客观上需要翼辉公司能够提供良好的研发技术支持，同时也需要研发人员拥有自主排查问题和深度定制内核的能力，所以对于 SylixOS 自身内核原理及其使用方法的系统描述和源码解读是十分必要的。另外,目前在国产嵌入式操作系统领域还没有形成一个良好的上下游生态链,开发环境还不够友善和开放,不同研究团队之间的沟通也比较少。翼辉公司作为国内开源操作系统的优秀团队之一,将本书公开出版,以资国内操作系统研发人员共同交流探讨,将有助于国内操作系统整体研发和认知水平的提升,有助于建设开源、开放和互通的操作系统研发环境和生态。

多年来,嵌入式操作系统课程一直是计算机科学与技术专业人才培养的基础课程之一,并且在大部分高校的课程教学中都设有和嵌入式操作系统理论课程配套的实验课程。但这类实验课程大多不对操作系统底层源码和编程方法作详细解读,对学生来讲难度较大且得不到及时的指导,很难真正提高学生对操作系统底层架构的动手能力和兴趣。本书基于 SylixOS 操作系统,深入浅出地介绍了操作系统中内存管理、并发与同步、消息队列、Cache 与 MMU、Proc 文件系统、中断与时钟、各种设备驱动、电源管理等基础概念、理论与编程方法,为 SylixOS 驱动程序开发人员提供了一本很好的入门级工具书。本书虽然是针对 SylixOS 进行描述的,但是其中的操作系统基本原理和概念也同样适用其他类型的嵌入式操作系统。

本书系统全面分析了 SylixOS 操作系统的核心技术和关键代码,耗费了研究人员大量的心血和精力,对于国产嵌入式操作系统开放生态建设具有重要意义。同时,该书也可以用于国内高校嵌入式操作系统课程实验教学。该书是第一版,难免会有一些疏漏和不足之处,在此也希望读者能够提出批评和修改建议,使得本书变得更加完善。

牛建伟

2021 年 8 月 8 日

前　言

关于本书

　　本书讲述了 SylixOS 设备驱动程序编写过程中需要学习的操作系统内核的原理及其使用方法,包括:SylixOS 设备驱动的并发与同步原理、SylixOS 内存管理、Cache 与 MMU 管理、SylixOS 中断系统、SylixOS 时钟管理和 DMA 系统等,本书适用于编写 SylixOS 设备驱动程序的开发者、高校教师及学生、科研人员。

　　SylixOS 作为一款先进的实时嵌入式操作系统,已被广泛应用在航空航天、工业自动化、通信和新能源等领域。SylixOS 与众多嵌入式操作系统(如 VxWorks 等)类似,为硬件平台适配提供了一些标准的驱动框架接口,例如:为字符设备驱动的编写提供了一套标准的驱动接口,使用这套接口,程序员不用过多地关注驱动在软件方面的实现;SylixOS 的 PCI 设备驱动框架使得在 SylixOS 上编写 PCI 设备驱动变得更加简单;LCD 驱动通过调用 SylixOS 提供的驱动接口可以完美地与 QT 程序进行对接;SylixOS 的热插拔子系统,使得硬件在软件层面的热插拔变得更加简单。

　　SylixOS 是一款开源操作系统,因此可以方便地获取源码(可通过 www. sylix-os. com 获取 SylixOS 源码),通过 SylixOS 源码来学习本书的知识。

　　本书详细地讲述了 SylixOS 的内核及驱动框架原理,组织结构如下:

- 第 1 章 SylixOS 设备驱动开发概述;
- 第 2 章 ARM 处理器以及 SylixOS 的教学平台;
- 第 3 章如何开始构建第一个 SylixOS 驱动程序;
- 第 4 章驱动开发过程中需要注意的并发与同步;
- 第 5 章深入剖析了 SylixOS 驱动开发过程中需要用的一些链表,包括:单链表、双链表、环形链表等;
- 第 6 章深入分析了 SylixOS 的内存管理原理;
- 第 7 章 SylixOS 中 Cache 与 MMU 的管理;
- 第 8 章 SylixOS PROC 文件系统中关键节点的作用以及如何创建一个自己的 PROC 文件系统节点;
- 第 9 章 SylixOS 中断系统原理以及时钟机制;
- 第 10 章如何编写一个字符设备驱动,并讲述了 RTC 设备驱动和 PWM 设备

驱动的实现方法;

- 第 11 章串口硬件原理、SylixOS TTY 系统原理,并详细描述了 16c550 串口驱动的实现原理;
- 第 12 章 SylixOS 的总线子系统并详细讲述了 SylixOS I^2C 总线以及 SPI 总线;
- 第 13 章 GPIO 硬件原理以及 SylixOS GPIO 子系统的功能;
- 第 14 章 SylixOS DMA 子系统原理;
- 第 15 章 SylixOS CAN 设备驱动框架并详细描述了 sja1000 驱动的实现原理;
- 第 16 章 FrameBuffer 原理并详细描述了 SylixOS LCD 驱动框架;
- 第 17 章输入设备的基本硬件原理及其触摸屏的原理,以及 SylixOSxinput 驱动的实现原理;
- 第 18 章 SylixOS 热插拔系统的原理及其使用方法;
- 第 19 章 SylixOS 块设备管理框架以及 oemDisk 接口;
- 第 20 章详细分析了 SylixOS SD 设备驱动以及如何编写 SD 设备驱动和 SDIO 设备驱动;
- 第 21 章 SylixOS 网络设备驱动编写的通用模型;
- 第 22 章 PCI 总线原理以及详细分析了 SylixOS PCI 串口驱动的编写方法;
- 第 23 章分析了 SylixOS 电源管理的驱动结构;
- 第 24 章 SylixOS 启动原理以及启动过程中所涉及到一些函数说明。

如果读者有 Linux 或者 VxWorks 系统编程经验,将会很容易理解本书中的知识,当然没有这些经验也可以轻松地学习本书中的知识,因为本书深入浅出地介绍了每一个知识点,通过本书的学习,读者可以很快地了解 SylixOS 驱动框架,并能够着手开发自己的 SylixOS 驱动程序。

致　谢

本书由韩辉主编,并由 SylixOS 操作系统团队成员共同编写,参与人员包括:李孝成、王翾、吴鹏程、葛文彬、惠凯、秦飞、汪家进、张荣荣、阚月雷、卢振平、徐贵洲、焦进星、曾波、弓羽箭、蒋太金等。

特别感谢北京航空航天大学牛建伟老师、嵌入式系统专家何小庆老师在本书编写和审阅过程中给予的非常专业的指导。

由于编写人员水平有限及时间所限,书中难免会有不足之处,欢迎广大读者提出批评和修改建议。

编　者

2021 年 5 月 15 日

名词解释与约定

本书力图以精简的语言和篇幅介绍 SylixOS 实时操作系统的应用开发技术。书中将会频繁使用以下计算机词汇,这里对使用的计算机专业词汇及其缩写作以下解释与约定。

- **CPU**:中央处理器(Central Processing Unit),是一台计算机的运算核心和控制核心,它与内部存储器和输入/输出设备合称为计算机三大核心部件。
- **RISC**:精简指令集计算机,采用超标量和超流水线结构。它们的指令数目只有几十条,却大大增强了并行处理能力。
- **SMP**:对称多处理器(Symmetric Multi-Processing),是指在一个计算机上汇集了一组指令集相同的 CPU,各 CPU 之间共享内存子系统以及总线结构,通常称作多核 CPU 系统。
- **AMP**:异构多处理器(Asynchronous Multiprocessing),是指在一个计算机上汇集了一组指令集各异、功能各不相同的 CPU 集合,它们之间通常以松耦合的组织方式联系起来,各自负责处理不同的数据。
- **编译器(Compiler)**:是将高级计算机语言程序(C/C++等)翻译为机器语言(二进制代码)的程序。
- **汇编器(Assembler)**:是将汇编语言翻译为机器语言的程序。
- **链接器(Linker)**:是将一个或多个由编译器或汇编器生成的目标文件外加依赖库链接为一个可执行文件的程序。
- **GNU**:即 GNU 计划,又译为"革奴计划",它是由 Richard Stallman 在 1983 年 9 月 27 日公开发起的,旨在提供一套完全自由的操作系统。1985 年 Richard Stallman 又创立了自由软件基金会(Free Software Foundation)来为 GNU 计划提供技术、法律以及财政支持。Linux、GCC、EMAC 等软件皆出自或者进入了 GNU 计划。
- **GCC**:GNU 编译器集合(GNU Compiler Collection)的简称,以前 GCC 特指 GNU 发布的 C 编译器,由于 GCC 发展迅速,它已经不只是一款编译器,而是集编译器、链接器、调试器、目标分析等众多功能于一身的开发工具链。
- **多任务**:指用户可以在同一时间内运行多个应用程序,每个应用程序被称作一个任务。单 CPU 体系结构中,多个任务交替地运行在一个 CPU 上,多 CPU 体系结构中,可以同时运行与之数量相等的任务。

- **调度器**:操作系统的核心,它实际是一个常驻内存的程序,不断地对线程队列进行扫描,利用特定的算法找出比当前占有 CPU 的线程更需要运行的线程,并将 CPU 的使用权从之前的线程剥夺和转交到更需要运行的线程中。
- **嵌入式系统**:狭义的嵌入式系统是指以计算机技术为基础,软硬件可裁剪,功能、可靠性、成本、体积、功耗有严格要求的专用计算机系统。嵌入式系统是一种专用的计算机系统,作为装置或设备的一部分。广义的嵌入式系统是指除服务器与 PC 个人计算机以外的一切计算机系统。
- **抢占式操作系统**:当有更重要的事件发生时,将立即放弃当前正在执行的任务,转而处理更重要事件的系统。
- **版本管理**:是软件配置管理的基础,它管理并保护开发者的软件资源。主要功能有:档案集中管理、软件版本升级管理、加锁功能、提供不同版本源程序的比较。
- **BUG 跟踪**:是软件缺陷管理的基础,主要功能有:记录和保存解决问题的过程;记录和保存某项设计决策的过程和依据。它可以有效记录软件缺陷从发现到修正的一系列过程。
- **BSP**:板级支持包(Board Support Packet)的简称,是操作系统运行在硬件平台的底层程序集合,一般包括:启动程序、驱动程序、中断服务程序等基础程序。
- **TCM**:紧耦合内存(Tightly Coupled Memories),是一个固定大小的 RAM,紧密地耦合至处理器内核,提供与 Cache 相当的性能,相比于 Cache 的优点是程序代码可以精确地控制函数或代码放置的位置(存储于 RAM 中)。
- **交叉编译**:是在一个宿主机平台上生成一个目标平台上的可执行代码,例如可以在 x86 平台上开发 ARM 平台上的可执行程序。
- **宿主机**:交叉编译时用于开发的计算机。
- **目标机**:有时又被称作目标系统或设备,是交叉编译的目标计算机,此计算机或设备用来运行交叉编译后的可执行程序。

目　　录

第 **1** 章

SylixOS 设备驱动开发概述

1.1 SylixOS 设备驱动简介

设备驱动是最底层的、直接控制和监视各类硬件的部分,它们的职责是隐藏硬件的具体细节,并向其他组件和应用提供一个抽象的、通用的接口。

在 SylixOS 中,设备驱动是内核空间的一部分,其运行在内核态下,驱动与底层硬件直接打交道,按照硬件设备的具体工作方式,读/写设备的寄存器,完成设备的轮询、中断处理、DMA 通信,进行物理内存向虚拟内存的映射等,最终让通信设备能收发数据,让显示设备能显示文字和画面,让存储设备能记录文件和数据。

同一个芯片的多种驱动支持组合被称为板级支持包 BSP,SylixOS 提供的集成开发套件 RealEvo‐IDE 提供了 BSP 工程模板,在 BSP 工程模板中,可以将驱动静态地和内核编译在一起,形成一个内核镜像文件,这种为静态编译;此外,为了减小编译出的内核镜像尺寸,SylixOS 也提供了内核模块工程模板,可以将驱动以内核模块的方式编译,在需要的时候动态地载入。

SylixOS 中的设备大致分类如下:

- 字符设备驱动:字符设备是能够像字节流一样被访问的设备。字符设备驱动程序通常至少要实现 open、close、read、write 等系统调用。字符设备可以通过文件系统节点进行访问,这些设备文件和普通文件之间的唯一差别在于对普通文件的访问可以前后移动访问位置,而大多数字符设备是一个只能顺序访问的数据通道,如触摸屏、鼠标等都是字符设备。
- 块设备驱动:块设备能够容纳文件系统,其也是通过设备节点来访问。在 SylixOS 中,进行 I/O 操作时块设备每次只能传输一个或多个完整的块,而每块包含 512 字节(或 2 的幂字节倍数的数据),如 SD、硬盘等都是块设备。
- 网络设备驱动:网络设备不同于字符设备和块设备,它是面向报文的而不是面向流的,它不支持随机访问,也没有请求缓冲区。内核和网络设备驱动程序间的通信,完全不同于内核和字符以及块驱动程序之间的通信,内核调用一套和数据包传输相关的函数以实现对网络设备的控制。

- 总线子系统:总线子系统主要包括 I²C 总线和 SPI 总线,SylixOS 中为 I²C 总线和 SPI 总线分别实现了总线管理适配器、总线传输接口,这样诸如 EEP-ROM 和 SPI Flash 的 I²C 总线设备与 SPI 总线设备就可以调用统一的系统接口,以实现其功能。

1.2 SylixOS 操作系统与驱动的关系

SylixOS 设备驱动是操作系统内核与硬件的接口,它把用户进程对于硬件设备的控制抽象为系统调用,并通过驱动程序提供的文件操作接口实现对实际硬件的特定操作,其关系如图 1.1 所示。

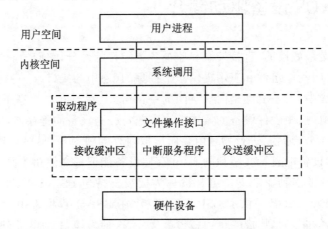

图 1.1 操作系统与驱动的关系

通过这种方法,应用程序就可以像操作普通文件一样操作硬件设备,用户程序只需要关心这个抽象出来的文件,而一切同硬件打交道的工作都交给了驱动程序。

1.3 SylixOS 设备驱动开发

SylixOS 设备驱动开发应是一个循序渐进的过程,大致分为以下几个阶段:

1. 工程建立

SylixOS 设备驱动开发所建立的工程分为 BSP 工程与内核模块工程两种。BSP 工程是将驱动静态地和内核进行一起编译,生成 BSP 系统镜像,在 BSP 工程中需要实现 SylixOS 的初始化,并实现操作系统能够运行的最小系统环境;内核模块工程是将驱动单独编译为模块,在需要的时候载入,以减小系统镜像的大小并提高系统镜像的灵活性。

此阶段应实现 BSP 初始化所需的汇编代码 startup. S,实现 BSP 所需的内存配置 bspMap. h 文件。

2. SylixOS 最小系统实现

SylixOS 板级支持包中已经定义好了各初始化流程应执行的接口,开发者所需完成的是各个初始化接口的具体实现,而开发者首先需要对具体开发板的 MMU 与 Cache 进行配置,并实现中断控制器、串口驱动与系统 Tick 定时器驱动,在此基础之上,一个 SylixOS 的最小系统即可以运行起来。

3. 存储设备与网络设备驱动实现

存储设备驱动实现之后,文件系统就可以实现挂载,所有的文件读/写就能够进行实际的落盘操作;网络设备驱动实现之后,SylixOS 集成开发环境 RealEvo – IDE 提供的众多基于网络的工具就可以极大地简化开发者的开发流程,降低开发难度。

4. 各类设备驱动实现

当最小系统、存储设备与网络设备都已经实现之后,开发者就可以根据具体的项目需求开发所需的各类设备驱动了。

第 **2** 章
ARM 处理器与开发板简介

2.1 ARM 处理器概述

2.1.1 简 介

　　ARM(Advanced RISC Machines),既可以认为是一个公司的名称,也可以认为是对 ARM 内核微处理器的通称,还可以认为是一种技术名词。

　　ARM 根据不同的使用场景和不同的性能分为:A 系列(例如 Cortex – A57 等)、M 系列(例如 Cortex – M3 等)、R 系列(Cortex – R7)。A 系列属于高性能的 ARM 处理器,一般应用于要求高性能的场景;M 系列属于低性能 ARM 处理器,一般应用于资源和性能要求低的场景;R 系列属于高性能的实时处理器,一般应用于要求实时性高的场景。

　　在每个系列中,存储器管理、Cache 和 TCM 处理器扩展也有多种变化。

2.1.2 特 点

- 体积小、功耗低、成本低、性能高;
- 支持 Thumb(16 位)/ARM(32 位)双指令集,能很好地兼容 8 位/16 位器件;
- 大量使用寄存器,指令执行速度快;
- 大多数数据操作都在寄存器中完成;
- 寻址方式灵活简单,执行效率高;
- 指令长度固定。

2.1.3 工作模式

　　ARM 处理器共有 7 种工作模式,如表 2.1 所列。

表 2.1　ARM 处理器工作模式

工作模式	说　明
用户模式（User）	用于执行正常程序
系统模式（System）	运行具有特权的操作系统任务
一般中断模式（Irq）	用于通常的中断处理
快速中断模式（Fiq）	用于快速中断处理
管理模式（Supervisor）	操作系统使用的保护模式
终止模式（Abort）	当数据或指令预取终止时进入该模式
未定义模式（Undefined）	当未定义的指令执行时进入该模式

2.1.4　指令结构

ARM 处理器在较新的体系结构中支持两种指令集：ARM 指令集和 Thumb 指令集。其中，ARM 指令长度是 32 位，并且执行周期大多为单周期，指令都是有条件执行的；Thumb 指令可以看作是 ARM 指令集压缩形式的子集，其具有 16 位的代码密度，但执行效率低于 ARM 指令。Thumb 指令具有以下特点：

- 指令执行条件经常不会使用；
- 源寄存器与目标寄存器经常是相同的；
- 使用的寄存器数量比较少；
- 常数的值比较小；
- 内核中的桶式移位器（Barrel Shifter）是不经常使用的。

2.2　ARM 处理器种类

2.2.1　ARM

ARM 处理器是英国 Acorn 有限公司设计的低功耗低成本的第一款 RISC 微处理器，其本身是 32 位设计，但也配备 16 位指令集，一般来讲，比等价 32 位资源节省达 35%，却能保留 32 位系统的所有优势。

ARM 微处理器历史发展中包括下面几个系列：

- ARM7 系列；
- ARM9 系列；
- ARM9E 系列；
- ARM10E 系列；
- ARM11 系列；

- Cortex 系列；
- SecurCore 系列；
- OptimoDE Data Engines；
- Intel 的 Xscale；
- Intel 的 StrongARM ARM11 系列；
- 其他厂商基于 ARM 体系结构的处理器。

除了具有 ARM 体系结构的共同特点以外,每一个系列的 ARM 微处理器都有各自的特点和应用领域。

2.2.2 Cortex 系列

32 位 RISC CPU 在开发领域中不断取得突破,其设计的微处理器结构已经从 v3 发展到现在的 v8。Cortex 系列处理器是基于 ARMv7 架构的处理器,分为 Cortex - M、Cortex - R 和 Cortex - A 三类。由于应用领域的不同,基于 v7 架构的 Cortex 处理器系列所采用的技术也不相同。基于 v7A 的处理器系列称为 Cortex - A 系列。高性能的 Cortex - A15、可伸缩的 Cortex - A9、经过市场验证的 Cortex - A8 处理器以及高效的 Cortex - A7 和 Cortex - A5 处理器均共享同一体系结构,因此具有完整的应用兼容性,支持传统的 ARM、Thumb 指令集和新增的高性能紧凑型 Thumb - 2 指令集。

2.2.2.1 Cortex - M 系列

Cortex - M 系列可分为 Cortex - M0、Cortex - M0+、Cortex - M3 和 Cortex - M4。

2.2.2.2 Cortex - R 系列

Cortex - R 系列分为 Cortex - R4、Cortex - R5 和 Cortex - R7。

2.2.2.3 Cortex - A 系列

Cortex - A 系列分为 Cortex - A5、Cortex - A7、Cortex - A8、Cortex - A9、Cortex - A15 和 Cortex - A50 等,同样也就有了对应内核的 Cortex - M0 开发板、Cortex - A5 开发板、Cortex - A8 开发板、Cortex - A9 开发板和 Cortex - R4 开发板等。

2.3 SylixOS 验证平台

2.3.1 SylixOS - EVB - i.MX6Q 验证平台简介

SylixOS - EVB - i.MX6Q 验证平台是翼辉信息技术有限公司为方便 SylixOS 用户充分评估 SylixOS 功能和性能推出的高端 ARM - SMP 验证平台。该验证平台基于 i.MX6Q 工业级 CPU 设计,可以直接进行多种软硬件的性能评估和测试。

SylixOS‐EVB‐i.MX6Q 是翼辉信息技术有限公司推出的第一代 ARM‐SMP 验证平台,采用 i.MX6Q Cortex‐A9 处理器,可以测试常见的嵌入式通信接口如 RS232、CAN、USB、PCIE、SATA、SDIO、以太网、I^2C、LVDS、LCD、HDMI 等。 SylixOS‐EVB‐i.MX6Q 还包含 3 个扩展接口,可以测试自定义的 I^2C、SPI、UART 模块或外扩设备。

i.MX6Q 是一款适用于消费电子、工业以及汽车车载娱乐系统等众多领域的新一代应用处理器。i.MX6Q 基于 ARM Cortex‐A9 架构,40 nm 工艺制成,最高运行频率可达 1.2 GHz,支持 ARMv7TM、Neon、VFPV3 和 Trustzone。处理器内部为 64/32 位总线结构,32/32 KB 一级缓存,1 MB 二级缓存,具有 12 000 DMIPS(每秒运算 12 亿条指令集)的高性能运算能力,并自带 3D 图形加速引擎、2D 图形加速,支持最高 4 096×4 096 pixels 分辨率,视频编码支持 MPEG‐4/H.263/H.264 达到 1 080p@30 fps,解码 MPEG2/VC1/Xvid 视频达到 1 080p@30 fps,支持高清 HDMI‐TV 输出。

i.MX6Q 芯片性能高、功耗低,适用于手持电子设备、通信设备以及医疗应用设备,涵盖上网本、学习机、监控视频设备和各种人机界面,可应用于高清游戏、无线 GPS 导航、移动视频播放、智能控制、仪器仪表、导航设备、PDA 设备、远程监控和游戏开发等。

SylixOS‐EVB‐i.MX6Q 可以根据不同的应用场合选择四核处理器或双核处理器。如面向教育培训市场,可以选择使用双核处理器;面向科研和项目评估,建议选择四核处理器。双核和四核处理器的验证平台外设、软件资源完全相同,只是在处理器能力上四核要高于双核。

2.3.2　SylixOS‐EVB‐i.MX6Q 验证平台实物图

表 2.2 所列为 SylixOS‐EVB‐i.MX6Q 接口说明。

2.3.3　SylixOS‐EVB‐i.MX6Q 验证平台硬件配置

SylixOS‐EVB‐i.MX6Q 电路板包含的资源如下:

① **核心板**
- MX6Q 工业级四核处理器;
- 1 GB DDR3 内存;
- 2 MB SPI Nor Flash,系统默认从 SPIFlash 启动;
- 4 GB eMMC。

② **底 板**
- 1 个电源开关;
- 1 个 DC‐12 V 电源接口;
- 3 路 RS232 接口,其中 1 路为 DB9 母头做 Debug 接口,另外 2 路为 DB9 公头;

表 2. 2　SylixOS - EVB - i. MX6Q 接口说明

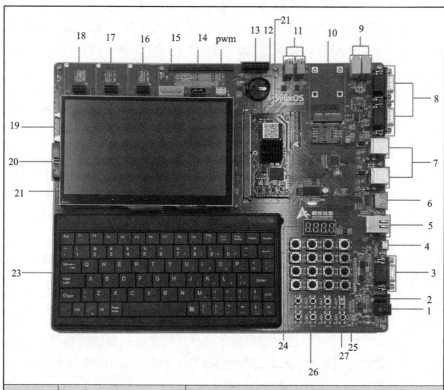

序　号	接口名称	其他说明
1	电路板电源开关	无
2	电源输入接口	DC - 12 V
3	调试串口	DB9 母头
4	MiniUSB	i. MX6Q 处理器的 USB OTG 接口,可用于系统更新
5	RJ45	i. MX6Q 处理器原生千兆以太网接口
6	HDMI	i. MX6Q 处理器原生数字高清接口
7	USB HOST	USB 主接口
8	应用串口	DB9 公头,可以进行串口应用编程
9	音频接口	实现音频的输入输出(左边:麦克风、右边:耳机)
10	Mini - PCIE	PCIEx1 接口
11	CAN	分别是 CAN1 CAN2
12	RTC 电池	CR2032
13	摄像头接口	连接摄像头模块
14	SATA 接口	SATA2.0 接口,可以连接硬盘

续表 2.2

序　号	接口名称	其他说明
15	SATA 电源接口	向 SATA 硬盘供电接口（使用电源转接线）
16	SPI 扩展模块接口	无
17	I²C 扩展模块接口	无
18	UART 扩展模块接口	无
19	SD 卡	无
20	JTAG 接口	可以用于 JTAG 调试
21	i.MX6Q 核心板	4 核处理器
22	LCD 显示	LVDS 接口
23	键盘	键盘输入
24	数码管	4 位 8 段数码管
25	阵列按键	4×4 阵列按键
26	GPIO 按键	用来进行 GPIO 实验
27	复位按钮	无

- 1 路 USBOTG 接口；
- 1 路千兆以太网接口；
- 1 路 HDMI 接口、1 路 LCD 接口、2 路 LVDS 接口，其中 1 路 LVDS 连接 LCD 液晶屏；
- 5 路 USB HOST 接口，其中 1 路连接键盘；
- 1 对音频输入输出接口；
- 1 路 mini‐PCIE 接口；
- 1 个摄像头接口；
- 1 个 RTC 芯片 ISL1208；
- 1 路 SATA 接口，配合 IDE 大 4P 电源接口；
- 3 个 TTL 电平扩展模块接口，分别有 UART、SPI、I²C；
- 1 路 SD 卡接口；
- 7 路 GPIO 按键，8 路 GPIO 控制的 LED；ZLG7290 芯片扩展 4 位数码管和 4×4 阵列按键；
- 1 路 PWM 接口。

2.3.4　SylixOS‐EVB‐i.MX6Q 验证平台快速体验

2.3.4.1　验证平台上电及启动项选择

拨码开关出厂默认位置全部在"非 ON"位置。在后续的全部配置过程中，拨码开关都不需要改动,如图 2.1 所示。

正确连接 DC - 12 V 电源、USB 转串口等线缆。在对系统上电之前需要首先开启串口终端程序。当前默认使用 putty(该工具在 SylixOS_CD 中的 tools 目录下有提供),初次打开后步骤如下:

图 2.1　拨码开关

① 拷贝 tools 目录下的 putty.zip 和 sscom32.exe 文件到某本地磁盘目录下,如 D:/toolOfWorks 目录下;

② 解压 putty.zip 到当前文件,并进入解压后的 putty 目录,双击 PUTTY.EXE 可以启动 putty 软件,也可以选择右键→"发送到(N)"→"桌面快捷方式"以方便后续使用;

③ 在 PuTTY Configuration 对话框中先选择"Serial"通信方式,随后设置串口参数,通常为 115 200、8data、1Stop、None Parity、None Flow control,Serial Line 根据自己的 COM 口进行设置,如图 2.2 所示;

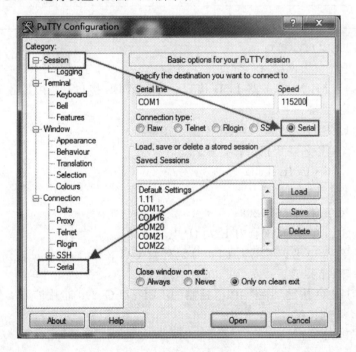

图 2.2　串口设置

注:对串口号如果不确定是哪个,可以先使用 sscom32,该软件会读取当前电脑的可用串口,也可通过电脑的设备管理器查看当前串口号。

④ 常用的 PuTTY 可以在"Saved Sessions"框中将当前的串口配置保存下来,后

面使用只需要双击相应名称就可以了；

⑤ 启动后，连接好电源，DB9 母头连接 USB 转串口线并连接到 PC 端，网络直接或通过交换机与 PC 主机建立连接，然后对电路板上电；

⑥ 上电后会首先输出 u-boot 的信息，在启动时敲击任意键中断 u-boot 的自动启动，进入 u-boot 的命令行模式，如图 2.3 所示。

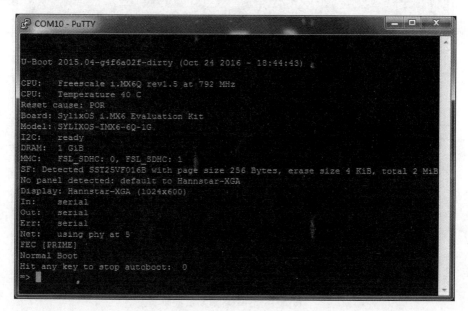

图 2.3　u-boot 启动信息

⑦ 输入命令 boot 可重新启动内核，如果不中断 u-boot 的启动会自动加载 SylixOS 镜像并运行，如图 2.4 所示。

在系统启动后，就可以使用 shell 命令进行各种信息的查看。对刚刚接触嵌入式相关内容的用户来讲，建议直接使用出厂默认部署的系统进行应用方面的学习。读者在熟悉操作系统应用开发后，再进入驱动或 BSP 的学习。

2.3.4.2　验证平台系统 IP 地址修改

接上网线后若要保证验证平台与主机之间能够进行网络通信，需配置验证平台的 IP 地址与主机 IP 地址在一个网段内。

启动系统后通过串口终端进入 etc 目录下用内置的 vi 编辑器修改 ifparam.ini 文件。

```
# cd /etc/
# vi ifparam.ini
```

进入编辑界面后按下键盘上的"i"键，设置 vi 编辑器为编辑模式，根据读者主机的 IP 地址信息修改验证平台上的网络配置信息（主要修改 ipaddr、gateway 信息），

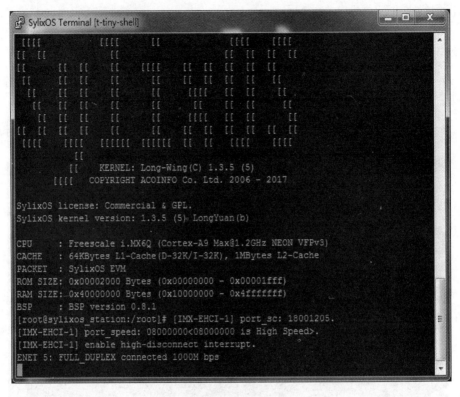

图 2.4　SylixOS 启动后界面

之后按下键盘上的"Esc"键设置 vi 编辑器到命令模式,然后输入":wq"(保存退出)。退出 vi 编辑器后输入 sync 命令,然后按"Enter"键,确保数据写回存储器,如图 2.5 所示。重启后即为新的 IP 地址。

图 2.5　修改 ifparam.ini 文件的 vi 编辑器界面

重新启动验证平台后,可以使用 ifconfig 命令查看当前验证平台的 IP 地址信息,输入 ifconfig 命令后,系统会有如图 2.6 所示的响应。

使用 ping 命令,可以测试与 PC 主机的网络链接是否正常,正常后就可以通过网络上传应用程序,进行程序调试等工作,如图 2.7 所示。

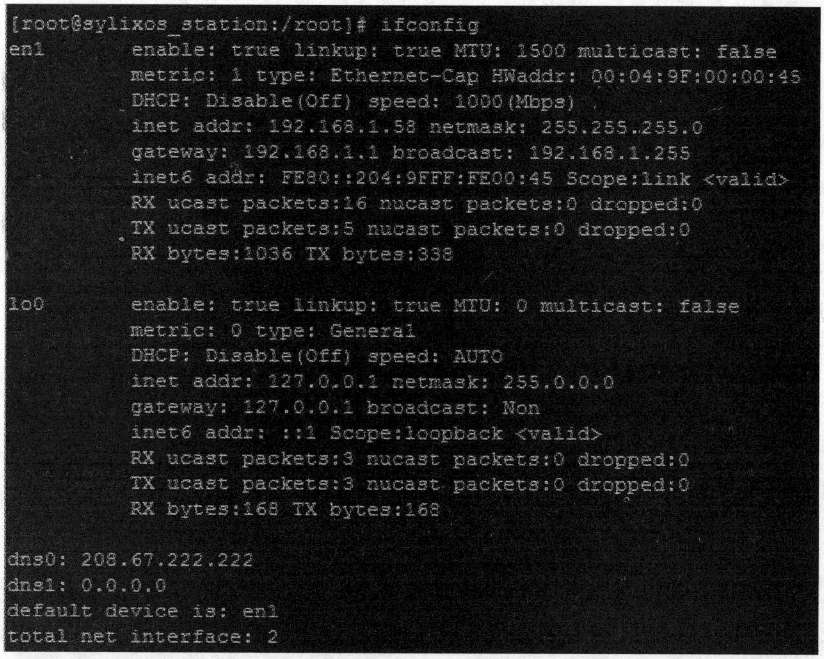

```
[root@sylixos_station:/root]# ifconfig
en1      enable: true linkup: true MTU: 1500 multicast: false
         metric: 1 type: Ethernet-Cap HWaddr: 00:04:9F:00:00:45
         DHCP: Disable(Off) speed: 1000(Mbps)
         inet addr: 192.168.1.58 netmask: 255.255.255.0
         gateway: 192.168.1.1 broadcast: 192.168.1.255
         inet6 addr: FE80::204:9FFF:FE00:45 Scope:link <valid>
         RX ucast packets:16 nucast packets:0 dropped:0
         TX ucast packets:5 nucast packets:0 dropped:0
         RX bytes:1036 TX bytes:338

lo0      enable: true linkup: true MTU: 0 multicast: false
         metric: 0 type: General
         DHCP: Disable(Off) speed: AUTO
         inet addr: 127.0.0.1 netmask: 255.0.0.0
         gateway: 127.0.0.1 broadcast: Non
         inet6 addr: ::1 Scope:loopback <valid>
         RX ucast packets:3 nucast packets:0 dropped:0
         TX ucast packets:3 nucast packets:0 dropped:0
         RX bytes:168 TX bytes:168

dns0: 208.67.222.222
dns1: 0.0.0.0
default device is: en1
total net interface: 2
```

图 2.6　ifconfig 后输出信息

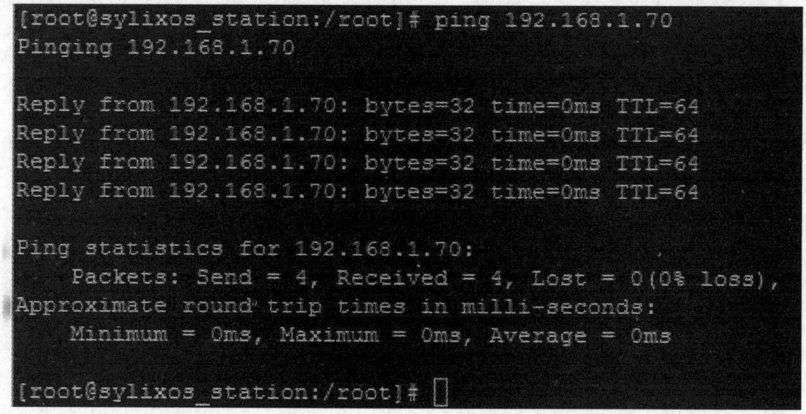

```
[root@sylixos_station:/root]# ping 192.168.1.70
Pinging 192.168.1.70

Reply from 192.168.1.70: bytes=32 time=0ms TTL=64
Reply from 192.168.1.70: bytes=32 time=0ms TTL=64
Reply from 192.168.1.70: bytes=32 time=0ms TTL=64
Reply from 192.168.1.70: bytes=32 time=0ms TTL=64

Ping statistics for 192.168.1.70:
    Packets: Send = 4, Received = 4, Lost = 0(0% loss),
Approximate round trip times in milli-seconds:
    Minimum = 0ms, Maximum = 0ms, Average = 0ms

[root@sylixos_station:/root]# []
```

图 2.7　ping 主机后输出信息

2.3.4.3　验证平台系统升级

若需要对验证平台进行系统升级,可在系统启动后进入/boot 目录删除旧的 bspimx6.bin 文件,重新通过 tftp 命令或 FileZilla 应用程序把新的镜像文件上传到/boot 目录下,也可通过 U 盘进行拷贝。

1. 通过 tftp 更新 bspimx6.bin 文件

将光盘中 Tools 中的 tftpd32.exe 拷贝到拥有新镜像的文件夹下并双击运行,开

发板接通网线启动后上传新的 bspimx6.bin 文件即可,如下所示:

```
# cd /boot
# tftp — i 192.168.1.70 get bspimx6.bin bspimx6.bin
# sync
```

重新启动运行的就为更新后的内核。

2. 使用 FileZilla 更新 bspimx6.bin 文件

安装光盘 Tools 目录下的 FileZilla 应用程序并运行,主机(H):填写自己修改后的 IP 地址,用户名和密码都为"root",单击"快速连接"按钮,如图 2.8 所示。链接成功后在"窗口 1"处会显示验证平台上的文件夹,找到 boot 文件夹后,把新的 bspimx6.bin 文件拖到"窗口 2"处,覆盖旧的文件,完成新的 bspimx6.bin 镜像的传

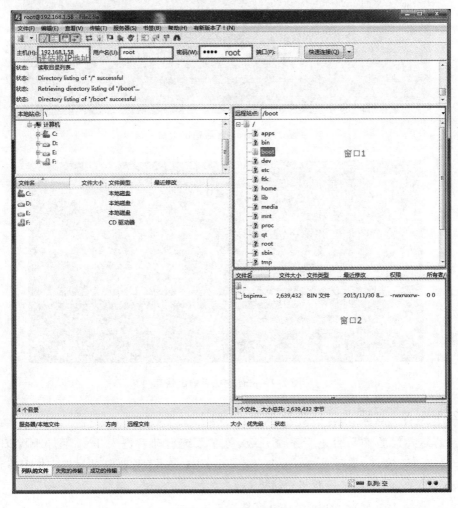

图 2.8 FileZilla 界面

输。在串口终端输入"sync"指令。重启验证平台后运行的为新升级的内核。

2.3.5　SylixOS 调试及 u‑boot 配置

SylixOS 开发套件在出厂时已经部署 SylixOS 操作系统及其 BSP 固件,能满足一般的应用开发需求。如果用户需要学习底层驱动程序,可以使用套件中的 BSP 工程源代码进行编译和调试。

当对 BSP 进行修改和调试时,如果每次都把编译好的镜像文件上传到/boot 目录下再重新启动,不仅不方便,而且如果修改的 BSP 工程有问题则可能导致系统无法启动,需再次烧写,极其费时。因此可以借助强大的 u‑boot 实现镜像的网络传输,每次重新启动后把镜像加载到一段 RAM 中,然后"go"到这段 RAM 的起始地址运行,非常高效快捷。

2.3.5.1　基于 u‑boot 的文件传输

① 将"Tools"目录下的"tftpd32.exe"软件拷贝到与"bspimx6.bin"文件同一目录下,双击打开,"tftpd32"会自动设置当前目录。此工具的作用是在当前主机上建立一个 TFTP 服务器,用来传输系统镜像文件(bspimx6.bin)。设置的"当前目录"是需要传输的系统镜像文件所在目录,"服务器地址"是本机与验证平台相连的网口对应 IP 地址,如果主机有多个网口,需要注意选择正确的 IP 地址,如图 2.9 所示。

图 2.9　tftpd32 启动后界面

② 将"Tools"目录下的"putty.zip"文件拷贝到本机磁盘的任意一个目录下,解压文件,双击其中的"PUTTY.EXE"文件,打开 putty 软件。

③ 在左侧"Category"栏里面选择"Serial",切换到"PuTTY Configuration"配置界面,如图 2.10 所示,串口号需要根据本机情况填写。

图 2.10 PuTTY 串口通信参数配置界面

④ 单击"Session"选项,在 PuTTY 切换后的界面中选择"Serial"复选框,如图 2.11 所示,单击"Open"打开 putty 控制台界面(后续章节简称控制台)。

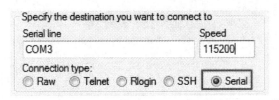

图 2.11 选择 Serial 复选框

⑤ 将主机的串口与验证平台的调试串口(与 VGA 相邻的 DB9)相连。随后给验证平台上电或复位,控制台会输出 bootloader 启动信息,在启动时敲击键盘的任意按键,会进入 u-boot 的命令行界面,如图 2.12 所示。

⑥ 在控制台中输入"printenv"命令,会显示当前 u-boot 中的相关变量配置,这里对我们有用的是网络配置相关内容,输出如下:

```
ipaddr = 192.168.1.58
serverip = 192.168.1.70
```

不同的 PC 主机的 IP 地址会不相同,这里需要根据读者主机的 IP 地址变化进行更改,指令的详细含义在 3.3 节讲解,更改命令如下:

```
U-Boot 2015.04-g4f6a02f-dirty (Oct 24 2016 - 18:44:43)

CPU:   Freescale i.MX6Q rev1.5 at 792 MHz
CPU:   Temperature 53 C
Reset cause: POR
Board: SylixOS i.MX6 Evaluation Kit
Model: SYLIXOS-IMX6-6Q-1G
I2C:   ready
DRAM:  1 GiB
MMC:   FSL_SDHC: 0, FSL_SDHC: 1
SF: Detected SST25VF016B with page size 256 Bytes, erase size 4 KiB, total 2 MiB
No panel detected: default to Hannstar-XGA
Display: Hannstar-XGA (1024x600)
In:    serial
Out:   serial
Err:   serial
Net:   using phy at 5
FEC [PRIME]
Normal Boot
Hit any key to stop autoboot:  0
=>
=>
=>
```

图 2.12　进入 u-boot 界面

```
setenvbootdelay1                       /* 设置启动延时 */
setenvloadaddr0x10000000               /* 设置加载地址 */
setenvipaddr192.168.1.58               /* 设置目标板 IP 地址 */
setenvserverip192.168.1.70             /* 设置主机的 IP 地址 */
setenvbootfilebspimx6.bin              /* 设置 tftp 下载的镜像名 */
setenvbootcmd'tftp; dcache flush; dcache off; icache flush; icache off; go 0x10000000'
saveenv                                /* 保存环境变量 */
```

注：执行 saveenv 后每次重启都会重新加载镜像，方便调试。如果不执行 saveenv 命令，则每次加载镜像需重新输入以上命令。

⑦ 输入 boot 命令，进行镜像的下载并启动。

⑧ 若上述参数配置无误，网线连接正常，镜像会下载到验证平台中。下载过程中会输出一串“#”提示下载进度；然后会看到系统直接启动，如图 2.13 所示。

```
=> setenv bootdelay 1
=> setenv loadaddr 0x10000000
=> setenv ipaddr 192.168.1.58
=> setenv serverip 192.168.1.70
=> setenv bootfile bspimx6.bin
=> setenv bootcmd 'tftp; dcache flush; dcache off; icache flush; icache off; go 0x10000000'
=> boot
Using FEC device
TFTP from server 192.168.1.70; our IP address is 192.168.1.58
Filename 'bspimx6.bin'.
Load address: 0x10000000
Loading: #################################################################
         #################################################################
         ##################################################
         5.1 MiB/s
done
Bytes transferred = 2639528 (2846a8 hex)
## Starting application at 0x10000000 ...
Block device /dev/blk/sdcard0 part 0 mount to /media/sdcard0 use vfat file system.
```

图 2.13　下载镜像并运行

2.3.5.2　u - boot 下存储介质操作和系统固化

重新修改并编译的 BSP 镜像没有问题后,即可更新镜像并修改 u - boot 从 emmc 启动内核。

① 进入系统后把 bspimx6. bin 镜像拷贝到/boot 目录(参考 2.1.2 小节);

② 重启验证平台进入 u - boot,配置环境变量,输入以下指令,修改启动方式为从 emmc 启动,如图 2.14 所示。

```
=> setenv bootcmd run sylixos_mmc;
=> saveenv
Saving Environment to SPI Flash...
SF: Detected SST25VF016B with page size 256 Bytes, erase size 4 KiB, total 2 MiB
Erasing SPI flash...Writing to SPI flash...done
=> boot
switch to partitions #0, OK
mmc1(part 0) is current device
```

图 2.14　设置环境变量

第 **3** 章

构建第一个 SylixOS 驱动程序

3.1 SylixOS 开发套件简介

3.1.1 开发套件概述

SylixOS 是一款支持对称多处理器（SMP）的大型实时操作系统，支持 ARM、MIPS、PowerPC、x86 等架构处理器，支持主流国产通用处理器，如飞腾 1500A、龙芯 2F、龙芯 3A 等。

RealEvo - IDE 集设计、开发、调试、仿真、部署、测试功能于一体，为 SylixOS 嵌入式开发提供了完整的解决方案。

RealEvo - IDE 的主要功能是 SylixOS 工程管理和程序调试。RealEvo - IDE 可以创建 SylixOS Base 工程、SylixOS BSP 工程、SylixOS App 工程、SylixOS Shared Lib 工程、SylixOS Kernel Module 工程及 SylixOS Kernel Static Lib 工程。支持一键推送调试、手动启动调试、通过串口调试、动态库调试及 Attach 到进程调试，所有调试方式在多线程调试时都支持 Non - stop 模式。

RealEvo - IDE 运行于宿主机上，通过网络或串口与目标机交互。RealEvo - IDE 的交叉编译器在宿主机上编译生成可以在目标机上运行的 SylixOS 镜像文件，交叉调试器实现了宿主与目标机之间的前后台调试。

RealEvo - IDE 主要集成以下开发工具：
- 针对平台优化的编译工具链；
- 强大的多平台模拟器；
- 优秀的设计与测试工具；
- 性能分析工具；
- 代码覆盖率分析工具；

- 友好的代码编辑器；
- 远程系统访问工具。

3.1.2　开发套件工程管理

安装完 RealEvo 系列软件后，双击电脑桌面上的"RealEvo - IDE"软件图标启动 RealEvo - IDE。启动过程中会弹出 Workspace 选择页面，如图 3.1 所示。Workspace 概念源自 eclipse，是系统中的一个文件夹，Workspace 中保存了用户对 RealEvo - IDE 的一些全局设置，如界面风格等。当创建一个工程时，其默认路径在 Workspace 对应的文件夹中。

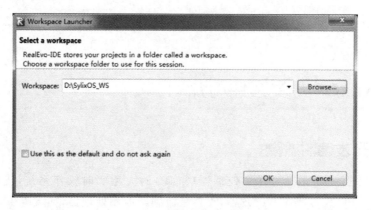

图 3.1　选择 Workspace

选择 Workspace 所在文件夹，如果新建 Workspace，则选择一个空文件夹，单击 "OK"按钮进入 RealEvo - IDE 主界面。RealEvo - IDE 主界面沿用了 eclipse 的界面风格，加入了 SylixOS 元素，并在字体、图标等方面做了美化，如图 3.2 所示。

在开发套件的工程管理界面中我们可以实现对工程的创建、导入和删除等操作。

3.1.2.1　工程创建

使用 RealEvo - IDE 可以创建各种 SylixOS 工程，依照工程向导创建的工程不需要增加任何设置就可以编译和调试。选择菜单"File→New→Project"，弹出窗口中列出了 SylixOS 支持的工程类型，如图 3.3 所示。

目前 RealEvo - IDE 支持的工程有：

- SylixOS App：SylixOS 应用程序。
- SylixOS Base：SylixOS Base 工程包含 SylixOS 所有内核组件源码，可选组件可在向导中配置。SylixOS Base 工程是所有项目开发的第一步，也是必需的一个步骤，后续所有工程的创建都需要指定 SylixOS Base 工程的位置。
- SylixOS BSP：板级支持包工程，板级支持包中一般包含 SylixOS 在某个特定的硬件平台上运行所必需的驱动和初始化程序。

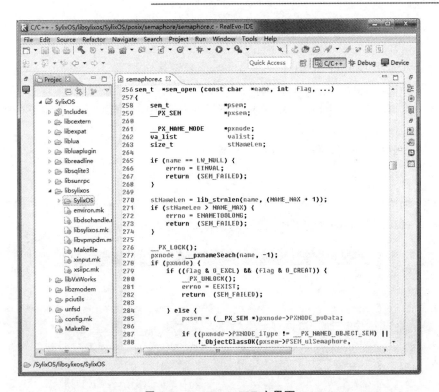

图 3.2　RealEvo - IDE 主界面

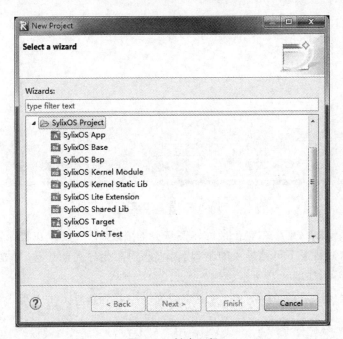

图 3.3　创建工程

- SylixOS Kernel Module：SylixOS 内核模块，类似 Linux 系统下的 *.ko 模块。
- SylixOS Kernel Static Lib：SylixOS 静态链接库程序。
- SylixOS Lite Extension：Lite 版 externsion 程序（类应用程序）。
- SylixOS Shared Lib：SylixOS 动态链接库程序，类似 Linux 系统下的 *.so 文件。
- SylixOS Unit Test：SylixOS 单元测试。

3.1.2.2　工程导入

本文档假定已经从 SylixOS 官方源码版本库中检出了最新的 BSP 工程源码。选择菜单"File→Import"，打开 Import 对话框，如图 3.4 所示。

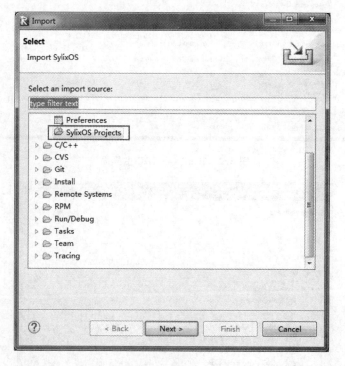

图 3.4　导入工程

单击"Browse"按钮，在弹出的文件夹选择框中选中工程所在目录，在 Projects 列表中会列出该目录下可被导入的工程名称，选中需要导入的工程，单击"Finish"按钮完成工程导入，如图 3.5 所示。

导入工程成功后，可在 Workspace 工程列表中看到新导入的工程。

3.1.2.3　工程删除

右击待删除工程，选择菜单"Delete"可删除工程，如图 3.6 所示。

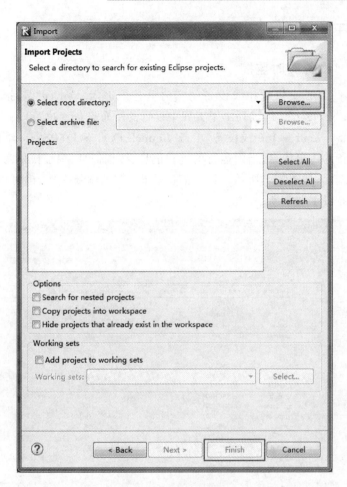

图 3.5　选择导入工程

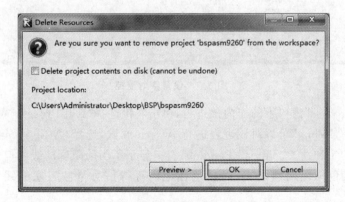

图 3.6　删除工程

3.1.3 开发套件设备管理

3.1.3.1 设备实时监控

RealEvo‑IDE 支持对在线设备的实时监控。进入"Device"界面,在左侧"Remote SystemNavigator"区域列出了工程中设置的所有设备。也可以在该区域右击,新建一个设备。右击一个在线设备,单击"Launch Device",在"System Information"下列出了设备的内存信息、当前运行的进程信息、线程信息、线程栈信息、中断信息及当前阻塞的线程,如图 3.7 所示。设备信息每 6 s 自动刷新一次,也可以在某个信息页面上单击右键手动刷新。

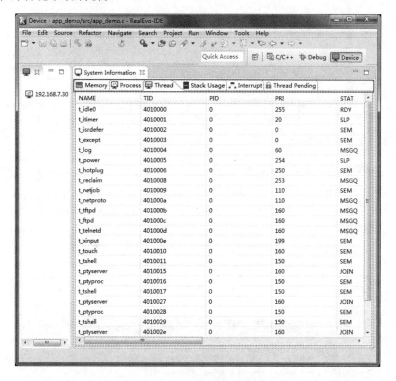

图 3.7 设备实时监控

对于"Process"窗口下的非内核进程,单击右键选择"Kill Process"可以远程杀死该进程,选择"Debug"可以对该进程进行 Attach 调试,选择"Affinity"可以设置该进程与 CPU 的亲和性。"Thread Pending"窗口显示了当前阻塞的线程信息,如果存在死锁,将以红色标记死锁线程,以黄色标记因等待信号量被阻塞的线程,如图 3.8 所示。

3.1.3.2 设备远程 shell

RealEvo‑IDE 支持打开在线设备的终端。右击一个在线设备,单击"Launch

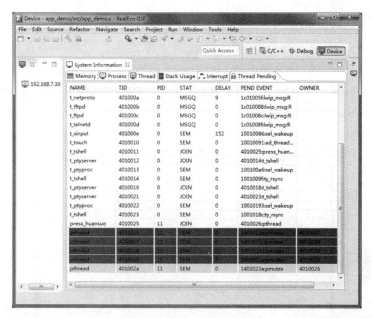

图 3.8　标记阻塞线程

Terminal"，打开设备终端。在此终端上可以执行 SylixOS Shell 命令，并且使用鼠标可以将光标移动到当前命令行的任意位置，如图 3.9 所示。

图 3.9　设备终端

3.1.3.3 设备文件系统访问

RealEvo‑IDE 支持访问在线设备的文件系统。右击一个在线设备,单击"Launch Ftp",打开设备文件系统,如图 3.10 所示。在本地选择文件后,右击"Upload"可以将文件上传到设备文件系统,在设备上选择文件后,右击"Download"可以将文件下载到本地,如图 3.11 所示。对于设备上的文件,右击"Permissions"可以更改文件权限。

图 3.10 打开设备文件系统

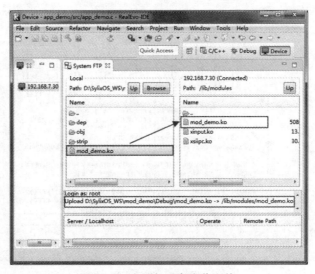

图 3.11 向目标设备上传文件

3.1.3.4　TFTP 服务器

RealEvo-IDE 支持 TFTP 传输文件。单击"Tools"→"TFTP Server",在弹出的对话框中选择待传输文件的文件夹,单击"Start"后启动传输,如图 3.12 所示。

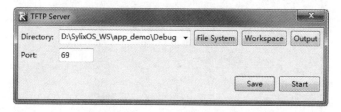

图 3.12　TFTP 传输设置

在目标设备终端上输入 TFTP 传输命令,可以看到成功接收了文件,如图 3.13 所示。

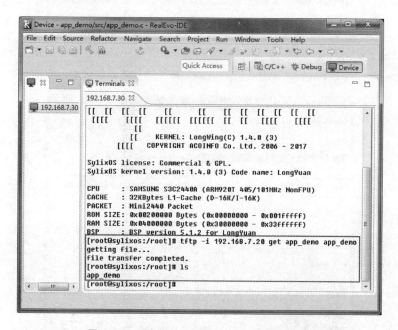

图 3.13　目标设备接收经 TFTP 传输的文件

3.2　创建 SylixOS Base 工程

在创建工程菜单栏中选择"SylixOS Base",单击"Next"按钮,进入图 3.14 所示的配置页面。在"Project Name"输入框输入工程名称,工程名称不允许包含空格,取消勾选"Use default location",可在默认 Workspace 之外的位置创建工程。

单击"Next"按钮进入 Base 类型选择页面,选择"SylixOS Base"类型,这里包括

图 3.14　创建 SylixOS Base 工程

的类型是："SylixOS Standard Base"、"SylixOS DSP Base"、"SylixOS Lite Base"、
"SylixOS Lite DSP Base"、"SylixOS Tiny Base"，如图 3.15 所示。

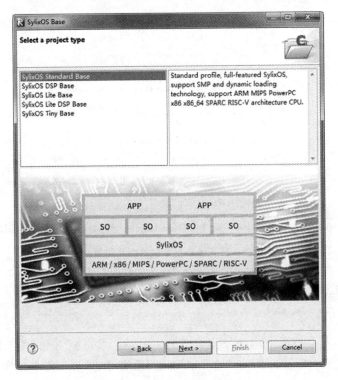

图 3.15　SylixOS Base 类型选择

- SylixOS Standard Base：可以创建标准 SylixOS Base 工程；
- SylixOS DSP Base：可以创建 DSP 类型的 SylixOS Base 工程；
- SylixOS Lite Base：可以创建 Lite 类型的 SylixOS Base 工程；
- SylixOS Lite DSP Base：可以创建 DSP 类型的 SylixOS Lite Base 工程；
- SylixOS Tiny Base：可以创建 SylixOS Tiny Base 工程。

Base 类型的选择决定了对应其他工程的类型（例如：SylixOS App 工程类型由所依赖的 SylixOS Base 工程的类型决定）。

单击"Next"按钮进入 Base 设置页面，设置基础编译选项，含：工具链、调试级别、处理器和浮点处理器设置，如图 3.16 所示。

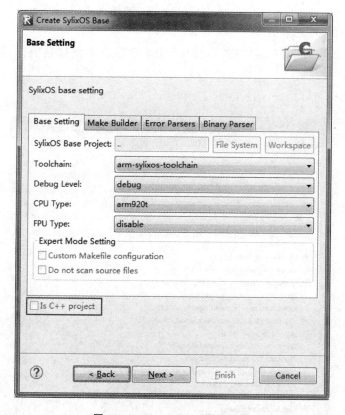

图 3.16　Base Project 通用设置

配置项解析：

- SylixOS Base Project：依赖的 SylixOS Base 工程路径，此项对 SylixOS Base 工程本身无意义，不允许设置。
- Toolchain：工具链。
- Debug Level：调试级别，SylixOS 提供 Debug 和 Release 两种配置。
- CPU Type：处理器类型。

- FPU Type：浮点类型。
- Custom Makefile configuration：专家模式，用户自定义 Makefile，如果选中，则用户在界面上进行的所有配置，除本页所示工具链配置外，其他配置均不会被写入 Makefile 中。这里所述 Makefile 包含工程目录下文件名为 Makefile 的文件以及所有后缀名为 mk 的文件。专家模式需要用户自己修改 Makefile，一般用户不推荐使用专家模式，SylixOS Base 工程不允许编辑此项。
- Do not scan source files：不扫描源码文件。RealEvo - IDE 会在每次用户编译时扫描工程目录下的源码文件列表并更新 Makefile，如有特殊需求可不扫描，一般用户不推荐使用。SylixOS Base 工程不允许编辑此项。Custom Makefile configuration 为本选项的超集，如果选中，RealEvo - IDE 也不会扫描源码文件列表。

单击"Next"按钮进入组件选择页面，SylixOS 包含大量可选组件，如图 3.17 所示。选中图中列表左侧复选框可包含对应组件到 SylixOS Base 工程，选择"Select All"按钮可选中全部组件。这里单击"Finish"按钮即可完成工程创建。

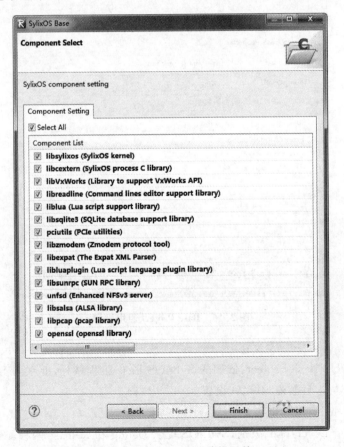

图 3.17　SylixOS Base 选择组件

列表项解析：

- libsylixos：SylixOS 内核组件，SylixOS Base 工程必选；
- libcextern：SylixOS 的 C 库，可选组件，一般也推荐包含在 SylixOS Base 工程中；
- libVxWorks：VxWorks 兼容库，可选组件；
- libreadline：命令行编辑器支持库；
- liblua：lua 脚本库；
- libsqlite3：SQLite 数据库；
- pciutils：PCIe 工具集；
- libzmodem：Zmodem 协议工具，用于串口文件传输；
- libexpat：XML 解析库；
- libluaplugin：Lua 插件库，为 Lua 脚本提供大量基础库。

工程向导结束后可在"Project Explorer"中看到新建的"SylixOS"工程，展开可看到 libsylixos 和 libcextern 组件的源码。选中新建的"SylixOS"工程，右击选择"Build Project"编译工程，编译时间由系统配置决定，如图 3.18 所示。

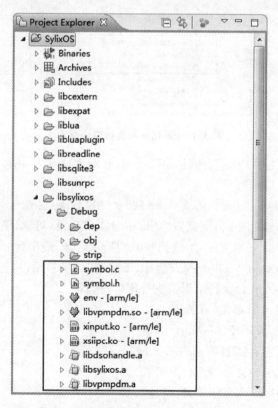

图 3.18　编辑 SyliOS Base 的输出文件

3.3 部署 SylixOS Base

编译 SylixOS Base 工程时生成基础库和驱动模块文件,如图 3.19 所示。

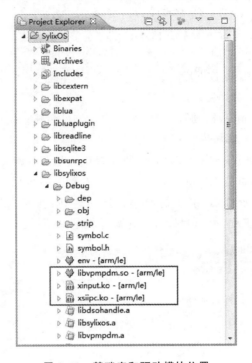

图 3.19 基础库和驱动模块位置

可部署的文件包括以下几种(RealEvo-IDE 将默认部署 strip 文件夹中的文件,以减小占用的存储空间):

- libvpmpdm.so:进程补丁文件,下载到"/lib"目录(必选);
- xinput.ko,xsiipc.ko:下载到"/lib/modules"目录(可选,使用 qt 时需下载);
- libcextern.so:c 库文件,下载到"/lib"目录(可选,使用到 c 库则下载);
- libVxWorks.so:VxWorks 兼容库,下载到"/lib"目录(可选);
- libreadlline.so:命令行编辑器支持库(可选);
- liblua.so:lua 脚本库(可选);
- luac.so:lua 编译器(可选);
- lua:lua 命令行工具(可选);
- libsqlite3.so:SQLite 数据库(可选);
- sqlite3:SQLite 命令行工具(可选);
- lspci:PCIe 枚举工具(可选);
- setpci:PCIe 设置工具(可选);

- pci. ids：PCIe 配置文件(可选)；
- libexpat. so：xml 文件解析库(可选)；
- libluaplugin：lua 插件库，为 lua 脚本提供大量基础库；
- libsunrpc：SUN RPC 库，为网络文件系统(NFS)提供支持；
- libpcap：网络包抓取依赖库；
- libsalsa：ALSA 声卡库；
- openssl：开源 SSL 加密实现库；
- unfsd：NFS 服务器程序。

RealEvo - IDE 提供工程一键部署功能，在工程创建时，根据工程类型生成不同的配置。右击工程，选择菜单"Properties"打开工程属性页，选择"SylixOS Project→Device Setting"选项卡，可查看和更改部署配置。如图 3.20 所示。

图 3.20　SylixOS Base 工程部署设置

单击"New Device"按钮，弹出添加设备对话框，如图 3.21 所示。

配置项解析：

- Deivce Name：设备名称，即设备在本 Workspace 的唯一 ID，不可重复，可以默认为 IP，也可以自己设置名字；
- Device IP：设备 IP 地址；
- Telnet Port：设备 Telnet 协议端口；

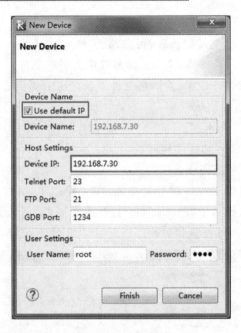

图 3.21　添加设备

- FTP Port：设备 FTP 协议端口；
- GDB Port：调试应用程序时，gdb server 端口；
- User Name：登录用户名；
- Password：登录密码。

设置完成后单击"Finish"按钮，可在工程设备设置页面的"Device Name"字段看到新添加的设备，如图 3.22 所示，该设备也可被本 Workspace 后续创建和配置工程使用。

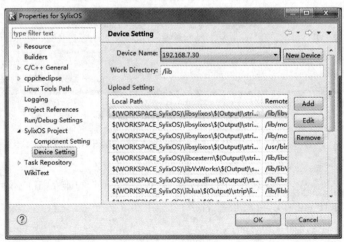

图 3.22　设备设置

设置完成后，右击工程，选择菜单"SylixOS→Upload"部署工程。

3.4　创建 SylixOS 内核模块工程

在工程选择栏中选择"SylixOS Kernel Module"（File→New→SylixOS Kernel Module），在弹出的页面输入工程名（本例为"mod_demo"），单击"Next"进入图 3.23 所示的界面。

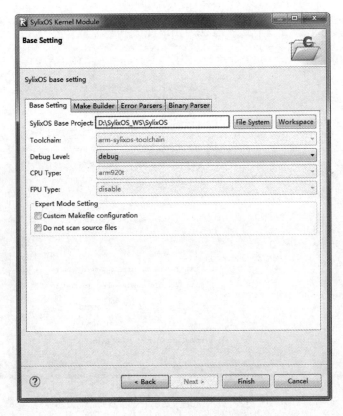

图 3.23　SylixOS Kernel Module 配置

配置项解析：
- SylixOS Base Project：依赖的 Base Project 工程路径，单击"File System"按钮或"Workspace"按钮可分别在文件系统和当前工作空间查找 BaseProject；
- Toolchain：工具链，本项在 SylixOS Kernel Module 工程中不使能，自动与 SylixOS Base 工程保持一致；
- Debug Level：调试级别，SylixOS 提供 Debug 和 Release 两种调试级别；
- CPU Type：处理器类型，本项在 SylixOS Kernel Module 工程中不使能，自动与 SylixOS Base 工程保持一致；

- FPU Type：浮点类型，本项在 SylixOS Kernel Module 工程中不使能，自动与 SylixOS Base 工程保持一致；
- Custom Makefile configuration：专家模式，用户可手动配置 Makefile，详情见 3.2 节；
- Do not scan source files：RealEvo‑IDE 将不自动扫描源码文件，详情见 3.2 节。

SylixOS Kernel Module 工程向导生成了一个简单的可编译和动态装载的内核模块，如图 3.24 所示。

图 3.24　SylixOS Kernel Module 编译

编译完成后在 Debug 文件夹里生成 mod_demo. ko 文件（内核模块）。

3.5　部署 SylixOS 内核模块

使用 RealEvo‑IDE 的一键部署功能可以将上一步编译的内核模块文件（本例为"mod_demo. ko"）下载到"/lib/modules"目录，配置方法如下：右击 mod_demo 工程，选择菜单"Properties"打开工程属性页，选择"SylixOS Project→Device Setting"选项卡查看或更改部署配置。在创建 SylixOS Kernel Module 工程时，RealEvo‑IDE 默认会添加工程当前配置输出文件夹下与工程名同名的文件到文件列表，如

图 3.25 所示。

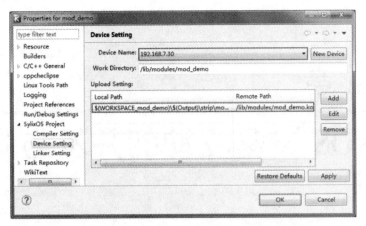

图 3.25　SylixOS Kernel Module 工程部署设置

　　设置完成后，右击工程，选择菜单"SylixOS→Upload"部署工程。

　　在 SylixOS shell 上，运行"modulereg"命令加载内核模块，然后使用"modules"命令查看当前已经加载的内核模块，并可以获得模块句柄（"HANDLE"部分），根据获取到的模块句柄，使用"moduleunreg"命令可卸载内核模块，如图 3.26 所示。

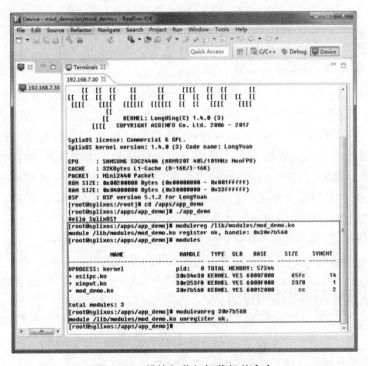

图 3.26　模块加载与卸载相关命令

第 **4** 章

SylixOS 设备驱动的并发与同步

4.1　SylixOS 并发与竞争

　　并发是指多个执行程序同时、并发被执行,而并发的执行程序对共享资源(硬件资源和软件上的全局变量、静态变量等)的访问则很容易导致竞争。

　　如果在访问共享资源时不独占该共享资源,可能会造成资源异常(如变量值混乱、设备出错或内存块内容不是期望值等),进而导致程序运行异常甚至崩溃。

　　SylixOS 支持SMP 与内核抢占,在此环境下更是充满了并发与竞争。

　　在 SylixOS 中,可能导致并发与竞争的情况有:

- 对称多处理器(SMP)。SMP 是一种紧耦合、共享存储的系统模型,特点是多个 CPU 可以使用共同的系统总线,因此可访问共同的外设和存储器。
- 内核进程的抢占。SylixOS 是可抢占的,所以一个内核进程可能被另一个高优先级的内核进程抢占。如果两个进程共同访问共享资源,就会出现竞争。
- 中断。中断可打断正在执行的进程,若中断处理程序访问进程正在访问的资源,则也会引发竞争。中断也可能被新的更高优先级的中断打断,因此,多个中断之间也可能引起并发而导致竞争。

　　以上三种情况只有 SMP 是真正意义上的并行,而其他是宏观上的并行,微观上的串行,且都会引发对共享资源的竞争问题。

4.2　SylixOS 同步机制

　　解决竞争问题的途径是保证对共享资源的互斥访问,互斥访问是指一个执行单元在访问共享资源的时候,其他的执行单元被禁止访问。

　　实现互斥有多种方法:关中断、禁止任务调度和信号量等。

访问共享资源的代码区域叫做临界区。

临界区概念是为解决竞争问题而产生的,一个临界区是一段不允许多路访问的受保护的代码,这段代码可以操纵共享数据或共享服务。临界区操作坚持互斥锁原则(当一个线程处于临界区中时,其他所有线程都不能进入临界区)。

为了避免在临界区中并发访问,必须保证这些代码在执行结束前不被打断,就如同整个临界区是一个不可分割的指令一样,不可打断意味着临界区内不存在阻塞和硬件中断发生,原子性操作屏蔽了当前 CPU 核心的硬件中断响应,所以原子性操作应该尽量简短。

避免并发和防止竞争条件被称为同步。

SylixOS 中包含众多的同步机制,例如中断屏蔽、原子操作、信号量和自旋锁等。

4.3　SylixOS 原子量操作

原子量操作是不可被打断的一个或一系列操作。

当我们的程序中存在较多对变量的互斥访问时,我们的程序必然存在较多的锁和锁操作,一方面这使得程序难以编写和维护,另一方面不合理的锁操作可能会发生死锁。

为了避免这些问题,SylixOS 提供了原子量类型 atomic_t 及其 API,原子量类型可储存一个整型 INT 类型的值,同时使用原子量 API 对原子量进行的操作是一个原子操作,因为原子操作不可打断,这样在设备驱动的并发操作中也就不会存在混乱风险。

SylixOS 原子量的类型为 atomic_t。使用时需定义一个 atomic_t 类型的变量,如:

```
atomic_t    atomic;
```

1. 原子量的设置和获取

```
# include <SylixOS.h>
VOID  API_AtomicSet (INT  iVal, atomic_t  * patomic);
```

函数 API_AtomicSet 原型分析:
- 参数 *iVal* 是需要设置的值;
- 参数 *patomic* 是原子量的指针。

```
# include <SylixOS.h>
INT  API_AtomicGet (atomic_t  * patomic);
```

函数 API_AtomicGet 原型分析:
- 此函数成功时返回原子量的值,失败时返回 PX_ERROR 并设置错误号;

- 参数 *patomic* 是原子量的指针。

2. 原子量的加和减

```
# include <SylixOS.h>
INT   API_AtomicAdd (INT iVal, atomic_t  * patomic);
```

函数 API_AtomicAdd 原型分析:
- 此函数成功时返回原子量的新值,失败时返回 PX_ERROR 并设置错误号;
- 参数 *iVal* 是需要加上的值;
- 参数 *patomic* 是原子量的指针。

```
# include <SylixOS.h>
INT   API_AtomicSub (INT iVal, atomic_t  * patomic);
```

函数 API_AtomicSub 原型分析:
- 此函数成功时返回原子量的新值,失败时返回 PX_ERROR 并设置错误号;
- 参数 *iVal* 是需要减去的值;
- 参数 *patomic* 是原子量的指针。

3. 原子量的自增和自减

```
# include <SylixOS.h>
INT   API_AtomicInc (atomic_t  * patomic);
INT   API_AtomicDec (atomic_t  * patomic);
```

以上两个函数原型分析:
- 以上两个函数成功时返回原子量的新值,失败时返回 PX_ERROR 并设置错误号;
- 参数 *patomic* 是原子量的指针。

4. 原子量的逻辑位操作

```
# include <SylixOS.h>
INT   API_AtomicAnd (INT iVal, atomic_t  * patomic);
```

函数 API_AtomicAnd 原型分析:
- 此函数成功时返回原子量的新值,失败时返回 PX_ERROR 并设置错误号;
- 参数 *iVal* 是需要进行逻辑位"与"操作的值;
- 参数 *patomic* 是原子量的指针。

```
# include <SylixOS.h>
INT   API_AtomicNand (INT iVal, atomic_t  * patomic);
```

函数 API_AtomicNand 原型分析:
- 此函数成功时返回原子量的新值,失败时返回 PX_ERROR 并设置错误号;
- 参数 *iVal* 是需要进行逻辑位"与非"操作的值;

- 参数 *patomic* 是原子量的指针。

```
# include <SylixOS.h>
INT  API_AtomicOr (INT iVal, atomic_t  * patomic);
```

函数 API_AtomicOr 原型分析：
- 此函数成功时返回原子量的新值，失败时返回 PX_ERROR 并设置错误号；
- 参数 *iVal* 是需要进行逻辑位"或"操作的值；
- 参数 *patomic* 是原子量的指针。

```
# include <SylixOS.h>
INT  API_AtomicXor (INT iVal, atomic_t  * patomic);
```

函数 API_AtomicXor 原型分析：
- 此函数成功时返回原子量的新值，失败时返回 PX_ERROR 并设置错误号；
- 参数 *iVal* 是需要进行逻辑位"异或"操作的值；
- 参数 *patomic* 是原子量的指针。

5. 原子量的交换操作

```
# include <SylixOS.h>
INT  API_AtomicSwp (INT iVal, atomic_t  * patomic);
```

函数 API_AtomicSwp 原型分析：
- 此函数成功时返回原子量的旧值（进行操作前的值），失败时返回 PX_ER-
  ROR 并设置错误号；
- 参数 *iVal* 是需要设置的值；
- 参数 *patomic* 是原子量的指针。

程序清单 4.1 展示了 SylixOS 原子量的使用，内核模块在装载时创建两个线程，两个线程分别对原子量_G_atomicCount 进行自增操作和打印，内核模块在卸载时删除两个线程。

程序清单 4.1　SylixOS 原子量的使用

```
# define   __SYLIXOS_KERNEL
# include <SylixOS.h>
# include <module.h>
LW_HANDLE        _G_hThreadAId = LW_OBJECT_HANDLE_INVALID;
LW_HANDLE        _G_hThreadBId = LW_OBJECT_HANDLE_INVALID;
static atomic_t  _G_atomicCount;
static PVOID   tTestA (PVOID pvArg)
{
    while (1) {
        printk("tTestA(): count = % d\n", API_AtomicGet(&_G_atomicCount));
```

```
            API_TimeSSleep(1);
        }
        return  (LW_NULL);
}
static PVOID   tTestB (PVOID pvArg)
{
    while (1) {
        API_AtomicInc(&_G_atomicCount);

        API_TimeSSleep(1);
    }
    return  (LW_NULL);
}
VOID  module_init (VOID)
{
    printk("atomic_module init!\n");
    _G_hThreadAId = API_ThreadCreate("t_testa", tTestA, LW_NULL, LW_NULL);
    if (_G_hThreadAId == LW_OBJECT_HANDLE_INVALID) {
        printk("t_testa create failed.\n");
        return;
    }
    _G_hThreadBId = API_ThreadCreate("t_testb", tTestB, LW_NULL, LW_NULL);
    if (_G_hThreadBId == LW_OBJECT_HANDLE_INVALID) {
        printk("t_testb create failed.\n");
        return;
    }
}
VOID  module_exit (VOID)
{
    if (_G_hThreadAId != LW_OBJECT_HANDLE_INVALID) {
        API_ThreadDelete(&_G_hThreadAId, LW_NULL);
    }
    if (_G_hThreadBId != LW_OBJECT_HANDLE_INVALID) {
        API_ThreadDelete(&_G_hThreadBId, LW_NULL);
    }
    printk("atomic_module exit!\n");
}
```

在 SylixOS Shell 下装载模块：

```
# insmod atomic.ko
atomic_module init!
```

```
module atomic.ko register ok, handle：0x13338f0
tTestA()：count = 0
tTestA()：count = 1
tTestA()：count = 2
tTestA()：count = 3
tTestA()：count = 4
```

在 SylixOS Shell 下卸载模块：

```
# rmmod atomic.ko
atomic_module exit！
module /lib/modules/atomic.ko unregister ok.
```

4.4　SylixOS 自旋锁操作

4.4.1　自旋锁概述

自旋锁是为实现保护共享资源而提出的一种轻量级的锁机制。

自旋锁在任何时刻最多只能有一个拥有者,也就是自旋锁最多只能被一个线程持有,如果一个线程试图请求一个已经被持有的自旋锁,那么这个任务就会一直在那里循环判断该自旋锁的拥有者是否已经释放了该锁,直到锁重新可用。要是锁未被征用,请求它的线程便能立刻得到它,继续运行。

4.4.2　自旋锁的使用

SylixOS 自旋锁的类型为 spinlock_t。使用时需定义一个 spinlock_t 类型的变量,如：

```
spinlock_t     spin;
```

一个自旋锁必须调用 LW_SPIN_INIT 函数创建之后才能使用。

程序可以调用 LW_SPIN_LOCK 函数来等待一个自旋锁,调用 LW_SPIN_UN-LOCK 函数来释放一个自旋锁。

中断服务程序不能调用任何 SylixOS 自旋锁 API。

4.4.2.1　自旋锁的初始化

```
# include <SylixOS.h>
VOID  LW_SPIN_INIT (spinlock_t * psl);
```

函数 LW_SPIN_INIT 原型分析：

• 参数 *psl* 是需要操作的自旋锁。

4.4.2.2　自旋锁的加锁与解锁

```
# include <SylixOS.h>
VOID  LW_SPIN_LOCK (spinlock_t * psl);
VOID  LW_SPIN_TRYLOCK (spinlock_t * psl);
```

以上两个函数原型分析：

· 参数 *psl* 是需要加锁的自旋锁的指针。

LW_SPIN_TRYLOCK 是 LW_SPIN_LOCK 的"尝试等待"版本，在自旋锁已经被占有时，LW_SPIN_LOCK 将"自旋"，而 LW_SPIN_TRYLOCK 将立即返回。

```
# include <SylixOS.h>
INT  LW_SPIN_UNLOCK (spinlock_t * psl);
```

函数 LW_SPIN_UNLOCK 原型分析：

· 此函数返回调度器的返回值；

· 参数 *psl* 是需要解锁的自旋锁的指针。

使用 LW_SPIN_LOCK 函数或者 LW_SPIN_TRYLOCK 函数加锁的自旋锁的解锁操作只能调用 LW_SPIN_UNLOCK 函数。

```
# include <SylixOS.h>
VOID  LW_SPIN_LOCK_IGNIRQ (spinlock_t * psl);
VOID  LW_SPIN_TRYLOCK_IGNIRQ (spinlock_t * psl);
```

以上两个函数原型分析：

· 参数 *psl* 是需要加锁的自旋锁的指针。

LW_SPIN_TRYLOCK_IGNIRQ 是 LW_SPIN_LOCK_IGNIRQ 的"尝试等待"版本，在自旋锁已经被占有时，LW_SPIN_LOCK_IGNIRQ 将"自旋"，而 LW_SPIN_TRYLOCK_IGNIRQ 将立即返回。

```
# include <SylixOS.h>
VOID  LW_SPIN_UNLOCK_IGNIRQ (spinlock_t * psl);
```

函数 LW_SPIN_UNLOCK_IGNIRQ 原型分析：

· 参数 *psl* 是需要解锁的自旋锁的指针。

以上三个函数必须在中断关闭的情况下被调用。

使用 LW_SPIN_LOCK_IGNIRQ 函数或者 LW_SPIN_TRYLOCK_IGNIRQ 函数加锁的自旋锁的解锁操作只能调用 LW_SPIN_UNLOCK_IGNIRQ 函数。

尽管用了自旋锁可以保证临界区不受别的进程抢占打扰，但是得到锁的代码路径在执行临界区的时候还可能受到中断的影响，为了防止这种影响，就需要用到带中断屏蔽功能的自旋锁。

```
# include <SylixOS.h>
VOID   LW_SPIN_LOCK_IRQ (spinlock_t * psl，INTREG  * piregInterLevel);
BOOL   LW_SPIN_TRYLOCK_IRQ (spinlock_t * psl，INTREG  * piregInterLevel);
```

以上两个函数原型分析：
- 参数 *psl* 是需要加锁的自旋锁的指针；
- 参数 *piregInterLevel* 是中断锁定信息。

LW_SPIN_TRYLOCK_IRQ 是 LW_SPIN_LOCK_IRQ 的"尝试等待"版本，在自旋锁已经被占有时，LW_SPIN_LOCK_IRQ 将"自旋"，而 LW_SPIN_TRYLOCK_IRQ 将立即返回。

```
# include <SylixOS.h>
INT   LW_SPIN_UNLOCK_IRQ (spinlock_t * psl，INTREG  iregInterLevel);
```

函数 LW_SPIN_UNLOCK_IRQ 原型分析：
- 参数 *psl* 是需要解锁的自旋锁的指针；
- 参数 *iregInterLevel* 是中断锁定信息。

使用 LW_SPIN_LOCK_IRQ 函数或者 LW_SPIN_TRYLOCK_IRQ 函数加锁的自旋锁的解锁操作只能调用 LW_SPIN_UNLOCK_IRQ 函数。

```
# include <SylixOS.h>
VOID   LW_SPIN_LOCK_QUICK (spinlock_t * psl，INTREG  * piregInterLevel);
```

函数 LW_SPIN_LOCK_QUICK 原型分析：
- 参数 *psl* 是需要加锁的自旋锁的指针；
- 参数 *piregInterLevel* 是中断锁定信息。

此函数不提供"尝试等待"的版本。

```
# include <SylixOS.h>
VOID   LW_SPIN_UNLOCK_QUICK (spinlock_t * psl，INTREG  iregInterLevel);
```

函数 LW_SPIN_UNLOCK_QUICK 原型分析：
- 参数 *psl* 是需要解锁的自旋锁的指针；
- 参数 *iregInterLevel* 是中断锁定信息。

使用 LW_SPIN_LOCK_QUICK 函数加锁的自旋锁的解锁操作只能调用 LW_SPIN_UNLOCK_QUICK 函数。

```
# include <SylixOS.h>
VOID   LW_SPIN_LOCK_TASK (spinlock_t * psl);
VOID   LW_SPIN_TRYLOCK_TASK (spinlock_t * psl);
```

以上两个函数原型分析：

- 参数 *psl* 是需要加锁的自旋锁的指针。

LW_SPIN_TRYLOCK_TASK 是 LW_SPIN_LOCK_TASK 的"尝试等待"版本,在自旋锁已经被占有时,LW_SPIN_LOCK_TASK 将"自旋",而 LW_SPIN_TRYLOCK_TASK 将立即返回。

```
# include <SylixOS.h>
INT  LW_SPIN_UNLOCK_TASK (spinlock_t * psl);
```

函数 LW_SPIN_UNLOCK_TASK 原型分析:
- 参数 *psl* 是需要解锁的自旋锁的指针。

以上三个函数不锁定中断,同时允许加锁后调用可能产生阻塞的操作。

使用 LW_SPIN_LOCK_TASK 函数或者 LW_SPIN_TRYLOCK_TASK 函数加锁的自旋锁的解锁操作只能调用 LW_SPIN_UNLOCK_TASK 函数。

```
# include <SylixOS.h>
VOID  LW_SPIN_LOCK_RAW (spinlock_t * psl, INTREG  * piregInterLevel);
```

函数 LW_SPIN_LOCK_RAW 原型分析:
- 参数 *psl* 是需要操作的自旋锁的指针;
- 参数 *piregInterLevel* 是中断锁定信息。

```
# include <SylixOS.h>
BOOL  LW_SPIN_TRYLOCK_RAW (spinlock_t * psl, INTREG  * piregInterLevel);
```

函数 LW_SPIN_TRYLOCK_RAW 原型分析:
- 此函数成功时返回 LW_TRUE,失败时返回 LW_FALSE;
- 参数 *psl* 是需要操作的自旋锁的指针;
- 参数 *piregInterLevel* 是中断锁定信息。

LW_SPIN_TRYLOCK_RAW 是 LW_SPIN_LOCK_RAW 的"尝试等待"版本,在自旋锁已经被占有时,LW_SPIN_LOCK_RAW 将"自旋",而 LW_SPIN_TRY-LOCK_RAW 将立即返回。

```
# include <SylixOS.h>
VOID  LW_SPIN_UNLOCK_RAW (spinlock_t * psl, INTREG  iregInterLevel);
```

函数 LW_SPIN_UNLOCK_RAW 原型分析:
- 参数 *psl* 是需要操作的自旋锁的指针;
- 参数 *iregInterLevel* 是中断锁定信息。

使用 LW_SPIN_LOCK_RAW 函数或者 LW_SPIN_TRYLOCK_RAW 函数加锁的自旋锁的解锁操作只能调用 LW_SPIN_UNLOCK_RAW 函数。

程序清单 4.2 展示了 SylixOS 自旋锁的使用,内核模块在装载时创建两个线程和一个 SylixOS 自旋锁,两个线程分别对变量_G_iCount 进行自增操作和打印,使用 SylixOS 自旋锁作为访问变量_G_iCount 的互斥手段,内核模块在卸载时删除两个线程。

程序清单 4.2　SylixOS 自旋锁的使用

```c
#define    __SYLIXOS_KERNEL
#include <SylixOS.h>
#include <module.h>
LW_HANDLE          _G_hThreadAId = LW_OBJECT_HANDLE_INVALID;
LW_HANDLE          _G_hThreadBId = LW_OBJECT_HANDLE_INVALID;
static INT         _G_iCount = 0;
static spinlock_t  _G_spinlock;
static PVOID   tTestA (PVOID pvArg)
{
    INT iValue;
    while (1) {
        LW_SPIN_LOCK(&_G_spinlock);
        iValue = _G_iCount;
        LW_SPIN_UNLOCK(&_G_spinlock);

        printk("tTestA(): count = %d\n", iValue);

        API_TimeSSleep(1);
    }
    return  (LW_NULL);
}
static PVOID   tTestB (PVOID pvArg)
{
    while (1) {
        LW_SPIN_LOCK(&_G_spinlock);
        _G_iCount ++ ;
        LW_SPIN_UNLOCK(&_G_spinlock);
        API_TimeSSleep(1);
    }
    return  (LW_NULL);
}
VOID  module_init (VOID)
{
    printk("spinlock_module init!\n");
    LW_SPIN_INIT(&_G_spinlock);
    _G_hThreadAId = API_ThreadCreate("t_testa", tTestA, LW_NULL, LW_NULL);
```

```
    if (_G_hThreadAId == LW_OBJECT_HANDLE_INVALID) {
        printk("t_testa create failed.\n");
        return;
    }
    _G_hThreadBId = API_ThreadCreate("t_testb", tTestB, LW_NULL, LW_NULL);
    if (_G_hThreadBId == LW_OBJECT_HANDLE_INVALID) {
        printk("t_testb create failed.\n");
        return;
    }
}
VOID  module_exit (VOID)
{
    if (_G_hThreadAId != LW_OBJECT_HANDLE_INVALID) {
        API_ThreadDelete(&_G_hThreadAId, LW_NULL);
    }
    if (_G_hThreadBId != LW_OBJECT_HANDLE_INVALID) {
        API_ThreadDelete(&_G_hThreadBId, LW_NULL);
    }
    printk("spinlock_module exit!\n");
}
```

在 SylixOS Shell 下装载模块：

```
# insmod ./spinlock.ko
spinlock_module init!
module spinlock.ko register ok, handle: 0x13338f0
tTestA(): count = 0
tTestA(): count = 1
tTestA(): count = 2
tTestA(): count = 3
tTestA(): count = 4
```

在 SylixOS Shell 下卸载模块：

```
# rmmod spinlock.ko
spinlock_module exit!
module /lib/modules/spinlock.ko unregister ok.
```

4.4.3 自旋锁使用注意事项

自旋锁是一种比较低级的保护数据结构或代码片段的原始方式，这种锁机制存在以下两个问题：

- 死锁：以不规范的方式使用自旋锁可能引发死锁；
- 消耗过多 CPU 资源：如果申请不成功，申请者将一直循环判断，这无疑降低了 CPU 的使用率。

因此，只有在占用锁的时间极短的情况下，使用自旋锁才是合理的。当临界区很大或有共享设备的时候，需要较长时间占用锁，使用自旋锁会降低系统性能。

需要注意的是，被自旋保护的临界区代码执行时不能因为任何原因放弃 CPU，因此，在自旋锁保护的区域内不能调用任何可能引发系统任务调度的 API。

4.5　SylixOS 内存屏障

在早期的处理器中，处理器的指令执行顺序与代码编写顺序是保持一致的，这种执行顺序称为按序执行。但是如果某一条指令需要等待之前指令的执行结果，那么该指令之后的所有的指令均需要等待。为了充分发挥指令流水线以及多个执行单元的优势，处理器引入了乱序执行的概念。

乱序执行是指多条指令不按程序原有顺序执行。乱序执行要求这两条指令没有数据依赖关系或者控制依赖关系，如果存在依赖关系，则不能乱序执行。

在单核处理器中，乱序执行不会导致程序的执行结果远离预期结果，但是在多核环境下就很难保证程序执行结果的正常。

在多核环境下，每个核的指令都可能被乱序，并且由于处理器还有多层缓存机制（如 L1，L2 等），如果我们在一个核上对数据执行写入操作，并且通过一个标记来表示此数据已经写入完毕，另一个核通过此标记来判断数据是否已经写入完毕，就可能存在风险。这是因为标记可能已经被修改，但是数据操作还未完成，最终导致另一个核未能使用到正确的数据，从而带来不可预估的后果。

乱序执行的目的是提升处理器的性能，但是在多核的环境中很可能会出现问题，因此需要引入一种机制来消除这种不良影响，以禁止处理器对某些地方的乱序执行，这种机制就是内存屏障。

内存屏障，也称内存栅栏，内存栅障，屏障指令等。是一类同步屏障指令，是处理器或编译器在对内存随机访问的操作中的一个同步点，使得此点之前的所有读/写操作都执行后才可以开始执行此点之后的操作。内存屏障可以抑制乱序，维持程序所期望的逻辑。

内存屏障阻碍了处理器采用优化技术来降低内存操作延迟，因此必须考虑使用内存屏障带来的性能损失。

SylixOS 内存屏障有三种：多核读屏障、多核写屏障以及多核读/写屏障，如表 4.1 所列。

1. 多核读屏障

一个特定 CPU 在内存屏障之前的所有读操作相比内存屏障之后的读操作，优先被所有 CPU 所感知。

表 4.1　SylixOS 中的内存屏障

名　称	函数名	作　用
多核读屏障	KN_SMP_RMB	在多核之间设置一个读屏障
多核写屏障	KN_SMP_WMB	在多核之间设置一个写屏障
多核读/写屏障	KN_SMP_MB	在多核之间设置一个完全读/写屏障

读内存屏障仅仅保证装载顺序,因此所有在读内存屏障之前的装载,将在所有之后的装载前完成。

2. 多核写屏障

所有在写内存屏障之前的写操作都将比随后的写操作,优先被所有 CPU 所感知。

多核写内存屏障仅仅保证写之间的顺序,所有在内存屏障之前的存储操作,将在其后的存储操作完成之前完成。

注意,多核写屏障通常应当与多核读或者多核读/写屏障配对使用。

3. 多核读写屏障

所有在内存屏障之前的内存访问(装载和存储)(KN_SMP_MB)都将比随后的内存访问先被所有 CPU 所感知。

读/写屏障保证屏障之前的加载、存储操作都将在屏障之后的加载、存储操作之前被系统中的其他组件看到。

读/写屏障隐含读和写内存屏障,因此也可以替换它们中的任何一个。

4.6　SylixOS 信号量

SylixOS 信号量的详细原理见《SylixOS 应用开发权威指南》的第 5 章线程间通信,下面介绍与《SylixOS 应用开发权威指南》不同的函数接口(下面这套接口通常被驱动程序调用)。

4.6.1　二进制信号量

在信号量使用之前必须要创建。SylixOS 提供以下函数来创建一个二进制信号量。

```
# include <SylixOS.h>
LW_OBJECT_HANDLE API_SemaphoreBCreate(CPCHAR          pcName,
                                      BOOL            bInitValue,
                                      ULONG           ulOption,
                                      LW_OBJECT_ID    * pulId);
```

函数 API_SemaphoreBCreate 原型分析：
- 此函数返回二进制信号量的句柄，失败时为 NULL 并设置错误号；
- 参数 *pcName* 是二进制信号量的名字；
- 参数 *bInitValue* 是二进制信号量的初始值（FALSE 或 TRUE）；
- 参数 *ulOption* 是二进制信号量的创建选项，如表 4.2 所列；
- 输出参数 *pulId* 用于返回二进制信号量的句柄（同返回值），可以为 NULL。

表 4.2　二进制信号量的创建选项

宏　名	含　义
LW_OPTION_WAIT_PRIORITY	按优先级顺序等待
LW_OPTION_WAIT_FIFO	按先入先出顺序等待
LW_OPTION_OBJECT_GLOBAL	全局对象
LW_OPTION_OBJECT_LOCAL	本地对象

SylixOS 提供了两种信号量等待队列：优先级（LW_OPTION_WAIT_PRIORI-TY）和 FIFO（LW_OPTION_WAIT_FIFO）。优先级方式则根据线程的优先级从队列中取出符合条件的线程运行；FIFO 方式则根据先入先出的原则从队列中取出符合条件的线程运行。

需要注意的是 LW_OPTION_WAIT_PRIORITY 和 LW_OPTION_WAIT_FIFO 只能二选一，同样 LW_OPTION_OBJECT_GLOBAL 和 LW_OPTION_OB-JECT_LOCAL 也只能二选一。

参数 *bInitValue* 的不同决定了二进制信号量的用途不同，当 *bInitValue* 的值为 TRUE 时可以用于共享资源的互斥访问；当 *bInitValue* 的值为 FALSE 时可以用于多个线程之间的同步。

不再需要的二进制信号量可以调用以下函数将其删除，SylixOS 将回收其占用的内核资源（试图使用被删除的二进制信号量将出现未知的错误）。

```
# include <SylixOS.h>
ULONG  API_SemaphoreBDelete (LW_OBJECT_HANDLE  * pulId);
```

函数 API_SemaphoreBDelete 原型分析：
- 此函数成功返回 ERROR_NONE，失败返回错误号；
- 参数 *pulId* 是二进制信号量的句柄。

一个线程如果需要等待一个二进制信号量，可以调用 API_SemaphoreBPend 函数。需要注意的是，中断服务程序不能调用 API_SemaphoreBPend 函数来等待一个二进制信号量，因为该函数在二进制信号量值为 FALSE 时会阻塞当前执行的任务，而中断服务程序用来处理最紧急的事情，因此是不允许被阻塞的。

```
# include <SylixOS.h>
ULONGAPI_SemaphoreBPend(LW_OBJECT_HANDLE    ulId,
                        ULONG               ulTimeout);
ULONG  API_SemaphoreBTryPend (LW_OBJECT_HANDLE  ulId);
```

以上两个函数原型分析：

- 函数成功返回 ERROR_NONE，失败返回错误号；
- 参数 *ulId* 是二进制信号量的句柄；
- 参数 *ulTimeout* 是等待的超时时间，单位为时钟节拍 Tick。

参数 *ulTimeout* 除了可以使用数字外，还可以使用如表 4.3 所列的宏。

表 4.3　参数 ulTimeout 可用宏

宏　名	含　义
LW_OPTION_NOT_WAIT	不等待立即退出
LW_OPTION_WAIT_INFINITE	永远等待
LW_OPTION_WAIT_A_TICK	等待一个时钟嘀嗒
LW_OPTION_WAIT_A_SECOND	等待一秒

SylixOS 为二进制信号量等待提供了一种超时机制，当等待的时间超时时立即返回并设置 errno 为 ERROR_THREAD_WAIT_TIMEOUT。

API_SemaphoreBTryPend 是一种无阻塞的信号量等待函数，该函数与 API_SemaphoreBPend 的区别在于，如果二进制信号量创建的初始值为 FALSE，API_SemaphoreBTryPend 会立即退出并返回，而 API_SemaphoreBPend 则会阻塞直至被唤醒。

中断服务程序可以使用 API_SemaphoreBTryPend 函数尝试等待二进制信号量，因为 API_SemaphoreBTryPend 函数在二进制信号量的值为 FALSE 时会立即返回，不会阻塞等待。

释放一个二进制信号量可以使用 API_SemaphoreBPost 或者 API_Semaphore-BRelease 函数。

```
# include <SylixOS.h>
ULONG  API_SemaphoreBPost (LW_OBJECT_HANDLE  ulId);
```

函数 API_SemaphoreBPost 原型分析：

- 此函数成功返回 ERROR_NONE，失败返回错误号；
- 参数 *ulId* 是二进制信号量的句柄。

```
# include <SylixOS.h>
ULONGAPI_SemaphoreBRelease(LW_OBJECT_HANDLE  ulId,
```

```
                    ULONG    ulReleaseCounter,
                    BOOL     * pbPreviousValue);
```

函数 API_SemaphoreBRelease 原型分析：

- 此函数成功返回 ERROR_NONE，失败返回错误号；
- 参数 *ulId* 是二进制信号量的句柄；
- 参数 *ulReleaseCounter* 是释放二进制信号量的次数；
- 输出参数 *pbPreviousValue* 用于接收原来的二进制信号量状态，可以为 NULL。

API_SemaphoreBRelease 函数是一个高级 API，当有多个线程等待同一个信号量时，调用该函数可以一次性将它们释放。

调用 API_SemaphoreBClear 函数将清除二进制信号量，这将使二进制信号量的初始值置为 FALSE。

```
# include <SylixOS.h>
ULONG  API_SemaphoreBClear(LW_OBJECT_HANDLE  ulId);
```

函数 API_SemaphoreBClear 原型分析：

- 此函数成功返回 ERROR_NONE，失败返回错误号；
- 参数 *ulId* 是二进制信号量的句柄。

调用 API_SemaphoreBFlush 函数将释放等待在指定信号量上的所有线程。

```
# include <SylixOS.h>
ULONGAPI_SemaphoreBFlush(LW_OBJECT_HANDLE  ulId,
                    ULONG                * pulThreadUnblockNum);
```

函数 API_SemaphoreBFlush 原型分析：

- 此函数成功返回 ERROR_NONE，失败返回错误号；
- 参数 *ulId* 是二进制信号量的句柄；
- 输出参数 *pulThreadUnblockNum* 用于接收被解除阻塞的线程数，可以为 NULL。

API_SemaphoreBStatus 函数返回一个有效信号量的状态信息。

```
# include <SylixOS.h>
ULONGAPI_SemaphoreBStatus(LW_OBJECT_HANDLE  ulId,
                    BOOL                 * pbValue,
                    ULONG                * pulOption,
                    ULONG                * pulThreadBlockNum);
```

函数 API_SemaphoreBStatus 原型分析：

- 此函数成功返回 ERROR_NONE，失败返回错误号；

- 参数 *ulId* 是二进制信号量的句柄；
- 输出参数 *pbValue* 用于接收二进制信号量当前的值（FALSE 或 TRUE）；
- 输出参数 *pulOption* 用于接收二进制信号量的创建选项；
- 输出参数 *pulThreadBlockNum* 用于接收当前阻塞在该二进制信号量的线程数。

调用 API_SemaphoreGetName 函数可以获得指定信号量的名字。

```
# include <SylixOS.h>
ULONG  API_SemaphoreGetName(LW_OBJECT_HANDLE  ulId, PCHAR  pcName);
```

函数 API_SemaphoreGetName 原型分析：
- 此函数成功返回 ERROR_NONE，失败返回错误号；
- 参数 *ulId* 是二进制信号量的句柄；
- 输出参数 *pcName* 是二进制信号量的名字，*pcName* 应该指向一个大小为 LW_CFG_OBJECT_NAME_SIZE 的字符数组。

```
# include <SylixOS.h>
ULONGAPI_SemaphoreBPendEx(LW_OBJECT_HANDLE  ulId,
                          ULONG             ulTimeout,
                          PVOID             * ppvMsgPtr);
```

函数 API_SemaphoreBPendEx 原型分析：
- 此函数成功返回 ERROR_NONE，失败返回错误号；
- 参数 *ulId* 是二进制信号量的句柄；
- 参数 *ulTimeout* 是等待的超时时间，单位为时钟嘀嗒 Tick；
- 输出参数 *ppvMsgPtr*（一个空类型指针的指针）用于接收 API_SemaphoreB-PostEx 函数传递的消息。

```
# include <SylixOS.h>
ULONGAPI_SemaphoreBPostEx(LW_OBJECT_HANDLE  ulId,
                          PVOID             pvMsgPtr);
```

函数 API_SemaphoreBPostEx 原型分析：
- 此函数成功返回 ERROR_NONE，失败返回错误号；
- 参数 *ulId* 是二进制信号量的句柄；
- 参数 *pvMsgPtr* 是消息指针（一个空类型的指针，可以指向任意类型的数据），该消息将被传递到 API_SemaphoreBPendEx 函数的输出参数 *ppvMsg-Ptr*。

API_SemaphoreBPendEx 和 API_SemaphoreBPostEx 函数增加了消息传递功能，通过参数 *pvMsgPtr* 可以在信号量中传递额外消息。

由于 API_SemaphoreBPendEx 和 API_SemaphoreBPostEx 函数组合已经起到传统 RTOS 的邮箱的作用,所以 SylixOS 没有提供邮箱的 API。

程序清单 4.3 展示了 SylixOS 二进制信号量的使用,内核模块在装载时创建两个线程和一个 SylixOS 二进制信号量,两个线程分别对变量_G_iCount 进行自增操作和打印,使用 SylixOS 二进制信号量作为访问_G_iCount 的互斥手段,内核模块在卸载时删除两个线程和释放二进制信号量所占用的系统资源。

程序清单 4.3　二进制信号量的使用

```c
#define     __SYLIXOS_KERNEL
# include <SylixOS.h>
# include <module.h>
LW_HANDLE           _G_hThreadAId = LW_OBJECT_HANDLE_INVALID;
LW_HANDLE           _G_hThreadBId = LW_OBJECT_HANDLE_INVALID;
static INT          _G_iCount     = 0;
static LW_HANDLE    _G_hSemB;
static PVOID   tTestA (PVOID pvArg)
{
    INT    iError;
    while (1) {
        iError = API_SemaphoreBPend(_G_hSemB, LW_OPTION_WAIT_INFINITE);
        if (iError != ERROR_NONE) {
            break;
        }
        _G_iCount ++ ;
        printk("tTestA(): count = % d\n", _G_iCount);
        API_SemaphoreBPost(_G_hSemB);
        API_TimeMSleep(500);
    }
    return  (LW_NULL);
}
static PVOID   tTestB (PVOID pvArg)
{
    INT    iError;
    while (1) {
        iError = API_SemaphoreBPend(_G_hSemB, LW_OPTION_WAIT_INFINITE);
        if (iError != ERROR_NONE) {
            break;
        }
        _G_iCount ++ ;
        printk("tTestB(): count = % d\n", _G_iCount);
        API_SemaphoreBPost(_G_hSemB);
```

```
            API_TimeMSleep(500);
    }

    return  (LW_NULL);
}
VOID  module_init(VOID)
{
    printk("SemaphoreB_module init!\n");
    _G_hSemB = API_SemaphoreBCreate("SemaphoreB",
                                    LW_TRUE,
                                    LW_OPTION_WAIT_FIFO |
                                    LW_OPTION_OBJECT_LOCAL,
                                    LW_NULL);
    if (_G_hSemB == LW_OBJECT_HANDLE_INVALID) {
        printk("SemaphoreB create failed.\n");
        return;
    }
    _G_hThreadAId = API_ThreadCreate("t_testa", tTestA, LW_NULL, LW_NULL);
    if (_G_hThreadAId == LW_OBJECT_HANDLE_INVALID) {
        printk("t_testa create failed.\n");
        return;
    }
    _G_hThreadBId = API_ThreadCreate("t_testb", tTestB, LW_NULL, LW_NULL);
    if (_G_hThreadBId == LW_OBJECT_HANDLE_INVALID) {
        printk("t_testb create failed.\n");
        return;
    }
}
VOID  module_exit(VOID)
{
    if (_G_hThreadAId != LW_OBJECT_HANDLE_INVALID) {
        API_ThreadDelete(&_G_hThreadAId, LW_NULL);
    }
    if (_G_hThreadBId != LW_OBJECT_HANDLE_INVALID) {
        API_ThreadDelete(&_G_hThreadBId, LW_NULL);
    }
    API_SemaphoreBDelete(&_G_hSemB);
    printk("SemaphoreB_module exit!\n");
}
```

在 SylixOS Shell 下装载模块：

```
# insmod ./SemaphoreB.ko
SemaphoreB_module init!
module SemaphoreB.ko register ok, handle: 0x13338f0
tTestA(): count = 1
tTestB(): count = 2
tTestA(): count = 3
tTestB(): count = 4
tTestA(): count = 5
```

在 SylixOS Shell 下卸载模块：

```
# rmmod SemaphoreB.ko
SemaphoreB_module exit!
module /lib/modules/SemaphoreB.ko unregister ok.
```

4.6.2　计数型信号量

计数型信号量通常用于多个线程共享使用某资源。

一个 SylixOS 计数型信号量可以调用 API_SemaphoreCCreate 函数进行创建，如果创建成功将返回一个计数型信号量的句柄。

```
# include <SylixOS.h>
LW_OBJECT_HANDLE  API_SemaphoreCCreate (CPCHAR          pcName,
                                        ULONG           ulInitCounter,
                                        ULONG           ulMaxCounter,
                                        ULONG           ulOption,
                                        LW_OBJECT_ID  * pulId);
```

函数 API_SemaphoreCCreate 原型分析：
- 此函数成功返回计数型信号量的句柄，失败返回 NULL 并设置错误号；
- 参数 *pcName* 是计数型信号量的初始值；
- 参数 *ulInitCounter* 是计数型信号量的初始值；
- 参数 *ulMaxCounter* 是计数型信号量的最大值；
- 参数 *ulOption* 是计数型信号量的创建选项（如表 4.2 所列）；
- 输出 *pulId* 参数返回计数型信号量的 ID（同返回值），可以为 NULL。

计数型信号量的取值范围为 $0 \leqslant$ 计数值（*ulInitCounter*）$<$ *ulMaxCounter*。特殊地，如果 *ulInitCounter* 的值为 0，则可以应用于多个线程之间的同步。

一个不再使用的计数型信号量，可以调用以下函数将其删除。删除后的信号量，系统自动回收其占用的系统资源（试图使用被删除的计数型信号量将出现未知错误）。

```
# include <SylixOS.h>
ULONG   API_SemaphoreCDelete (LW_OBJECT_HANDLE  * pulId);
```

函数 API_SemaphoreCDelete 原型分析：
- 此函数成功返回 ERROR_NONE，失败返回错误号；
- 参数 *pulId* 是计数型信号量的句柄。

设备驱动如果需要等待一个计数型信号量，可以调用 API_SemaphoreCPend 函数，需要注意的是，中断服务程序不能调用 API_SemaphoreCPend 函数等待一个计数型信号量，因为 API_SemaphoreCPend 函数在计数型信号量值为 0 时会阻塞当前线程。

```
# include <SylixOS.h>
ULONG   API_SemaphoreCPend (LW_OBJECT_HANDLE  ulId, ULONG  ulTimeout);
ULONG   API_SemaphoreCTryPend (LW_OBJECT_HANDLE  ulId);
```

以上两个函数原型分析：
- 函数成功返回 ERROR_NONE，失败返回错误号；
- 参数 *ulId* 是计数型信号量的句柄；
- 参数 *ulTimeout* 是等待的超时时间，单位为时钟嘀嗒 Tick。

API_SemaphoreCPend 和 API_SemaphoreCTryPend 的区别在于，如果计数型信号量当前的值为 0，API_SemaphoreCTryPend 会立即退出，并返回 ERROR_THREAD_WAIT_TIMEOUT，而 API_SemaphoreCPend 则会阻塞直到被唤醒。

中断服务程序可以使用 API_SemaphoreCTryPend 函数尝试等待计数型信号量，API_SemaphoreCTryPend 函数在计数型信号量的值为 0 时会立即返回，不会阻塞当前线程。

释放一个计数型信号量可以调用 API_SemaphoreCPost 函数。

```
# include <SylixOS.h>
ULONG   API_SemaphoreCPost (LW_OBJECT_HANDLE  ulId);
```

函数 API_SemaphoreCPost 原型分析：
- 此函数成功返回 ERROR_NONE，失败返回错误号；
- 参数 *ulId* 是计数型信号量的句柄。

一次释放计数型信号量的多个计数可以调用 API_SemaphoreCRelease 函数。

```
# include <SylixOS.h>
ULONG   API_SemaphoreCRelease (LW_OBJECT_HANDLE   ulId,
                               ULONG     ulReleaseCounter,
                               ULONG    * pulPreviousCounter);
```

函数 API_SemaphoreCRelease 原型分析：

- 此函数成功返回 ERROR_NONE,失败返回错误号;
- 参数 *ulId* 是计数型信号量的句柄;
- 参数 *ulReleaseCounter* 是释放计数型信号量的次数;
- 输出参数 *pulPreviousCounter* 用于接收原来的信号量计数,可以为 NULL。

调用 API_SemaphoreCClear 函数将清除计数型信号量,这将使计数型信号量的初始值置为 0。

```
#include <SylixOS.h>
ULONG   API_SemaphoreCClear (LW_OBJECT_HANDLE   ulId);
```

函数 API_SemaphoreCClear 原型分析:
- 此函数成功返回 ERROR_NONE,失败返回错误号;
- 参数 *ulId* 是计数型信号量的句柄。

调用 API_SemaphoreCFlush 函数将释放等待在指定计数型信号量上的所有线程。

```
#include <SylixOS.h>
ULONG   API_SemaphoreCFlush (LW_OBJECT_HANDLE   ulId,
                             ULONG              * pulThreadUnblockNum);
```

函数 API_SemaphoreCFlush 原型分析:
- 此函数成功返回 ERROR_NONE,失败返回错误号;
- 参数 *ulId* 是计数型信号量的句柄;
- 输出参数 *pulThreadUnblockNum* 用于接收被解除阻塞的线程数,可以为 NULL。

以下两个函数可以获得指定计数型信号量的状态信息。

```
#include <SylixOS.h>
ULONG   API_SemaphoreCStatus (LW_OBJECT_HANDLE   ulId,
                             ULONG              * pulCounter,
                             ULONG              * pulOption,
                             ULONG              * pulThreadBlockNum);
ULONG   API_SemaphoreCStatusEx (LW_OBJECT_HANDLE   ulId,
                               ULONG              * pulCounter,
                               ULONG              * pulOption,
                               ULONG              * pulThreadBlockNum,
                               ULONG              * pulMaxCounter);
```

以上两个函数原型分析:
- 以上两个函数均成功返回 ERROR_NONE,失败返回错误号;
- 参数 *ulId* 是计数型信号量的句柄;

- 输出参数 *pulCounter* 用于接收计数型信号量当前的值；
- 输出参数 *pulOption* 用于接收计数型信号量的创建选项；
- 输出参数 *pulThreadBlockNum* 用于接收当前阻塞在该计数型信号量的线程数；
- 输出参数 *pulMaxCounter* 用于接收该计数型信号量的最大计数值。

API_SemaphoreGetName 函数可以获得指定计数型信号量的名字。

```
# include <SylixOS.h>
ULONG  API_SemaphoreGetName (LW_OBJECT_HANDLE  ulId, PCHAR  pcName);
```

函数 API_SemaphoreGetName 原型分析：

- 此函数成功返回 ERROR_NONE，失败返回错误号；
- 参数 *ulId* 是计数型信号量的句柄；
- 输出参数 *pcName* 是计数型信号量的名字，*pcName* 应该指向一个大小为 LW_CFG_OBJECT_NAME_SIZE 的字符数组。

程序清单 4.4 展示了 SylixOS 计数型信号量的使用，内核模块在装载时创建两个线程和一个 SylixOS 计数型信号量；计数型信号量作为资源剩余计数，资源的初始数目为 5，最大数目为 100；线程 A 是资源的消费者，线程 B 是资源的生产者，内核模块在卸载时删除两个线程并释放计数型信号量所占用的系统资源。

程序清单 4.4　计数型信号量的使用

```
# define  __SYLIXOS_KERNEL
# include <SylixOS.h>
# include <module.h>
LW_HANDLE          _G_hThreadAId = LW_OBJECT_HANDLE_INVALID;
LW_HANDLE          _G_hThreadBId = LW_OBJECT_HANDLE_INVALID;
static LW_HANDLE   _G_hSemC;
static PVOID   tTestA (PVOID pvArg)
{
INT   iError;
    while (1) {
        iError = API_SemaphoreCPend(_G_hSemC, LW_OPTION_WAIT_INFINITE);
        if (iError != ERROR_NONE) {
            break;
        }
        printk("tTestA(): get a resource\n");
    }
    return   (LW_NULL);
}
static PVOID   tTestB (PVOID pvArg)
```

```
{
    while (1) {
        API_TimeSSleep(1);
        API_SemaphoreCPost(_G_hSemC);
    }
    return  (LW_NULL);
}
VOID  module_init (VOID)
{
    printk("SemaphoreC_moduleinit!\n");
    _G_hSemC = API_SemaphoreCCreate("SemaphoreC",
                                    5,
                                    100,
                                    LW_OPTION_WAIT_FIFO |
                                    LW_OPTION_OBJECT_LOCAL,
                                    LW_NULL);
    if (_G_hSemC == LW_OBJECT_HANDLE_INVALID) {
        printk("SemaphoreC create failed.\n");
        return;
    }
    _G_hThreadAId = API_ThreadCreate("t_testa", tTestA, LW_NULL, LW_NULL);
    if (_G_hThreadAId == LW_OBJECT_HANDLE_INVALID) {
        printk("t_testa create failed.\n");
        return;
    }
    _G_hThreadBId = API_ThreadCreate("t_testb", tTestB, LW_NULL, LW_NULL);
    if (_G_hThreadBId == LW_OBJECT_HANDLE_INVALID) {
        printk("t_testb create failed.\n");
        return;
    }
}
VOID  module_exit (VOID)
{
    if (_G_hThreadAId != LW_OBJECT_HANDLE_INVALID) {
        API_ThreadDelete(&_G_hThreadAId, LW_NULL);
    }
    if (_G_hThreadBId != LW_OBJECT_HANDLE_INVALID) {
        API_ThreadDelete(&_G_hThreadBId, LW_NULL);
    }
    API_SemaphoreCDelete(&_G_hSemC);
    printk("SemaphoreC_module exit!\n");
}
```

在 SylixOS Shell 下装载模块：

```
# insmod ./SemaphoreC.ko
SemaphoreC_moduleinit!
module SemaphoreC.ko register ok, handle: 0x13338f0
tTestA(): get a resource
tTestA(): get a resource
tTestA(): get a resource
tTestA(): get a resource
tTestA(): get a resource
tTestA(): get a resource
```

在 SylixOS Shell 下卸载模块：

```
# rmmod SemaphoreC.ko
SemaphoreC_module exit!
module /lib/modules/SemaphoreC.ko unregister ok.
```

4.6.3 互斥信号量

一个 SylixOS 互斥信号量必须调用 API_SemaphoreMCreate 函数创建之后才能使用，如果创建成功，该函数将返回一个互斥信号量的句柄。

```
# include <SylixOS.h>
LW_OBJECT_HANDLE API_SemaphoreMCreate(CPCHAR      pcName,
                                      UINT8       ucCeilingPriority,
                                      ULONG       ulOption,
                                      LW_OBJECT_ID  * pulId);
```

函数 API_SemaphoreMCreate 原型分析：
- 此函数成功返回互斥信号量的句柄，失败返回 NULL 并设置错误号；
- 参数 *pcName* 是互斥信号量的名字；
- 参数 *ucCeilingPriority* 在使用优先级天花板算法时有效，此参数为天花板优先级；
- 参数 *ulOption* 是互斥信号量的创建选项；
- 输出参数 *pulId* 返回互斥信号量的句柄（同返回值），可以为 NULL。

创建选项包含了二进制信号量的创建选项，此外还可以使用如所表 4.4 所列的互斥信号量特有的创建选项。

需要注意，LW_OPTION_INHERIT_PRIORITY 和 LW_OPTION_PRIORITY_CEILING 只能二选一，同样 LW_OPTION_NORMAL 和 LW_OPTION_ERRORCHECK 以及 LW_OPTION_RECURSIVE 只能三选一。

表 4.4　互斥信号量的创建选项

宏　名	含　义
LW_OPTION_INHERIT_PRIORITY	优先级继承算法
LW_OPTION_PRIORITY_CEILING	优先级天花板算法
LW_OPTION_NORMAL	递归加锁时不检查(不推荐)
LW_OPTION_ERRORCHECK	递归加锁时报错
LW_OPTION_RECURSIVE	支持递归加锁

一个不再使用的互斥信号量,可以调用以下函数将其删除。删除后的信号量,系统自动回收其占用的系统资源(试图使用被删除的互斥信号量将出现未知的错误)。

```
# include <SylixOS.h>
ULONG  API_SemaphoreMDelete(LW_OBJECT_HANDLE  * pulId);
```

函数 API_SemaphoreMDelete 原型分析:
- 此函数成功返回 ERROR_NONE,失败返回错误号;
- 参数 *pulId* 是互斥信号量的句柄。

线程如果需要等待一个互斥信号量,可以调用 API_SemaphoreMPend 函数。释放一个互斥信号量使用 API_SemaphoreMPost 函数。

```
# include <SylixOS.h>
ULONGAPI_SemaphoreMPend(LW_OBJECT_HANDLE  ulId,
                        ULONG      ulTimeout);
```

函数 API_SemaphoreMPend 原型分析:
- 此函数成功返回 ERROR_NONE,失败返回错误号;
- 参数 *ulId* 是互斥信号量的句柄;
- 参数 *ulTimeout* 是等待的超时时间,单位为时钟嘀嗒 Tick。

```
# include <SylixOS.h>
ULONG  API_SemaphoreMPost(LW_OBJECT_HANDLE  ulId);
```

函数 API_SemaphoreMPost 原型分析:
- 此函数成功返回 ERROR_NONE,失败返回错误号;
- 参数 *ulId* 是互斥信号量的句柄。

需要注意的是,只有互斥信号量的拥有者才能释放该互斥信号量。

下面两个函数可以获得互斥信号量的状态信息。

```
# include <SylixOS.h>
ULONGAPI_SemaphoreMStatus(LW_OBJECT_HANDLE  ulId,
```

```
                              BOOL                    * pbValue,
                              ULONG                   * pulOption,
                              ULONG                   * pulThreadBlockNum);
ULONG   API_SemaphoreMStatusEx(LW_OBJECT_HANDLE  ulId,
                              BOOL                    * pbValue,
                              ULONG                   * pulOption,
                              ULONG                   * pulThreadBlockNum,
                              LW_OBJECT_HANDLE        * pulOwnerId);
```

以上两个函数原型分析：

- 函数成功返回 ERROR_NONE,失败返回错误号；
- 参数 *ulId* 是互斥信号量的句柄；
- 输出参数 *pbValue* 用于接收互斥信号量当前的状态；
- 输出参数 *pulOption* 用于接收互斥信号量的创建选项；
- 输出参数 *pulThreadBlockNum* 用于接收当前阻塞在该互斥信号量的线程数；
- 输出参数 *pulOwnerId* 用于接收当前拥有该互斥信号量的线程的句柄。

如果想获得一个互斥信号量的名字,可以调用一下函数。

```
# include <SylixOS.h>
ULONG   API_SemaphoreGetName (LW_OBJECT_HANDLE  ulId, PCHAR  pcName);
```

函数 API_SemaphoreGetName 原型分析：

- 此函数成功返回 ERROR_NONE,失败返回错误号；
- 参数 *ulId* 是互斥信号量的句柄；
- 输出参数 *pcName* 是互斥信号量的名字, *pcName* 应该指向一个大小为 LW_CFG_OBJECT_NAME_SIZE 的字符数组。

程序清单 4.5 展示了 SylixOS 互斥信号量的使用,内核模块在装载时创建了两个不同优先级的线程和一个 SylixOS 互斥信号量,两个线程分别对变量 _G_iCount 进行自增操作和打印,使用 SylixOS 互斥信号量作为访问变量 _G_iCount 的互斥手段。其中互斥信号量使用优先级继承算法,内核模块在卸载时删除两个线程并释放互斥信号量所占用的系统资源。

程序清单 4.5   互斥信号量的使用

```
# define  __SYLIXOS_KERNEL
# include <SylixOS.h>
# include <module.h>
LW_HANDLE          _G_hThreadAId = LW_OBJECT_HANDLE_INVALID;
LW_HANDLE          _G_hThreadBId = LW_OBJECT_HANDLE_INVALID;
static INT         _G_iCount     = 0;
```

```
static LW_HANDLE    _G_hSemM;
static PVOID    tTestA (PVOID pvArg)
{
    INT    iError;
    while (1) {
        iError = API_SemaphoreMPend(_G_hSemM, LW_OPTION_WAIT_INFINITE);
        if (iError != ERROR_NONE) {
            break;
        }
        _G_iCount ++ ;
        printk("tTestA(): count = % d\n", _G_iCount);
        API_SemaphoreMPost(_G_hSemM);
        API_TimeMSleep(500);
    }
    return  (LW_NULL);
}
static PVOID    tTestB (PVOID pvArg)
{
    INT    iError;
    while (1) {
        iError = API_SemaphoreMPend(_G_hSemM, LW_OPTION_WAIT_INFINITE);
        if (iError != ERROR_NONE) {
            break;
        }
        _G_iCount ++ ;
        printk("tTestB(): count = % d\n", _G_iCount);
        API_SemaphoreMPost(_G_hSemM);
        API_TimeMSleep(500);
    }
    return  (LW_NULL);
}
VOID  module_init (VOID)
{
    LW_CLASS_THREADATTR    threadattr;
    printk("SemaphoreM_module init!\n");
    _G_hSemM = API_SemaphoreMCreate("SemaphoreM",
                                    LW_PRIO_HIGH,
                                    LW_OPTION_WAIT_FIFO |
                                    LW_OPTION_OBJECT_LOCAL |
                                    LW_OPTION_INHERIT_PRIORITY |
```

```
                                    LW_OPTION_ERRORCHECK,
                                    LW_NULL);
    if (_G_hSemM == LW_OBJECT_HANDLE_INVALID) {
        printk("SemaphoreM create failed.\n");
        return;
    }
    API_ThreadAttrBuild(&threadattr,
                        4 * LW_CFG_KB_SIZE,
                        LW_PRIO_NORMAL - 1,
                        LW_OPTION_THREAD_STK_CHK,
                        LW_NULL);
    _G_hThreadAId = API_ThreadCreate("t_testa", tTestA, &threadattr, LW_NULL);
    if (_G_hThreadAId == LW_OBJECT_HANDLE_INVALID) {
        printk("t_testa create failed.\n");
        return;
    }
    API_ThreadAttrBuild(&threadattr,
                        4 * LW_CFG_KB_SIZE,
                        LW_PRIO_NORMAL,
                        LW_OPTION_THREAD_STK_CHK,
                        LW_NULL);
    _G_hThreadBId = API_ThreadCreate("t_testb", tTestB, &threadattr, LW_NULL);
    if (_G_hThreadBId == LW_OBJECT_HANDLE_INVALID) {
        printk("t_testb create failed.\n");
        return;
    }
}
VOID  module_exit (VOID)
{
    if (_G_hThreadAId != LW_OBJECT_HANDLE_INVALID) {
        API_ThreadDelete(&_G_hThreadAId, LW_NULL);
    }
    if (_G_hThreadBId != LW_OBJECT_HANDLE_INVALID) {
        API_ThreadDelete(&_G_hThreadBId, LW_NULL);
    }
    API_SemaphoreMDelete(&_G_hSemM);
    printk("SemaphoreM_module exit!\n");
}
```

在 SylixOS Shell 下装载模块：

```
# insmod SemaphoreM.ko
SemaphoreM_module init!
module SemaphoreM.ko register ok, handle：0x13338f0
tTestA()：count ＝ 1
tTestB()：count ＝ 2
tTestA()：count ＝ 3
tTestB()：count ＝ 4
tTestA()：count ＝ 5
tTestB()：count ＝ 6
```

在 SylixOS Shell 下卸载模块：

```
# rmmod    SemaphoreM.ko
SemaphoreM_module exit!
module /lib/modules/SemaphoreM.ko unregister ok.
```

4.6.4　读/写信号量

当出现多个读者、单个写者的情况时,单纯地使用互斥信号量将极大地削弱多线程操作系统的处理性能。为了解决这种高并发的处理速度问题,SylixOS 引入了读/写信号量。

一个 SylixOS 读写信号量必须调用 API_SemaphoreRWCreate 函数创建之后才能使用,如果创建成功,该函数将返回一个读/写信号量的句柄。

```
# include <SylixOS.h>
LW_OBJECT_HANDLE  API_SemaphoreRWCreate (CPCHAR        pcName,
                                         ULONG         ulOption,
                                         LW_OBJECT_ID  * pulId);
```

函数 API_SemaphoreRWCreate 原型分析：
- 此函数成功返回读/写信号量的句柄,失败返回 NULL 并设置错误号；
- 参数 *pcName* 是读/写信号量的名字；
- 参数 *ulOption* 是读/写信号量的创建选项；
- 输出参数 *pulId* 返回读/写信号量的句柄(同返回值),可以为 NULL。

一个不再使用的读/写信号量,可以调用以下函数将其删除。删除后的信号量,系统自动回收其占用的系统资源(试图使用被删除的读/写信号量将出现未知的错误)。

```
# include <SylixOS.h>
ULONG  API_SemaphoreRWDelete (LW_OBJECT_HANDLE  * pulId);
```

函数 API_SemaphoreRWDelete 原型分析：
- 此函数成功返回 ERROR_NONE,失败返回错误号；

- 参数 *pulId* 是读写信号量的句柄。

线程如果需要等待一个读信号量,可以调用 API_SemaphoreRWPendR 函数,如果需要等待一个写信号量,可以调用 API_SemaphoreRWPendW 函数,如果需要释放一个读/写信号量,可以使用 API_SemaphoreRWPost 函数。

```
#include <SylixOS.h>
ULONG   API_SemaphoreRWPendR (LW_OBJECT_HANDLE   ulId, ULONG   ulTimeout);
```

函数 API_SemaphoreRWPendR 原型分析:
- 此函数成功返回 ERROR_NONE,失败返回错误号;
- 参数 *ulId* 是读信号量的句柄;
- 参数 *ulTimeout* 是等待的超时时间,单位为时钟嘀嗒 Tick。

```
#include <SylixOS.h>
ULONG   API_SemaphoreRWPendW (LW_OBJECT_HANDLE   ulId, ULONG   ulTimeout);
```

函数 API_SemaphoreRWPendW 原型分析:
- 此函数成功返回 ERROR_NONE,失败返回错误号;
- 参数 *ulId* 是写信号量的句柄;
- 参数 *ulTimeout* 是等待的超时时间,单位为时钟嘀嗒 Tick。

```
#include <SylixOS.h>
ULONG   API_SemaphoreRWPost (LW_OBJECT_HANDLE   ulId);
```

函数 API_SemaphoreRWPost 原型分析:
- 此函数成功返回 ERROR_NONE,失败返回错误号;
- 参数 *ulId* 是读写信号量的句柄。

SylixOS 读写信号量满足写优先的原则,也就是说,如果已经存在写信号量,则不能再申请读信号量,直到写信号量被释放。但是当已经存在读信号量时,可以再次请求读信号量。这种机制满足了读的高并发性。

需要注意的是,只有读/写信号量的拥有者才能释放该读/写信号量。

调用 API_SemaphoreRWStatus 函数可以获得读/写信号量的详细信息:

```
#include <SylixOS.h>
ULONG   API_SemaphoreRWStatus (LW_OBJECT_HANDLE   ulId,
                               ULONG             * pulRWCount,
                               ULONG             * pulRPend,
                               ULONG             * pulWPend,
                               ULONG             * pulOption,
                               LW_OBJECT_HANDLE  * pulOwnerId);
```

函数 API_SemaphoreRWStatus 原型分析:

- 此函数成功返回 ERROR_NONE，失败返回错误号；
- 参数 *ulId* 是读/写信号量的句柄；
- 参数 *pulRWCount* 返回当前正在并发操作读/写信号量的线程数，此参数可以为 NULL；
- 参数 *pulRPend* 返回当前读操作阻塞的数量，此参数可以为 NULL；
- 参数 *pulWPend* 返回当前写操作阻塞的数量，此参数可以为 NULL；
- 参数 *pulOption* 返回当前读/写信号量的选项参数，此参数可以为 NULL；
- 参数 *pulOwnerId* 返回当前写信号量的拥有者 ID，此参数可以为 NULL。

4.7　SylixOS 消息队列

SylixOS 消息队列的详细原理见《SylixOS 应用开发权威指南》的第 5 章线程间通信，下面介绍在《SylixOS 应用开发权威指南》中来讲述的函数接口（下面这套接口通常被驱动程序调用）。

1. 消息队列的创建和删除

（1）消息队列的创建

```
#include <SylixOS.h>
LW_OBJECT_HANDLE  API_MsgQueueCreate (CPCHAR        pcName,
                                      ULONG         ulMaxMsgCounter,
                                      size_t        stMaxMsgByteSize,
                                      ULONG         ulOption,
                                      LW_OBJECT_ID  * pulId);
```

函数 API_MsgQueueCreate 原型分析：

- 此函数成功返回消息队列句柄，失败返回 LW_HANDLE_INVALID 并设置错误号；
- 参数 *pcName* 是消息队列的名字；
- 参数 *ulMaxMsgCounter* 是消息队列可容纳的最大消息个数；
- 参数 *stMaxMsgByteSize* 是消息队列的单则消息的最大长度；
- 参数 *ulOption* 是消息队列的创建选项（如表 4.2 所列）；
- 输出参数 *pulId* 用于接收消息队列的 ID。

需要注意的是，消息队列中最大消息队列的最小值为 sizeof(size_t)，也就是说创建消息队列的最小容量为 sizeof(size_t) 个字节大小。

（2）消息队列的删除

```
#include <SylixOS.h>
ULONG  API_MsgQueueDelete (LW_OBJECT_HANDLE  * pulId);
```

函数 API_MsgQueueDelete 原型分析：

- 此函数成功返回 ERROR_NONE，失败返回错误号；
- 参数 *pulId* 是消息队列的句柄。

2. 接收消息

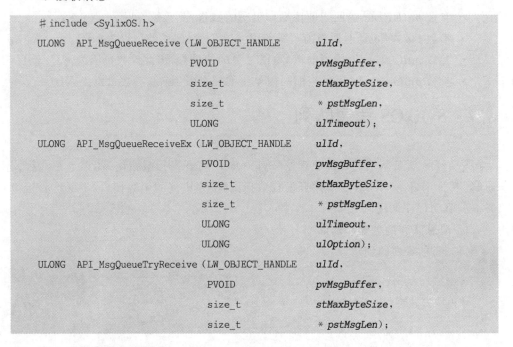

```
# include <SylixOS.h>
ULONG   API_MsgQueueReceive (LW_OBJECT_HANDLE      ulId,
                             PVOID                 pvMsgBuffer,
                             size_t                stMaxByteSize,
                             size_t                * pstMsgLen,
                             ULONG                 ulTimeout);
ULONG   API_MsgQueueReceiveEx (LW_OBJECT_HANDLE    ulId,
                             PVOID                 pvMsgBuffer,
                             size_t                stMaxByteSize,
                             size_t                * pstMsgLen,
                             ULONG                 ulTimeout,
                             ULONG                 ulOption);
ULONG   API_MsgQueueTryReceive (LW_OBJECT_HANDLE   ulId,
                             PVOID                 pvMsgBuffer,
                             size_t                stMaxByteSize,
                             size_t                * pstMsgLen);
```

以上三个函数原型分析：

- 函数成功返回 ERROR_NONE，失败返回错误号；
- 参数 *ulId* 是消息队列的句柄；
- 参数 *pvMsgBuffer* 指向用于接收消息的消息缓冲区（一个 void 类型的指针，可以指向任意类型）；
- 参数 *stMaxByteSize* 是消息缓冲区的最大长度；
- 输出参数 *pstMsgLen* 用于接收的消息的长度；
- 参数 *ulTimeout* 是等待的超时时间，单位为时钟嘀嗒 Tick；
- 参数 *ulOption* 是消息队列的接收选项，如表 4.5 所列。

表 4.5　消息队列的接收选项

宏　名	含　义
LW_OPTION_NOERROR	大于缓冲区的消息自动截断（默认为此选项）

调用 API_MsgQueueReceive 函数将从 *ulId* 代表的消息队列中获得消息：

- 当队列中存在消息时，该函数将把消息复制到参数 *pvMsgBuffer* 指向的消息缓冲区，如果缓冲区长度大于消息长度，缓冲区剩余部分不做修改；如果缓

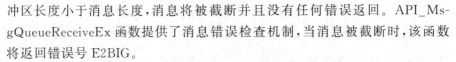

冲区长度小于消息长度,消息将被截断并且没有任何错误返回。API_Ms-gQueueReceiveEx 函数提供了消息错误检查机制,当消息被截断时,该函数将返回错误号 E2BIG。

- 当队列中不存在消息时,线程将被阻塞,如果设置了 *ulTimeout* 的超时值为 LW_OPTION_WAIT_INFINITE,线程将永远阻塞直到消息到来;如果 *ulTimeout* 的超时值不为 LW_OPTION_WAIT_INFINITE,线程将在指定的时间超时后自动唤醒线程。

3. 发送消息

```
# include <SylixOS.h>
ULONG  API_MsgQueueSend (LW_OBJECT_HANDLE      ulId,
                         const PVOID           pvMsgBuffer,
                         size_t                stMsgLen);
ULONG  API_MsgQueueSendEx (LW_OBJECT_HANDLE    ulId,
                           const PVOID         pvMsgBuffer,
                           size_t              stMsgLen,
                           ULONG               ulOption);
```

以上两个函数原型分析:

- 函数成功返回 ERROR_NONE,失败返回错误号;
- 参数 *ulId* 是消息队列的句柄;
- 参数 *pvMsgBuffer* 指向需要发送的消息缓冲区(一个 *void* 类型的指针,可以指向任意类型);
- 参数 *stMsgLen* 是需要发送的消息的长度;
- 参数 *ulOption* 是消息的发送选项,如表 4.6 所列。

表 4.6　消息队列的发送选项

宏　名	含　义
LW_OPTION_DEFAULT	默认的选项
LW_OPTION_URGENT	紧急消息发送
LW_OPTION_BROADCAST	广播发送

如果使用 LW_OPTION_URGENT 选项,那么该消息将被插入到消息队列的首部。如果使用 LW_OPTION_BROADCAST 选项,那么该消息将被传递到每一个等待该消息队列的线程。

4. 带延时的发送消息

```
# include <SylixOS.h>
ULONG  API_MsgQueueSend2 (LW_OBJECT_HANDLE    ulId,
```

```
                         const PVOID            pvMsgBuffer,
                         size_t                 stMsgLen,
                         ULONG                  ulTimeout);
ULONG   API_MsgQueueSendEx2 (LW_OBJECT_HANDLE   ulId,
                         const PVOID            pvMsgBuffer,
                         size_t                 stMsgLen,
                         ULONG                  ulTimeout,
                         ULONG                  ulOption);
```

以上两个函数原型分析：

- 函数成功返回 ERROR_NONE,失败返回错误号；
- 参数 *ulId* 是消息队列的句柄；
- 参数 *pvMsgBuffer* 指向需要发送的消息缓冲区（一个 void 类型的指针,可以指向任意类型）；
- 参数 *stMsgLen* 是需要发送的消息的长度；
- 参数 *ulTimeout* 是发送消息的延时等待时间；
- 参数 *ulOption* 是消息的发送选项,如表 4.6 所列。

以上两个函数在与 API_MsgQueueSend 函数不同的参数传递中增加了 *ulTimeout* 参数,该参数表示发送消息带延时等待功能,这意味着,当发送的消息队列满时,发送消息将等待 *ulTimeout* 时间,如果超时时间到时消息队列仍然处于满状态,消息将被丢弃,否则消息被成功发送。

5. 消息队列的清除

```
# include <SylixOS.h>
ULONG   API_MsgQueueClear (LW_OBJECT_HANDLE   ulId);
```

函数 API_MsgQueueClear 原型分析：

- 此函数成功返回 ERROR_NONE,失败返回错误号；
- 参数 *ulId* 是消息队列的句柄。

消息队列的清除意味着队列中的所有消息将被删除（消息丢弃,队列仍然有效）,企图从中接收消息不会得到预期的结果。

6. 释放等待消息队列的所有线程

```
# include <SylixOS.h>
ULONG   API_MsgQueueFlush (LW_OBJECT_HANDLE   ulId,
                         ULONG       * pulThreadUnblockNum);
```

函数 API_MsgQueueFlush 原型分析：

- 此函数成功返回 ERROR_NONE,失败返回错误号；
- 输出 *ulId* 是消息队列的句柄；

- 输出参数 *pulThreadUnblockNum* 返回被解除阻塞的线程数,可以为 NULL。

调用 API_MsgQueueFlush 函数将使所有阻塞在指定消息队列上的线程(包括发送和接收线程)就绪,这样避免了线程长时间阻塞的状态。

```
# include <SylixOS.h>
ULONG  API_MsgQueueFlushSend (LW_OBJECT_HANDLE    ulId,
                              ULONG    * pulThreadUnblockNum);
```

函数 API_MsgQueueFlushSend 原型分析:
- 此函数成功返回 ERROR_NONE,失败返回错误号;
- 参数 *ulId* 是消息队列的句柄;
- 输出参数 *pulThreadUnblockNum* 返回被解除阻塞的线程数,可以为 NULL。

调用 API_MsgQueueFlushSend 函数将使所有阻塞在指定消息队列上的发送线程就绪,这样避免了发送线程因为长时间发送不出去消息而长时间阻塞的状态。

```
# include <SylixOS.h>
ULONG  API_MsgQueueFlushReceive (LW_OBJECT_HANDLE    ulId,
                                 ULONG    * pulThreadUnblockNum);
```

函数 API_MsgQueueFlushReceive 原型分析:
- 此函数成功返回 ERROR_NONE,失败返回错误号;
- 参数 *ulId* 是消息队列的句柄;
- 输出参数 *pulThreadUnblockNum* 返回被解除阻塞的线程数,可以为 NULL。

调用 API_MsgQueueFlushReceive 函数将使所有阻塞在指定消息队列上的接收线程就绪,这样避免了接收线程因为长时间接收不到消息而长时间阻塞的状态。

7. 获得消息队列的状态

```
# include <SylixOS.h>
ULONG  API_MsgQueueStatus (LW_OBJECT_HANDLE    ulId,
                           ULONG       * pulMaxMsgNum,
                           ULONG       * pulCounter,
                           size_t      * pstMsgLen,
                           ULONG       * pulOption,
                           ULONG       * pulThreadBlockNum);
ULONG  API_MsgQueueStatusEx (LW_OBJECT_HANDLE    ulId,
                             ULONG       * pulMaxMsgNum,
                             ULONG       * pulCounter,
                             size_t      * pstMsgLen,
                             ULONG       * pulOption,
                             ULONG       * pulThreadBlockNum,
                             size_t      * pstMaxMsgLen);
```

以上两个函数原型分析:

- 函数成功返回 ERROR_NONE,失败返回错误号;
- 参数 *ulId* 是消息队列的句柄;
- 输出参数 *pulMaxMsgNum* 用于接收消息队列可容纳的最大消息个数;
- 输出参数 *pulCounter* 用于接收消息队列当前消息的数目;
- 输出参数 *pstMsgLen* 用于接收消息队列最近一则消息的长度;
- 输出参数 *pulOption* 用于接收消息队列的创建选项;
- 输出参数 *pulThreadBlockNum* 用于接收当前阻塞在该消息队列的线程数;
- 输出参数 *pstMaxMsgLen* 用于接收消息队列的单则消息的最大长度。

8. 获得消息队列的名字

```
# include <SylixOS.h>
ULONG   API_MsgQueueGetName (LW_OBJECT_HANDLE   ulId, PCHAR   pcName);
```

函数 API_MsgQueueGetName 原型分析:

- 此函数成功返回 ERROR_NONE,失败返回错误号;
- 参数 *ulId* 是消息队列的句柄;
- 输出参数 *pcName* 是计数型信号量的名字,*pcName* 应该指向一个大小为 LW_CFG_OBJECT_NAME_SIZE 的字符数组。

程序清单 4.6 展示了 SylixOS 消息队列的使用,内核模块在装载时创建了两个不同优先级的线程和一个 SylixOS 消息队列,其中一个线程用于发送消息到消息队列,另一个线程则从消息队列中接收消息并打印。

程序清单 4.6　消息队列的使用

```
# define  __SYLIXOS_KERNEL
# include <SylixOS.h>
# include <stdio.h>
# include <module.h>
# include <string.h>
LW_HANDLE           _G_hThreadAId = LW_OBJECT_HANDLE_INVALID;
LW_HANDLE           _G_hThreadBId = LW_OBJECT_HANDLE_INVALID;
static LW_HANDLE    _G_hMsgQ;
static PVOID    tTestA (PVOID pvArg)
{
    INT     iError;
    CHAR    cMsg[64];
    size_t tstLen;
    while (1) {
        iError = API_MsgQueueReceive(_G_hMsgQ,
                                     cMsg,
```

```
                                        sizeof(cMsg),
                                        &stLen,
                                        LW_OPTION_WAIT_INFINITE);
            if (iError != ERROR_NONE) {
                break;
            }
            printk("tTestA(): get a msg \" % s\"\n", cMsg);
        }
    return  (LW_NULL);
}
static PVOID  tTestB (PVOID pvArg)
{
    INT     iError;
    INT     iCount = 0;
    CHAR    cMsg[64];
    size_tstLen;
    while (1) {
        sprintf(cMsg, "hello SylixOS % d", iCount);
        stLen = strlen(cMsg) + 1;
        iCount ++ ;
        iError = API_MsgQueueSend(_G_hMsgQ, cMsg, stLen);
        if (iError != ERROR_NONE) {
            break;
        }
        API_TimeSSleep(1);
    }
    return  (LW_NULL);
}
VOID  module_init (VOID)
{
    printk("MsgQueue_moduleinit!\n");
    _G_hMsgQ = API_MsgQueueCreate("msgq",
                                  10,
                                  64,
                                  LW_OPTION_WAIT_FIFO |
                                  LW_OPTION_OBJECT_LOCAL,
                                  LW_NULL);
    if (_G_hMsgQ == LW_OBJECT_HANDLE_INVALID) {
        printk("MsgQueue create failed.\n");
        return;
    }
```

```
    _G_hThreadAId = API_ThreadCreate("t_testa", tTestA, LW_NULL, LW_NULL);
    if (_G_hThreadAId == LW_OBJECT_HANDLE_INVALID) {
        printk("t_testa create failed.\n");
        return;
    }
    _G_hThreadBId = API_ThreadCreate("t_testb", tTestB, LW_NULL, LW_NULL);
    if (_G_hThreadBId == LW_OBJECT_HANDLE_INVALID) {
        printk("t_testb create failed.\n");
        return;
    }
}
VOID  module_exit (VOID)
{
    if (_G_hThreadAId != LW_OBJECT_HANDLE_INVALID) {
        API_ThreadDelete(&_G_hThreadAId, LW_NULL);
    }
    if (_G_hThreadBId != LW_OBJECT_HANDLE_INVALID) {
        API_ThreadDelete(&_G_hThreadBId, LW_NULL);
    }
API_MsgQueueDelete(&_G_hMsgQ);
printk("MsgQueue_module exit!\n");
}
```

在 SylixOS Shell 下装载模块：

```
# insmod ./MsgQueue.ko
MsgQueue_module init!
module MsgQueue.ko register ok, handle: 0x13338f0
tTestA(): get a msg "hello SylixOS 0"
tTestA(): get a msg "hello SylixOS 1"
tTestA(): get a msg "hello SylixOS 2"
tTestA(): get a msg "hello SylixOS 3"
tTestA(): get a msg "hello SylixOS 4"
tTestA(): get a msg "hello SylixOS 5"
```

在 SylixOS Shell 下卸载模块：

```
# rmmod  MsgQueue.ko
MsgQueue_module exit!
module /lib/modules/MsgQueue.ko unregister ok.
```

4.8　SylixOS 内核工作队列

4.8.1　简　介

在内核代码中,经常希望将部分工作推迟到将来的某个时间执行,这样做的原因有很多,比如:

- 在持有锁的情况下做耗时操作;
- 希望将工作集中起来以获取批处理的性能;
- 调用了可能导致睡眠的函数。

SylixOS 内核提供了一种机制来提供延迟执行的功能,即工作队列。工作队列是将操作延期执行的一种手段。工作队列可以把工作推后,交由一个内核线程去执行,并且工作队列是执行在进程上下文中,因此工作队列可以被重新调度和抢占甚至睡眠。

一个 SylixOS 工作队列必须调用 API_WorkQueueCreate 函数创建之后才能使用,如果创建成功,API_WorkQueueCreate 函数将返回一个工作队列的句柄。

如果需要插入一个工作到工作队列中,可以调用 API_WorkQueueInsert 函数。

当一个工作队列使用完毕之后,应该调用 API_WorkQueueDelete 函数将其删除,SylixOS 会回收该工作队列占用的内核资源。

4.8.2　工作队列的应用

4.8.2.1　工作队列的创建

```
#include <SylixOS.h>
PVOID   API_WorkQueueCreate (CPCHAR              pcName,
                             UINT                uiQSize,
                             BOOL                bDelayEn,
                             ULONG               ulScanPeriod,
                             PLW_CLASS_THREADATTR pthreadattr);
```

函数 API_WorkQueueCreate 原型分析:

- 此函数成功返回工作队列句柄,失败返回 LW_NULL 并设置错误号;
- *pcName* 参数是工作队列的名称;
- *uiQSize* 参数是工作队列的大小;
- *bDelayEn* 参数是工作队列的延迟执行功能选项;
- *ulScanPeriod* 参数是当带有延迟执行选项时,指定服务线程的扫描周期;
- *pthreadattr* 参数是队列服务线程选项。

4.8.2.2 工作队列的删除

```
# include <SylixOS.h>
ULONG  API_WorkQueueDelete (PVOID  pvWQ);
```

函数 API_WorkQueueDelete 原型分析：
- 此函数成功返回 ERROR_NONE，失败返回错误号；
- *pvWQ* 参数是工作队列句柄。

4.8.2.3 向工作队列中插入一个工作

```
# include <SylixOS.h>
ULONG  API_WorkQueueInsert (PVOID        pvWQ,
                            ULONG        ulDelay,
                            VOIDFUNCPTR  pfunc,
                            PVOID        pvArg0,
                            PVOID        pvArg1,
                            PVOID        pvArg2,
                            PVOID        pvArg3,
                            PVOID        pvArg4,
                            PVOID        pvArg5);
```

函数 API_WorkQueueInsert 原型分析：
- 此函数成功返回 ERROR_NONE，失败返回错误号；
- *pvWQ* 参数是工作队列的句柄；
- *ulDelay* 参数是最小延迟执行时间；
- *pfunc* 参数是执行函数；
- *pvArg0* ~ *pvArg5* 参数是执行参数。

4.8.2.4 工作队列的清空

```
# include <SylixOS.h>
ULONG  API_WorkQueueFlush (PVOID  pvWQ);
```

函数 API_WorkQueueFlush 原型分析：
- 此函数成功返回 ERROR_NONE，失败返回错误号；
- *pvWQ* 参数是工作队列的句柄。

4.8.2.5 工作队列的状态获取

```
# include <SylixOS.h>
ULONG  API_WorkQueueStatus (PVOID  pvWQ, UINT  * puiCount);
```

函数 API_WorkQueueStatus 原型分析：
- 此函数成功返回 ERROR_NONE，失败返回错误号；

- *pvWQ* 参数是工作队列的句柄；
- *puiCount* 参数是当前工作队列中的作业数量。

工作队列的应用场景有很多，比如需要在中断(下半部)里面做很多的耗时操作，这时就可以把耗时的工作放到工作队列中。

程序清单 4.7 展示了 SylixOS 工作队列的使用，加载此内核模块会创建了一个不带有延迟执行功能的 SylixOS 工作队列，然后向工作队列中插入了一个工作，卸载内核模块时删除工作队列。

程序清单 4.7　工作队列的使用

```
#define   __SYLIXOS_KERNEL
#include <SylixOS.h>
#include <module.h>
PVOID  _G_pvWorkQueue;
static VOID __workHandler(VOID)
{
    printk("work handler function.\n");
}
VOID  module_init (VOID)
{
    LW_CLASS_THREADATTR  threadattr;
    printk("WorkQueue_module init!\n");
    API_ThreadAttrBuild(&threadattr,
                        4 * LW_CFG_KB_SIZE,
                        LW_PRIO_NORMAL,
                        LW_OPTION_THREAD_STK_CHK,
                        LW_NULL);
    _G_pvWorkQueue = API_WorkQueueCreate("t_workqueue",
                                        10,
                                        FALSE,
                                        0,
                                        &threadattr);
    if (_G_pvWorkQueue == LW_NULL) {
        printk("WorkQueue create failed.\n");
        return;
    }
    API_WorkQueueInsert(_G_pvWorkQueue,
                        0,
                        __workHandler,
                        LW_NULL,
                        LW_NULL,
                        LW_NULL,
```

```
                              LW_NULL,
                              LW_NULL,
                              LW_NULL);
}
VOID  module_exit (VOID)
{
    API_WorkQueueDelete(_G_pvWorkQueue);
    printk("WorkQueue_module exit!\n");
}
```

在 SylixOS Shell 下装载模块：

```
# insmod ./WorkQueue.ko
WorkQueue_module init!
module WorkQueue.ko register ok, handle: 0x13338f0
work handler function.
```

在 SylixOS Shell 下卸载模块：

```
# rmmod  WorkQueue.ko
WorkQueue_module exit!
module /lib/modules/WorkQueue.ko unregister ok.
```

4.9 SylixOS 中断处理

4.9.1 简 介

内核在处理中断请求时,要求在单位时间内可以处理尽可能多的中断,也就是系统要求处理中断的吞吐率要尽可能地大。这就要求中断处理程序要尽可能地短小精悍,并且不能有耗时操作。但是大多数的中断处理程序是很复杂的,很难在短时间内处理完毕。为了提高系统的响应能力和并发能力,需要平衡中断处理程序时间要求短和工作量要大的问题。SylixOS 将中断处理分为两个阶段,也就是顶半部和底半部:

- 顶半部完成的一般是紧急的硬件操作,包括读取寄存器中的中断状态,清除中断标志,将底半部处理程序挂到底半部的执行队列中去;
- 底半部完成大部分的耗时操作,并且可以被新的中断打断。

如果中断处理程序足够简单,则不需要分为顶半部和底半部,直接在顶半部完成即可。SylixOS 实现底半部的机制是工作队列。

4.9.2　中断在驱动中的使用

程序清单 4.8 展示了 SylixOS 中断底半部在驱动开发中的使用。内核模块在装载时创建了一个不带有延迟执行功能的 SylixOS 工作队列和一个线程，线程用于设置某个 GPIO 的中断处理函数并使能中断，当产生对应的按键中断时，中断处理函数会清除中断，并将耗时操作插入到工作队列中，卸载内核模块时清除该 GPIO 的相关设置并删除工作队列。

程序清单 4.8　中断底半部的使用

```
#define  __SYLIXOS_STDIO
#define  __SYLIXOS_KERNEL
#include <SylixOS.h>
#include <module.h>
#define KEY_NUM          36
PVOID       _G_pvWorkQueue;
static INT  _G_iIrqNum;
static VOID __workHandler(VOID)
{
    printk("work handler function start.\n");
    API_TimeSSleep(5);
    printk("work handler function stop.\n");
}
static irqreturn_t  GpioIsr (INT iGpioNum, ULONG  ulVector)
{
    API_GpioClearIrq(iGpioNum);
    API_WorkQueueInsert(_G_pvWorkQueue,
                        0,
                        __workHandler,
                        LW_NULL,
                        LW_NULL,
                        LW_NULL,
                        LW_NULL,
                        LW_NULL,
                        LW_NULL);
    return  (ERROR_NONE);
}
static PVOID __keyThread (PVOID  pvArg)
{
    INT  iError;
    iError = API_GpioRequestOne(KEY_NUM, LW_GPIOF_IN, "KEY");
    if (iError != ERROR_NONE) {
```

```
            printk("failed to request gpio %d!\n", KEY_NUM);
            return  (NULL);
        }
        _G_iIrqNum = API_GpioSetupIrq(KEY_NUM, LW_FALSE, 0);
        if (_G_iIrqNum == PX_ERROR) {
            printk("failed to setup gpio %d irq!\n", KEY_NUM);
            return  (NULL);
        }
        iError = API_InterVectorConnect((ULONG)_G_iIrqNum,
                                        (PINT_SVR_ROUTINE)GpioIsr,
                                        (PVOID)KEY_NUM,
                                        "GpioIsr");
        if (iError != ERROR_NONE) {
            printk("failed to connect GpioIsr!\n");
            return  (NULL);
        }
        API_InterVectorEnable(_G_iIrqNum);
        return  (NULL);
    }
    void module_init (void)
    {
        LW_CLASS_THREADATTR  threadattr;
        printk("interrupt_module init!\n");
        API_ThreadAttrBuild(&threadattr,
                            4 * LW_CFG_KB_SIZE,
                            LW_PRIO_NORMAL,
                            LW_OPTION_THREAD_STK_CHK,
                            LW_NULL);
        _G_pvWorkQueue = API_WorkQueueCreate("t_workqueue",
                                             10,
                                             FALSE,
                                             0,
                                             &threadattr);
        if (_G_pvWorkQueue == LW_NULL) {
            printk("WorkQueue create failed.\n");
            return;
        }
        API_ThreadCreate("t_key",
                         (PTHREAD_START_ROUTINE)__keyThread,
                         LW_NULL,
                         LW_NULL);
```

```
}
void module_exit (void)
{
    API_InterVectorDisconnect((ULONG)_G_iIrqNum,
                              (PINT_SVR_ROUTINE)GpioIsr,
                              (PVOID)KEY_NUM);
    API_GpioFree(KEY_NUM);
    API_WorkQueueDelete(_G_pvWorkQueue);
    printk("interrupt_module exit!\n");
}
```

在 SylixOS Shell 下装载模块,然后通过按下指定的按键触发中断:

```
# insmod   ./interrupt.ko
interrupt_module init!
moduleinterrupt.ko register ok, handle: 0x13338f0
work handler function start.
work handler function stop.
```

在 SylixOS Shell 下卸载模块:

```
# rmmod   interrupt.ko
interrupt_module exit!
module /lib/modules/interrupt.ko unregister ok.
```

第 **5** 章

SylixOS 链表管理

SylixOS 使用了多种链表管理方式,不同形式的链表管理用在 SylixOS 内核的不同场景中。SylixOS 链表主要分为单链表、双链表、环形链表、哈希链表四部分,本章将会依次介绍这些链表的相关数据结构和基本操作方式。

SylixOS 对链表数据结构的定义集中在"libsylixos/sylixos/kernel/list/list-Type.h"头文件中,链表基本操作函数定义在"libsylixos/sylixos/kernel/list/listOp.h"和"libsylixos/sylixos/kernel/list/listLink.c"源文件中。

5.1 单链表

单链表的节点链接是单方向的,在 SylixOS 中,单链表多用于操作系统资源分配,管理空闲资源,比如线程控制块的空闲控制块的管理,创建一个线程时就需要从空闲控制块链表中取出一个空闲控制块,删除线程时就需要将回收的控制块加入到空闲控制块链表中以备继续使用。

单向资源分配链表数据结构定义:

```
typedef struct __list_mono {
    struct __list_mono      * MONO_plistNext;
} LW_LIST_MONO;
```

• MONO_plistNext:资源表前向指针。

在 SylixOS 中,单链表主要有节点查找、分配、回收等链表操作。

5.1.1 指向下一个节点

```
#include <SylixOS.h>
VOID  _list_mono_next (PLW_LIST_MONO  * phead);
```

函数_list_mono_next 原型分析：

· 参数 *phead* 是单链表节点指针的指针。

调用_list_mono_next 函数可以让单链表指向下一个节点，如图 5.1 所示。

SylixOS 内核中线程可以安排它退出时需要调用的函数，这样的函数称为线程清理处理程序。一个线程可以建立多个清理处理程序，处理程序记录在栈中，其中将一个压栈函数运行并释放的接口 API_ThreadCleanupPop 函数就使用到_list_mono_next 函数，通过_list_mono_next 函数依次运行压入栈中的线程清理处理程序并释放。

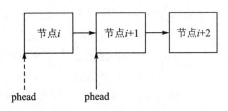

注：虚线表示函数执行前 phead 指针的指向；
　　实线表示函数执行后 phead 指针的指向

图 5.1　指向下一个节点

注：线程清理处理程序压栈入栈相关介绍可参考《SylixOS 应用开发权威指南》122 页。

5.1.2　获取下一个节点

```
# include <SylixOS.h>
PLW_LIST_MONO  _list_mono_get_next (PLW_LIST_MONO  pmono);
```

函数_list_mono_get_next 原型分析：

· 此函数返回单链表下一个节点的指针；

· 参数 *pmono* 为单链表节点的指针。

调用_list_mono_get_next 函数可以获取单链表下一个节点的指针，如图 5.2 所示。

SylixOS 内核中对具有依赖关系的模块管理和对 C＋＋全局对象析构函数列表的管理使用到_list_mono_get_next 函数。当具有依赖关系的模块注册时，需

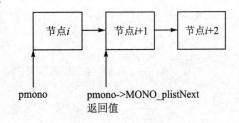

图 5.2　获取下一个节点

要先注册底层模块，再注册上层模块；模块卸载时，就要反过来先卸载上层模块，再卸载底层模块，模块注册或卸载时的执行顺序就是由_list_mono_get_next 函数来保证的。

5.1.3　单链表分配

```
# include <SylixOS.h>
PLW_LIST_MONO  _list_mono_allocate (PLW_LIST_MONO  * phead);
PLW_LIST_MONO  _list_mono_allocate_seq (PLW_LIST_MONO  * phead,
                                        PLW_LIST_MONO  * ptail);
```

函数_list_mono_allocate 原型分析：

- 此函数返回单链表下一个节点的指针；
- 参数 *phead* 是单链表头节点的指针。

函数_list_mono_allocate_seq 原型分析：

- 此函数返回单链表下一个节点的指针；
- 参数 *phead* 是单链表头节点的指针；
- 参数 *ptail* 是单链表尾节点的指针，头、尾节点指针进行比较以预防资源句柄卷绕。

这两个函数都是资源缓冲池分配函数，使用单链表实现，_list_mono_allocate_seq 函数相对_list_mono_allocate 函数可预防资源句柄卷绕，如图 5.3 所示。

SylixOS 内核中有很多需要资源缓冲池管理的地方使用到_list_mono_allocate 函数和_list_mono_allocate_seq 函数。比

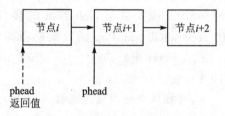

图 5.3 资源缓冲池分配操作

如典型的空闲线程控制块的管理，创建一个线程就需要从空闲线程控制块链表中申请一个线程控制块，这时指向空闲线程控制块的"头指针"就需要将当前指向的线程控制块分配出去，然后"头指针"指向下一个空闲线程控制块以备后续线程控制块的分配。

5.1.4 单链表回收

```
#include <SylixOS.h>
VOID  _list_mono_free  (PLW_LIST_MONO * phead,
                        PLW_LIST_MONO   pfree);
VOID  _list_mono_free_seq (PLW_LIST_MONO  * phead,
                          PLW_LIST_MONO  * ptail,
                          PLW_LIST_MONO   pfree);
```

函数_list_mono_free 原型分析：

- 参数 *phead* 是单链表节点的"头指针"；
- 参数 *pfree* 是要回收的节点的指针。

函数_list_mono_free_seq 原型分析：

- 参数 *phead* 是单链表节点的"头指针"；
- 参数 *ptail* 是单链表尾节点的指针，头、尾节点指针进行比较以预防资源句柄卷绕；
- 参数 *pfree* 是要回收的节点的指针。

这两个函数都是资源缓冲池回收函数，使用单链表实现，_list_mono_free_seq 函

数相对于_list_mono_free 函数可预防资
源句柄卷绕,如图 5.4 所示。

SylixOS 内核中有很多需要资源缓冲
池管理的地方使用到_list_mono_free 函
数和_list_mono_free_seq 函数。和空闲
线程控制块的分配相反,删除一个线程就
需要回收该线程占用的线程控制块,这时
系统就会清空该线程控制块,然后再次
"空闲"的线程控制块会被系统回收到空

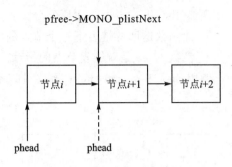

图 5.4　资源缓冲池回收操作

闲线程控制块链表中,即将回收的线程控制块插入空闲线程控制块管理链表的头部,
链接到空闲线程控制块链表中以备再次被使用。

5.2　双链表

双链表是在单链表的基础上做出了改进,每个节点含有两个指针,分别指向直接
前驱与直接后继。

双向线性管理表数据结构定义:

```
typedef struct __list_line {
    struct __list_line      * LINE_plistNext;
    struct __list_line      * LINE_plistPrev;
} LW_LIST_LINE;
```

- LINE_plistNext:线性表前向指针;
- LINE_plistPrev:线性表后向指针。

在 SylixOS 中,双链表主要有节点查找、插入、删除等链表操作。

5.2.1　指向下一个节点

```
# include <SylixOS.h>
VOID  _list_line_next (PLW_LIST_LINE  * phead);
```

函数_list_line_next 原型分析:
- 参数 phead 是双链表节点指针的指针。

调用_list_line_next 函数可以让双链表表头指向下一个节点,如图 5.5 所示。

5.2.2　获取下一个节点

```
# include <SylixOS.h>
PLW_LIST_LINE  _list_line_get_next (PLW_LIST_LINE  pline);
```

函数_list_line_get_next 原型分析：
- 此函数返回双链表下一个节点的指针；
- 参数 *pline* 是双链表节点的指针。

调用_list_line_get_next 函数可以获取双链表下一个节点的指针，如图 5.6 所示。

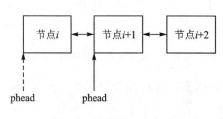

图 5.5　指向下一个节点

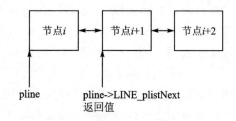

图 5.6　获取下一个节点

SylixOS 内核中也有很多地方用到双向线性管理表，比如 gdb 调试，当我们执行单步调试的上一步或下一步时，程序就会对应执行上一条语句或下一条语句，gdb 调试的断点管理就使用到_list_line_get_next 函数。

5.2.3　获取上一个节点

```
# include <SylixOS.h>
PLW_LIST_LINE   _list_line_get_prev (PLW_LIST_LINE   pline);
```

函数_list_line_get_prev 原型分析：
- 此函数返回双链表上一个节点的指针；
- 参数 *pline* 是双链表节点的指针。

调用_list_line_get_prev 函数可以获取双链表上一个节点的指针，如图 5.7 所示。

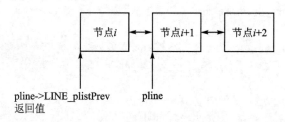

图 5.7　获取上一个节点

SylixOS 内核中_list_line_get_prev 函数是与_list_line_get_next 函数相对应的。这里再以 SylixOS 内核中堆内存的回收为例，SylixOS 的堆内存的分配与回收采用"首次适应、立即聚合"的机制，在堆内存回收的"立即聚合"实现中会使用到_list_line_get_prev 函数来获得堆内存的左分段，将已申请的空间释放回堆，且下一次优先被分配。

5.2.4　双链表头部前方向插入节点

```
#include <SylixOS.h>
VOID  _List_Line_Add_Ahead (PLW_LIST_LINE        plineNew,
                            LW_LIST_LINE_HEADER  * pplineHeader);
```

函数_List_Line_Add_Ahead 原型分析：

- 参数 *plineNew* 是双链表中要插入的新节点的指针；
- 参数 *pplineHeader* 是双链表头节点指针的指针。

调用_List_Line_Add_Ahead 函数可以向双链表表头前方向插入一个节点，参数 pplineHeader 将指向这个节点，如图 5.8 所示。

SylixOS 内核中的线程私有数据的管理就是使用_List_Line_Add_Ahead 函数将线程私有数据加入线程私有数据链表。

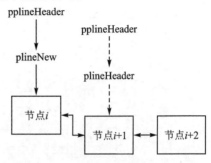

图 5.8　双链表表头前插入节点

5.2.5　双链表头部后方向插入节点

```
#include <SylixOS.h>
VOID  _List_Line_Add_Tail (PLW_LIST_LINE        plineNew,
                           LW_LIST_LINE_HEADER  * pplineHeader);
```

函数_List_Line_Add_Tail 原型分析：

- 参数 *plineNew* 是双链表中要插入的新节点的指针；
- 参数 *pplineHeader* 是双链表头节点指针的指针。

调用_List_Line_Add_Tail 函数可以向链表头后方向插入一个节点，参数 pplineHeader 不变，如图 5.9 所示。

SylixOS 内核中线程是最小调度单位，不过也存在虚拟进程的概念，每个虚拟进程对应一个进程控制块，在进程控制块的管理中就使用到_List_Line_Add_Tail 函数将进程控制块加入进程表。

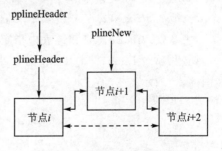

图 5.9　双链表表头后插入节点

5.2.6 双链表指定节点左方向插入节点

```
# include <SylixOS.h>
VOID  _List_Line_Add_Left (PLW_LIST_LINE  plineNew,
                           PLW_LIST_LINE  plineRight);
```

函数_List_Line_Add_Left 原型分析：
- 参数 *plineNew* 是双链表中要插入的新节点的指针；
- 参数 *plineRight* 是双链表中指定节点的指针。

调用_List_Line_Add_Left 函数可以把新的节点插入双链表指定节点的左侧，如图 5.10 所示。

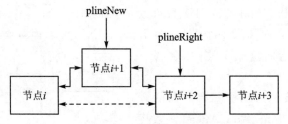

图 5.10　新的节点插入双链表指定节点的左侧

SylixOS 内核中任务需要延时等待时会被操作系统加入到等待唤醒链表中，将一个需要等待唤醒的任务加入到等待唤醒链表中使用到_List_Line_Add_Left 函数。

5.2.7 双链表指定节点右方向插入节点

```
# include <SylixOS.h>
VOID  _List_Line_Add_Right (PLW_LIST_LINE  plineNew,
                            PLW_LIST_LINE  plineLeft);
```

函数_List_Line_Add_Right 原型分析：
- 参数 *plineNew* 是双链表中要插入的新节点的指针；
- 参数 *plineLeft* 是双链表中指定节点的指针。

调用_List_Line_Add_Right 函数可以把新的节点插入双链表指定节点的右侧，如图 5.11 所示。

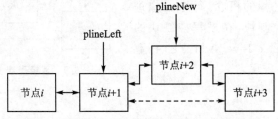

图 5.11　新的节点插入双链表指定节点的右侧

5.2.8　双链表删除节点

```
# include <SylixOS.h>
VOID  _List_Line_Del (PLW_LIST_LINE          plineDel,
                      LW_LIST_LINE_HEADER     * pplineHeader);
```

函数_List_Line_Del 原型分析：
- 参数 *plineDel* 是要删除的双链表中的节点的指针；
- 参数 *pplineHeader* 是双链表头节点的指针的指针。

调用_List_Line_Del 函数可以从双链表中删除一个节点，如图 5.12 所示。

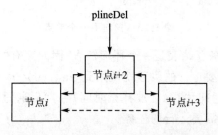

图 5.12　删除双链表中一个节点

SylixOS 内核中双向线性管理表的节点回收会使用到_List_Line_Del 函数。

5.3　环形链表

环形链表也称为循环链表，它是一种特殊的双向链表。双向链表的尾节点指向头节点，就构成了环形链表。

双向环形队列表数据结构定义：

```
typedef struct __list_ring {
    struct __list_ring      * RING_plistNext;         /* 环形表前向指针 */
    struct __list_ring      * RING_plistPrev;         /* 环形表后向指针 */
} LW_LIST_RING;
```

- RING_plistNext：环形表前向指针；
- RING_plistPrev：环形表后向指针。

SylixOS 中，环形链表主要有节点查找、插入、删除等链表操作。

5.3.1　指向下一个节点

```
# include <SylixOS.h>
VOID _list_ring_next (PLW_LIST_LINE   * phead);
```

函数_list_ring_next 原型分析：
- 参数 *phead* 是环形链表头节点指针的指针。

调用_list_ring_next 函数可以让环形链表表头指向下一个节点，如图 5.13 所示。

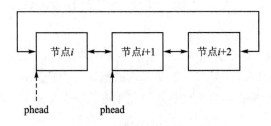

图 5.13 指向下一个节点

SylixOS 内核中任务就绪表是一个环形链表，因此又有"就绪环"的说法，从任务就绪表中确定一个最需要运行的线程就使用到_list_ring_next 函数。在 RR 调度策略中，当就绪任务缺少时间片时，会被补充时间片，然后通过_list_ring_next 函数查找同优先级中下一个最需要运行的任务。

5.3.2 获取下一个节点

```
# include <SylixOS.h>
PLW_LIST_RING  _list_ring_get_next (PLW_LIST_RING  pring);
```

函数_list_ring_get_next 原型分析：
- 此函数返回环形链表下一个节点的指针；
- 参数 *pring* 是环形链表节点的指针。

调用_list_ring_get_next 函数可以获取环形链表下一个节点的指针，如图 5.14 所示。

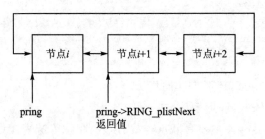

图 5.14 获取下一个节点

SylixOS 内核中模块加载、内存分配、处理核间中断调用函数等多个地方均使用到 list_ring_get_next 函数。

5.3.3　获取上一个节点

```
# include <SylixOS.h>
PLW_LIST_RING  _list_ring_get_prev (PLW_LIST_RING  pring);
```

函数_list_ring_get_prev 原型分析：
- 此函数返回环形链表上一个节点的指针；
- 参数 *pring* 是环形链表节点的指针。

调用_list_ring_get_prev 函数可以获取环形链表上一个节点的指针，如图 5.15 所示。

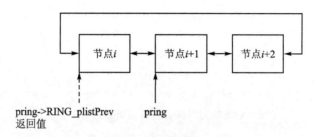

图 5.15　获取上一个节点

5.3.4　环形链表头部前方向插入节点

```
# include <SylixOS.h>
VOID  _List_Ring_Add_Ahead (PLW_LIST_RING        pringNew,
                            LW_LIST_RING_HEADER  * ppringHeader);
```

函数_List_Ring_Add_Ahead 原型分析：
- 参数 *pringNew* 是环形链表中要插入的新节点的指针；
- 参数 *ppringHeader* 是环形链表头节点指针的指针。

调用_List_Ring_Add_Ahead 函数可以向环形链表表头前方向插入一个节点，参数 ppringHeader 将指向这个节点，如图 5.16 所示。

SylixOS 内核中将线程加入到事件等待队里中使用到_List_Ring_Add_Ahead 函数。

5.3.5　环形链表头部后方向插入节点

```
# include <SylixOS.h>
VOID  _List_Ring_Add_Front (PLW_LIST_RING         pringNew,
                            LW_LIST_RING_HEADER  * ppringHeader);
```

函数_List_Ring_Add_Front 原型分析：

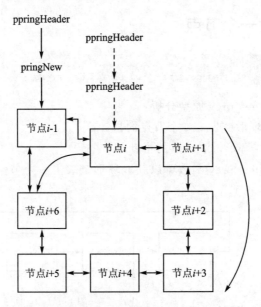

图 5.16　环形链表头部前方向插入一个节点

- 参数 *pringNew* 是环形链表中要插入的新节点的指针；
- 参数 *ppringHeader* 是环形链表中指定节点的指针。

调用_List_Ring_Add_Front 函数可以向环形链表表头后方向插入一个节点，参数 ppringHeader 有节点时，不变化，SylixOS 就绪表使用这种操作方式实现，如图 5.17 所示。

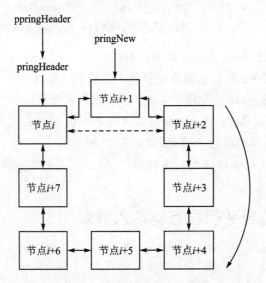

图 5.17　环形链表头部后方向插入一个节点

SylixOS 内核中将任务加入到"就绪环"中使用到_List_Ring_Add_Front 函数，对于高速响应线程，会使用_List_Ring_Add_Front 函数将线程加入到环形链表头部；对于普通响应线程，会使用下面的_List_Ring_Add_Last 函数将线程加入到环形链表尾部。

5.3.6　环形链表尾部后方向插入节点

```
＃include <SylixOS.h>
VOID  _List_Ring_Add_Last (PLW_LIST_RING          pringNew,
                           LW_LIST_RING_HEADER     * ppringHeader);
```

函数_List_Ring_Add_Last 原型分析：
- 参数 *pringNew* 是环形链表中要插入的新节点的指针；
- 参数 *ppringHeader* 是环形链表头节点指针的指针。

调用_List_Ring_Add_Last 函数可以向环形链表表尾部后方向插入一个节点，如图 5.18 所示。

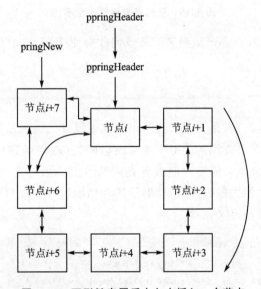

图 5.18　环形链表尾后方向中插入一个节点

5.3.7　环形链表删除节点

```
＃include <SylixOS.h>
VOID  _List_Ring_Del (PLW_LIST_RING          pringDel,
                      LW_LIST_RING_HEADER     * ppringHeader);
```

函数_List_Ring_Del 原型分析：
- 参数 *pringDel* 是要删除的环形链表中的节点的指针；

- 参数 $ppringHeader$ 是环形链表头节点的指针的指针。

调用_List_Ring_Del 函数可以从环形链表中删除一个节点,如图 5.19 所示。

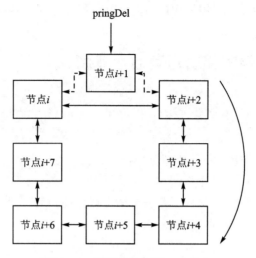

图 5.19　环形链表删除一个节点

SylixOS 内核中双向环形队列表的节点回收会使用到_List_Ring_Del 函数。

5.4　哈希链表

哈希链表又称散列表,是为了加快节点查询而设计的一种数据结构。

基本原理是:把需要查询的关键字通过映射函数(散列函数)映射到相应的存储地址,然后直接访问节点。需要存储或者查询的节点一般称为关键字(Key value),而这个映射函数一般称为散列函数,映射到的存储地址一般称为散列表。

哈希链表数据结构定义:

```
typedef struct __hlist_node {
    struct __hlist_node    * HNDE_phndeNext;
    struct __hlist_node    * * HNDE_pphndePrev;
} LW_HLIST_NODE;
typedef struct __hlist_head {
    struct __hlist_node    * HLST_phndeFirst;
} LW_HLIST_HEAD;
```

- HNDE_phndeNext:前向指针;
- HNDE_pphndePrev:后向双指针;
- HLST_phndeFirst:第一个节点。

哈希链表的散列函数在 libsylixos/sylixos/shell/hashlib/hashHorner. c 文件中

定义。

```
# include <SylixOS.h>
INT  __hashHorner(CPCHAR  pcKeyword, INT  iTableSize);
```

- 此函数返回为散列的结果；
- 参数 pcKeyword 是需要计算散列值的关键字；
- 参数 iTableSize 是散列表大小。

函数是哈希散列函数，使用 horner 多项式。哈希表的大小最好为素数，这样散列的效果最好。本算法专为变量管理器和 shell 管理器设计，采用一阶散列表进行搜索。

SylixOS 内核中系统查找全局符号表，查找、导出符号以及 shell 系统的关键字管理等多处地方使用到哈希一级散列表确定关键字的位置，再通过其他链表的操作查找具体的内容。

第6章

SylixOS 内核内存管理

6.1 内存分配与回收

6.1.1 内存堆

内存堆是内存管理的一种方式,用户可以把一块固定的物理内存交给内存堆管理。在 SylixOS 中内核堆与系统堆都是内存堆的一种。在设备驱动需要反复地申请、释放内存时,为了提高内存的利用率,用户可以申请一块物理内存作为设备驱动专有的内存堆,并可以从这块内存堆里申请。如果用户在编写设备驱动时要管理一块设备 RAM,也可使用内存堆管理。内存堆的主要函数位于"libsylixos/kernel/core/_HeapLib. c"文件中。

6.1.2 创建内存堆

函数_HeapCreate 的功能是创建内存堆,用户需要提供的参数是需要管理的物理内存首地址和这一块需要申请的内存堆的大小。其详细描述如下:

```
#include <SylixOS.h>
PLW_CLASS_HEAP  _HeapCreate(PVOID      pvStartAddress,
                           size_t     stByteSize);
```

函数_HeapCreate 原型分析:

- 此函数成功时返回一个内存堆的 PLW_CLASS_HEAP 结构体指针,失败时返回 LW_NULL;
- 参数 *pvStartAddress* 是需要管理的物理内存首地址;
- 参数 *stByteSize* 是申请内存堆的大小。

LW_CLASS_HEAP 是内存堆的结构体,其详细描述如下:

```
# include <SylixOS.h>
typedef struct {
    LW_LIST_MONO                HEAP_monoResrcList;
    PLW_LIST_RING               HEAP_pringFreeSegment;
# if (LW_CFG_SEMB_EN > 0) && (LW_CFG_MAX_EVENTS > 0)
    LW_OBJECT_HANDLE            HEAP_ulLock;
# endif
    PVOID                       HEAP_pvStartAddress;
    size_t                      HEAP_stTotalByteSize;
    ULONG                       HEAP_ulSegmentCounter;
    size_t                      HEAP_stUsedByteSize;
    size_t                      HEAP_stFreeByteSize;
    size_t                      HEAP_stMaxUsedByteSize;
    UINT16                      HEAP_usIndex;
    CHAR                        HEAP_cHeapName[LW_CFG_OBJECT_NAME_SIZE];
    LW_SPINLOCK_DEFINE          (HEAP_slLock);
} LW_CLASS_HEAP;
typedef LW_CLASS_HEAP    * PLW_CLASS_HEAP;
```

- HEAP_monoResrcList:空闲资源表;
- HEAP_pringFreeSegment:空闲段表;
- HEAP_ulLock:信号锁,用于保护内存堆在同一个时段不被多个用户使用;
- HEAP_pvStartAddress:内存堆起始地址;
- HEAP_stTotalByteSize:堆内存总大小;
- HEAP_ulSegmentCounter:分段数量;
- HEAP_stUsedByteSize:使用的字节数量;
- HEAP_stFreeByteSize:空闲的字节数量;
- HEAP_stMaxUsedByteSize:使用的最大字节数量;
- HEAP_usIndex:堆缓冲索引;
- HEAP_cHeapName:堆名;
- HEAP_slLock:自旋锁。

注:用户在管理内存堆结构体中的相关成员时,请使用系统提供的管理接口,以便驱动可以向后兼容。

成员 HEAP_monoResrcList 是当前空闲的内存堆链表,用户可遍历链表获取空闲的内存堆的结构体指针;使用完成后,用户可以把内存堆归还给成员 HEAP_monoResrcList,不需要释放内存堆。成员 HEAP_monoResrcList 链表可以看作一个容器链表,使用时可申请容器,不需要时可归还容器。此方式可以减少内存碎片,提高内存利用率。

成员 HEAP_pringFreeSegment 是当前内存堆中空闲内存空间的链表,用户从内存堆中申请字节池时,会从成员 HEAP_pringFreeSegment 链表中获取空闲的内存空间;用户释放字节池时,会把释放的内存空间加入到成员 HEAP_pringFreeSegment 链表。

6.1.3　删除内存堆

函数_HeapDelete 的功能是删除内存堆,用户需要提供的参数是已创建的内存堆结构体的指针和是否需要检查使用情况。其详细描述如下:

```
# include <SylixOS.h>
PLW_CLASS_HEAP  _HeapDelete (PLW_CLASS_HEAP  pheap, BOOL  bIsCheckUsed);
```

函数_HeapDelete 原型分析:
- 函数成功返回 LW_NULL,失败返回堆结构体的指针;
- 参数 *pheap* 是内存堆结构体的指针;
- 参数 *bIsCheckUsed* 是是否检查使用情况。

如果一个内存堆还在被使用,理论上不应该被删除。当用户无法确定该堆是否正在被使用时,需要给参数 *bIsCheckUsed* 传递 LW_TRUE,函数_HeapDelete 会检查内存堆的使用情况:如果参数 *pheap* 所代表的内存堆没有被使用,则执行删除流程,执行成功时返回 LW_NULL;执行失败则返回传入的内存堆的结构体指针。

6.1.4　申请字节池

用户成功申请内存堆之后,如果需要从内存堆中申请字节池,可以根据不同的需求执行不同的申请函数。SylixOS 提供三种不同的函数接口,用于满足用户的不同需求。

函数_HeapAllocate 的功能是从指定的内存堆中申请字节池,用户需要提供的参数是已创建的内存堆结构体的指针、需要申请的字节池的大小和申请字节池的用途。其详细描述如下:

```
# include <SylixOS.h>
PVOID  _HeapAllocate (PLW_CLASS_HEAP    pheap,
                      size_t            stByteSize,
                      CPCHAR            pcPurpose);
```

函数_HeapAllocate 原型分析:
- 函数成功时返回分配的内存首地址,失败时返回 LW_NULL;
- 参数 *pheap* 是内存堆结构体的指针,指定在哪块内存堆中申请字节池;
- 参数 *stByteSize* 是申请的字节数;

- 参数 *pcPurpose* 是分配内存的用途。

注：分配内存的用途是指描述一下申请的内存的作用，一般写 LW_NULL。

函数_HeapZallocate 的功能是从指定的内存堆中申请字节池，并且把申请的字节池清零。用户需要提供的参数是已创建的内存堆结构体的指针、需要申请的字节池的大小和申请字节池的用途。其详细描述如下：

```
#include <SylixOS.h>
PVOID  _HeapZallocate(PLW_CLASS_HEAP      pheap,
                      size_t              stByteSize,
                      CPCHAR              pcPurpose);
```

函数_HeapZallocate 原型分析：
- 函数成功时返回分配的内存首地址，失败时返回 LW_NULL；
- 参数 *pheap* 是内存堆结构体的指针，指定在哪块内存堆中申请字节池；
- 参数 *stByteSize* 是申请的字节数；
- 参数 *pcPurpose* 是分配内存的用途。

函数_HeapAllocateAlign 的功能是申请字节对齐的字节池，用户需要提供的参数是已创建的内存堆结构体的指针、需要申请的字节池的大小、内存对齐关系和申请字节池的用途。其详细描述如下：

```
#include <SylixOS.h>
PVOID  _HeapAllocateAlign(PLW_CLASS_HEAP      pheap,
                          size_t              stByteSize,
                          size_t              stAlign,
                          CPCHAR              pcPurpose);
```

函数_HeapAllocateAlign 原型分析：
- 函数成功时返回分配的内存首地址，失败时返回 LW_NULL；
- 参数 *pheap* 是内存堆结构体的指针，指定在哪块内存堆中申请字节池；
- 参数 *stByteSize* 是申请的字节数；
- 参数 *stAlign* 是内存对齐关系；
- 参数 *pcPurpose* 是分配内存的用途。

注：内存对齐关系是指用户想要申请的内存是按照多少字节对齐。

用户在开发设备驱动时，可能会遇到特殊的需求，比如设备需要在指定内存区域申请字节对齐的内存空间，这时用户就需要通过调用函数_HeapAllocateAlign 实现这一功能。当设备要求在指定内存区域申请内存空间，但没有要求字节对齐的时候，用户可以调用函数_HeapAllocate 或函数_HeapZallocate 实现。

6.1.5　释放字节池

函数_HeapFree 的功能是释放字节池，用户需要提供的参数是已创建的内存堆结构体的指针、被释放的字节池的物理地址、是否要检查字节池的安全性和是哪个函数释放的字节池。其详细描述：

```
# include <SylixOS.h>
PVOID   _HeapFree (PLW_CLASS_HEAP    pheap,
                   PVOID             pvStartAddress,
                   BOOL              bIsNeedVerify,
                   CPCHAR            pcPurpose);
```

函数 _HeapFree 原型分析：

- 函数成功时返回 LW_NULL，失败时返回 pvStartAddress；
- 参数 *pheap* 是内存堆的结构体的指针，指定从哪块内存堆中释放字节池；
- 参数 *pvStartAddress* 是被释放的字节池的物理地址；
- 参数 *bIsNeedVerify* 是是否要检查字节池的安全性；
- 参数 *pcPurpose* 是哪个函数释放的字节池。

注：1. 安全性检测是指在释放字节池前需要检查这个字节池是否在指定内存堆中或已被占用；

2. 用户使用完申请的字节池后，必须释放字节池，以避免内存堆的空间被用完。

6.1.6　动态内存申请函数

SylixOS 有自己的内存申请函数，如 sys_malloc、sys_zalloc 等，每个申请函数都有着特定的功能，以下会逐一介绍各个函数的详细信息。

函数 sys_malloc 的功能是申请物理内存，用户需要提供的参数是需要申请的内存的大小。其详细描述如下：

```
# include <SylixOS.h>
PVOID   sys_malloc(size_t   szie);
```

函数 sys_malloc 原型分析：

- 函数成功时返回分配的内存首地址，失败时返回 LW_NULL；
- 参数 *size* 是需要申请的内存的大小。

函数 sys_zalloc 的功能是申请物理内存，并且初始化所有内存为 0，用户需要提供的参数是需要申请的内存的大小。其详细描述如下：

```
# include <SylixOS.h>
PVOID   sys_zalloc (size_t   size);
```

函数 sys_zalloc 原型分析：

- 函数成功时返回分配的内存首地址，失败时返回 LW_NULL；
- 参数 *size* 是需要申请的内存的大小。

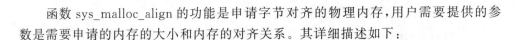

函数 sys_malloc_align 的功能是申请字节对齐的物理内存,用户需要提供的参数是需要申请的内存的大小和内存的对齐关系。其详细描述如下:

```
＃include <SylixOS.h>
PVOID  sys_malloc_align (size_t  size, size_t  align);
```

函数 sys_malloc_align 原型分析:
- 函数成功时返回分配的内存首地址,失败时返回 LW_NULL;
- 参数 *size* 是需要申请的内存的大小;
- 参数 *align* 是内存对齐关系。

函数 sys_realloc 的功能是改变原申请的物理内存的大小,用户需要提供的参数是原申请的内存的首地址和需要申请的新的内存的大小。其详细描述如下:

```
＃include <SylixOS.h>
PVOID  sys_realloc (PVOID  p, size_t  new_size);
```

函数 sys_realloc 原型分析:
- 函数成功时返回分配的内存首地址,失败时返回 LW_NULL;
- 参数 *p* 是原申请的内存的首地址;
- 参数 *new_size* 是需要申请的新的内存的大小。

函数 sys_realloc 可改变原申请的内存的大小,当原内存无法扩展时,系统会释放原内存,并在内存堆中根据首次适应算法申请合适大小的内存空间。用此函数时应当注意,如果原内存中保存有重要的数据,在使用此函数之前需要把重要的数据保存到其他存储区域,以免数据丢失。

SylixOS 同时兼容 Linux 驱动申请内存的函数,Linux 驱动申请内存函数如下:

```
＃include <SylixOS.h>
PVOID  vmalloc(size_t   size);
PVOID  kmalloc(size_t   size, int   flags);
PVOID  kzalloc(size_t   size, int   flags);
```

函数 vmalloc 原型分析:
- 函数成功时返回分配的内存首地址,失败时返回 LW_NULL;
- 参数 *size* 是需要申请的内存的大小。

函数 kmalloc 原型分析:
- 函数成功时返回分配的内存首地址,失败时返回 LW_NULL;
- 参数 *size* 是需要申请的内存的大小;
- 参数 *flags* 是为内存申请的类型,主要内存申请类型如表 6.1 所列。

函数 kzalloc 原型分析:
- 函数成功时返回分配的内存首地址,失败时返回 LW_NULL;

- 参数 *size* 是需要申请的内存大小；
- 参数 *flags* 是申请内存的类型，主要内存申请类型如表 6.1 所列。

表 6.1　Linux 内存申请类型

申请内存的类型	含　义
GFP_ATOMIC	用来从中断处理和进程上下文之外的其他代码中分配内存，从不睡眠
GFP_KERNEL	内核内存的正常分配，可能睡眠
GFP_USER	用来为用户空间页分配内存，可能睡眠
GFP_HIGHUSER	如同 GFP_USER，但是从高端内存分配
GFP_NOFS	这个标志功能如同 GFP_KERNEL，但 GFP_NOFS 分配不允许进行任何文件系统调用
GFP_NOIO	这个标志功能如同 GFP_KERNEL，但 GFP_NOIO 不允许任何 I/O 初始化

在 SylixOS 中函数 vmalloc 和函数 kmalloc 的原型都是 sys_malloc，所以与 Linux 系统不同，函数 vmalloc 和函数 kmalloc 使用起来并没有什么差别。函数 kzalloc 的函数原型为 sys_zalloc，具体功能前面已描述过，这里不再重复。

6.1.7　动态内存释放函数

函数 sys_free 的功能是释放已申请的内存，用户需要提供的参数是已申请内存的首地址。其详细描述如下：

```
# include <SylixOS.h>
PVOIDsys_free (PVOID   pvMemory);
```

函数 sys_free 原型分析：
- 函数正确时返回 LW_NULL，失败时返回 pvMemory；
- 参数 *pvMemory* 是需要释放的内存地址。

SylixOS 兼容 Linux 的内存释放函数，Linux 的内存释放函数如下：

```
# include <SylixOS.h>
PVOID  kfree  (PVOID   pvMemory);
PVOID  vfree  (PVOID   pvMemory);
```

函数 kfree 原型分析：
- 函数正确返回 LW_NULL，失败时返回 pvMemory；
- 参数 *pvMemory* 是需要释放的物理内存首地址。

函数 vfree 原型分析：
- 函数正确返回 LW_NULL，失败时返回 pvMemory；
- 参数 *pvMemory* 是需要释放的物理内存首地址。

在 SylixOS 中函数 kfree 与函数 vfree 的原型为函数 sys_free,所以与函数 sys_free 的使用方式相同,这里不再重复描述。

6.2　环形缓冲区管理

环形缓冲区主要是为了节省内存空间。用户使用环形缓冲区可以重复地对同一块内存空间进行读/写操作,当用户的读/写操作到达缓冲区尾端时,会重新从缓冲区的开始继续读/写。但当多个进程使用同一个环形缓冲区时,则需要用户在不同进程间进行互斥操作,此时可以使用信号量或者互斥锁来保证在同一时段只有一个进程访问环形缓冲区。环形缓冲区的主要函数位于"libsylixos/system/util/rngLib.c"文件中。

VX_RING 是环形缓冲的结构体,其详细描述如下:

```
# include <SylixOS.h>
typedef struct {
  INT              VXRING_iToBuf;
  INT              VXRING_iFromBuf;
  INT              VXRING_iBufByteSize;
  PCHAR            VXRING_pcBuf;
} VX_RING;
typedef VX_RING      * VX_RING_ID;
```

- VXRING_iToBuf:写入位置相对于缓冲区头指针的偏移;
- VXRING_iFromBuf:读出位置相对于缓冲区头指针的偏移;
- VXRING_iBufByteSize:缓冲区长度;
- VXRING_pcBuf:缓冲区头指针。

注:用户在管理环形缓冲区结构体中的相关成员时,请使用系统提供的管理接口,以便驱动可以向后兼容。

6.2.1　创建环形缓冲区

函数_rngCreate 的功能是建立一个兼容 VxWorks 的 ring buffer 缓冲区,用户需要提供的参数是缓冲区的大小。其详细描述如下:

```
# include <SylixOS.h>
VX_RING_ID  _rngCreate (INT  iNBytes);
```

函数_rngCreate 的原型分析:
- 函数正确返回缓冲区结构体指针,否则返回 LW_NULL;
- 参数 iNBytes 是缓冲区大小。

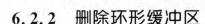

6.2.2 删除环形缓冲区

函数_rngDelete 的功能是删除一个已经创建的环形缓冲区,用户需要提供的参数是已创建的环形缓冲区的结构体指针,其详细描述如下:

```
# include <SylixOS.h>
VOID  _rngDelete (VX_RING_ID  vxringid);
```

函数_rngDelete 的原型分析:

- 参数 *vxringid* 是缓冲区控制块指针。

6.2.3 环形缓冲区读/写函数

函数_rngBufGet 的功能是读取缓冲区数据,用户需要提供的参数是已创建的环形缓冲区的结构体指针、读出的数据存放位置的地址和需要读出的最大字节数。其详细描述如下:

```
# include <SylixOS.h>
INT  _rngBufGet (VX_RING_ID  vxringid,
                 PCHAR       pcBuffer,
                 INT         iMaxBytes);
```

函数_rngBufGet 的原型分析:

- 函数的返回值为成功从缓冲区读取的字节数;
- 参数 *vxringid* 是缓冲区控制块指针;
- 参数 *pcBuffer* 是读出的数据存放位置的地址;
- 参数 *iMaxBytes* 是读出最多的字节数。

函数_rngBufPut 的功能是写缓冲区,用户需要提供的参数是已创建的环形缓冲区的结构体指针、需要写入的数据存放位置的首地址和需要写入的最大字节数。其详细描述如下:

```
# include <SylixOS.h>
INT  _rngBufPut (VX_RING_ID  vxringid,
                 PCHAR       pcBuffer,
                 INT         iNBytes);
```

函数_rngBufPut 的原型分析:

- 函数的返回值为成功写入缓冲区的字节数;
- 参数 *vxringid* 是缓冲区控制块地址;
- 参数 *pcBuffer* 是写入的数据存放位置的首地址;
- 参数 *iNBytes* 是最大写入的字节数。

6.2.4　环形缓冲区管理函数

函数_rngSizeGet 的功能是获得一个已创建的缓冲区的大小,用户需要提供的参数是已创建的环形缓冲区的结构体指针。其详细描述如下:

```
# include <SylixOS.h>
INT  _rngSizeGet (VX_RING_ID  vxringid);
```

函数_rngSizeGet 的原型分析:
- 函数成功返回已分配的缓冲区大小,失败时返回 PX_ERROR;
- *vxringid* 参数是缓冲区控制块指针。

函数_rngFlush 的功能是将一个已创建的缓冲区清空,用户需要提供的参数是已创建的环形缓冲区的结构体指针。其详细描述如下:

```
# include <SylixOS.h>
INT  _rngFlush (VX_RING_ID  vxringid);
```

函数_rngFlush 的原型分析:
- *vxringid* 参数是缓冲区控制块指针。

函数_rngIsEmpty 的功能是判断缓冲区是否为空,用户需要提供的参数是已创建的环形缓冲区的结构体指针。其详细描述如下:

```
# include <SylixOS.h>
INT  _rngIsEmpty (VX_RING_ID  vxringid);
```

函数_rngIsEmpty 的原型分析:
- 当函数的返回值为 1 时表示缓冲区为空,返回值为 0 时表示缓冲区不为空;
- *vxringid* 参数是缓冲区控制块指针。

函数_rngIsFull 的功能是判断缓冲区是否已满,用户需要提供的参数是已创建的环形缓冲区的结构体指针。其详细描述如下:

```
# include <SylixOS.h>
INT  _rngIsFull (VX_RING_ID  vxringid);
```

函数_rngIsFull 的原型分析:
- 当函数的返回值为 1 时缓冲区已满,返回值为 0 时为缓冲区未满;
- *vxringid* 参数是缓冲区控制块指针。

函数_rngFreeBytes 的功能是检查缓冲区的空闲字节数,用户需要提供的参数是已创建的环形缓冲区的结构体指针。其详细描述如下:

```
# include <SylixOS.h>
INT  _rngFreeBytes (VX_RING_ID  vxringid);
```

函数_rngFreeBytes 的原型分析：

- 函数的返回值为空闲字节数；
- *vxringid* 参数是缓冲区控制块指针。

函数_rngNBytes 的功能是检查缓冲区的有效字节数，用户需要提供的参数是已创建的环形缓冲区的结构体指针。其详细描述如下：

```
#include <SylixOS.h>
INT    _rngNBytes (VX_RING_ID  vxringid);
```

函数_rngNBytes 的原型分析：

- 函数的返回值为有效字节数；
- *vxringid* 参数是缓冲区控制块指针。

函数_rngPutAhead 的功能是将一个字符的信息放入一个缓冲区，用户需要提供的参数是已创建的环形缓冲区的结构体指针、要插入的字符和插入字节位置的偏移量。其详细描述如下：

```
#include <SylixOS.h>
VOID   _rngPutAhead  (VX_RING_ID   vxringid,
                      CHAR         cByte,
                      INT          iOffset);
```

函数_rngPutAhead 的原型分析：

- *vxringid* 参数是缓冲区控制块指针；
- *cByte* 参数是要插入的字节；
- *iOffset* 参数是插入字节位置的偏移量。

函数_rngMoveAhead 的功能是改变一个缓冲区的写入位置相对于开始指针的偏移（VXRING_iToBuf），用户需要提供的参数是已创建的环形缓冲区的结构体指针、需要的偏移量。其详细描述如下：

```
#include <SylixOS.h>
VOID   _rngMoveAhead(VX_RING_ID    vxringid,
                     INT           iNum);
```

函数_rngMoveAhead 的原型分析：

- *vxringid* 参数是缓冲区控制块指针；
- *iNum* 参数是偏移量。

用户调用_rngMoveAhead，当传入的 *iNum* 大于或等于 *vxringid* 的缓冲区长度（VXRING_iBufByteSize）成员时，*iNum* 要减去缓冲区长度，然后再被赋值给 VXRING_iToBuf；否则 *iNum* 直接赋值给 VXRING_iToBuf。

环形缓冲区节省了内存的使用，提高了内存使用的利用率。只要读者、写者一直不断地操作环形缓冲区,缓冲区就可以循环使用。在 TTY 内部库中的数据缓冲区管理中就使用了环形缓冲区,TTY 内部库在"libsylixos/system/device/ty/tyLib.c"文件中。

6.3　成块消息管理

　　成块消息可以在多个线程之间传输消息,成块消息缓冲区与环形缓冲区的管理方式有些区别,其主要的区别在于成块消息管理在保证消息完整性上做了相应的处理。保证完整性的处理分为两个部分,分别是写消息时的处理与读消息时的处理。

- 写消息:用户在向成块消息缓冲区写入一段消息时,成块消息写函数会在保存消息之前先保存消息的长度,再保存写入的消息。
- 读消息:用户读成块消息时,成块消息读函数会先比较保存的消息长度与用户传入的消息长度之间的大小,如果保存的长度大于用户传入的消息长度则返回失败,否则就执行读取流程。

　　与环形缓冲区一样,在多个进程使用一块成块消息缓冲区时,也要做进程间的互斥操作。

　　LW_BMSG 是成块消息缓冲区结构体,其详细描述如下:

```
# include <SylixOS.h>
typedef struct {
    PUCHAR        BM_pucBuffer;
    size_t        BM_stSize;
    size_t        BM_stLeft;
    PUCHAR        BM_pucPut;
    PUCHAR        BM_pucGet;
} LW_BMSG;
```

- BM_pucBuffer:缓冲区首地址;
- BM_stSize:缓冲区大小;
- BM_stLeft:剩余空间大小;
- BM_pucPut:写入指针;
- BM_pucGet:读出指针。

　　注:用户在管理成块消息缓冲区结构体中的相关成员时,请使用系统提供的管理接口,以便驱动可以向后兼容。

6.3.1　创建成块消息缓冲区

　　函数_bmsgCreate 的功能是创建一个成块消息缓冲区,用户需要提供的参数是需要的缓冲区的长度。其详细描述如下:

```
# include <SylixOS.h>
PLW_BMSG  _bmsgCreate (size_t  stSize);
```

函数_bmsgCreate 的原型分析：
- 函数成功返回消息缓冲区结构指针，失败时返回 LW_NULL；
- *stSize* 参数是申请的缓冲区的长度。

6.3.2 删除成块消息缓冲区

函数_bmsgDelete 的功能是删除一个已创建的成块消息缓冲区，用户需要提供的参数是已创建的成块消息缓冲区的结构体指针。其详细描述如下：

```
# include <SylixOS.h>
VOID _bmsgDelete (PLW_BMSG  pbmsg);
```

函数_bmsgDelete 的原型分析：
- 参数 *pbmsg* 为消息缓冲区指针。

6.3.3 成块消息缓冲区读/写函数

函数_bmsgGet 的功能是读成块消息缓冲区，用户需要提供的参数是已创建的成块消息缓冲区的结构体指针、读出的消息存放位置的首地址和需要读出的消息长度。其详细描述如下：

```
# include <SylixOS.h>
INT  _bmsgGet (PLW_BMSG  pbmsg, CPVOID  pvMsg, size_t  stSize)
```

函数_bmsgGet 的原型分析：
- 函数的返回值为读出的字节数；
- *pbmsg* 参数是消息缓冲区结构体的指针；
- *pvMsg* 参数是读出的消息存放位置的地址；
- *stSize* 参数是要接收消息的长度。

函数_bmsgPut 的功能是写成块消息缓冲区，用户需要提供的参数是已创建的成块消息缓冲区的结构体指针、写入的消息存放位置的首地址和需要写入的消息长度。其详细描述如下：

```
# include <SylixOS.h>
INT  _bmsgPut (PLW_BMSG  pbmsg, CPVOID  pvMsg, size_t  stSize);
```

函数_bmsgPut 的原型分析：
- 函数的返回值为写入的字符数；
- *pbmsg* 参数是消息缓冲区结构体的指针；
- *pvMsg* 参数是需要写入的消息存放位置的首地址；

- *stSize* 参数是消息的长度。

6.3.4　成块消息缓冲区管理函数

函数_bmsgFlush 的功能是清空成块消息缓冲区,用户需要提供的参数是已创建的成块消息缓冲区的结构体指针。其详细描述如下:

```
# include <SylixOS.h>
VOID _bmsgFlush (PLW_BMSG  pbmsg);
```

函数_bmsgFlush 的原型分析:

- *pbmsg* 参数是消息缓冲区结构体的指针。

函数_bmsgIsEmpty 的功能是判断缓冲区是否为空,用户需要提供的参数是已创建的成块消息缓冲区的结构体指针。其详细描述如下:

```
# include <SylixOS.h>
INT  _bmsgIsEmpty (PLW_BMSG  pbmsg);
```

函数_bmsgIsEmpty 的原型分析:

- 函数成功时返回 LW_TRUE,失败时返回 LW_FALSE;
- *pbmsg* 参数是消息缓冲区结构体的指针。

函数_bmsgIsFull 的功能是判断缓冲区是否已满,用户需要提供的参数是已创建的成块消息缓冲区的结构体指针。其详细描述如下:

```
# include <SylixOS.h>
INT  _bmsgIsFull (PLW_BMSG  pbmsg)
```

函数_bmsgIsFull 的原型分析:

- 函数成功时返回 LW_TRUE,失败时返回 LW_FALSE;
- *pbmsg* 参数是消息缓冲区结构体的指针。

函数_bmsgSizeGet 的功能是获取缓冲区大小,用户需要提供的参数是已创建的成块消息缓冲区的结构体指针。其详细描述如下:

```
# include <SylixOS.h>
INT  _bmsgSizeGet(PLW_BMSG  pbmsg)
```

函数_bmsgSizeGet 的原型分析:

- 函数的返回值为缓冲区大小;
- *pbmsg* 参数是消息缓冲区结构体的指针。

函数_bmsgFreeByte 的功能是获取缓冲区剩余空间的大小,用户需要提供的参数是已创建的成块消息缓冲区的结构体指针。其详细描述如下:

```
# include <SylixOS.h>
INT  _bmsgFreeByte (PLW_BMSG  pbmsg)
```

函数_bmsgFreeByte 的原型分析：

- 函数的返回值为缓冲区剩余空间大小；
- *pbmsg* 参数是消息缓冲区结构体的指针。

函数_bmsgNBytes 的功能是获取缓冲区已经使用的字节数，用户需要提供的参数是已创建的成块消息缓冲区的结构体指针。其详细描述如下：

```
# include <SylixOS.h>
INT  _bmsgNBytes(PLW_BMSG  pbmsg)
```

函数_bmsgNBytes 的原型分析：

- 函数的返回值为缓冲区已经使用的字节数；
- *pbmsg* 参数是消息缓冲区结构体的指针。

函数_bmsgNBytesNext 的功能是获取缓冲区下一条信息的字节长度，用户需要提供的参数是已创建的成块消息缓冲区的结构体指针。其详细描述如下：

```
# include <SylixOS.h>
INT  _bmsgNBytesNext (PLW_BMSG  pbmsg)
```

函数_bmsgNBytesNext 的原型分析：

- 函数的返回值为缓冲区下一条信息的字节长度；
- *pbmsg* 参数是消息缓冲区结构体的指针。

网络事件管理网络消息文件使用了成块消息管理，网络事件函数接口在"lib-sylixos/net/lwip/lwip_netevent.c"文件中。

第**7**章

Cache 与 MMU 管理

7.1　Cache 基本原理

7.1.1　Cache 简介

　　在计算机系统中,CPU 的速度远远高于内存的速度,为了解决内存速度低下的问题,CPU 内部会放置一些 SRAM 用做 Cache(缓存)来提高 CPU 访问程序和数据的速度。可以说 Cache 是连接 CPU 和内存的桥梁,如图 7.1 所示。

　　Cache 具有时间局部性和空间局部性:

　　时间局部性:如果某个数据被访问,那么它很可能被再次访问。比如循环,循环体代码被 CPU 重复地执行,直到循环结束。如果将循环体代码放在 Cache

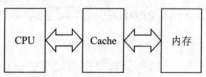

图 7.1　Cache 的作用

中,那么只是第一次访问这些代码需要耗费些时间,以后这些代码每次都能被 CPU 快速地访问,从而提高了访问速度。

　　空间局部性:如果某个数据被访问,那么与它相邻的数据可能很快被访问。比如数组,如果一次将数组中的多个元素从内存复制到 Cache 中,那么只是初次访问这个数组需要一些时间,之后再次访问时,速度就很快了。

7.1.2　Cache 的层次化管理

　　现代的处理器都采用多级的 Cache 组织形式来达到性能和功能的最优。
　　单核处理器大都采用如图 7.2 所示的 Cache 结构。
　　单核处理器通常包含两级 Cache:L1 Cache 和 L2 Cache。在 L1 中,指令和数据

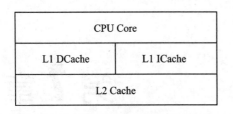

图 7.2 单核处理器的 Cache 结构

使用各自的 Cache,分别叫做指令 Cache（ICache）、数据 Cache（DCache）；在 L2 中,指令和数据共用一套 Cache。通常 L1 空间为几十 KB,L2 空间为几百 KB。

当内核需要访问程序或者数据时,会先从 L1 中去取,如果没有,L1 从 L2 中将数据导入;如果还是没有,则 L2 从内存中将数据导入。

L1 通常和 CPU 内核同频率以保证访问速度,L2 通常会降频使用以降低功耗。

多核处理器大都采用如图 7.3 所示的 Cache 结构：

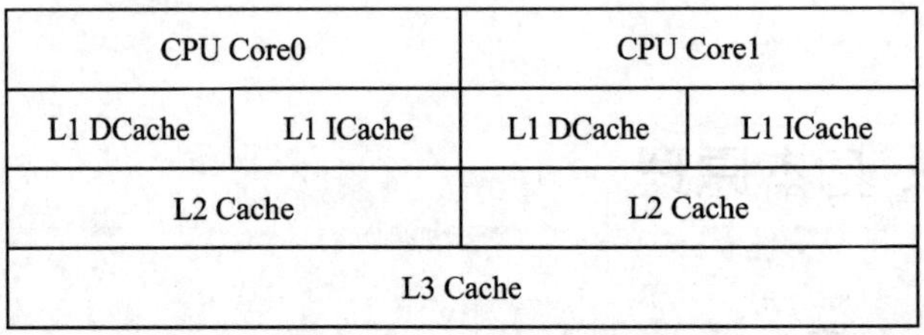

CPU Core0		CPU Core1	
L1 DCache	L1 ICache	L1 DCache	L1 ICache
L2 Cache		L2 Cache	
L3 Cache			

图 7.3 多核处理器的 Cache 结构

在多核处理器中,一般每个内核独享自己的 L1 和 L2,所有的内核会共用一个大容量的 L3。

7.1.3 Cache 的工作方式

整个 Cache 空间被分成 N 个 line,每个 line 通常是 32B 或者 64B 等,Cache line 是 Cache 和内存交换数据的最小单位,每个 Cache line 基本结构如图 7.4 所示。

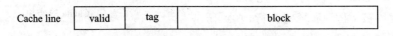

图 7.4 Cache 基本结构

block 中存储的是内存在 Cache 缓存的数据,tag 中存储的是该 Cache line 对应的内存块地址,valid 表示该 Cache line 中的数据是否有效。

假设处理器只有一级 Cache,当 CPU 访问一个数据时,首先会在 Cache 中寻找,第一次肯定找不到,于是就发生 Cache miss,这时内存中的数据被导入到一个 Cache line 的 block 中,并将地址写到相应的 tag 位置,同时将 valid 置 1。当下一次 CPU 继续访问这个数据时,处理器根据地址在 Cache 中找到对应的 Cache line,发现 valid 标志为 1 并且 tag 标志也匹配,就直接从 Cache 中访问这个数据,这个过程叫 Cache hit。

当 Cache hit 时,CPU 直接从 Cache 中访问数据,时间通常为几个周期;当 Cache

miss 时,数据需要从内存中导入,时间通常是几十、几百个周期。

Cache 提供了两种写策略:

1. Write through(写通方式)

Write through 策略是指每当 CPU 修改了 Cache 内容时,Cache 立即更新内存中的内容,如图 7.5 所示。

在上面的例子中,CPU 读入变量 x,它的值为 3,不久后 CPU 将 x 改为 5,CPU 修改的是 Cache 中的数据,当 Cache 采用 Write through 策略时,Cache 控制器将 x 的值更新到内存中。

2. Write back(写回方式)

Write back 策略是指 CPU 修改 Cache 的内容后,Cache 并不会立即更新内存中的内容,而是等到 Cache line 因为某种原因需要从 Cache 中移除时,Cache 才更新内存中的数据。例如,Cache 的 line0 已经存储了 line0 的数据,CPU 想修改地址在内存 line0 中的变量,它实际修改的是 Cache line0 中的数据,当 CPU 访问内存 line4 时,这块数据也需要使用 Cache line0,这时 Cache 控制器会先将 Cache line0 的内容更新到内存的 line0,然后再将 Cache line0 作为内存 line4 的缓存。内存 line0 在很长时间内存储的都不是最新的数据,不过这并不影响程序的正确性,如图 7.6 所示。

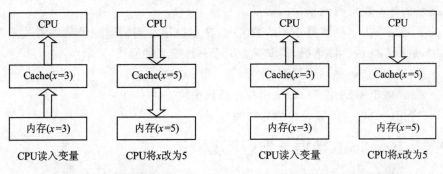

图 7.5　Cache 写通方式　　　　图 7.6　Cache 写回方式

Write through 由于有大量的访问内存的操作,效率较低,大多数处理器都使用 Write back 策略。

Cache 通过增加一个新的 dirty 标志来标明这行数据是否被修改。dirty 标志为 1 表示 Cache 内容被修改,当该 Cache line 被移除时,数据需要被更新到内存;dirty 标志为 0(称为 clean)表示 Cache 的内容和内存的内容一致,如图 7.7 所示。

Cache line	dirty	valid	tag	block

图 7.7　新的 Cache 结构

指令 Cache 不会被修改,不需要 dirty 标志,数据 Cache 需要 dirty 标志。

7.2　Cache 与内存的一致性

由于 Cache 位于 CPU 与内存中间,任何外设对内存数据的修改并不能保证 Cache 中数据也得到同样的更新。同样,处理器对 Cache 中内容的修改也不能保证内存中的数据及时得到更新。这种 Cache 中数据与内存中数据的不同步和不一致的现象将导致使用 DMA 传输数据时或处理器运行自修改代码时产生错误。

Cache 和内存的一致性有一些是通过硬件自动保证的,另外一些则需要通过程序设计时遵守一定的规则来保证。下面介绍这些应该遵守的规则。

7.2.1　地址映射关系变化造成的数据不一致

当系统中使用了 MMU 时,如果查询 Cache 时使用的是虚拟地址,则当系统中虚拟地址到物理地址的映射关系发生变化时,可能造成 Cache 中数据和主存中数据不一致的情况。

在虚拟地址到物理地址的映射关系发生变化前,如果原虚拟地址所在的数据块已经缓存在 Cache 中,当虚拟地址到物理地址的映射关系变化后,这时 CPU 访问原虚拟地址的数据块将得到错误的结果。

为了避免发生这种数据不一致的情况,在虚拟地址到物理地址的映射关系发生变化前,根据系统的具体情况,需要执行以下一种或几种操作:

- 如果 DCache 是写回类型,则 clean(回写)DCache;
- 置无效 ICache 或 DCache 中相应的数据块;
- 将相应的内存区域设置为非缓冲类型。

7.2.2　ICache 的数据一致性问题

当系统中采用独立的 DCache 和 ICache 时,下面的操作可能造成指令不一致情况:

① 读取地址 addr1 处的指令,则包含该指令的数据块被预取到 ICache,和 addr1 在同一个数据块中,地址为 addr2 的内容也同时被预取到 ICache 中。

② 当修改 addr2 处的内容时,写操作可能影响 DCache 和主存地址为 addr2 中的内容,但是不会影响 ICache 中地址为 addr2 中的内容。

③ 如果地址 addr2 中的内容是指令,当执行该指令时,就可能发生指令不一致的情况。如果地址 addr2 所在的块还在 ICache 中,系统将执行修改前的指令;如果地址 addr2 所在的块不在 ICache 中,系统将执行修改后的指令。

为了避免这种指令不一致的情况发生,在修改 addr2 中的内容之后,执行下面的操作:

- 置无效 ICache;

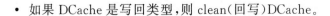

- 如果 DCache 是写回类型,则 clean(回写)DCache。

7.2.3　DMA 造成的数据不一致问题

DMA 操作直接访问主存,但是不会更新 Cache 中相应的内容,这样就可能造成数据不一致。

如果 DMA 从主存中读取的数据已经包含在 Cache 中,而且 Cache 中相应的数据已经被更新,这样 DMA 读到的将不是系统中最新的数据。同样,DMA 写操作直接更新主存中的数据,如果该数据已经包含在 Cache 中,则 Cache 中的数据不会被更新,也将造成数据不一致。

为了避免发生这种数据不一致的情况,需要执行以下一种或几种操作:
- 将 DMA 访问的内存区设置成非缓冲类型;
- 在 DMA 读内存区之前,如果 DCache 是写回类型,则 clean(回写)DCache;
- 在 DMA 写内存区之前,置无效 Dcache。

7.3　Cache 之间的一致性

7.3.1　多核系统中 Cache 不一致

假设内存中有一个数据 x,值为 3,被缓存到 Core0 和 Core1 的各自 Cache 中,这时 Core0 将 x 改为 5,如果 Core1 不知道 x 已经被修改,还在使用旧值,就可能导致程序出错,这就是 Cache 之间不一致,如图 7.8 所示。

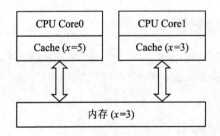

图 7.8　Cache 不一致

7.3.2　Cache 之间一致性的底层操作

为了保证 Cache 之间的一致性,处理器提供了两个保证 Cache 一致性的底层操作:Write invalidate 和 Write update。

Write invalidate(写无效):当一个核修改了一份数据时,其他核上如果缓存了这份数据,就置无效(invalid)。

假设 2 个核都使用了内存中的变量 x，Core0 将它修改为 5，Core1 就将自己对应的 Cache line 置成无效(invalid)，如图 7.9 所示。

Write update(写更新)：当一个核修改了一份数据时，其他核上如果缓存了这份数据，就都更新到最新值，如图 7.10 所示。

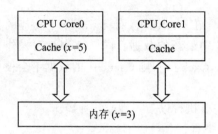

图 7.9　Write invalidate

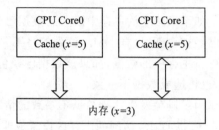

图 7.10　Write update

Write invalidate 是一种简单的方式，不需要更新数据，如果所有核以后不再使用变量 x，采用 Write invalidate 就非常有效。不过由于一个 valid 标志对应一个 Cache line，将 valid 标志置成 invalid 后，这个 Cache line 中其他的原本有效的数据也将不能使用。Write update 会产生大量的数据更新操作，不过只要更新修改的数据，如果所有核都会只用变量 x，那么 Write update 就比较有效。由于 Write invalidate 简单，大多数处理器都使用 Write invalidate。

7.4　Cache 基本操作

7.4.1　Cache 功能配置

Cache 相关功能是否编译进内核是通过宏开关来控制的，配置位于"libsylixos/sylixos/config/kernel/cache_cfg.h"文件中。建议将 Cache 功能打开以提高系统性能，默认状态是打开状态。

7.4.2　Cache 的使能和关闭

```
# include <SylixOS.h>
INT  API_CacheEnable(LW_CACHE_TYPE  cachetype);
INT  API_CacheDisable(LW_CACHE_TYPE  cachetype);
```

函数原型分析：
- 函数返回 ERROR_NONE；
- 参数 *Cachetype* 是 cache 的类型，具体类型如表 7.1 所列。

表 7.1　Cache 类型

Cache 类型	含　义
INSTRUCTION_CACHE	指令 Cache
DATA_CACHE	数据 Cache

7.4.3　回写 Cache 数据到内存

```
# include <SylixOS.h>
INT  API_CacheFlush(LW_CACHE_TYPE  cachetype, PVOID  pvAdrs, size_t  stBytes);
```

函数原型 API_CacheFlush 分析：
- 函数返回 ERROR_NONE；
- 参数 *cachetype* 是 Cache 的类型；
- 参数 *pvAdrs* 是要回写的内存虚拟地址；
- 参数 *stBytes* 是要回写的字节数。

注：当 *stBytes* 大于或等于整个 Cache 的大小时，会忽略 *pvAdrs*，回写整个 Cache 的数据。

7.4.4　置 Cache 为无效

```
# include <SylixOS.h>
INT  API_CacheInvalidate(LW_CACHE_TYPE  cachetype, PVOID  pvAdrs, size_t
stBytes);
```

函数原型 API_CacheInvalidate 分析：
- 函数返回 ERROR_NONE；
- 参数 *cachetype* 是 Cache 的类型；
- 参数 *pvAdrs* 是要置无效的内存虚拟地址；
- 参数 *stBytes* 是要置无效的字节数。

注：① 当 *stBytes* 大于或等于整个 Cache 的大小时，会忽略 *pvAdrs*，失效整个 Cache 的数据。

② 当 *cachetype* 类型为 DATA_CACHE 时，*pvAdrs* 需要字节对齐，对齐的字节数为一个 Cache line 的大小；同样，*stBytes* 取值需要是一个 Cache line 大小的整数倍。否则不对齐的地址所对应的数据不会被失效。

7.4.5　回写 Cache 并置无效

```
# include <SylixOS.h>
INT  API_CacheClear(LW_CACHE_TYPEs  cachetype, PVOID  pvAdrs, size_t  stBytes);
```

函数原型 API_CacheClear 分析：

- 函数返回 ERROR_NONE；
- 参数 *cachetype* 是 Cache 的类型；
- 参数 *pvAdrs* 是要回写并置无效的内存虚拟地址；
- 参数 *stBytes* 是要回写并置无效的字节数。

注：当 *stBytes* 大于或等于整个 Cache 的大小时，会忽略 *pvAdrs*，回写并失效整个 Cache 的数据。

7.4.6　回写 Dcache 并置无效 Icache

```
#include <SylixOS.h>
INT  API_CacheTextUpdate(PVOID  pvAdrs, size_t  stBytes);
```

函数原型 API_CacheTextUpdate 分析：

- 函数返回 ERROR_NONE；
- 参数 *pvAdrs* 是要操作的内存虚拟地址；
- 参数 *stBytes* 是要操作的字节数。

注：当 *stBytes* 大于或等于整个 Cache 的大小时，会忽略 *pvAdrs*，回写整个 DCache，失效整个 ICache。

7.4.7　回写 Dcache

```
#include <SylixOS.h>
INT  API_CacheDataUpdate(PVOID  pvAdrs, size_t  stBytes, BOOL  bInv);
```

函数原型 API_CacheDataUpdate 分析：

- 函数返回 ERROR_NONE；
- 参数 *pvAdrs* 是要操作的内存虚拟地址；
- 参数 *stBytes* 是要操作的字节数；
- 参数 *bInv* 是是否同时使用置无效功能，TRUE 为使用，FALSE 为不使用。

注：当 *stBytes* 大于或等于整个 Cache 的大小时，会忽略 *pvAdrs*，回写（并失效，是否失效由 *bInv* 指定）整个 Cache 的数据。

7.5　MMU 基本原理

7.5.1　内存管理单元 MMU 简介

内存管理单元（Memory Management Unit）简称 MMU，负责虚拟地址到物理地址的转换，并提供硬件机制的内存访问权限检查。在 MMU 开启之前，CPU 都是通过物理地址来访问内存的；MMU 开启之后，CPU 都是通过虚拟地址来访问内存的，如图 7.11 所示。

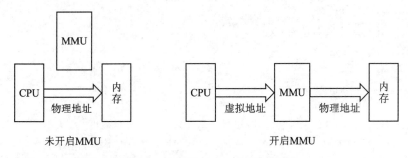

图 7.11　内存管理单元 MMU

7.5.2　虚拟地址到物理地址的转换过程

虚拟地址转换为物理地址是通过 MMU 和页表（Page table）实现的。页表就是一段描述虚拟地址到物理地址转换关系及访问权限的内存区域，由一个个页表项组成。

SylixOS 采用的是二级页表映射，二级页表映射过程如图 7.12 所示：

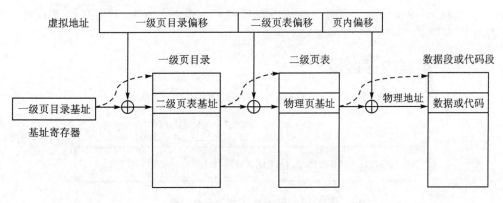

图 7.12　二级页表

- 一级页目录基址加一级页目录偏移得到存放二级页表基址的内存物理地址；
- 二级页表基址加二级页表偏移得到存放物理页基址的内存物理地址；
- 物理页基址加页内偏移得到最终需要访问的物理地址。

7.6　SylixOS 物理内存基本配置

SylixOS 对物理内存的配置在 bspxxx/config.h 文件中，其详细描述如下：

```
/ ****************************************************
ROM RAM 相关配置
 ****************************************************/
＃define BSP_CFG_ROM_BASE (0x00000000)
＃define BSP_CFG_ROM_SIZE (4 ＊ 1024 ＊ 1024)


＃define BSP_CFG_RAM_BASE (0x30000000)              / ＊ 内存基址 ＊ /
＃define BSP_CFG_RAM_SIZE (64 ＊ 1024 ＊ 1024)        / ＊ 内存大小 ＊ /


＃define BSP_CFG_TEXT_SIZE (6 ＊ 1024 ＊ 1024)        / ＊ 内核代码段大小 ＊ /
＃define BSP_CFG_DATA_SIZE (18 ＊ 1024 ＊ 1024)       / ＊ 内核数据段大小 ＊ /
＃define BSP_CFG_DMA_SIZE (6 ＊ 1024 ＊ 1024)         / ＊ DMA 内存段大小 ＊ /
＃define BSP_CFG_APP_SIZE (34 ＊ 1024 ＊ 1024)        / ＊ 动态加载内存段大小 ＊ /


＃define BSP_CFG_BOOT_STACK_SIZE (128 ＊ 1024)
```

这部分内容需要根据实际情况做出修改。

7.7 VMM 子系统内存管理

VMM 子系统内存管理包含物理内存管理和虚拟内存管理，对内存管理的配置存放在 bspxxx/SylixOS/bsp/bspMap.h 文件中。

7.7.1 物理内存区域划分

在 SylixOS 中，物理内存被划分为 4 个区域，如图 7.13 所示。

图 7.13 SylixOS 对物理内存划分

7.7.2 物理内存空间配置

VMM 子系统管理的物理内存是 DMA 内存区和 APP 内存区，如图 7.13 所示。

SylixOS 使用 LW_MMU_PHYSICAL_DESC 数据结构来描述物理内存段映射信息，其详细描述如下：

```
＃include <SylixOS.h>
typedef  struct  __lw_vmm_physical_desc {
    addr_t        PHYD_ulPhyAddr;
```

```
    addr_t        PHYD_ulVirMap;
    size_t        PHYD_stSize;
    UINT32        PHYD_uiType;
    UINT32        PHYD_uiReserve[8];
} LW_MMU_PHYSICAL_DESC;
typedef  LW_MMU_PHYSICAL_DESC  * PLW_MMU_PHYSICAL_DESC;
```

- PHYD_ulPhyAddr:页对齐的物理地址。
- PHYD_ulVirMap:需要映射的虚拟地址。
- PHYD_stSize:需要映射的大小。
- PHYD_uiType:物理内存段的类型,具体有 7 种,如表 7.2 所列。
- PHYD_uiReserve:预留区域,目前没用。
- 前 5 个内存段配置一般不需要修改;
- 特殊寄存器区域需要根据芯片手册进行修改添加。

表 7.2　物理内存段类型

物理内存段类型	含　义
LW_PHYSICAL_MEM_TEXT	内核代码段
LW_PHYSICAL_MEM_DATA	内核数据段
LW_PHYSICAL_MEM_VECTOR	硬件向量表
LW_PHYSICAL_MEM_BOOTSFR	特殊功能寄存器区域
LW_PHYSICAL_MEM_BUSPOOL	总线地址池
LW_PHYSICAL_MEM_DMA	DMA 物理内存
LW_PHYSICAL_MEM_APP	装载程序内存

VMM 子系统通过一个全局数组来管理物理内存段,其详细描述如下:

```
LW_MMU_PHYSICAL_DESC    _G_physicalDesc[] = {
    {  /* 中断向量表 */
    BSP_CFG_RAM_BASE,
    0,
    LW_CFG_VMM_PAGE_SIZE,
    LW_PHYSICAL_MEM_VECTOR
    },
    {  /* 内核代码段 */
    BSP_CFG_RAM_BASE,
    BSP_CFG_RAM_BASE,
    BSP_CFG_TEXT_SIZE,
    LW_PHYSICAL_MEM_TEXT
    },
```

```
{   /* 内核数据段 */
    BSP_CFG_RAM_BASE + BSP_CFG_TEXT_SIZE,
    BSP_CFG_RAM_BASE + BSP_CFG_TEXT_SIZE,
    BSP_CFG_DATA_SIZE,
    LW_PHYSICAL_MEM_DATA
},
{   /* DMA 缓冲区 */
    BSP_CFG_RAM_BASE + BSP_CFG_TEXT_SIZE + BSP_CFG_DATA_SIZE,
    BSP_CFG_RAM_BASE + BSP_CFG_TEXT_SIZE + BSP_CFG_DATA_SIZE,
    BSP_CFG_DMA_SIZE,
    LW_PHYSICAL_MEM_DMA
},
{   /* APP 通用内存 */
    BSP_CFG_RAM_BASE + BSP_CFG_TEXT_SIZE +
    BSP_CFG_DATA_SIZE + BSP_CFG_DMA_SIZE,
    BSP_CFG_RAM_BASE + BSP_CFG_TEXT_SIZE +
    BSP_CFG_DATA_SIZE + BSP_CFG_DMA_SIZE,
    BSP_CFG_APP_SIZE,
    LW_PHYSICAL_MEM_APP
},
/*
 * 特殊寄存器区域
 */
{   /* BANK4 - CAN CONTROLER */
    0x20000000,
    0x20000000,
    LW_CFG_VMM_PAGE_SIZE,
    LW_PHYSICAL_MEM_BOOTSFR
},
......
{   /* 结束 */
    0,
    0,
    0,
    0
}
};
```

7.7.3 虚拟内存空间配置

SylixOS 使用 LW_MMU_VIRTUAL_DESC 数据结构来描述虚拟内存段映射

信息,其详细描述如下:

```
#include <SylixOS.h>
typedef struct __lw_mmu_virtual_desc {
    addr_t              VIRD_ulVirAddr;
    size_t              VIRD_stSize;
    UINT32              VIRD_uiType;
    UINT32              VIRD_uiReserve[8];
} LW_MMU_VIRTUAL_DESC;
typedef LW_MMU_VIRTUAL_DESC * PLW_MMU_VIRTUAL_DESC;
```

- VIRD_ulVirAddr:页对齐的虚拟地址;
- VIRD_stSize:虚拟空间的大小;
- VIRD_uiType:虚拟内存段的类型,具体有 2 种,如表 7.3 所列;
- VIRD_uiReserve:预留区域,目前没用。

表 7.3　虚拟内存段类型

虚拟内存段类型	含　义
LW_VIRTUAL_MEM_APP	动态装载区
LW_VIRTUAL_MEM_DEV	IO 设备映射区

VMM 子系统通过一个全局数组来管理虚拟内存段,其详细描述如下:

```
LW_MMU_VIRTUAL_DESC     _G_virtualDesc[] = {
    {   /* 应用程序虚拟空间 */
        0x60000000,
        ((size_t)2 * LW_CFG_GB_SIZE),
        LW_VIRTUAL_MEM_APP
    },
    {   /* ioremap 空间 */
        0xe0000000,
        (256 * LW_CFG_MB_SIZE),
        LW_VIRTUAL_MEM_DEV
    },
    {   /* 结束 */
        0,
        0,
        0
    }
};
```

应用程序和 I/O 设备的虚拟内存空间地址不能与物理内存空间所映射的虚拟

空间地址有冲突。

7.7.4 虚拟内存管理简介

在 SylixOS 中,所有动态加载的对象,如内核模块、动态链接库、应用程序所使用的内存都来自于虚拟内存空间。虚拟内存空间以页为单位进行管理,对象加载时,只会获得虚拟页面,只有在真正使用时,才会进行物理页面的分配,如图 7.14 所示。

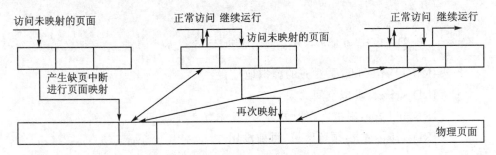

图 7.14　虚拟内存访问

7.7.5 页面分配与回收

在多次分配和释放页面后,会产生许多不同大小的页面块,为有效管理,SylixOS 页分配的基本策略是找到最符合申请页面大小的连续页面(最佳适应),同时为了提高搜索速度,将被回收的连续页面空间以页面数量为关键参数进行 HASH 散列放置,如图 7.15 所示。

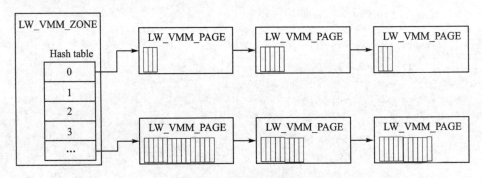

图 7.15　页面分配与回收

SylixOS 将一个由页面组成的空间称作区域(ZONE),由一个 LW_VMM_ZONE 数据结构来管理空闲页面。其详细描述如下:

```
# include <SylixOS.h>
typedef struct __lw_vmm_zone {
    ULONG               ZONE_ulFreePage;
```

```
    addr_t              ZONE_ulAddr;
    size_t              ZONE_stSize;
    UINT                ZONE_uiAttr;
    LW_VMM_FREEAREAZONE_vmfa[LW_CFG_VMM_MAX_ORDER];
} LW_VMM_ZONE;
typedef LW_VMM_ZONE        * PLW_VMM_ZONE;
```

- ZONE_ulFreePage：空闲页面的个数；
- ZONE_ulAddr：分区的起始地址；
- ZONE_stSize：分区的大小；
- ZONE_uiAttr：分区的属性，有 2 种，如表 7.4 所列。
- ZONE_vmfa：空闲页面 HASH 表。

表 7.4　区域属性

分区属性类型	含　义
LW_ZONE_ATTR_NONE	无属性
LW_ZONE_ATTR_DMA	映射为 DMA 平板模式

　　分配页面时，根据需要分配的页面数量，快速定位到 HASH 表内具有相同散列值的链表头，再遍历以找到最佳大小的连续页面。如果找到的连续页面有剩余，则分裂该连续页面，并用同样的策略将剩余的空闲页面插入 HASH 表。

　　系统分配的页面空间会被用户全部使用，这不同于堆内存基于字节的分配管理。分配时一部分空间用于内部数据管理，当用户释放时可以通过地址直接获得相关数据块管理信息。由于以页（典型值为 4 KB）为基本分配单位，如果每一次分配都多分配一个页进行相关信息管理，则会造成较大的内存浪费，因此，页面的回收采用特殊方式。

　　已经分配的连续页面由 LW_VMM_AREA 数据结构来管理，其详细描述如下：

```
# include <SylixOS.h>
typedef struct __vmm_area {
    PLW_TREE_RB_ROOT        AREA_ptrbrHash;
    ULONG                   AREA_ulHashSize;
    addr_t                  AREA_ulAreaAddr;
    size_t                  AREA_stAreaSize;
} LW_VMM_AREA;
typedef LW_VMM_AREA        * PLW_VMM_AREA;
```

- AREA_ptrbrHash：哈希红黑树表；
- AREA_ulHashSize：哈希表的大小；
- AREA_ulAreaAddr：空间起始地址；

- AREA_stAreaSize:空间大小。

对于页面空间,SylixOS 使用 LW_VMM_PAGE 数据结构来描述,其详细描述如下:

```
# include <SylixOS.h>
typedef struct __lw_vmm_page {
    LW_LIST_LINE            PAGE_lineFreeHash;
    LW_LIST_LINE            PAGE_lineManage;
    LW_TREE_RB_NODE         PAGE_trbnNode;
    ULONG                   PAGE_ulCount;
    addr_t                  PAGE_ulPageAddr;
    INT                     PAGE_iPageType;
    ULONG                   PAGE_ulFlags;
    BOOL                    PAGE_bUsed;
    PLW_VMM_ZONE            PAGE_pvmzoneOwner;
    union {
        struct {
            addr_t                  PPAGE_ulMapPageAddr;
            INT                     PPAGE_iChange;
            ULONG                   PPAGE_ulRef;
            struct __lw_vmm_page    * PPAGE_pvmpageReal;
        } __phy_page_status;
        struct {
            PVOID                   VPAGE_pvAreaCb;
            LW_LIST_LINE_HEADER     * VPAGE_plinePhyLink;
        } __vir_page_status;
    } __lw_vmm_page_status;
} LW_VMM_PAGE;
typedef LW_VMM_PAGE        * PLW_VMM_PAGE;
```

- PAGE_lineFreeHash:空闲页面控制块双向链表;
- PAGE_lineManage:已分配页面控制块双向链表;
- PAGE_trbnNode:红黑树节点;
- PAGE_ulCount:分配的页面个数;
- PAGE_ulPageAddr:分配的页面起始地址;
- PAGE_iPageType:页面类型,有 2 种,如表 7.5 所列;
- PPAGE_ulMapPageAddr:页面被映射的虚拟地址;
- PPAGE_iChange:物理页面是否已经变化;
- PPAGE_ulRef:物理页面引用次数;
- PPAGE_pvmpageReal:指向真实的物理页面;

- VPAGE_pvAreaCb：指向缺页中断区域控制块；
- VPAGE_plinePhyLink：物理页面哈希链表。

表 7.5　页面类型

页面类型	含　义
__VMM_PAGE_TYPE_PHYSICAL	物理空间页面
__VMM_PAGE_TYPE_VIRTUAL	虚拟空间页面

　　释放页面时，为了从页面地址快速定位到对应的页面控制块，SylixOS 首先以该连续页面的起始地址为关键参数进行 HASH 散列，然后将具有相同散列值的页面控制块以红黑树方式进行管理，有效提高了页面回收的时间确定性，如图 7.16 所示。

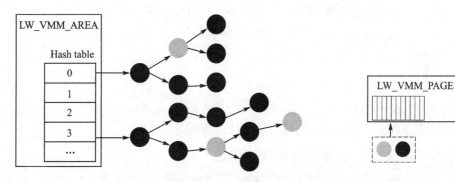

图 7.16　页面回收

7.7.6　VMM 内存基本操作

　　关于 VMM 内存操作的 API 位于"libsylixos/sylixos/kernel/vmm/vmm.h"文件和"libsylixos/sylixos/kernel/vmm/vmmio.h"文件中，这里列出常用的几个接口。

7.7.6.1　分配逻辑连续，物理可能不连续内存（APP 区域）

```
# include <SylixOS.h>
PVOID  API_VmmMalloc(size_t  stSize);
```

函数原型 API_VmmMalloc 分析：
- 函数成功返回虚拟内存地址，失败返回 LW_NULL；
- 参数 stSize 是需要分配的内存字节数。

7.7.6.2　释放逻辑连续，物理可能不连续内存（APP 区域）

```
# include <SylixOS.h>
VOID  API_VmmFree(PVOID  pvVirtualMem);
```

函数原型 API_VmmFree 分析：

- 函数无返回值；
- 参数 *pvVirtualMem* 是需要释放的虚拟内存地址。

7.7.6.3 分配逻辑连续,物理连续内存(DMA 区域)

```
#include <SylixOS.h>
PVOID   API_VmmDmaAlloc(size_t   stSize);
```

函数原型 API_VmmDmaAlloc 分析：
- 函数成功返回物理内存地址,失败返回 LW_NULL；
- 参数 *stSize* 是需要分配的内存字节数。

注:DMA 区分配的内存的虚拟地址和物理地址相同。

7.7.6.4 释放逻辑连续,物理连续内存(DMA 区域)

```
#include <SylixOS.h>
VOID   API_VmmDmaFree(PVOID   pvDmaMem);
```

函数原型 API_VmmDmaFree 分析：
- 函数无返回值；
- 参数 *pvDmaMem* 是需要释放的虚拟内存地址。

7.7.6.5 通过虚拟地址查询物理地址

```
#include <SylixOS.h>
ULONG API_VmmVirtualToPhysical(addr_t   ulVirtualAddr, addr_t * pulPhysicalAddr);
```

函数原型 API_VmmVirtualToPhysical 分析：
- 函数成功通过 *pulPhysicalAddr* 保存物理内存地址,并返回 ERROR_NONE；失败返回错误码。
- 参数 *ulVirtualAddr* 是要查询的虚拟地址。
- 参数 *pulPhysicalAddr* 是保存的查询结果(物理地址)。

7.7.6.6 只分配物理内存

```
#include <SylixOS.h>
PVOID   API_VmmPhyAlloc(size_t   stSize);
```

函数原型 API_VmmPhyAlloc 分析：
- 函数成功返回物理内存地址,失败返回 LW_NULL；
- 参数 *stSize* 是需要分配的内存字节数。

注:调用此接口只是分配出物理内存,不能直接使用,一般需要使用 API_VmmRemapArea 来映射虚拟地址和物理地址。

7.7.6.7　释放物理内存

```
#include <SylixOS.h>
VOID   API_VmmPhyFree(PVOID   pvPhyMem);
```

函数原型 API_VmmPhyFree 分析：

- 无返回值；
- 参数 *pvPhyMem* 是需要释放的物理内存地址。

7.7.6.8　映射虚拟内存和物理内存

```
#include <SylixOS.h>
ULONG   API_VmmRemapArea(PVOID      pvVirtualAddr,
                         PVOID      pvPhysicalAddr,
                         size_t     stSize,
                         ULONG      ulFlag,
                         FUNCPTR    pfuncFiller,
                         PVOID      pvArg);
```

函数原型 API_VmmRemapArea 分析：

- 函数成功返回ERROR_NONE，失败返回其他错误码；
- 参数 *pvVirtualAddr* 是连续虚拟地址；
- 参数 *pvPhysicalAddr* 是连续物理地址；
- 参数 *stSize* 是映射长度，以字节为单位；
- 参数 *ulFlag* 是映射属性，有 5 种，如表 7.6 所列；
- 参数 *pfuncFiller* 是缺页中断填充函数（一般为 LW_NULL）；
- 参数 *pvArg* 是缺页中断填充函数首参数。

表 7.6　映射属性

虚拟内存段类型	含　义
LW_VMM_FLAG_EXEC	可执行属性
LW_VMM_FLAG_READ	只读属性
LW_VMM_FLAG_RDWR	读写属性
LW_VMM_FLAG_DMA	平板属性
LW_VMM_FLAG_FAIL	不允许访问属性

注：物理地址和虚拟地址都必须是 VMM 子系统管理范围内的地址，而且都必须是 4 KB 对齐的地址。

```
# include <SylixOS.h>
ULONG  API_VmmMap(PVOID      pvVirtualAddr,
                  PVOID      pvPhysicalAddr,
                  size_t     stSize,
                  ULONG      ulFlag);
```

函数原型 API_VmmMap 分析：
- 参数 *pvVirtualAddr* 是连续虚拟地址；
- 参数 *pvPhysicalAddr* 是连续物理地址；
- 参数 *stSize* 是映射长度，以字节为单位；
- 参数 *ulFlag* 是映射属性，有 5 种，如表 7.6 所列。

注：虚拟地址不能出现在 BSP 配置的虚拟地址空间中，否则会影响内核 VMM 其他管理组件。

7.7.6.9　映射 I/O 寄存器区域

```
# include <SylixOS.h>
PVOID  API_VmmIoRemap(PVOID  pvPhysicalAddr, size_t  stSize);
```

函数原型 API_VmmIoRemap 分析：
- 函数成功返回映射后的虚拟地址，失败返回 NULL；
- 参数 *pvPhysicalAddr* 是 I/O 寄存器物理地址；
- 参数 *stSize* 是映射长度，以字节为单位。

注：映射的 I/O 物理寄存器地址必须 4 KB 对齐。

7.7.6.10　取消 I/O 寄存器区域映射

```
# include <SylixOS.h>
VOID  API_VmmIoUnmap(PVOID  pvVirtualAddr);
```

函数原型 API_VmmIoUnmap 分析：
- 无返回值；
- 参数 *pvVirtualAddr* 是 I/O 寄存器区域映射后的虚拟地址。

第 **8** 章

PROC 文件系统

8.1 PROC 文件系统简介

PROC 文件系统是一个虚拟文件系统,只存在于内存当中,而不占用外存空间。PROC 以文件系统的方式,为访问系统内核数据的操作提供接口。应用程序可以通过访问 PROC 文件系统获得系统相关信息。由于系统的某些信息是动态改变的,所以应用程序读取 PROC 文件时,PROC 文件系统是动态从系统内核读出所需信息并提交的。

SylixOS 为了方便用户访问内核信息,支持 PROC 虚拟文件系统,该文件系统存在于/proc/目录,包含了各种用于展示内核信息的文件,并且允许进程通过常规文件 I/O 系统调用来方便地读取,有时还可以修改这些信息。

SylixOS 提供的 PROC 文件系统示例目录内容:

```
# cd /proc/
# ls
1          xinput      sysvipc     ksymbol     posix
net        diskcache   power       fs          hook
smp        cmdline     version     kernel      dma
cpuinfo    bspmem      self        yaffs
```

/proc/目录下的文件及目录说明如表 8.1 所列。

通常使用脚本来访问/proc/目录下的文件,也可以从程序中使用常规 I/O 系统调用来访问/proc/目录下的文件。但是在访问这些文件时,有以下限制:

- /proc/目录下的一些文件是只读的,即这些文件仅用于显示内核信息,无法对其进行修改。/proc/pid/目录下的大多数文件就属于此类型。
- /proc/目录下一些文件仅能由文件拥有者(或超级用户所属进程)读取。

- 除了/proc/pid/子目录中的文件外,/proc/目录的其他文件大多属于 root 用户,并且仅有 root 用户能够修改那些可修改的文件。

表 8.1   /proc/目录下文件及目录

文件/目录	描述(进程属性)	文件/目录	描述(进程属性)
1	进程 ID 为 1 的进程信息目录	smp	显示多核下任务
xinput	显示多输入设备状态	cmdline	显示内核命令行参数
sysvipc	XSI IPC 进程间通信	version	当前系统运行的内核版本信息文件
ksymbol	内核符号表文件	kernel	内核子系统信息目录
posix	POSIX 子系统信息目录	dma	显示当前使用的 DMA 通道信息
net	网络子系统信息目录	cpuinfo	处理器相关信息文件
diskcache	磁盘高速缓存信息	bspmem	显示 RAM/ROM 信息
power	电源管理子系统信息目录	self	辅助性信息目录
fs	文件系统子系统信息目录	yaffs	YAFFS 文件系统信息文件
hook	显示系统 hook 信息		

8.1.1   /proc/pid/进程相关信息

在终端中输入 ps 命令可以查看当前进程信息,其中 pid 为 0 的进程为系统内核进程。对于系统中的每个进程,内核都提供了相应的目录,命名为/proc/pid/,其中 pid 为进程 ID。在此目录中的各个文件或子目录包含了进程的相关信息。

进程信息目录示例内容:

```
# ps
        NAME        FATHER        STAT      PID      GRP      MEMORY      UID      GID      USER
    --------    --------      ----     ----     ----    ------     ----     ----     ----
    kernel      <orphan>      R        0        0        48KB        0        0        root
    app_proc    <orphan>      R        1        1        232KB       0        0        root
    total vprocess: 2
# cd /proc/
# ls
    1           xinput        sysvipc       ksymbol       posix
    net         diskcache     power         fs            hook
    smp         cmdline       version       kernel        dma
    cpuinfo     bspmem        self          yaffs
# cd 1
# ls
    ioenv       filedesc      modules       mem           cmdline
    exe
```

其中/proc/pid/目录下文件说明如表 8.2 所列。

表 8.2　/proc/pid/目录下文件描述

文　件	描述(进程属性)
ioenv	进程 I/O 环境文件
filedesc	文件描述符信息文件
modules	动态链接库信息文件
mem	内存信息文件
cmdline	命令行文件,以\0 分隔命令行文件
exe	可执行文件的符号链接

/proc/ pid/目录下文件示例内容:

```
# cd /proc/1/
# cat ioenv
umask:0
wd:/apps/app_proc
# cat filedesc
FD NAME
0 /dev/ttyS0
1 /dev/ttyS0
2 /dev/ttyS0
# cat modules
NAME HANDLE TYPE GLB BASE SIZE SYMCNT
app_proc 013b4878 USER YES a0038000 82c2 2
libvpmpdm.so 013b4f50 USER YES a0048000 274b8 286
<VP Ver:2.0.1 dl - malloc>
# cat mem
static memory : 167936 Bytes
heap memory   : 4096 Bytes
mmap memory   : 65536 Bytes
total memory  : 237568 Bytes
# cat cmdline
/apps/app_proc/app_proc
# ll
- r - - r - - - - - root      root       Sat Jan 01 08:04:53 2000          0 B, ioenv
- r - - r - - - - - root      root       Sat Jan 01 08:04:53 2000          0 B, filedesc
- r - - r - - - - - root      root       Sat Jan 01 08:04:53 2000          0 B, modules
- r - - r - - - - - root      root       Sat Jan 01 08:04:53 2000          0 B, mem
- r - - r - - - - - root      root       Sat Jan 01 08:04:53 2000          0 B, cmdline
```

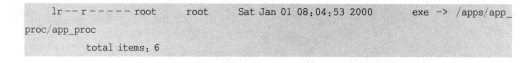

```
lr--r-----root       root       Sat Jan 01 08:04:53 2000        exe -> /apps/app_
proc/app_proc
        total items: 6
```

8.1.2   /proc/xinput 输入设备信息

/proc/xinput 存储当前系统下输入设备状态信息：

```
# cd /proc/
# cat xinput
devices                type status
/dev/input/kbd0        kbd  close
/dev/input/touch0      mse  open
/dev/input/mse0        mse  close
```

8.1.3   /proc/sysvipc IPC 信息

/proc/sysvipc 存储当前系统下 IPC 的使用信息：

```
# cd /proc/sysvipc/
# ls
shm             msg             sem             ver
# ps
     NAME      FATHER     STAT     PID     GRP     MEMORY     UID     GID     USER
 --------    --------    ----    ----    ----    ------    ----    ----    ----
kernel        <orphan>      R       0       0      40KB        0       0     root
app_proc      <orphan>      R       1       1     212KB        0       0     root
total vprocess: 2
# cat shm
key shmid perms        size nattch  cpid  lpid     uid     gid     cuid    cgid
atime        dtime        ctime
0    0    666    4096      1      1     1      0       0       0       0
1497865518        0    1497865518
```

8.1.4   /proc/ksymbol 内核符号表

/proc/ksymbol 存放当前系统下内核符号表信息：

```
# cat /proc/ksymbol
        SYMBOL NAME            ADDR        TYPE
 -------------------      -------     -----
viShellInit                 002097f8        RX
aodv_netif                  00d1b34c        RW
```

dns_mquery_v4group	0058293c	RW
_cppRtUninit	0050c7c0	RX
_IosFileSet	004f0fc4	RX
_epollFindEvent	004eca9c	RX
__blockIoDevDelete	004a63e8	RX
API_AhciDriveRegWait	004a0af0	RX
API_AhciDriveInfoShow	004a0058	RX
__pxnameGet	0046fc58	RX
mq_timedreceive	0046ec54	RX
gjb_format	0046b3c8	RX
API_INetNpfDetach	0044436c	RX
igmp_joingroup	003f6d58	RX
if_param_getingw	003ab764	RX
vprocIoFileDescGet	0039b714	RX
lib_nlreent_init	00391bd0	RX

8.1.5 /proc/posix POSIX 子系统信息

POSIX 子系统中包含命名信息文件 pnamed, POSIX 命名信息可以通过 *cat* 命令来查看 pnamed 的内容, 其中 TYPE 表示类型(SEM 表示信号类型, MQ 表示消息队列), OPEN 表示使用计数, NAME 表示对象名。

/proc/posix 目录示例内容:

```
# cd /proc/posix/
# ls
pnamed
# cat pnamed
TYPE       OPEN                NAME
----       ------    ------------------------------
SEM        1 sem_named
```

8.1.6 /proc/net 网络子系统

/proc/net 存放当前系统下网络子系统信息:

```
# cd /proc/net/
# ls
netfilter     nat          wireless     ppp       unix
packet        arp          if_inet6     dev       tcpip_stat
route         igmp6        igmp         raw6      raw
udplite6      udplite      udp6         udp       tcp6
tcp           mesh - adhoc
```

网络子系统各目录文件说明如表 8.3 所列。

表 8.3 /proc/net 下目录文件描述

目录/文件	描述(进程属性)	目录/文件	描述(进程属性)
netfilter	网络过滤规则文件	igmp	IGMP 信息文件
wireless	无线网络配置文件	raw6	IPV6 原始数据信息文件
ppp	PPP 拨号文件	raw	原始数据信息文件
packet	AF_PACKET 信息文件	udplite6	IPV6 UDP 简要信息文件
arp	ARP 信息文件	udplite	UDP 简要信息文件
if_inet6	IPV6 网络接口文件	udp6	IPV6 UDP 信息文件
dev	网络接口设备信息文件	udp	UDP 信息文件
unix	AF_UNIX 信息文件	tcp6	IPV6 TCP 信息文件
tcpip_stat	TCP/IP 状态信息文件	tcp	TCP 信息文件
route	路由表信息文件	mesh-adhoc	Mesh 自组网信息目录
igmp6	IPV6 IGMP 信息文件		

8.1.7 /proc/diskcache 磁盘缓存

/proc/diskcache 存放当前系统下磁盘高速缓存信息：

```
# cd /proc/
# cat diskcache
DO NOT INCLUDE 'NAND' READ CACHE INFO.
NAME      OPT SECTOR-SIZE TOTAL-SECs VALID-SECs DIRTY-SECs BURST-R BURST-W  HASH
-----     --- ----------- ---------- ---------- ---------- ------- -------  ----
ATA-Hard  0       512        1024       1024         0        16      32    1024
Disk
```

8.1.8 /proc/power 电源管理子系统

/proc/power 存放当前系统下电源管理子系统信息：

```
# ls
pminfo         devices        adapter
```

其中/proc/power 目录下文件说明如表 8.4 所列。

表 8.4　/proc/power 目录下文件描述

文　件	描述(进程属性)
pminfo	当前系统信息文件
devices	使能电源管理的设备文件
adapter	适配器信息文件

pminfo 文件示例信息:

```
# cat pminfo
CPU Cores  : 1
CPU Active : 1
PWR Level  : Top
SYS Status : Running
```

- CPU Cores:当前系统 CPU 核心数;
- CPU Active:当前系统使能的 CPU 核心数;
- PWR Level:电源能量等级,由高到低分别为 Top、Fast、Normal、Slow;
- SYS Status:当前系统运行状态,运行状态包括低功耗状态 Power – Saving 和正常运行状态 Running。

devices 文件信息:

```
# cat devices
PM – DEV        ADAPTER        CHANNEL        POWER
uart2           inner_pm       12             on
uart1           inner_pm       11             on
uart0           inner_pm       10             on
```

- PM – DEV:电源管理设备名称;
- ADAPTER:所属电源管理适配器名称;
- CHANNLE:所属电源管理适配器通道号;
- POWER:当前电源状态,包括打开状态 on 和关闭状态 off。

adapter 文件信息:

```
# cat adapter
ADAPTER        MAX – CHANNEL
inner_pm       21
```

- ADAPTER:电源管理适配器名称;
- MAX – CHANNEL:电源管理适配器通道号最大数目。

8.1.9 /proc/fs 文件系统子系统

/proc/fs 存放当前系统下文件子系统信息：

```
# cd /proc/fs/
# ls
fssup          procfs          rootfs
```

其中/proc/fs 目录下文件说明如表 8.5 所列。

表 8.5 /proc/fs 目录下文件描述

目录/文件	描述（进程属性）
fssup	文件系统支持信息文件
procfs	PROC 文件系统信息目录
rootfs	ROOT 文件系统信息目录

fssup 文件信息：

```
# cat fssup
rootfs procfs ramfs romfs vfat nfs yaffs tpsfs
```

procfs 目录信息：

```
# cd procfs/
# ls
stat
# cat stat
memory used: 0 bytes
total files: 82
```

- memory used：文件大小；
- total files：文件数量。

rootfs 目录信息：

```
# cd rootfs/
# ls
stat
# cat stat
memory used: 3193 bytes
total files: 45
```

- memory used：文件大小；
- total files：文件数量。

8.1.10　/proc/hook 信息

/proc/hook 存放系统当前的 hook 信息：

```
# cd /proc/hook/
# ls
pdelete        pcreate        fatal          stkoverflow      intexit
intenter       idleexit       idleenter      fddelete         fdcreate
objdelete      objcreate      wdtimer        reboot           init
idle           tinit          tick           tswap            tdelete
tcreate
```

8.1.11　/proc/smp 显示多核任务信息

/proc/smp/存放系统当前 CPU 运行任务信息：

```
# cd /proc/
# cat smp
LOGIC CPU   PHYSICAL CPU NON IDLE STATUS CURRENT THREAD MAX NESTING IPI VECTOR
--------- ------------ -------- ------ -------------- ----------- ----------
    0           0           1   ACTIVE  app_proc             1          30
    1           1           1   ACTIVE  t_tshell             1          31
```

8.1.12　/proc/cmdline 内核命令行参数

/proc/cmdline 存放当前系统内核命令行参数信息：

```
# cd /proc/
# cat cmdline
hz = 1000 hhz = 1000 console = /dev/ttyS0 kdlog = no kderror = yes kfpu = no heapchk = yes
utc = no video = uvesafb:ywrap,mtrr:3,640x480 - 32@60
```

8.1.13　/proc/version 内核版本信息

/proc/version 存放当前系统的内核版本信息：

```
# cd /proc/
# cat version
SylixOS kernel version：1.4.3 Code name：LongYuan BSP version 1.0.0 for LongYuan
(compile time：May 12 2017 15：13：56)
GCC：4.9.3
```

内核版本信息包含了 SylixOS 内核版本信息、BSP 版本信息、SylixOS 内核编译时间和编译器版本信息。

8.1.14 /proc/kernel 内核信息

/proc/kernel 存放当前系统的内核信息：

```
# cd /proc/kernel/
# ls
affinity        objects        tick
```

其中/proc/kernel 目录下文件说明如表 8.6 所列。

表 8.6 /proc/kernel 目录下文件描述

文 件	描述（进程属性）
affinity	多核亲和度信息文件
objects	内核对象信息文件
tick	系统时钟嘀嗒信息文件

affinity 文件示例内容：

```
# cat affinity
    NAME            TID       PID     CPU
  - - - - - - - - -  - - - - - - -  - - - - -  - - -
  t_idle0         4010000     0       0
  t_itimer        4010001     0       *
  t_isrdefer      4010002     0       *
  t_except        4010003     0       *
  t_log           4010004     0       *
  t_power         4010005     0       *
  t_hotplug       4010006     0       *
  t_reclaim       4010008     0       *
  t_sdhcisdio     4010009     0       *
  t_diskcache     401000a     0       *
  t_dcwpipe       401000b     0       *
  t_tpsfs         401000c     0       *
  t_netjob        401000d     0       *
  t_netproto      401000e     0       *
  t_snmp          401000f     0       *
  t_tftpd         4010010     0       *
  t_ftpd          4010011     0       *
  t_telnetd       4010012     0       *
  t_xinput        4010013     0       *
  t_tshell        4010015     0       *
```

- NAME:线程名称;
- TID:线程 ID;
- PID:进程 ID;
- CPU:当前线程亲和到指定 CPU。

objects 文件示例内容:

```
# cd  /proc/kernel/
# cat objects
object          total      used       max－used
event           2400       121        123
eventset        400        0          0
heap            42         1          1
msgqueue        800        11         11
partition       40         8          8
rms             30         1          1
thread          400        20         21
timer           100        1          1
dpma            2          0          0
threadpool      2          0          0
```

- object:内核对象类型;
- total:指定类型对象总数;
- used:指定类型对象已经被使用的数目;
- max－used:指定类型对象被使用过的最大数目。

tick 文件示例内容:

```
# cd  /proc/kernel/
# cat tick
tick rate    : 100 hz
tick         : 964939
monotonic    : 2:40:49.398735170
reatime UTC : Sat Jan 01 02:40:49 2000
reatime LCL : Sat Jan 01 10:40:49 2000
```

- tick rate:系统时钟频率;
- tick:系统总时钟计数。

8.1.15　/proc/dma DMA 信息

/proc/dma 存放当前系统使用的 DMA 通道信息:

```
# cd /proc/
# cat dma
DMA    MAX DATA   MAX NODE   CUR NODE
--- -------- -------- ------
  0        0          0          0
  1        0          0          0
  2        0          0          0
  3        0          0          0
  4        0          0          0
  5        0          0          0
  6        0          0          0
  7        0          0          0
  8        0          0          0
  9        0          0          0
 10        0          0          0
 11        0          0          0
 12        0          0          0
 13        0          0          0
 14        0          0          0
 15        0          0          0
 16        0          0          0
 17        0          0          0
 18        0          0          0
 19        0          0          0
 20        0          0          0
 21        0          0          0
```

8.1.16　/proc/cpuinfo 处理器信息

/proc/cpuinfo 存放当前系统 CPU 信息：

```
# cd /proc/
# cat cpuinfo
CPU        : Xilinx zynq7000 (Cortex - A9 NEON)
CPU Family : ARM(R) 32 - Bits
CPU Endian : Little - endian
CPU Cores  : 1
CPU Active : 1
PWR Level  : Top level
CACHE      : 64KBytes L1 - Cache (D - 32K/I - 32K)
PACKET     : QEMU zynq7000 Packet
BogoMIPS 0 : 682.600
```

- CPU：处理器类型及关键性参数；
- CPU Family：处理器架构类型及字长；
- CPU Endian：大端小端类型；
- CPU Cores：处理器核心数；
- CPU Active：当前激活的处理器数；
- PWR Level：当前电源能级；
- CACHE：高速缓存信息；
- PACKET：板级支持包类型；
- BogoMIPS 0：SylixOS 中衡量计算器运行速度的一种尺度（每秒百万次）。

8.1.17　/proc/bspmem 内存映射信息

/proc/bspmem 存放当前系统内存映射信息：

```
# cd /proc/
# cat bspmem
ROM SIZE：0x00040000 Bytes (0x00000000 - 0x0003ffff)
RAM SIZE：0x0fe00000 Bytes (0x00200000 - 0x0fffffff)
use "mems" "zones" "virtuals"... can print memory usage factor.
```

8.1.18　/proc/yaffs YAFFS 分区信息

/proc/yaffs 存放当前系统 YAFFS 分区信息：

```
# cd /proc/
# cat yaffs
Device : "/n1"
startBlock........ 129
endBlock.......... 1023
totalBytesPerChunk. 2048
chunkGroupBits..... 0
chunkGroupSize..... 1
nErasedBlocks...... 871
nReservedBlocks.... 16
nCheckptResBlocks.. nil
blocksInCheckpoint. 0
nObjects.......... 23
nTnodes........... 96
nFreeChunks....... 55975
nPageWrites........ 0
nPageReads......... 13
nBlockErasures..... 0
```

```
nErasureFailures... 0
nGCCopies......... 0
allGCs............ 0
passiveGCs........ 0
nRetriedWrites.... 0
nShortOpCaches.... 20
nRetiredBlocks.... 0
eccFixed.......... 0
eccUnfixed........ 0
tagsEccFixed...... 0
tagsEccUnfixed.... 0
cacheHits......... 0
nDeletedFiles..... 0
nUnlinkedFiles.... 0
nBackgroudDeletions 0
useNANDECC........ 1
isYaffs2.......... 1
Device : "/n0"
startBlock........ 1
endBlock.......... 128
totalBytesPerChunk. 2048
chunkGroupBits.... 0
chunkGroupSize.... 1
nErasedBlocks..... 126
nReservedBlocks... 10
nCheckptResBlocks.. nil
blocksInCheckpoint. 0
nObjects.......... 9
nTnodes........... 3
nFreeChunks....... 8183
nPageWrites....... 0
nPageReads........ 6
nBlockErasures.... 0
nErasureFailures... 0
nGCCopies......... 0
allGCs............ 0
passiveGCs........ 0
nRetriedWrites.... 0
nShortOpCaches.... 10
nRetiredBlocks.... 0
eccFixed.......... 0
```

```
eccUnfixed........ 0
tagsEccFixed...... 0
tagsEccUnfixed..... 0
cacheHits......... 0
nDeletedFiles...... 0
nUnlinkedFiles..... 0
nBackgroudDeletions 0
useNANDECC........ 1
isYaffs2.......... 1
```

8.2　PROC 文件节点安装与移除

SylixOS 用户在安装或者移除 PROC 文件节点时，只需要使用系统提供的 API，使用方便简单。

8.2.1　创建和删除一个 PROC 文件节点

使用 API_ProcFsMakeNode 和 API_ProcFsRemoveNode 可以在 SylixOS 的/proc/下（即 procfs 根）创建和删除一个 PROC 节点。

```
# include <procFsLib.h>
INT  API_ProcFsMakeNode(PLW_PROCFS_NODE  p_pfsnNew,  CPCHAR  pcFatherName)
```

函数 API_ProcFsMakeNode 原型分析：
- 此函数成功返回 0，失败返回错误号；
- 参数 *p_pfsnNew* 表示新的节点控制块；
- 参数 *pcFatherName* 表示父系节点名。

用户在添加 PROC 节点时注意，如果只是在/proc 下添加一个节点，那么 pcFatherName 表示的父系节点名为"/"（这个是 procfs 根）；如果创建二级节点，父系节点名以 procfs 根为起始路径。

注：PROC 内部有的路径起始为 procfs 根，而非操作系统的根目录。

结构体 PLW_PROCFS_NODE 是 PROC 节点类型，创建一个 PROC 节点之前需要填充好该结构体。

```
typedef struct lw_procfs_node {
    LW_LIST_LINE           PFSN_lineBrother;        /* 兄弟节点 */
    struct lw_procfs_node  * PFSN_p_pfsnFather;     /* 父系节点 */
    PLW_LIST_LINE          PFSN_plineSon;           /* 儿子节点 */
    PCHAR                  PFSN_pcName;             /* 节点名 */
    INT                    PFSN_iOpenNum;           /* 打开的次数 */
```

```
    BOOL                PFSN_bReqRemove;          /* 是否请求删除 */
    VOIDFUNCPTR         PFSN_pfuncFree;           /* 请求删除释放函数 */
    mode_t              PFSN_mode;                /* 节点类型 */
    time_t              PFSN_time;                /* 节点时间为当前时间 */
    uid_t               PFSN_uid;
    gid_t               PFSN_gid;
    PLW_PROCFS_NODE_OP  PFSN_p_pfsnoFuncs;        /* 文件操作函数 */
    LW_PROCFS_NODE_MSG  PFSN_pfsnmMessage;        /* 节点私有数据 */
#define PFSN_pvValue    PFSN_pfsnmMessage.PFSNM_pvValue
} LW_PROCFS_NODE;
typedef LW_PROCFS_NODE  * PLW_PROCFS_NODE;
```

该结构体中不是所有的信息都必须填写,如果不需要则填写 NULL 或者 0
即可。

```
# include <procFsLib.h>
INT  API_ProcFsRemoveNode (PLW_PROCFS_NODE  p_pfsn,  VOIDFUNCPTR  pfuncFree)
```

函数 API_ProcFsRemoveNode 原型分析:
- 此函数成功返回 0,失败返回错误号;
- 参数 *p_pfsn* 表示节点控制块;
- 参数 *pfuncFree* 表示清除函数。

注:使用 API_ProcFsRemoveNode 删除一个 PROC 节点时要注意释放节点缓
存或者其他资源。

8.2.2 获得 PROC 节点缓存指针

使用 API_ProcFsNodeBuffer 获取节点缓存指针,该节点缓存便是用来存储用
户关心的可以在 PROC 中查看到的信息。如果事先没有为该 PROC 节点申请缓存,
那么该节点缓存大小便为 0。

```
# include <procFsLib.h>
PVOID  API_ProcFsNodeBuffer (PLW_PROCFS_NODE  p_pfsn)
```

函数 API_ProcFsNodeBuffer 原型分析:
- 此函数成功返回 0,失败返回错误号;
- 参数 *p_pfsn* 表示节点控制块。

8.2.3 申请和删除 PROC 节点缓存

API_ProcFsAllocNodeBuffer 申请节点缓存是从系统的堆中申请,所以使用结
束后注意使用 API_ProcFsFreeNodeBuffer 释放资源。

```
# include <procFsLib.h>
INT   API_ProcFsAllocNodeBuffer (PLW_PROCFS_NODE   p_pfsn,  size_t   stSize)
```

函数 API_ProcFsAllocNodeBuffer 原型分析：
- 此函数成功返回 0，失败返回错误号；
- 参数 *p_pfsn* 表示节点控制块；
- 参数 *stSize* 表示缓存大小。

```
# include <procFsLib.h>
INT   API_ProcFsFreeNodeBuffer (PLW_PROCFS_NODE   p_pfsn)
```

函数 API_ProcFsFreeNodeBuffer 原型分析：
- 此函数成功返回 0，失败返回错误号；
- 参数 *p_pfsn* 表示节点控制块。

8.2.4　procfs 设置和获得实际的 BUFFER 大小

```
# include <procFsLib.h>
VOID     API_ProcFsNodeSetRealFileSize(PLW_PROCFS_NODE   p_pfsn,
                                       size_t            stRealSize)
```

函数 API_ProcFsNodeSetRealFileSize 原型分析：
- 参数 *p_pfsn* 表示节点控制块；
- 参数 *stRealSize* 表示实际文件内容大小。

```
# include <procFsLib.h>
size_t  API_ProcFsNodeGetRealFileSize (PLW_PROCFS_NODE   p_pfsn)
```

函数 API_ProcFsNodeGetRealFileSize 原型分析：
- 此函数成功返回实际文件内容大小，失败返回 0；
- 参数 *p_pfsn* 表示节点控制块。

以下程序展示了在 SylixOS 中添加和删除一个 PROC 节点，该节点名"acoinfo"。如程序清单 8.1、程序清单 8.2 所示。

程序清单 8.1　AcoinfoShow.c

```
# define  __SYLIXOS_STDIO
# define  __SYLIXOS_KERNEL
# include "../SylixOS/kernel/include/k_kernel.h"
# include "../SylixOS/system/include/s_system.h"
# include "procFs.h"
static ssize_t __procFsAcoinfoRead(PLW_PROCFS_NODE p_pfsn, PCHAR pcBuffer,
                                   size_t stMaxBytes, off_t oft);
```

```
static LW_PROCFS_NODE_OP _G_pfsAcoinfoFuncs = {
                                 __procFsAcoinfoRead, LW_NULL };
#define __PROCFS_BUFFER_SIZE_INFO      1024
static LW_PROCFS_NODE _G_pfsnModule[] = {
LW_PROCFS_INIT_NODE("acoinfo", (S_IRUSR | S_IRGRP | S_IROTH | S_IFREG),
&_G_pfsAcoinfoFuncs, "A", 0), };
static ssize_t __procFsAcoinfoRead(PLW_PROCFS_NODE p_pfsn, PCHAR pcBuffer,
size_t stMaxBytes, off_t oft) {
const CHAR cAcoinfoMsg[] = "\
COMPANY   OS_NAME \n\
------------------  ----------------\n";

PCHAR       pcFileBuffer;
size_t      stRealSize;
size_t      stCopeBytes;
pcFileBuffer = (PCHAR) API_ProcFsNodeBuffer(p_pfsn);
if (pcFileBuffer == LW_NULL) {
      size_t stNeedBufferSize = 0;
      stNeedBufferSize + = sizeof(cAcoinfoMsg);
      stNeedBufferSize + = 30;

      if (API_ProcFsAllocNodeBuffer(p_pfsn, stNeedBufferSize)) {
          _ErrorHandle(ENOMEM);
          return (0);
      }
      pcFileBuffer = (PCHAR) API_ProcFsNodeBuffer(p_pfsn);
      stRealSize = bnprintf(pcFileBuffer, stNeedBufferSize, 0,
                          cAcoinfoMsg);
      stRealSize = bnprintf(pcFileBuffer, stNeedBufferSize,
                          sizeof(cAcoinfoMsg)," + %12s   %11s\n",
                          "ACOINFO","SylixOS");
      API_ProcFsNodeSetRealFileSize(p_pfsn, stRealSize);
   } else {
      stRealSize = API_ProcFsNodeGetRealFileSize(p_pfsn);
   }
   if (oft > = stRealSize) {
      _ErrorHandle(ENOSPC);
      return (0);
   }
stCopeBytes = __MIN(stMaxBytes, (size_t )(stRealSize - oft));
   lib_memcpy(pcBuffer, (CPVOID) (pcFileBuffer + oft), (UINT) stCopeBytes);
   return ((ssize_t) stCopeBytes);
```

```
}
VOID __procFsAcoinfoInit(VOID) {
        API_ProcFsMakeNode(_G_pfsnModule, "/");
}
VOID __procFsAcoinfoExit(VOID) {
    if (API_ProcFsFreeNodeBuffer(_G_pfsnModule) < 0) {
        _DebugHandle(__ERRORMESSAGE_LEVEL,
        "Serious error: /proc/acoinfo file busy now, "
        "the system will become unstable!\r\n");
    }
    if (API_ProcFsRemoveNode(_G_pfsnModule, NULL)) {
        _DebugHandle(__ERRORMESSAGE_LEVEL,
            "Serious error: /proc/acoinfo file busy now, "
            "the system will become unstable!\r\n");
    }
}
```

程序清单 8.2　AcoinfoModule. c

```
#define   __SYLIXOS_KERNEL
# include <SylixOS.h>
# include <module.h>
# include <procModule.h>
int module_init (void)
{
    __procFsAcoinfoInit();
    return 0;
}
void module_exit (void)
{
    __procFsAcoinfoExit();
}
```

在 SylixOS 下运行：

```
# cd /lib/modules/
# ls
sperfs.ko      xsiipc.ko      acoinfo.ko      xinput.ko
# modulereg acoinfo.ko
module acoinfo.ko register ok, handle: 0x519a158
# cd /proc/
# ls
```

```
acoinfo          xinput          sysvipc         ksymbol         posix
net              diskcache       power           fs              hook
smp              cmdline         version         kernel          dma
cpuinfo          bspmem          self            pci             yaffs
# cat acoinfo
  COMPANY                        OS_NAME
------------------------         -------------------------

+       ACOINFO                  SylixOS
# moduleunreg 0x519a158
module /lib/modules/acoinfo.ko unregister ok.
# ls
xinput           sysvipc         ksymbol         posix           net
diskcache        power           fs              hook            smp
cmdline          version         kernel          dma             cpuinfo
bspmem           self            pci             yaffs
```

卸载内核模块时在移除 PROC 节点之前,需要释放使用 API_ProcFsAllocNo-deBuffer 申请的资源。所以在 API_ProcFsRemoveNode 移除 PROC 节点之前调用 API_ProcFsFreeNodeBuffer 释放资源。

第 9 章

中断与时钟系统

9.1 中断简介

中断是计算机系统中的一个十分重要的概念,现代计算机毫无例外地都采用中断机制。

在计算机执行程序的过程中,由于出现某个特殊情况(或称为"事件"),使得 CPU 中止现行程序,转去执行该事件的处理程序(俗称中断服务程序或中断处理程序),待中断服务程序执行完毕,再返回断点继续执行原来的程序,这个过程称为中断。

9.2 中断信号线

在数字逻辑层面,外部设备和处理器之间有一条专门的中断信号线,用于连接外设与 CPU 的中断引脚。当外部设备发生状态改变时,可以通过中断信号线向处理器发出中断请求。

处理器一般只有两根中断线,一根是 IRQ 线(中断请求线),一根是 FIQ 线(快速中断请求线)。而管理的外设却有很多,为了解决这个问题,外设的中断信号线并不与处理器直接相连,而是与中断控制器相连接,后者才跟处理器的中断信号线连接。中断控制器一般通过 CPU 进行配置。

9.3 中断的实现过程

中断的实现大致分为三个过程:

① 设备在发生状态改变时将主动发送一个信号给中断控制器;

② 中断控制器接收到通知信号,并经过中断优先级控制器的处理,然后由中断控制器向处理器发送中断信号;

③ 最后处理器接收到该信号,并作出相应处理。

中断控制器的框架如图 9.1 所示。

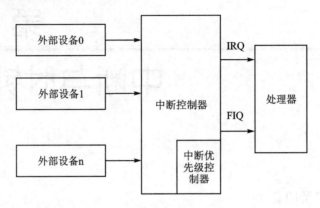

图 9.1　中断控制器的框架

9.4　中断处理过程

9.4.1　中断响应前的准备

一般系统将所有的中断信号统一进行了编号(例如 256 个中断信号:0~255),这个号称为中断向量。在中断响应前,中断向量与中断信号的对应关系已经定义好。

中断向量和中断服务函数的对应关系是由中断向量表描述的,操作系统在中断向量表中设置好不同中断向量对应的中断服务函数,待 CPU 查询使用。

9.4.2　CPU 检查是否有中断信号

CPU 在执行完每一条指令后,都会去确认在执行刚才的指令过程中中断控制器是否发送中断请求。如果有中断请求,CPU 就会在相应的时钟脉冲到来时从总线上读取该中断请求的中断向量。

9.4.3　中断处理

当中断产生时,CPU 执行完当前指令后,PC 指针将跳转到异常向量表的相应地址去执行。该地址处是一句跳转指令,PC 指针继续跳转到系统定义的总中断服务函数里面去执行,然后系统进行任务上下文的保存、中断向量号的获得、具体中断服务函数的执行等,执行结束后,恢复被中断任务的上下文,继续执行任务。中断处理流程如图 9.2 所示。

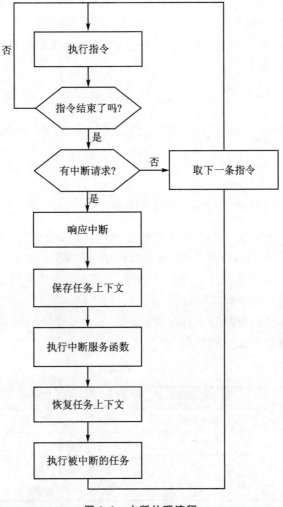

图 9.2 中断处理流程

9.5 SylixOS 中断系统分析

9.5.1 中断向量表

在 SylixOS 中，系统默认存在一张大小为 256（可以手动配置）的中断向量表，中断向量表用于管理 SylixOS 中的每一个中断向量。该向量表存在于 k_globalvar.h 文件中，其定义格式如下所示：

```
LW_CLASS_INTDESC        _K_idescTable[LW_CFG_MAX_INTER_SRC];
LW_SPINLOCK_DEFINE      (_K_slVectorTable);
```

_K_idescTable 是大小为 256 的数组,数组元素为 256 个中断向量;K_slVec-torTable 是一个自旋锁,用于控制对中断向量表的互斥访问。

_K_idescTable 的类型为 LW_CLASS_INTDESC,该类型是 SylixOS 的中断向量表结构,其详细描述如下:

```
# include <SylixOS.h>
typedef struct {
    LW_LIST_LINE_HEADER    IDESC_plineAction;    /* 判断中断服务函数列表 */
    ULONG                  IDESC_ulFlag;         /* 中断向量选项 */
    LW_SPINLOCK_DEFINE     (IDESC_slLock);       /* 自旋锁 */
}LW_CLASS_INTDESC;
typedef LW_CLASS_INTDESC * PLW_CLASS_INTDESC;
```

- IDESC_plineAction:用于管理中断服务函数的链表,通常情况下,一个中断号对应一个中断服务函数,该链表内只有一个成员;但在某些特殊情况下,一个中断号可以对应多个中断服务函数,则该链表有多个成员。
- IDESC_ulFlag:中断向量选项。
- IDESC_slLock:中断向量自旋锁。

中断向量选项如表 9.1 所列。

表 9.1 中断向量类型

宏 名	含 义
LW_IRQ_FLAG_QUEUE	支持单向量,多服务
LW_IRQ_FLAG_PREEMPTIVE	允许中断抢占
LW_IRQ_FLAG_SAMPLE_RAND	可用作系统随机数种子
LW_IRQ_FLAG_GJB7714	支持 GJB7714 国军标体系

9.5.2 中断描述符

在 SylixOS 中,一个中断服务函数对应一个中断描述符结构,SylixOS 将该中断描述符结构加入到中断向量表对应的表项中。如果一个中断向量对应多个中断服务函数,则这些中断服务函数对应的中断描述符就组成了一个链表,并由中断向量表对应的表项来进行管理(即 9.5.1 小节所讲的中断向量表项内的 IDESC_plineAction 成员)。中断描述符结构如下所示:

```
# include <SylixOS.h>
typedef struct {
    LW_LIST_LINE    IACT_plineManage;                        /* 管理链表 */
    INT64           IACT_iIntCnt[LW_CFG_MAX_PROCESSORS];     /* 中断计数器 */
```

```
PINT_SVR_ROUTINE        IACT_pfuncIsr;                    /* 中断服务函数 */
VOIDFUNCPTR             IACT_pfuncClear;                  /* 中断清理函数 */
PVOID                   IACT_pvArg;                       /* 中断服务函数参数 */
CHAR                    IACT_cInterName[LW_CFG_OBJECT_NAME_SIZE];
} LW_CLASS_INTACT;                                        /* 中断描述符 */
typedef LW_CLASS_INTACT    * PLW_CLASS_INTACT;
```

- IACT_plineManage：管理链表，用于将中断描述符加入到中断向量表表项；
- IACT_iIntCnt：中断计数器，每一次中断该数值加 1；
- IACT_pfuncIsr：中断服务函数；
- IACT_pfuncClear：中断清理函数；
- IACT_pvArg：中断服务函数参数；
- IACT_cInterName：中断服务函数名字。

9.6　SylixOS 中断服务函数流程

9.6.1　中断服务函数流程

以 ARM 体系为例，当 ARM CPU 检测到中断时，会自动将 PC 指针指向中断入口。SylixOS 的中断入口定义为 archIntEntry，由汇编语言编写，位于"libsylixos/SylixOS/arch/arm/common/armExcAsm. S"文件内，无论是哪一个中断向量产生中断，都会先进入 archIntEntry 函数。archIntEntry 函数经过一系列的函数调用，最终将会找到该中断向量对应的中断服务函数并执行，其调用流程如图 9.3 所示。

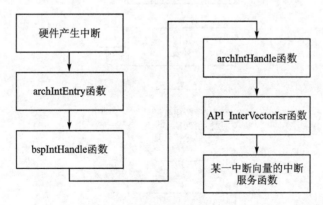

图 9.3　中断产生流程

中断服务函数流程分析如下：

- archIntEntry 函数：在执行某一中断向量的中断服务函数之前，需要进行一些准备工作，例如上下文的保存、中断嵌套的判断等，执行完某一中断向量的中断服务函数之后,还需要进行上下文的恢复等操作。

- bspIntHandle 函数:该函数是底层中断入口函数,它通过读取硬件寄存器来获得中断向量号。
- archIntHandle 函数:对中断向量合法性进行判断,并判断是否需要开启中断抢占。
- API_InterVectorIsr 函数:向量中断总服务函数,根据中断号得到对应的中断服务函数链表,找到具体中断服务函数。

9.6.2 向量中断总服务函数

API_InterVectorIsr 函数的定义如下所示:

```
# include <SylixOS>
irqreturn_tAPI_InterVectorIsr (ULONG    ulVector);
```

函数 API_InterVectorIsr 原型分析:

- 函数返回中断返回值;
- 参数 *ulVector* 是中断向量号。

API_InterVectorIsr 函数的大体流程(不考虑多核的情况)如图 9.4 所示。

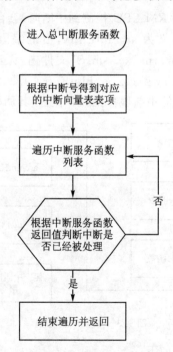

图 9.4 总中断服务函数流程

9.6.3　中断服务函数返回值

API_InterVectorIsr 函数在遍历中断服务函数链表时,会根据中断服务函数的返回值判断是否需要结束遍历。中断服务函数的返回值有三种选项,如表 9.2 所列。

表 9.2　中断服务函数返回值选项

宏　名	含　义
LW_IRQ_NONE	不是本中断服务函数产生的中断,继续遍历
LW_IRQ_HANDLED	是本中断服务函数产生的中断,结束遍历
LW_IRQ_HANDLED_DISV	中断处理结束,并屏蔽本次中断

9.7　SylixOS 中断的连接和释放

在 SylixOS 驱动中,使用中断的设备需要申请连接和释放中断,连接和释放函数分别是 API_InterVectorConnect 函数和 API_InterVectorDisable 函数。

9.7.1　中断连接函数

API_InterVectorConnect 函数定义如下所示:

```
# include <SylixOS.h>
ULONG    API_InterVectorConnect(ULONG            ulVector,
                                PINT_SVR_ROUTINE pfuncIsr,
                                PVOID            pvArg,
                                CPCHAR           pcName);
```

函数 API_InterVectorConnect 原型分析:
- 此函数成功返回 ERROR_NONE,失败返回 PX_ERROR;
- 参数 $ulVector$ 是中断向量号;
- 参数 $pfuncIsr$ 是中断服务函数;
- 参数 $pvArg$ 是中断服务函数参数;
- 参数 $pcName$ 是中断服务名称。

API_InterVectorConnect 函数的功能是将中断向量号与中断服务函数进行连接。

9.7.2　中断释放函数

函数 API_InterVectorDisable 的定义如下:

```
# include <SylixOS.h>
ULONG     API_InterVectorDisconnect(ULONG              ulVector,
                                     PINT_SVR_ROUTINE   pfuncIsr,
                                     PVOID              pvArg);
```

函数 API_InterVectorDisable 原型分析：

- 此函数成功返回 ERROR_NONE，失败返回 PX_ERROR；
- 参数 *ulVector* 是中断向量号；
- 参数 *pfuncIsr* 是中断服务函数；
- 参数 *pvArg* 是中断服务函数的参数。

API_InterVectorDisable 函数只是释放与参数 pfuncIsr 和参数 pvArg 对应的中断服务函数，当一个向量对应多个函数时，它并不会释放该向量的所有中断服务函数。

如果要想一次性释放所有中断服务函数，SylixOS 提供了 API_InterVectorDisconnectEx 函数，其定义如下：

```
# include <SylixOS.h>
LW ULONG    API_InterVectorDisconnectEx(ULONG              ulVector,
                                         PINT_SVR_ROUTINE   pfuncIsr,
                                         PVOID              pvArg,
                                         ULONG              ulOption);
```

函数 API_InterVectorDisconnectEx 函数原型分析：

- 该函数的前三个参数与 API_InterVectorDisable 函数的参数相同；
- 参数 *ulOption* 是删除选项。

参数 *ulOption* 的选项如表 9.3 所列。

表 9.3　中断释放函数的删除选项

宏　名	含　义
LW_IRQ_DISCONN_DEFAULT	解除匹配函数和函数参数的中断服务连接
LW_IRQ_DISCONN_ALL	解除所有中断服务连接
LW_IRQ_DISCONN_IGNORE_ARG	解除匹配函数的中断服务连接(忽略函数参数)

中断相关的其他系统接口的声明位于"/libsylixos/SylixOS/kernel/include/k_api.h"文件内，这里不再详细介绍。

9.7.3　处理器提供的中断支持

处理器需要为 SylixOS 提供功能支持，对于中断驱动编写者需要填充 BSP 下 SylixOS/bsp/bspLib.c 中与中断相关的函数，如下所示：

```
# include <SylixOS.h>
VOID  bspIntInit (VOID)
{
    /*
     * TODO:加入你的处理代码
     *
     * 如果某中断为链式中断,请加入形如:
     * API_InterVectorSetFlag(LW_IRQ_4, LW_IRQ_FLAG_QUEUE);
     * 的代码.
     *
     * 如果某中断可用作初始化随机化种子,请加入形如:
     * API_InterVectorSetFlag(LW_IRQ_0, LW_IRQ_FLAG_SAMPLE_RAND);
     * 的代码.
     */
}
```

bspIntInit 函数是中断系统初始化函数,它需要初始化中断控制器以及设置某些中断向量的特殊属性。

```
# include <SylixOS.h>
VOID  bspIntHandle (VOID)
{
    REGISTER UINT32   uiVector = interruptVectorGet();
    archIntHandle((ULONG)uiVector, LW_FALSE);
}
```

bspIntHandle 函数是中断入口函数,它通过读取硬件寄存器,得到当前产生的中断向量号。

```
# include <SylixOS.h>
VOID  bspIntVectorEnable (ULONG   ulVector);
VOID  bspIntVectorDisable (ULONG   ulVector);
BOOL  bspIntVectorIsEnable (ULONG   ulVector);
```

以上三个函数的作用分别是中断使能、中断失能、判断中断是否使能,它们都是通过读取硬件寄存器来进行判断的。

函数原型分析如下:

- 参数 *ulVector* 是中断向量号。

```
# include <SylixOS.h>
# if LW_CFG_INTER_PRIO > 0
ULONG   bspIntVectorSetPriority (ULONG   ulVector, UINT   uiPrio);
ULONG   bspIntVectorGetPriority (ULONG   ulVector, UINT   * uiPrio);
```

```
#endif
```

以上两个函数的作用分别是设置中断向量的优先级、获得中断向量的优先级,它们在系统支持中断优先级时(LW_CFG_INTER_PRIO>0)才会被使用。

函数原型分析如下:

- 参数*ulVector*是中断向量号;
- 参数*uiPrio*是中断向量的优先级。

```
#include <SylixOS.h>
#if LW_CFG_INTER_TARGET > 0
ULONG   bspIntVectorSetTarget (ULONG              ulVector,
                              size_t              stSize,
                              const  PLW_CLASS_CPUSET    pcpuset);
ULONG   bspIntVectorGetTarget (ULONG              ulVector,
                              size_t              stSize,
                              PLW_CLASS_CPUSET    pcpuset)
#endif
```

以上两个函数的作用分别是设置中断向量的目标 CPU 和获得指定中断向量的目标 CPU,它们在系统支持中断目标 CPU 设置时才会被使用。

函数原型分析如下:

- 函数成功返回 ERROR_NONE,失败返回 PX_ERROR;
- 参数*ulVector*是中断向量号;
- 参数*stsize*是 CPU 掩码集内存大小;
- 参数*pcpuset*是 CPU 掩码。

9.8 按键中断实例

下面以按键中断为例,简介 SyixOS 下的中断编程。

```
#define  __SYLIXOS_KERNEL
#include <SylixOS.h>
#include <module.h>
#include <linux/compat.h>
#define    GPIO_NUM 13
static INT  LW_IRQ = 0;
static irqreturn_t __doIsr (PVOID  pvArg, ULONG  iVector)
{
    API_GpioClearIrq(GPIO_NUM);                    /* 清中断 */
    return LW_IRQ_HANDLED;
}
```

```
int module_init (void)
{
    INT iRet;
    iRet = API_GpioRequestOne(GPIO_NUM, LW_GPIOF_IN, "intIn");
                                              /* 下降沿触发中断 */
    if (iRet != ERROR_NONE) {
    printk("GPIO_NUM Request faile!\n");
    }
    iRet = API_GpioRequestOne(11,LW_GPIOF_OUT_INIT_LOW,"intIn1");
    if (iRet != ERROR_NONE) {
    printk("GPIO_11 Request faile!\n");
    }
    LW_IRQ = API_GpioSetupIrq(GPIO_NUM, LW_FALSE, 0);
    API_InterVectorConnect(LW_IRQ,
                           (PINT_SVR_ROUTINE)__doIsr,
                           (PVOID)LW_NULL,
                           "isr");
    API_InterVectorEnable(LW_IRQ);            /* 中断使能 */
    return 0;
}
void module_exit (void)
{
    API_GpioFree(GPIO_NUM);                   /* GPIO 引脚释放 */
    API_InterVectorDisable(LW_IRQ);
}
```

9.9　时钟系统

在 SylixOS 中使用硬件定时器作为系统 tick 时钟，它是系统跳动的心脏。tick 时钟为系统的多任务调度提供依据，其驱动框架在内核中已经写好，驱动开发人员只需实现 tick 初始化、清除 tick 中断即可。

tick 时钟的初始化函数如下所示，它位于 BSP 下的"bsp/SylixOS/bsp/bspLib. c"文件内。

```
# include <SylixOS. h>
VOID   bspTickInit (VOID)
{
    ULONG ulVector = 1;
    __tickTimerInit(LW_TICK_HZ);
    GuiFullCnt = __sysClkGet(MCK) / 16 / LW_TICK_HZ;
```

```
Gui64NSecPerCnt7 = ((1000 * 1000 * 1000 / LW_TICK_HZ) << 7) / GuiFullCnt;
/*  TICK_IN_THREAD > 0 */
/*
 * 初始化硬件定时器,频率为 LW_TICK_HZ,类型为自动重装,启动硬件定时器
 * 并将硬件定时器的向量中断号赋给 ulVector 变量
 */
API_InterVectorConnect(ulVector,
                       (PINT_SVR_ROUTINE)__tickTimerIsr,
                       LW_NULL,
                       "tick_timer");
API_InterVectorEnable(ulVector);
}
```

其中 LW_TICK_HZ 是系统的 tick 时钟频率,单位是 Hz,其数值需要根据具体的硬件性能来设置,频率越高系统的额外开销也就越大。通常情况下 tick 时钟频率设置为 100 Hz 或者 1 000 Hz,对应的时间精度为 10 ms 或者 1 ms。

一般情况下,系统 tick 时钟的精度只有 10 ms 或 1 ms,不能满足一些对于时间精度要求较高的应用程序,因此,为了获取高精度时钟,系统内提供 bspTickHigh-Resolution 函数,该函数通过读取硬件定时器的当前计数值来修正最近一次 tick 到当前的精确时间。bspTickHighResolution 函数的定义如下所示,它位于 SylixOS BSP 下的"bsp/SylixOS/bsp/bspLib. c"文件内,以 AT91SAM9X25 的定时器为例:

```
# include <SylixOS. h>
Static  UINT32  GuiFullCnt;
Static  UINT64  Gui64NSecPerCnt7;                      /* 提高 7bit 精度 */
VOID  bspTickHighResolution (struct timespec  * ptv)
{
    REGISTER UINT32  uiCntCur;
    /*
     * 20 位精度定时器
     */
    uiCntCur = (UINT32)readl(REG_PIT_PIIR) & (0xFFFFF);
    /*
     * 检查是否有 TICK 中断请求
     */
# define BIT_INT_PIT      0x1
    if (readl(REG_PIT_SR) & BIT_INT_PIT) {
        /*
         * 这里由于 TICK 没有及时更新,所以需要重新获取并且加上一个 TICK 的时间
         */
        uiCntCur = (UINT32)readl(REG_PIT_PIIR) & (0xFFFFF);
```

```
        if (uiCntCur != GuiFullCnt) {
            uiCntCur += GuiFullCnt;
        }
    }
    ptv ->tv_nsec += (LONG)((Gui64NSecPerCnt7 * uiCntCur) >> 7);
    if (ptv ->tv_nsec >= 1000000000) {
    ptv ->tv_nsec -= 1000000000;
    ptv ->tv_sec ++ ;
    }
}
```

由以上代码可以看出,修正后的时钟精度可以达到纳秒,完全满足使用要求。

tick 时钟的中断服务函数完成系统全局时钟的记录以及多任务调度等功能,其定义如下所示。

```
# include <SylixOS. h>
static irqreturn_t  __tickTimerIsr (VOID)
{
    INT uiPending;
    uiPending = readl(REG_PIT_SR);
    if (uiPending& 1) {                          / * tick 中断 * /
        API_KernelTicksContext();                / * 保存被时钟中断的线程控制块 * /
    API_KernelTicks();                           / * 内核 TICKS 通知 * /
    API_TimerHTicks();                           / * 高速 TIMER TICKS 通知 * /
        __timerIsr();
    return  (LW_IRQ_HANDLED);                     / * tick 中断,中断结束 * /
    }
    / *
    * 不是 tick 中断,继续遍历中断服务函数
    * /
    return  (LW_IRQ_NONE);
}
```

每次当时钟中断发生时,内核内部计数器的值就会加 1。内核内部计数器的值在系统引导时被初始化为 0,因此,其值就是自上次系统引导以来的时钟嘀嗒数。该计数器是一个 64 位的变量,变量名为_K_i64KernelTime,定义在"libSylixOS/Sylix-OS/kernel/include/k_globalvar. h"文件内。

第 **10** 章

SylixOS 字符设备驱动

10.1 SylixOS 字符设备驱动简介

10.1.1 概　述

字符设备是指只能以字节为单位进行读/写,读取数据需按照先后顺序,不能随机读取设备内存中某一数据的设备。常见的字符设备如:鼠标、键盘、串口等。

在 SylixOS 中,每个字符设备都会在/dev 目录下对应一个设备文件,用户程序可通过设备文件(或设备节点)来进行字符设备的读/写、I/O 控制等操作。

10.1.2 驱动类型

SylixOS 中,字符设备驱动类型分为三类:

① LW_DRV_TYPE_ORIG(原始设备驱动程序,兼容 VxWorks);

② LW_DRV_TYPE_SOCKET(SOCKET 型设备驱动程序);

③ LW_DRV_TYPE_NEW_1(NEW_1 型设备驱动程序)。

其中,LW_DRV_TYPE_ORIG 和 LW_DRV_TYPE_NEW_1 驱动类型分别对应 SylixOS 中 I/O 系统结构中的 ORIG 型驱动结构和 NEW_1 型驱动结构。NEW_1 型驱动结构在 ORIG 型驱动结构的基础上增加了文件访问权限、文件记录锁等功能,这两种驱动结构的具体关系可参照《SylixOS 应用开发权威指南》第三章——I/O 系统。

10.2 SylixOS 字符设备驱动

SylixOS 中字符设备驱动主要包括字符设备驱动注册、设备创建及管理。

10.2.1 字符设备驱动安装

字符设备驱动安装接口相关信息位于"libsylixos/SylixOS/system/ioLib/io-Sys. c"文件中,SylixOS 为驱动安装提供了三组接口。驱动安装函数的主要作用是在内核驱动程序表中找到空闲位置,并注册对应的驱动程序。

1. API_IosDrvInstall

```
# include <SylixOS.h>
INT   API_IosDrvInstall (LONGFUNCPTR          pfuncCreate,
                         FUNCPTR              pfuncDelete,
                         LONGFUNCPTR          pfuncOpen,
                         FUNCPTR              pfuncClose,
                         SSIZETFUNCPTR        pfuncRead,
                         SSIZETFUNCPTR        pfuncWrite,
                         FUNCPTR              pfuncIoctl);
```

函数 API_IosDrvInstall 原型分析:
- 此函数成功返回驱动程序索引号 iDrvNum,失败返回 PX_ERROR;
- 参数 *pfuncCreate* 是驱动程序中的建立函数 (如果非符号链接,则不可更改 name 参数内容);
- 参数 *pfuncDelete* 是驱动程序中的删除函数;
- 参数 *pfuncOpen* 是驱动程序中的打开函数 (如果非符号链接,则不可更改 name 参数内容);
- 参数 *pfuncClose* 是驱动程序中的关闭函数;
- 参数 *pfuncRead* 是驱动程序中的读函数;
- 参数 *pfuncWrite* 是驱动程序中的写函数;
- 参数 *pfuncIoctl* 是驱动程序中的 I/O 控制函数。

2. API_IosDrvInstallEx

```
# include <SylixOS.h>
INT   API_IosDrvInstallEx (struct file_operations  * pfileop);
```

函数 API_IosDrvInstallEx 原型分析:
- 此函数成功返回驱动程序索引号 iDrvNum,失败返回 PX_ERROR;
- 参数 *pfileop* 是驱动程序中设备文件操作块。

设备文件操作块 file_operations 详细描述如下:

```
# include <SylixOS.h>
typedef struct file_operations {
    struct module          * owner;
    long                   ( * fo_create)();
```

```
    int                 ( * fo_release)();
    long                ( * fo_open)();
    int                 ( * fo_close)();
    ssize_t             ( * fo_read)();
    ssize_t             ( * fo_read_ex)();
    ssize_t             ( * fo_write)();
    ssize_t             ( * fo_write_ex)();
    int                 ( * fo_ioctl)();
    int                 ( * fo_select)();
    int                 ( * fo_lock)();
    off_t               ( * fo_lseek)();
    int                 ( * fo_fstat)();
    int                 ( * fo_lstat)();
    int                 ( * fo_symlink)();
    ssize_t             ( * fo_readlink)();
    int                 ( * fo_mmap)();
    int                 ( * fo_unmap)();
    ULONG               fo_pad[16];
} FILE_OPERATIONS;
```

- fo_create:设备创建函数;
- fo_release:设备释放函数;
- fo_open:设备打开操作函数;
- fo_close:设备关闭函数;
- fo_read(ex):读设备(扩展)函数;
- fo_write(ex):写设备(扩展)函数;
- fo_ioctl:设备控制函数;
- fo_select:select 功能函数;
- fo_lock:lock 功能函数;
- fo_lseek:lseek 功能函数;
- fo_fstat:fstat 功能函数;
- fo_lstat:lstat 功能函数;
- fo_symlink:建立链接文件;
- fo_readlink:读取链接文件;
- fo_mmap:文件映射;
- fo_unmap:映射结束;
- fo_pad:保留项。

3. API_IosDrvInstallEx2

```
#include <SylixOS.h>
INT  API_IosDrvInstallEx2 (struct file_operations  * pfileop,
                           INT  iType);
```

函数 API_IosDrvInstallEx2 原型分析：

- 此函数成功返回驱动程序索引号 iDrvNum,失败返回 PX_ERROR;
- 参数 *pfileop* 是驱动程序中设备文件操作块;
- 参数 *iType* 是设备驱动类型。

注：API_IosDrvInstall 和 API_IosDrvInstallEx 注册的驱动类型默认是 LW_DRV_TYPE_ORIG 型驱动,API_IosDrvInstallEx2 则可以根据需要选择注册 LW_DRV_TYPE_ORIG、LW_DRV_TYPE_NEW_1 或者 LW_DRV_TYPE_SOCKET 型驱动。

10.2.2　字符设备的创建及管理

每个具体的字符设备控制块根据各设备特点由驱动开发者自行封装,但其中都应包含一个设备头,且设备头为设备控制块第一个成员,用来对该设备进行管理。设备头结构体 LW_DEV_HDR 详细描述如下：

```
#include <SylixOS.h>
typedef struct {
    LW_LIST_LINE        DEVHDR_lineManage;        /*设备头管理链表*/
    UINT16              DEVHDR_usDrvNum;          /*设备驱动程序索引号*/
    PCHAR               DEVHDR_pcName;            /*设备名称*/
    UCHAR               DEVHDR_ucType;            /*设备 dirent d_type*/
    atomic_t            DEVHDR_atomicOpenNum;     /*打开的次数*/
    PVOID               DEVHDR_pvReserve;         /*保留*/
} LW_DEV_HDR;
```

- DEVHDR_lineManage:设备头管理链表,可将其链入系统中设备管理链表;
- DEVHDR_usDrvNum:设备驱动程序索引号;
- DEVHDR_pcName:设备名称;
- DEVHDR_ucType:设备类型,字符设备默认选择 DT_CHR 类型;
- DEVHDR_atomicOpenNum:设备打开次数;
- DEVHDR_pvReserve:保留项。

根据具体设备的设备头,调用 API_IosDevAdd 或者 API_IosDevAddEx 将设备添加进设备管理链表进行管理。设备添加函数位于"libsylixos/SylixOS/system/ioLib/ioSys.c"文件中。

设备添加函数详细介绍如下：

1. API_IosDevAdd

```
#include <SylixOS.h>
ULONG   API_IosDevAdd (PLW_DEV_HDR        pdevhdrHdr,
                       CPCHAR              pcName,
                       INT                 iDrvNum);
```

函数 API_IosDevAdd 原型分析:

- 此函数成功返回 ERROR_NONE,失败返回 PX_ERROR;
- 参数 *pdevhdrHdr* 是设备头指针;
- 参数 *pcName* 是设备名;
- 参数 *iDrvNum* 是驱动程序索引号,该索引号即为 10.2.1 小节字符设备驱动安装函数的返回值。

2. API_IosDevAddEx

```
#include <SylixOS.h>
ULONG   API_IosDevAddEx (PLW_DEV_HDR       pdevhdrHdr,
                         CPCHAR             pcName,
                         INT                iDrvNum,
                         UCHAR              ucType);
```

函数 API_IosDevAddEx 原型分析:

- 此函数成功返回 ERROR_NONE,失败返回 PX_ERROR;
- 参数 *pdevhdrHdr* 是设备头指针;
- 参数 *pcName* 是设备名;
- 参数 *iDrvNum* 是驱动程序索引号,该索引号即为 10.2.1 小节字符设备驱动安装函数的返回值;
- 参数 *ucType* 是设备类型,如字符设备选择 DT_CHR 类型。

调用上述两个函数即可将设备添加进设备头管理链表中进行管理。应用程序根据设备名打开设备,通过设备名和驱动程序索引号在链表中找到对应的设备控制块,获取到设备驱动函数,最终即可对设备进行读/写和 I/O 控制等操作。

10.3　RTC 设备驱动

实时时钟(RTC)的主要功能是在系统掉电的情况下,利用备用电源使时钟继续运行,保证不会丢失时间信息。现以 S3C2440 芯片为例,介绍其内部 RTC 原理及驱动实现。

10.3.1　硬件原理

S3C2440 内部集成了 RTC 模块。其内部的寄存器 BCDSEC,BCDMIN,BCD-

HOUR,BCDDAY,BCDDATE,BCDMON 和 BCDYEAR 分别存储了当前的秒、分、小时、星期、日、月和年,表示时间的数值都是 BCD 码。这些寄存器的内容可读可写,并且只有在寄存器 RTCCON 的第 0 位为 1 时才能进行读/写操作。为了防止误操作,当不进行读/写时,要把该位清零。当读取这些寄存器时,用户能够获取当前的时间;当写入这些寄存器时,用户能够设置当前的时间。另外需要注意的是,因为有所谓的“一秒误差”,因此当读取到的秒为 0 时,需要重新再读取一遍这些寄存器的内容,才能保证时间的正确。

10.3.2　寄存器配置

现介绍 RTC 驱动编写中常用的寄存器。

1. RTCCON 控制寄存器

用于选择时钟,使能/禁能 RTC 控制。在对存储时间信息的寄存器进行读/写前,需要将该寄存器第 0 位置 1,读/写结束后需要将该寄存器的第 0 位清零。

2. BCDSEC

存储 RTC 时间当前秒信息,用 BCD 码表示。[6:4]取值范围:0~5,[3:0]取值范围:0~9。

3. BCDMIN

存储 RTC 时间当前分信息,用 BCD 码表示。[6:4]取值范围:0~5,[3:0]取值范围:0~9。

4. BCDHOUR

存储 RTC 时间当前时信息,用 BCD 码表示。[5:4]取值范围:0~2,[3:0]取值范围:0~9。

5. BCDDAY

存储 RTC 时间当前星期信息,用 BCD 码表示。[2:0]取值范围:1~7。

6. BCDDATE

存储 RTC 时间当前日信息,用 BCD 码表示。[5:4]取值范围:0~3,[3:0]取值范围:0~9。

7. BCDMON

存储 RTC 时间当前月信息,用 BCD 码表示。[4]取值范围:0~1,[3:0]取值范围:0~9。

8. BCDYEAR

存储 RTC 时间当前年信息,用 BCD 码表示。[7:0]取值范围:00~99。

10.3.3　驱动实现

现以 SylixOS 中 mini2440 的 BSP 为例,介绍该芯片中 RTC 驱动的具体实现。

注:mini2440 BSP 是集成在 SylixOS IDE 中的内置模板,可通过选择对应的平

台创建,具体可参考《RealEvo – IDE 使用手册》第二章 创建 SylixOS BSP 工程。手册下载地址:https://www.acoinfo.com/。

10.3.3.1 RTC 设备控制块

首先封装 RTC 设备控制块,其具体结构如下:

```
# include <SylixOS.h>
typedef struct {
    LW_DEV_HDR          RTCDEV_devhdr;          /* 设备头 */
    PLW_RTC_FUNCS       RTCDEV_prtcfuncs;       /* 操作函数集 */
} LW_RTC_DEV;
```

- RTCDEV_devhdr:RTC 设备头;
- RTCDEV_prtcfuncs:RTC 硬件接口函数。

其中 RTC 设备头结构参照 10.2.2 小节,RTC 硬件接口函数结构如下:

```
# include <SylixOS.h>
typedef struct {
    VOIDFUNCPTR         RTC_pfuncInit;          /* 初始化 RTC */
    FUNCPTR             RTC_pfuncSet;           /* 设置硬件 RTC 时间 */
    FUNCPTR             RTC_pfuncGet;           /* 读取硬件 RTC 时间 */
    FUNCPTR             RTC_pfuncIoctl;         /* 更多复杂的 RTC 控制 */
    /* 例如设置唤醒闹铃中断等等 */
} LW_RTC_FUNCS;
```

- RTC_pfuncInit:RTC 初始化;
- RTC_pfuncSet:RTC 时间设置;
- RTC_pfuncGet:RTC 时间获取;
- RTC_pfuncIoctl:RTC 其他 I/O 控制。

10.3.3.2 RTC 设备接口函数获取

RTCDEV_prtcfuncs 接口函数由驱动中 rtcGetFuncs 函数获取。其调用关系如下:

```
PLW_RTC_FUNCS   rtcGetFuncs (VOID)
{
    static LW_RTC_FUNCS    rtcfuncs = {LW_NULL,
    __rtcSetTime,
    __rtcGetTime,
    LW_NULL};
    return (&rtcfuncs);
}
```

可见,RTC 的硬件操作函数主要实现了 RTC 的时间设置和时间获取函数。

1. __rtcSetTime——RTC 时间设置

```
# include <SylixOS.h>
static int  __rtcSetTime (PLW_RTC_FUNCS  prtcfuncs, time_t  * ptimeNow);
```

函数__rtcSetTime 原型分析:
- 此函数成功返回 ERROR_NONE;
- 参数 *prtcfuncs* 是 RTC 硬件接口函数;
- 参数 *ptimeNow* 是当前时间,参数类型 time_t 是 long long 类型。

2. __rtcGetTime——RTC 时间设置

```
# include <SylixOS.h>
static int  __rtcGetTime (PLW_RTC_FUNCS  prtcfuncs, time_t  * ptimeNow);
```

函数__ rtcGetTime 原型分析:
- 此函数成功返回 ERROR_NONE,输出当前 RTC 时间;
- 参数 *prtcfuncs* 是 RTC 硬件接口函数;
- 参数 *ptimeNow* 是当前时间,参数类型 time_t 是 long long 类型。

10.3.3.3　RTC 设备驱动安装

调用 API_RtcDrvInstall 函数安装 RTC 设备驱动程序,其详细描述如下:

```
# include <SylixOS.h>
INT  API_RtcDrvInstall (VOID);
```

函数 API_RtcDrvInstall 原型分析:
- 此函数成功返回 ERROR_NONE,失败返回 PX_ERROR。

该函数中主要调用 API_IosDrvInstall 安装 RTC 的 Open、Close、Ioctl 操作函数,调用如下:

```
_G_iRtcDrvNum = iosDrvInstall(__rtcOpen,
(FUNCPTR)LW_NULL,
  __rtcOpen,
  __rtcClose,
  LW_NULL,
  LW_NULL,
  __rtcIoctl);
```

1. __rtcOpen——打开 RTC 设备

RTC 设备打开操作主要是将 RTC 设备打开次数加 1。

```
# include <SylixOS.h>
static LONG  __rtcOpen (PLW_RTC_DEV  prtcdev,
```

```
          PCHAR        pcName,
          INT          iFlags,
          INT          iMode);
```

函数 __rtcOpen 原型分析：

- 此函数成功返回 RTC 设备结构体；
- 参数 prtcdev 是 RTC 设备结构体；
- 参数 pcName 是设备名；
- 参数 iFlags 是打开方式；
- 参数 iMode 是打开方法。

2. __rtcClose——关闭 RTC 设备

RTC 设备关闭操作主要是将 RTC 设备打开次数减 1。

```
# include <SylixOS.h>
static LONG  __rtcClose(PLW_RTC_DEV  prtcdev);
```

函数 __rtcClose 原型分析：

- 此函数成功返回 ERROR_NONE，失败返回 PX_ERROR；
- 参数 prtcdev 是 RTC 设备结构体。

3. __rtcIoctl——控制 RTC 设备

RTC 设备控制操作主要是设置 RTC 时间和获取 RTC 时间。

```
# include <SylixOS.h>
static INT  __rtcIoctl(PLW_RTC_DEV  prtcdev, INT  iCmd, PVOID  pvArg);
```

函数 __rtcIoctl 原型分析：

- 此函数成功返回 ERROR_NONE，失败返回 PX_ERROR；
- 参数 prtcdev 是 RTC 设备结构体；
- 参数 iCmd 是控制命令；
- 参数 pvArg 是控制参数。

注：__rtcIoctl 函数最终调用的就是 RTC 硬件接口函数中的 __rtcSetTime 和 __rtcGetTime 函数来设置 RTC 时间和获取 RTC 时间。

10.3.3.4 RTC 设备创建和管理

调用 API_RtcDevCreate 创建 RTC 设备并将设备加入设备链表进行管理。其函数原型如下：

```
# include <SylixOS.h>
INT  API_RtcDevCreate(PLW_RTC_FUNCS  prtcfuncs);
```

函数 API_RtcDevCreate 原型分析：

- 此函数成功返回 ERROR_NONE,失败返回 PX_ERROR;
- 参数 *prtc funcs* 是 RTC 操作函数集。

10.3.3.5　RTC 时间同步

RTC 设备创建完成并安装完设备驱动程序后,即可调用 API_RtcToSys 内核函数获取 RTC 当前时间,并将获取到的时间同步到系统时间。其函数原型如下:

```
#include <SylixOS.h>
INT  API_RtcToSys (VOID);
```

函数 API_RtcToSys 原型分析:

- 此函数成功返回 ERROR_NONE,失败返回 PX_ERROR。

10.4　PWM 设备驱动

10.4.1　硬件原理

脉冲宽度调制 PWM(Pulse Width Modulation),简称脉宽调制。它是利用微处理器的数字输出来对模拟电路进行控制的一种非常有效的技术,广泛应用于测量、通信、功率控制与变换等许多领域。

举个简单的例子来说明 PWM 的作用,先看一幅 PWM 波形图,如图 10.1 所示。

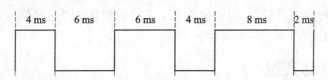

图 10.1　PWM 波形图

这是一个周期为 10 ms,频率为 100 Hz 的波形。但可以看到,在每个周期内,高低电平脉冲宽度各不相同,这就是 PWM 的本质。PWM 中有一个概念叫做"占空比":一个周期内高电平所占的比例。比如图 10.1 中,第一部分波形占空比为 40%,第二部分占空比为 60%,第三部分波形占空比为 80%。

在数字电路里,一个引脚的状态只有 0 和 1 两种状态。假设芯片某引脚外接一个 LED 灯,当引脚电平为高电平时,灯灭;引脚电平为低电平时,灯亮。当引脚电平不停做高低电平切换时,LED 灯也就一直在闪烁。当引脚高低电平切换的时间间隔不断减小到肉眼分不出的时候,也就是 100 Hz 的频率时,LED 灯表现出的现象就是既保持亮的状态,又没有引脚电平保持为低电平时的亮度高。当不断调整一个周期内高低电平的时间比例时,LED 灯的亮度也就随之变化,而不仅仅只有灯亮和灯灭两种状态了。

假设现在用图 10.1 所示波形去控制引脚的高低电平切换,第一部分波形,LED 灯熄灭 4 ms,灯亮 6 ms,亮度最高;第二部分波形,LED 灯灭 6 ms,灯亮 4 ms,亮度次之;第三部分波形,LED 灯灭 8 ms,灯亮 2 ms,亮度最低。通过调整 PWM 占空比去调整 LED 灯的亮度的是 PWM 的一个典型应用。其他的典型应用如:控制电机转速、控制风扇转速、控制蜂鸣器的响度、控制显示屏亮度等。

10.4.2　寄存器配置

以 i.MX6Q 芯片为例,介绍 PWM 相关寄存器配置。

1. PWMCR

PWM 控制寄存器,用于设置 PWM 使能/禁能/复位、时钟源选择、时钟预分频值设置、PWM 输出相位配置等,其中在设置 PWM 之前需将该寄存器第 0 位清零禁能,设置完成后,再将该寄存器第 0 位置 1 使能。

2. PWMSR

PWM 状态寄存器,主要获取当前 PWM 相关状态信息。

3. PWMIR

PWM 中断控制寄存器,主要用来设置 PWM 相关中断。

4. PWMSAR

PWM 采样寄存器,用来获取 PWM 当前采样值。

5. PWMPR

PWM 周期设置寄存器,用来设置 PWM 时间周期。当定时器计数值达到设置值时,定时器复位,开始下一个周期。

10.4.3　驱动实现

以 SylixOS - EVB - i.MX6Q 验证平台的 BSP 为例,介绍 PWM 的驱动实现。

注:SylixOS - EVB - i.MX6Q 验证平台是为方便 SylixOS 用户充分评估 SylixOS 功能和性能推出的高端 ARM - SMP 验证平台,相关资料请见官网:http://www.acoinfo.com/。

10.4.3.1　PWM 设备控制块

首先封装 PWM 设备控制块,其具体结构如下:

```
# include <SylixOS.h>
typedef struct {
    LW_DEV_HDR                  PWMC_devHdr;              /* 必须是第一个结构体成员 */
    LW_LIST_LINE_HEADER         PWMC_fdNodeHeader;
    addr_t                      PWMC_BaseAddr;
} __IMX6Q_PWM_CONTROLER, * __PIMX6Q_PWM_CONTROLER;
```

- PWMC_devHdr:PWM 设备头,必须是第一个结构体成员;
- PWMC_fdNodeHeader:PWM 设备文件节点,NEW_1 型驱动结构中文件节点引入了文件访问权限、文件用户信息、文件记录锁等内容;
- PWMC_BaseAddr:PWM 基地址。

10.4.3.2　PWM 设备接口函数

1. imx6qPwmOpen——PWM 设备打开函数

imx6qPwmOpen 主要是创建文件节点,将设备打开计数加 1,并初始化 PWM 定时器。

```
# include <SylixOS.h>
static LONG  imx6qPwmOpen (__PIMX6Q_PWM_CONTROLLER    pPwmDev,
                           PCHAR                       pcName,
                           INT                         iFlags,
                           INT                         iMode);
```

函数 imx6qPwmOpen 原型分析:
- 此函数成功返回 PWM 设备文件节点,失败返回 PX_ERROR;
- 参数 *pPwmDev* 是 pPwmDev 设备结构体;
- 参数 *pcName* 是设备名;
- 参数 *iFlags* 是打开方式;
- 参数 *iMode* 是打开方法。

2. imx6qPwmClose——PWM 设备关闭函数

imx6qPwmClose 是将设备打开计数减 1,并禁能 PWM。

```
# include <SylixOS.h>
static LONG  imx6qPwmClose (PLW_FD_ENTRY  pFdEntry);
```

函数 imx6qPwmClose 原型分析:
- 此函数成功返回 ERROR_NONE,失败返回 PX_ERROR;
- 参数 *pFdEntry* 是 pPwmDev 文件结构。

3. imx6qPwmIoctl——PWM 设备 I/O 控制函数

imx6qPwmIoctl 主要实现 PWM 的工作周期和占空比设置。

```
# include <SylixOS.h>
static INT  imx6qPwmIoctl (PLW_FD_ENTRY  pFdEntry, INT  iCmd, LONG  lArg);
```

函数 imx6qPwmIoctl 原型分析:
- 此函数成功返回 ERROR_NONE,失败返回 PX_ERROR;
- 参数 *pFdEntry* 是 pPwmDev 文件结构;
- 参数 *iCmd* 是控制命令;

- 参数 *lArg* 是控制参数。

4. imx6qPwmWrite——PWM 设备写入函数

```
# include <SylixOS.h>
static ssize_t  imx6qPwmWrite (PLW_FD_ENTRY    pFdEntry,
                               PVOID           pvBuf,
                               size_t          stLen);
```

由于 PWM 设备不需要写入操作,所以该函数暂时为空。

5. imx6qPwmRead——PWM 设备读取函数

imx6qPwmRead 主要是读取当前定时器计数值。

```
# include <SylixOS.h>
static ssize_t  imx6qPwmRead (PLW_FD_ENTRY     pFdEntry,
                              PVOID            pvBuf,
                              size_t           stLen);
```

函数 imx6qPwmRead 原型分析:

- 此函数成功返回 ERROR_NONE,失败返回 PX_ERROR;
- 参数 *pFdEntry* 是 pPwmDev 文件结构;
- 参数 *pvBuf* 是读取数据 Buf;
- 参数 *stLen* 是数据长度。

10.4.3.3 PWM 设备驱动安装

首先根据 PWM 设备接口函数填充设备文件操作块 file_operations,具体过程如下:

```
# include <SylixOS.h>
fileop.owner        = THIS_MODULE;
fileop.fo_create    = imx6qPwmOpen;
fileop.fo_open      = imx6qPwmOpen;
fileop.fo_close     = imx6qPwmClose;
fileop.fo_ioctl     = imx6qPwmIoctl;
fileop.fo_write     = imx6qPwmWrite;
fileop.fo_read      = imx6qPwmRead;
```

调用 API_IosDrvInstallEx2 安装驱动,具体实现如下:

```
_G_iPwmDrvNum = iosDrvInstallEx2(&fileop, LW_DRV_TYPE_NEW_1);
```

可以看到,API_IosDrvInstallEx2 第一个参数为填充完成的设备文件操作块,第二个参数设置驱动类型为 NEW_1 型驱动。该函数返回驱动程序索引号_G_iPwm-DrvNum。

10.4.3.4　PWM 设备创建和管理

创建 PWM 设备控制块,填充控制块相关内容并进行相关初始化后,即通过调用 API_IosDevAddEx 函数向系统中添加一个 PWM 设备。其具体实现如下:

```
INT   imx6qPwmDevAdd (UINT   uiIndex)
{
    __PIMX6Q_PWM_CONTROLER      pPwmDev;
    CPCHAR                      pcBuffer;
    if (uiIndex >= PWM_NUM) {
        printk(KERN_ERR "imx6qPwmDevAdd(): pwm index invalid!\n");
        return  (PX_ERROR);
    }
    pPwmDev = & G_pwm[uiIndex];
    switch (uiIndex) {
    case 0:
        pcBuffer = "/dev/pwm0";
        pPwmDev ->PWMC_BaseAddr = PWM1_BASE_ADDR;
        pwm1_iomux_config();
        break;
    case 1:
        pcBuffer = "/dev/pwm1";
        pPwmDev ->PWMC_BaseAddr = PWM2_BASE_ADDR;
        pwm2_iomux_config();
        break;
    case 2:
        pcBuffer = "/dev/pwm2";
        pPwmDev ->PWMC_BaseAddr = PWM3_BASE_ADDR;
        pwm3_iomux_config();
        break;
    case 3:
        pcBuffer = "/dev/pwm3";
        pPwmDev ->PWMC_BaseAddr = PWM4_BASE_ADDR;
        pwm4_iomux_config();
        break;
    }
    if (API_IosDevAddEx(&pPwmDev ->PWMC_devHdr, pcBuffer, _G_iPwmDrvNum,
    DT_CHR) != ERROR_NONE) {
        printk(KERN_ERR "imx6qPwmDevAdd(): can not add device : % s. \n",strerror(errno));
        return  (PX_ERROR);
    }
```

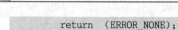

```
        return  (ERROR_NONE);
    }
```

这样,应用程序中可以通过 PWM 设备名打开对应的设备,并通过文件节点对其进行读/写、I/O 控制等操作。例如:SylixOS‐EVB‐i. MX6Q 验证平台上将两路 PWM 引脚分别接至 LCD 屏亮度调节引脚和风扇转速调节引脚,通过 I/O 控制调整 PWM 工作周期和占空比,可以分别调节屏幕亮度和风扇转速。

第 **11** 章

串口设备驱动

11.1 串口设备原理

11.1.1 串口通信原理

　　串行接口(Serial Interface)简称串口,也称串行通信接口,是采用串行通信方式的扩展接口。串口是计算机领域最简单的通信接口,也是使用最广泛的通信接口。

　　串行接口是指数据按位顺序传送,其特点是通信线路简单,只要一对传输线就可以实现双向通信,但传输速度较慢,串行通信的距离可以从几米到几千米。根据信息的传输方向,串行通信可以进一步分为单工、半双工和全双工三种。单工是指在任何时刻都只能进行单向通信,如进程通信中的管道。半双工是指同一时刻只能进行单方向数据传输,如 I^2C 总线,在同一时刻只能进行读或写操作。而全双工是指在任何时刻都能够进行双向通信,如串口。

11.1.2 串口通信参数

　　串口通信的参数有波特率、数据位、停止位和奇偶校验位等。对于两个进行通信的端口,这些参数必须匹配。

　　① 波特率:用于衡量通信速度的参数,具体表示每秒传送的 bit 的个数。当提到时钟周期时,即指波特率。在通信过程中传输距离和波特率成反比。

　　② 数据位:用于衡量通信中实际数据位的参数,数据位的标准值有 5/6/7/8 位。数据位的具体设置取决于传送的信息类型。例如,对于标准的 ASCII 码是 0~127,因此数据位可设为 7 位。扩展的 ASCII 码是 0~255,则数据位设置为 8 位。

　　③ 停止位:用于表示单个包的最后一位,典型的值有 1,1.5 和 2 位。停止位不仅表示传输的结束,而且提供计算机校正时钟的机会。因此停止位的位数越多,时钟

同步的容忍程度越大,同时数据传输率也越低。

④ 校验位:在串口通信中一种简单的检错方式。有 4 种检错方式:奇/偶校验以及高/低校验。对于奇和偶校验的情况,串口会对校验位进行设置,用该值确保传输的数据有奇数个或者偶数个逻辑高位。对于高/低校验位来说,高位和低位不是用来进行数据的检查,而是简单置位逻辑高或者逻辑低进行校验。

11.1.3 串口的分类

串行接口按电气标准及协议来分包括 RS-232-C、RS-422、RS-485 等。RS-232-C、RS-422 与 RS-485 标准只对接口的电气特性做出规定,对软件编程基本没有影响。

针对 RS-232-C 标准,目前较为常用的串口有 9 针串口(DB9)和 25 针串口(DB25)。通信距离较近时(<12 m),可以用电缆线直接连接标准 RS-232-C 端口(RS-422,RS-485 较远);若距离较远,需附加调制解调器(MODEM)。最为简单且常用的是三线制接法,即地、接收数据和发送数据三脚相连。其他线用于握手,可根据实际使用条件选用。

RS-232-C 的 9 针串口引脚定义如表 11.1 所列。

RS-232-C 的 25 针串口引脚定义如表 11.2 所列。

表 11.1 9 针串口引脚定义

引脚号	功能说明	缩 写
1	数据载波检测	DCD
2	接收数据	RXD
3	发送数据	TXD
4	数据终端准备	DTR
5	信号地	GND
6	数据设备准备好	DSR
7	请求发送	RTS
8	清除发送	CTS
9	振铃指示	BELL

表 11.2 25 针串口引脚定义

引脚号	功能说明	缩 写
8	数据载波检测	DCD
3	接收数据	RXD
2	发送数据	TXD
20	数据终端准备	DTR
7	信号地	GND
6	数据设备准备好	DSR
4	请求发送	RTS
5	清除发送	CTS
22	振铃指示	BELL

串行通信又可分为异步通信与同步通信两类。

通用异步收发器 UART(Universal Asynchronous Receiver/Transmitter)是设备间进行异步通信的关键模块。其作用如下:

① 处理数据总线和串行口之间的串/并、并/串转换;

② 通信双方只要采用相同的帧格式和波特率,就能在未共享时钟信号的情况下,仅用两根信号线(Rx 和 Tx)就可以完成通信过程;

③ 采用异步方式,数据收发完毕后,可通过中断或置位标志位的方式通知微控制器进行处理,大大提高微控制器的工作效率。

相比于异步通信,同步通信需要额外提供时钟线,以保证数据传输时,发送方和接收方能够保持完全的同步,因此,要求接收和发送设备必须使用同一时钟信号。

11.1.4　串口通信工作方式

由于 CPU 与串口缓存区之间数据是按并行方式传输的,而串口 FIFO 与外设之间按串行方式传输,因此在串行接口模块中,必须要有"Receive Shifter"(串→并)和"Transmit Shifter"(并→串)。

在数据输入过程中,数据按位从外设进入接口的"Receive Shifter",当"Receive Shifter"中已接收完 1 个字符的全部位后,数据就从"Receive Shifter"进入"数据输入寄存器"。CPU 从"数据输入寄存器"中读取接收到的字符(并行读取,即 D7~D0 同时被读至累加器中)。"Receive Shifter"的移位速度由"接收时钟"确定。

在数据输出过程中,CPU 把要输出的字符(并行地)送入"数据输出寄存器","数据输出寄存器"的内容传输到"Transmit Shifter",然后由"Transmit Shifter"移位,把数据按位地送到外设。"Transmit Shifter"的移位速度由"发送时钟"确定,因此,在两个设备之间进行串口通信时,必须将两个设备的波特率设置一致才能正常通信。

接口中的"控制寄存器"用来容纳 CPU 送给此接口的各种控制信息,这些控制信息决定接口的工作方式。

"状态寄存器"的各位称为"状态位",每一个状态位都可以用来指示数据传输过程中的状态或某种错误。例如,状态寄存器的 D5 位为"1"表示"数据输出寄存器"空,D0 位表示"数据输入寄存器满",D2 位表示"奇偶检验错"等。

能够完成上述"串/并"转换功能的电路,通常称为"通用异步收发器"(UART:Universal Asynchronous Receiver and Transmitter),典型的芯片有:Intel 8250/8251,16c550。本书 11.3 节将会给出 16c550 的串口驱动程序。

11.2　SylixOS TTY 子系统

11.2.1　概　述

在 SylixOS 中,终端是一种字符型设备,它有多种类型,通常使用 TTY 来简称各种类型的终端设备。TTY 是 Teletype 的缩写,Teletype 是最早出现的一种终端设备,很像电传打字机,是由 Teletype 公司生产的。

串行端口终端(Serial Port Terminal)是使用计算机串行端口连接的终端设备。计算机把每个串行端口都看作是一个字符设备。在 SylixOS 中终端设备是以文件的方式被管理的,在系统完成串口设备的创建之后,可以在系统的/dev/目录下看到相应的 TTY 设备，一般命名为 ttySx（x 表示序号）。TTY 设备的操作流程与普通文件操作流程相似。

11. 2. 2 串口驱动

11. 2. 2. 1 串口驱动实现方式

在 SylixOS 中，串口驱动的实现有 3 种方式：轮询、中断、DMA（直接存储器访问）。下面简单介绍这 3 种方式的特点：

1. 轮询方式

轮询方式主要是每隔一段时间对各种设备进行轮询，查询设备有无处理要求，若有处理要求则进行相应处理。由此可见，若设备无处理要求，则 CPU 仍然会查询设备状态。而轮询的过程将会占据 CPU 的一部分处理时间，因此，程序轮询是一种效率较低的处理方式。

串口的轮询实现就是通过不停地轮询状态寄存器的状态判断是否有数据需要接收或发送。

2. 中断方式

中断方式就是当数据到来或要发送数据时，通过中断的方式通知 CPU 去处理接收或发送的数据。这种方式相较于轮询方式，节省了无数据时 CPU 仍去查询设备状态的时间花费，提高了 CPU 的使用效率。

串口的中断实现是通过使能串口中断并在中断服务函数中判断中断状态，然后完成数据的收发操作。

3. DMA 方式

DMA 方式是指数据在内存和设备之间能够直接进行数据的传输，而无需 CPU 的干预。在 SylixOS 中，首先需要实现 DMA 驱动，才能使用 DMA 进行内存和设备之间数据的搬运。

DMA 在将数据从设备搬运到内存后会产生 DMA 中断，并通知 CPU 数据已经接收完成，CPU 会在中断处理函数中对数据进行处理。发送过程与接收过程类似。

串口 DMA 实现方式需要 DMA 驱动的支持，相关实现可以参考 DMA 子系统章节。

在 SylixOS 中，通常情况下，使用中断方式实现串口数据的收发。下面将介绍中断方式的串口驱动实现。

11. 2. 2. 2 串口驱动实现

在 SylixOS 中，串口驱动的编写需要用户自行管理大部分数据。一般编写顺序是首先初始化串口通道的私有数据，然后进行硬件寄存器的初始化，最后向内核注册串口相关资源，包括串口驱动的实现方法和中断等。

在系统启动过程中，驱动首先会调用 sioChanCreate 创建一个串口通道，该函数

是在串口驱动文件中定义的,函数原型如下:

```
#include <SylixOS.h>
SIO_CHAN  *sioChanCreate (INT  iChannelNum)
```

函数 sioChanCreate 原型分析:

- 此函数成功返回串口通道结构体指针;
- 参数 *iChannelNum* 是串口通道号。

串口通道创建函数主要完成串口的初始化,以及串口中断的安装,并返回串口通道结构体指针。串口通道结构体定义的详细描述如下:

```
#include <SylixOS.h>
typedef struct sio_chan {
    SIO_DRV_FUNCS    *pDrvFuncs;
} SIO_CHAN;
```

- 参数 *pDrvFuncs*:串口驱动方法集。

该串口驱动方法集提供了对串口进行操作的方法。串口驱动的主要工作即是实现该结构体中定义的函数方法,然后将实现的函数赋予该结构体中的成员指针,并最终通过串口通道创建函数返回。结构体定义的详细描述如下:

```
#include <SylixOS.h>
struct sio_drv_funcs {
    INT     (*ioctl)(SIO_CHAN           *pSioChan,
                     INT                cmd,
                     PVOID              arg);
    INT     (*txStartup)(SIO_CHAN       *pSioChan);
    INT     (*callbackInstall)(SIO_CHAN *pSioChan,
                     INT                callbackType,
                     VX_SIO_CALLBACK    callback,
                     PVOID              callbackArg);
    INT     (*pollInput)(SIO_CHAN       *pSioChan,
                     PCHAR              inChar);
    INT     (*pollOutput)(SIO_CHAN      *pSioChan,
                     CHAR               outChar);
};
typedef struct sio_drv_funcs            SIO_DRV_FUNCS;
```

- ioctl:串口通道控制函数;
- txStartup:串口通道发送函数;
- callbackInstall:串口通道安装回调函数;
- pollInput:串口通道轮询接收函数;

· pollOutput：串口通道轮询发送函数。

对应结构体 sio_drv_funcs，在/libsylixos/SylixOS/system/util/sioLib.h 中定义了对应的宏。

1. sioIoctl

宏 sioIoctl 定义如下：

```
#define sioIoctl(pSioChan, cmd, arg) \
        ((pSioChan) ->pDrvFuncs ->octl(pSioChan, cmd, arg))
```

该宏原型分析：

· 此宏成功返回 ERROR_NONE，失败返回 PX_ERROR；
· 参数 *pSioChan* 是串口通道指针；
· 参数 *cmd* 是控制命令，其取值如表 11.3 所列；
· 参数 *arg* 是上层传递给底层的参数。

表 11.3　串口控制命令

控制命令	含　义
SIO_BAUD_SET	设置波特率参数
SIO_BAUD_GET	获取串口波特率参数
SIO_MODE_SET	设置通道模式
SIO_MODE_GET	获取通道模式
SIO_HW_OPTS_SET	设置线控参数
SIO_HW_OPTS_GET	获取线控参数
SIO_OPEN	打开串口命令
SIO_HUP	关闭串口命令
SIO_SWITCH_PIN_EN_SET	设置额外模式
SIO_SWITCH_PIN_EN_GET	获取额外模式

通过调用 sioIoctl 并设置相应串口控制命令，可以对串口进行设置。在使用过程中，对串口波特率、线控参数进行设置的情况比较多。关于串口波特率和线控参数设置的简单介绍如下。

① 波特率设置

驱动通过调用 sioIoctl 并设置 *cmd* 参数为 SIO_BAUD_SET，然后设置参数 *arg* 的数值即可修改串口的波特率。常用的波特率的值有 9 600,115 200 等。

② 线控参数设置

串口的线控参数较多，常见的线控参数有数据位、停止位、奇偶校验位等。在/libsylixos/SylixOS/system/util/sioLib.h 文件中定义了如表 11.4 所列的宏。

表 11.4 线控参数

标志	说 明
CLOCAL	忽略调制调解器状态行
CREAD	启动接收
CS5	5 位数据位
CS6	6 位数据位
CS7	7 位数据位
CS8	8 位数据位
HUPCL	最后关闭时断开
STOPB	2 位停止位,否则为 1 位
PARODD	奇校验,否则为偶校验

驱动可以通过赋予参数 arg 为 CS8|STOPB 设置串口为 8 位数据位、2 位停止位。

2. sioTxStartup

宏 sioTxStartup 定义如下:

```
#define sioTxStartup(pSioChan) \
        ((pSioChan)->pDrvFuncs->txStartup(pSioChan))
```

该宏原型分析:

- 此宏成功返回 ERROR_NONE,失败返回 PX_ERROR;
- 参数 pSioChan 是串口通道指针。

因为串口发送数据时需要启动串口,而 sioTxStartup 就是用来启动串口数据发送,当发送成功后会触发串口中断,中断根据缓存中是否还有数据来决定是否继续发送,当缓存清空后串口将恢复初始状态,并等待下一次传送的启动。

3. sioCallbackInstall

宏 sioCallbackInstall 定义如下:

```
#define sioCallbackInstall(pSioChan, callbackType, callback, callbackArg) \
        ((pSioChan)->pDrvFuncs->callbackInstall(pSioChan, callbackType, \
callback, callbackArg))
```

该宏原型分析:

- 此宏成功返回 ERROR_NONE,失败返回 PX_ERROR;
- 参数 pSioChan 是串口通道指针;
- 参数 callbackType 是回调类型,其取值如表 11.5 所列;
- 参数 callback 是回调函数指针;

- 参数 *callbackArg* 是传给回调函数的参数。

表 11.5 回调类型

回调类型	说 明
SIO_CALLBACK_GET_TX_CHAR	获取传输字符
SIO_CALLBACK_PUT_RCV_CHAR	将接收数据放入终端缓冲区
SIO_CALLBACK_ERROR	回调出错

4．sioPollInput

宏 sioPollInput 定义如下：

```
#define sioPollInput(pSioChan, inChar) \
        ((pSioChan)->pDrvFuncs->pollInput(pSioChan, inChar))
```

该宏原型分析：
- 此宏成功返回 ERROR_NONE，失败返回 PX_ERROR；
- 参数 *pSioChan* 是串口通道指针；
- 参数 *inChar* 是轮询模式接收的数据。

5．sioPollOutput

宏 sioPollOutput 如下所示：

```
#define sioPollOutput(pSioChan, thisChar) \
        ((pSioChan)->pDrvFuncs->pollOutput(pSioChan, thisChar))
```

该宏原型分析：
- 此宏成功返回 ERROR_NONE，失败返回 PX_ERROR；
- 参数 *pSioChan* 是串口通道指针；
- 参数 *thisChar* 是轮询模式发送的数据。

在 TTY 设备驱动创建过程中将会调用上面提供的宏，完成串口的设置以及启动串口数据发送。

11.2.3 TTY 设备驱动安装

TTY 驱动相关信息位于"libsylixos/SylixOS/system/device/ty"目录下，系统在创建 TTY 设备之前需要先安装 TTY 设备相关的驱动。TTY 设备驱动安装函数原型如下：

```
#include <SylixOS.h>
INT  API_TtyDrvInstall(VOID);
```

函数 API_TtyDrvInstall 原型分析：

- 此函数成功返回 ERROR_NONE,失败返回 PX_ERROR；

API_TtyDrvInstall 的主要实现如下：

```
INT  API_TtyDrvInstall(VOID)
{
    _G_iTycoDrvNum = iosDrvInstall(_ttyOpen,
                                   (FUNCPTR)LW_NULL,
                                   _ttyOpen,
                                   _ttyClose,
                                   _TyRead,
                                   _TyWrite,
                                   _ttyIoctl);
    return ((_G_iTycoDrvNum > 0) ? (ERROR_NONE) : (PX_ERROR));
}
```

G_iTycoDrvNum 是全局的驱动号,驱动安装成功后系统将为 TTY 设备驱动分配一个驱动号,然后系统即可实现对 TTY 设备进行打开、关闭、读/写以及控制等操作。

11.2.4　创建 TTY 设备

TTY 设备创建函数原形如下：

```
# include <SylixOS.h>
INT  API_TtyDevCreate (PCHAR        pcName,
                       SIO_CHAN     * psiochan,
                       size_t       stRdBufSize,
                       size_t       stWrtBufSize)
```

函数 API_TtyDevCreate 原型分析：
- 此函数成功返回 ERROR_NONE,失败返回 PX_ERROR；
- 参数 pcName 是创建的 TTY 设备名称,即 shell 命令 devs 显示的名称；
- 参数 psiochan 是包含了串口操作函数集成员的串口通道结构体指针；
- 参数 stRdBufSize 是输入缓冲区大小；
- 参数 stWrtBufSize 是输出缓冲区大小,输入和输出缓冲区都是由操作系统内核提供并管理的。

函数 API_TtyDevCreate 使用结构体 SIO_CHAN 来向内核提供串口操作函数集合,而参数 psiochan 是串口通道创建函数的返回值,其中主要提供了串口驱动实现的对串口进行操作的方法。TTY 设备创建完成之后,可通过串口终端与设备进行信息交互。

11.3　16c550 串口驱动实现

本节将详细给出 16c550 串口驱动的实现,实现方式可配置为中断方式或轮询方式。

11.3.1　16c550 串口初始化

16c550 串口的初始化函数 sio16c550Init 实现如下:

```
INT  sio16c550Init (SIO16C550_CHAN * psiochan)
{
  /*
   * initialize the driver function pointers in the SIO_CHAN's
   */
  psiochan->pdrvFuncs = &sio16c550_drv_funcs;
  LW_SPIN_INIT(&psiochan->slock);
  psiochan->channel_mode = SIO_MODE_POLL;
  psiochan->switch_en = 0;
  psiochan->hw_option = (CLOCAL | CREAD | CS8);
  psiochan->mcr = MCR_OUT2;
  psiochan->lcr = 0;
  psiochan->ier = 0;
  psiochan->bdefer = LW_FALSE;
  psiochan->err_overrun = 0;
  psiochan->err_parity = 0;
  psiochan->err_framing = 0;
  psiochan->err_break = 0;
  psiochan->rx_trigger_level &= 0x3;
  /*
   * reset the chip
   */
  sio16c550SetBaud(psiochan, psiochan->baud);
  sio16c550SetHwOption(psiochan, psiochan->hw_option);
  return  (ERROR_NONE);
}
```

初始化主要完成串口私有化数据的初始化以及串口硬件的初始化等,串口硬件初始化包括波特率设置和线控参数的设置。

11.3.1.1　设置波特率

波特率设置的函数 sio16c550SetBaud 实现如下：

```
static INT sio16c550SetBaud (SIO16C550_CHAN * psiochan, ULONG  baud)
{
    INTREG  intreg;
    INT     divisor = (INT)((psiochan ->xtal + (8 * baud)) / (16 * baud));
    ......
    /*
     * disable interrupts during chip access
     */
    intreg = KN_INT_DISABLE();
    /*
     * Enable access to the divisor latches by setting DLAB in LCR.
     */
    SET_REG(psiochan, LCR, (LCR_DLAB | psiochan ->lcr));
    /*
     * Set divisor latches.
     */
    SET_REG(psiochan, DLL, divisor);
    SET_REG(psiochan, DLM, (divisor >> 8));
    /*
     * Restore line control register
     */
    SET_REG(psiochan, LCR, psiochan ->lcr);
    psiochan ->baud = baud;
    KN_INT_ENABLE(intreg);
    return  (ERROR_NONE);
}
```

波特率的设置主要是对波特率相关的寄存器进行配置。

11.3.1.2　线控参数设置

线控参数设置函数 sio16c550SetHwOption 实现如下：

```
static INT sio16c550SetHwOption (SIO16C550_CHAN * psiochan, ULONG  hw_option)
{
    ......
    INTREG  intreg;
    hw_option |= HUPCL;                      /* need HUPCL option */
    psiochan ->lcr = 0;
    psiochan ->mcr &= (~(MCR_RTS | MCR_DTR));   /* clear RTS and DTR bits */
```

```
switch (hw_option & CSIZE) {                /* data bit set */
case CS5:
    psiochan->lcr = CHAR_LEN_5;
    break;
case CS6:
    psiochan->lcr = CHAR_LEN_6;
    break;
case CS7:
    psiochan->lcr = CHAR_LEN_7;
    break;
case CS8:
    psiochan->lcr = CHAR_LEN_8;
    break;
default:
    psiochan->lcr = CHAR_LEN_8;
    break;
}
if (hw_option & STOPB) {           /* stop bit set */
    psiochan->lcr |= LCR_STB;
} else {
    psiochan->lcr |= ONE_STOP;
}
switch (hw_option & (PARENB | PARODD)) {
case PARENB | PARODD:
    psiochan->lcr |= LCR_PEN;
    break;
case PARENB:
    psiochan->lcr |= (LCR_PEN | LCR_EPS);
    break;
default:
    psiochan->lcr |= PARITY_NONE;
    break;
}
SET_REG(psiochan, IER, 0);
if (!(hw_option & CLOCAL)) {
    /*
     * !clocal enables hardware flow control(DTR/DSR)
     */
    psiochan->mcr |= (MCR_DTR | MCR_RTS);
    psiochan->ier &= (~TxFIFO_BIT);
```

```
        psiochan->ier |= IER_EMSI;          /* en modem status interrupt */
    } else {
        psiochan->ier &= ~IER_EMSI;              /* dis modem status interrupt */
    }
    intreg = KN_INT_DISABLE();
    SET_REG(psiochan, LCR, psiochan->lcr);
    SET_REG(psiochan, MCR, psiochan->mcr);
    /*
     * now reset the channel mode registers
     */
    SET_REG(psiochan, FCR,
            ((psiochan->rx_trigger_level << 6) |
            RxCLEAR | TxCLEAR | FIFO_ENABLE));
    if (hw_option & CREAD) {
        psiochan->ier |= RxFIFO_BIT;
    }
    if (psiochan->channel_mode == SIO_MODE_INT) {
        SET_REG(psiochan, IER, psiochan->ier);          /* enable interrupt */
    }
    KN_INT_ENABLE(intreg);
    psiochan->hw_option = hw_option;
    return  (ERROR_NONE);
}
```

该函数主要对串口的数据位、停止位和奇偶校验位进行了相关配置。

11.3.2　串口驱动操作结构体成员函数实现

对应串口驱动结构体,16c550 的串口驱动主要实现了以下接口:

```
static INT sio16c550Ioctl (SIO16C550_CHAN * psiochan, INT cmd, LONG arg);
static INT sio16c550TxStartup(SIO16C550_CHAN   * psiochan);
static INT sio16c550CallbackInstall(SIO_CHAN   * pchan,
                            INT        callbackType,
                            INT        (* callback)(),
                            VOID       * callbackArg);
static INT sio16c550PollInput(SIO16C550_CHAN * psiochan, CHAR * pc);
static INT sio16c550PollOutput(SIO16C550_CHAN * psiochan, CHAR c);
```

下面将给出以上接口的具体实现。

11.3.2.1　串口接口控制

串口接口控制函数 sio16c550Ioctl 实现如下:

```
static INT sio16c550Ioctl (SIO16C550_CHAN * psiochan, INT cmd, LONG arg)
{
    INT   error = ERROR_NONE;
    switch (cmd) {
    case SIO_BAUD_SET:
        error = sio16c550SetBaud(psiochan, arg);
        break;
    case SIO_BAUD_GET:
        * ((LONG * )arg) = psiochan->baud;
        break;
    case SIO_MODE_SET:
        error = sio16c550SetMode(psiochan, (INT)arg);
        break;
    case SIO_MODE_GET:
        * ((LONG * )arg) = psiochan->channel_mode;
        break;
    case SIO_HW_OPTS_SET:
        error = sio16c550SetHwOption(psiochan, arg);
        break;
    case SIO_HW_OPTS_GET:
        * (LONG * )arg = psiochan->hw_option;
        break;
    case SIO_HUP:
        if (psiochan->hw_option & HUPCL) {
            error = sio16c550Hup(psiochan);
        }
        break;
    case SIO_OPEN:
        error = sio16c550Open(psiochan);
        break;
    case SIO_SWITCH_PIN_EN_SET:
        if ((INT)arg) {
            if (!psiochan->send_start) {
                _ErrorHandle(ENOSYS);
                error = PX_ERROR;
                break;
            }
            if (psiochan->switch_en == 0) {
                SEND_END(psiochan);
            }
            psiochan->switch_en = 1;
```

```
    } else {
        psiochan->switch_en = 0;
    }
    break;
case SIO_SWITCH_PIN_EN_GET:
    *(LONG *)arg = psiochan->switch_en;
    break;
default:
    _ErrorHandle(ENOSYS);
    error = PX_ERROR;
    break;
}
return (error);
}
```

该接口主要实现的是对串口的控制，在应用层中可以通过 open 打开 TTY 设备，然后调用 Ioctl 对串口进行控制，可以配置串口的波特率、串口模式、线控参数、打开/关闭等操作。

1. 关闭串口接口

关闭串口函数 sio16c550Hup 实现如下：

```
static INT sio16c550Hup (SIO16C550_CHAN * psiochan)
{
    INTREG  intreg;
    intreg = KN_INT_DISABLE();
    psiochan->mcr &= (~(MCR_RTS | MCR_DTR));
    SET_REG(psiochan, MCR, psiochan->mcr);
    SET_REG(psiochan, FCR, (RxCLEAR | TxCLEAR));
    KN_INT_ENABLE(intreg);
    return (ERROR_NONE);
}
```

2. 打开串口接口

打开串口函数 sio16c550Open 实现如下：

```
static INT sio16c550Open (SIO16C550_CHAN * psiochan)
{
    INTREG  intreg;
    UINT8   mask;
    mask = (UINT8)(GET_REG(psiochan, MCR) & (MCR_RTS | MCR_DTR));
    if (mask != (MCR_RTS | MCR_DTR)) {
```

```
    /*
     * RTS and DTR not set yet
     */
    intreg = KN_INT_DISABLE();
    /*
     * set RTS and DTR TRUE
     */
    psiochan->mcr |= (MCR_DTR | MCR_RTS);
    SET_REG(psiochan, MCR, psiochan->mcr);
    /*
     * clear Tx and receive and enable FIFO
     */
    SET_REG(psiochan, FCR,
            ((psiochan->rx_trigger_level << 6) |
            RxCLEAR | TxCLEAR | FIFO_ENABLE));
    KN_INT_ENABLE(intreg);
    }
    return  (ERROR_NONE);
}
```

驱动可通过调用 sio16c550Ioctl 并传递相应的 cmd 参数来实现串口打开或关闭操作。

11.3.2.2　串口接口模式设置

串口接口模式设置函数 sio16c550SetMode 实现如下：

```
static INT sio16c550SetMode (SIO16C550_CHAN * psiochan, INT newmode)
{
    INTREG   intreg;
    UINT8    mask;
    if ((newmode != SIO_MODE_POLL) && (newmode != SIO_MODE_INT)) {
        _ErrorHandle(EINVAL);
        return  (PX_ERROR);
    }
    if (psiochan->channel_mode == newmode) {
        return  (ERROR_NONE);
    }
    intreg = KN_INT_DISABLE();
    if (newmode == SIO_MODE_INT) {
        /*
         * Enable appropriate interrupts
         */
```

```
        if (psiochan->hw_option & CLOCAL) {
            SET_REG(psiochan, IER, (psiochan->ier | RxFIFO_BIT | TxFIFO_BIT));
        } else {
            mask = (UINT8)(GET_REG(psiochan, MSR) & MSR_CTS);
            /*
             * if the CTS is asserted enable Tx interrupt
             */
            if (mask & MSR_CTS) {
                psiochan->ier |= TxFIFO_BIT;        /* enable Tx interrupt */
            } else {
                psiochan->ier &= (~TxFIFO_BIT);   /* disable Tx interrupt */
            }
            SET_REG(psiochan, IER, psiochan->ier);
        }
    } else {
        /*
         * disable all ns16550 interrupts
         */
        SET_REG(psiochan, IER, 0);
    }
    psiochan->channel_mode = newmode;
    KN_INT_ENABLE(intreg);
    return (ERROR_NONE);
}
```

驱动可以调用该函数实现串口模式的切换,包括中断方式和轮询方式的切换。

11.3.2.3　串口接口启动发送

串口接口启动发送函数 sio16c550TxStartup 实现如下:

```
static INT sio16c550TxStartup (SIO16C550_CHAN * psiochan)
{
    INTREG  intreg;
    UINT8   mask;
    CHAR    cTx;
    if (psiochan->switch_en && (psiochan->hw_option & CLOCAL)) {
        SEND_START(psiochan);
        do {
            if (psiochan->pcbGetTxChar(psiochan->getTxArg, &cTx) != ERROR_NONE) {
                break;
```

```
            }
            while (!IS_Tx_HOLD_REG_EMPTY(psiochan));
            SET_REG(psiochan, THR, cTx);
        } while (1);
        while (!IS_Tx_HOLD_REG_EMPTY(psiochan));
        SEND_END(psiochan);
        return  (ERROR_NONE);
    }
    if (psiochan->channel_mode == SIO_MODE_INT) {
        intreg = KN_INT_DISABLE();
        if (psiochan->hw_option & CLOCAL) {
            psiochan->ier |= TxFIFO_BIT;
        } else {
            mask = (UINT8)(GET_REG(psiochan, MSR) & MSR_CTS);
            if (mask & MSR_CTS) {
                psiochan->ier |= TxFIFO_BIT;
            } else {
                psiochan->ier &= (~TxFIFO_BIT);
            }
        }
        KN_SMP_MB();
        if (psiochan->int_ctx == 0) {
            SET_REG(psiochan, IER, psiochan->ier);
        }
        KN_INT_ENABLE(intreg);
        return  (ERROR_NONE);
    } else {
        _ErrorHandle(ENOSYS);
        return  (ENOSYS);
    }
}
```

该函数主要完成一次串口接口发送操作。

11.3.2.4 串口接口安装回调

串口接口安装回调函数 sio16c550CallbackInstall 实现如下：

```
static INT sio16c550CallbackInstall (SIO_CHAN    * pchan,
                                     INT         callbackType,
                                     INT         ( * callback)(),
                                     VOID        * callbackArg)
{
```

```
    SIO16C550_CHAN * psiochan = (SIO16C550_CHAN * )pchan;
    switch (callbackType) {
    case SIO_CALLBACK_GET_TX_CHAR:
        psiochan->pcbGetTxChar = callback;
        psiochan->getTxArg      = callbackArg;
        return  (ERROR_NONE);
    case SIO_CALLBACK_PUT_RCV_CHAR:
        psiochan->pcbPutRcvChar = callback;
        psiochan->putRcvArg      = callbackArg;
        return  (ERROR_NONE);
    default:
        _ErrorHandle(ENOSYS);
        return  (PX_ERROR);
    }
}
```

串口接口安装回调函数主要完成针对指定串口通道的发送或接收的回调函数的赋值。

11.3.2.5　串口接口轮询输入

串口接口轮询输入函数 sio16c550PollInput 实现如下：

```
static INT sio16c550PollInput (SIO16C550_CHAN * psiochan, CHAR * pc)
{
    UINT8 poll_status = GET_REG(psiochan, LSR);
    if ((poll_status & LSR_DR) == 0x00) {
        _ErrorHandle(EAGAIN);
        return  (PX_ERROR);
    }
    * pc = GET_REG(psiochan, RBR);            /* got a character */
    return  (ERROR_NONE);
}
```

11.3.2.6　串口接口轮询输出

串口接口轮询输出函数 sio16c550PollOutput 实现如下：

```
static INT sio16c550PollOutput (SIO16C550_CHAN * psiochan, char c)
{
    UINT8 msr = GET_REG(psiochan, MSR);
    while (!IS_Tx_HOLD_REG_EMPTY(psiochan));     /* wait tx holding reg empty */

    if (!(psiochan->hw_option & CLOCAL)) {       /* modem flow control */
```

```
                    if (msr & MSR_CTS) {
                        SET_REG(psiochan, THR, c);
                    } else {
                        _ErrorHandle(EAGAIN);
                        return  (PX_ERROR);
                    }
                } else {
                    SET_REG(psiochan, THR, c);
                }
                return  (ERROR_NONE);
            }
```

上述两个函数主要实现的是以轮询方式进行串口数据的收发操作。

11.3.3　中断服务函数

若使用中断方式,还需要实现串口中断服务函数,中断服务函数实现如下:

```
VOID sio16c550Isr (SIO16C550_CHAN * psiochan)
{
    volatile UINT8   iir;
             UINT8   msr;
             UINT8   ucRd;
             UINT8   ucTx;
             INT     i;
    psiochan->int_ctx = 1;
    KN_SMP_MB();
    iir = (UINT8)(GET_REG(psiochan, IIR) & 0x0f);
    while (GET_REG(psiochan, LSR) & RxCHAR_AVAIL) {      /* receive data */
        ucRd = GET_REG(psiochan, RBR);
        psiochan->pcbPutRcvChar(psiochan->putRcvArg, ucRd);
    }
    if ((psiochan->ier & TxFIFO_BIT) &&
        (GET_REG(psiochan, LSR) & LSR_THRE)) {      /* transmit data */
        for (i = 0; i < psiochan->fifo_len; i++) {
            if (psiochan->pcbGetTxChar(psiochan->getTxArg, &ucTx) < 0) {
                psiochan->ier &= (~TxFIFO_BIT);
                break;
            } else {
                SET_REG(psiochan, THR, ucTx);      /* char to Transmit Holding Reg */
            }
        }
```

```
    }
    if (iir == IIR_MSTAT) {       /* modem status changed */
        msr = GET_REG(psiochan, MSR);
        if (msr & MSR_DCTS) {
            if (msr & MSR_CTS) {
                psiochan->ier |= TxFIFO_BIT;       /* CTS was turned on */
            } else {
                psiochan->ier &= (~TxFIFO_BIT);       /* CTS was turned off */
            }
        }
    }
    KN_SMP_MB();
    psiochan->int_ctx = 0;
    KN_SMP_MB();
    SET_REG(psiochan, IER, psiochan->ier);       /* update ier */
}
```

至此，即完成了 16c550 串口驱动的主要部分的编写。

第 12 章
总线子系统

12.1 SylixOS 总线概述

总线(Bus)是计算机各种功能部件之间传送信息的公共通信干线,它是由导线组成的传输线束。所有外围设备都可以通过总线与计算机相连接。

I^2C 和 SPI 都是近距离进行 CPU 与其他外围设备芯片的连接的。它们都采用串行方式传输数据。

12.2 I^2C 总线

I^2C 的英文拼写是"Inter – Integrate Circuit",即内置集成电路。I^2C 是一种由 Philips 公司开发的两线式串行总线,用于连接微控制器及其外围设备。I^2C 总线只有两根线,分别为:时钟线 SCL(Serial Clock)和数据线 SDA(Serial Data)。总线空闲时,上拉电阻使 SDA 和 SCL 线都保持高电平。I^2C 总线上任意器件输出低电平都会使相应总线上的信号变低。

I^2C 总线简单而实用,占用的 PCB(印刷电路板)空间很小,芯片引脚数量少,设计成本低。I^2C 总线支持多主控(Multi – Mastering)模式,任何能够进行发送和接收的设备都可以成为主设备。主控能够控制数据的传输和时钟频率,在任意时刻只能有一个主控。

12.2.1 I^2C 总线原理

I^2C 设备上的串行数据线 SDA 接口是双向的,用于向总线上发送或接收数据。串行时钟线 SCL 也是双向的,作为控制总线数据传输的主机通过 SCL 接口发送时钟信号提供给从设备;作为接收主机命令的从设备按照 SCL 上的信号发送或接收

SDA 上的信号。

I²C 总线在传输数据的过程中,主要有三种控制信号:起始信号、结束信号和应答信号。

起始信号:当 SCL 为高电平,SDA 由高电平转为低电平时,开始数据传输。

结束信号:当 SCL 为高电平,SDA 由低电平转为高电平时,结束数据传输。

应答信号:接收数据的器件在接收到 8 bit 数据后,向发送数据的器件反馈一个应答信号,表示已经收到数据。当应答信号为低电平时,规定为有效应答位(ACK 简称应答位),表示接收器已经成功地接收了该字节;当应答信号为高电平时,规定为非应答位(NACK),一般表示接收器接收该字节没有成功。对于反馈有效应答位 ACK 的要求是,接收器在第 9 个时钟脉冲之前的低电平期间将 SDA 线拉低,并且确保在该时钟的高电平期间为稳定的低电平。接收器如果是主控器,则在它收到最后一个字节后,发送一个 NACK 信号,以通知被控发送器结束数据发送,并释放 SDA 线,以便主控接收器发送一个停止信号。

开始位和停止位都由 I²C 主机产生。在选择从设备时,如果从设备采用 7 位地址,则主设备在发起传输过程前,需先发送 1 字节的设备地址信息,前 7 位为设备地址,最后 1 位为读/写标志。之后,I²C 每次传输的数据也是 1 字节,并从 MSB 开始传输(最高有效位)。每个字节传完后,在 SCL 的第 9 个上升沿到来之前,接收方应该发出一个 ACK 位。在 SCL 的时钟脉冲由 I²C 主控方发出,在第 8 个时钟周期之后,主控方应该释放 SDA。I²C 总线的时序如图 12.1 所示。

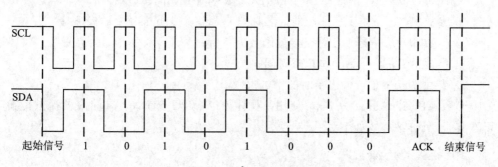

图 12.1　I²C 总线时序图

12.2.2　SylixOS I²C 总线驱动分析

SylixOS 的 I²C 体系结构分为 3 个组成部分。

1. I²C 核心驱动程序

I²C 核心提供 I²C 总线驱动和设备驱动的注册、注销方法,I²C 通信方法(即 Algorithm),与具体适配器无关的代码以及探测设备、检测设备地址等。I²C 核心驱动程序可管理多个 I²C 总线适配器(控制器)和多个 I²C 从设备。每个 I²C 从设备驱动都能找到和它相连的 I²C 总线适配器。

2. I²C 总线驱动

I²C 总线驱动主要包括 I²C 适配器结构 lw_i2c_adapter 和 I²C 适配器的 Algorithm 数据结构。

开发者可以通过 I²C 总线驱动的代码，控制 I²C 适配器以主控方式产生开始位、停止位、读/写周期，或者以从设备方式被读/写、产生 ACK。

3. I²C 设备驱动

I²C 设备驱动是对 I²C 设备端的实现，设备一般挂接在受 CPU 控制的 I²C 适配器上，通过 I²C 适配器与 CPU 交换数据。每一条 I²C 总线对应一个 Adapter。在内核中，每一个 Adapter 提供了一个描述的结构，也定义了 Adapter 支持的操作，再通过 I²C 核心层将 I²C 设备与 I²C 适配器关联起来。

I²C 总线适配器相关信息位于"libsylixos/SylixOS/system/device/i2c"文件下，其适配器创建函数原型如下：

```
# include <SylixOS.h>
INT   API_I2cAdapterCreate (CPCHAR          pcName,
                            PLW_I2C_FUNCS   pi2cfunc,
                            ULONG           ulTimeout,
                            INT             iRetry)
```

函数 API_I2cAdapterCreate 原型分析：

- 此函数成功返回 ERROR_NONE，失败返回 PX_ERROR；
- 参数 *pcName* 是 I²C 适配器的名称，即 shell 命令 buss 显示的名称；
- 参数 *pi2cfunc* 是 I²C 总线传输函数的指针；
- 参数 *ulTimeout* 是操作超时时间；
- 参数 *iRetry* 是传输出错时的重试次数。

函数 API_I2cAdapterCreate 使用结构体 PLW_I2C_FUNCS 来向内核提供传输函数集合，其详细描述如下：

```
# include <SylixOS.h>
typedef struct lw_i2c_funcs {
    INT        ( * I2CFUNC_pfuncMasterXfer)(PLW_I2C_ADAPTER   pi2cadapter,
                                            PLW_I2C_MESSAGE   pi2cmsg,
                                            INT               iNum);
    INT        ( * I2CFUNC_pfuncMasterCtl)(PLW_I2C_ADAPTER    pi2cadapter,
                                           INT                iCmd,
                                           LONG               lArg);
} LW_I2C_FUNCS;
typedef LW_I2C_FUNCS            * PLW_I2C_FUNCS;
```

- I2CFUNC_pfuncMasterXfer：I²C 传输函数，I²C 设备会直接调用此函数实现

消息发送。第一个参数 *pi2cadapter* 为 I²C 总线适配器指针,第二个参数 *pi2cmsg* 为 I²C 设备需要传输的消息结构体首地址指针,第三个参数 *iNum* 为需要传输的消息个数,通过以上三个参数即可知道 I²C 设备如何调用此函数实现消息传输;

- I2CFUNC_pfuncMasterCtl:I²C 适配器控制函数,用来实现与硬件控制器相关的控制。第一个参数 *pi2cadapter* 为 I²C 总线适配器指针,第二个参数 *iCmd* 为控制命令,第三个参数 *lArg* 与 *iCmd* 相关。

注:I2CFUNC_pfuncMasterCtl 函数是按照开发人员的需求实现的,通常情况下不实现。

注册到内核的传输函数集合中要用到多种结构体,PLW_I2C_ADAPTER 总线适配器结构体指针主要包含当前总线适配器节点信息,PLW_I2C_DEVICE 总线设备结构体指针主要包含当前 I²C 设备的相关信息,PLW_I2C_MESSAGE 消息请求结构体指针的作用是指向需要发送的消息缓冲区,提供以上三种结构体后控制器即可知道如何进行发送。各种结构体的详细描述如下:

首先介绍 I²C 总线适配器结构体,该结构体详细描述如下:

```
# include <SylixOS. h>
typedef struct lw_i2c_adapter {
    LW_BUS_ADAPTER   I2CADAPTER_pbusadapter;  /* 总线节点 */
    struct lw_i2c_funcs * I2CADAPTER_pi2cfunc;  /* 总线适配器操作函数 */
    LW_OBJECT_HANDLE I2CADAPTER_hBusLock;  /* 总线操作锁 */
    ULONG   I2CADAPTER_ulTimeout;  /* 操作超时时间 */
    INT   I2CADAPTER_iRetry;  /* 重试次数 */
    LW_LIST_LINE_HEADER I2CADAPTER_plineDevHeader;  /* 设备链表 */
} LW_I2C_ADAPTER;
typedef LW_I2C_ADAPTER   * PLW_I2C_ADAPTER;
```

- I2CADAPTER_pbusadapter:系统总线节点结构体;
- I2CADAPTER_pi2cfunc:指向总线适配器的操作函数,即 API_I2cAdapterCreate 函数注册到核心层的操作函数集指针;
- I2CADAPTER_hBusLock:I²C 总线锁,不需要手动处理;
- I2CADAPTER_ulTimeout:操作超时时间;
- I2CADAPTER_iRetry:传输出错时的重试次数;
- I2CADAPTER_plineDevHeader:指向此适配器下挂载的设备链表,不需要手动处理。

I²C 设备结构体的详细描述如下:

```
# include <SylixOS. h>
typedef struct lw_i2c_device {
```

```
    UINT16              I2CDEV_usAddr;          /* 设备地址 */
    UINT16              I2CDEV_usFlag;          /* 标志,仅支持 10bit 地址选项 */
# define LW_I2C_CLIENT_TEN 0x10                 /* 与 LW_I2C_M_TEN 相同 */
    PLW_I2C_ADAPTER     I2CDEV_pi2cadapter;     /* 挂载的适配器 */
    LW_LIST_LINE        I2CDEV_lineManage;      /* 设备挂载链 */
    atomic_t            I2CDEV_atomicUsageCnt;  /* 设备使用计数 */
    CHAR                I2CDEV_cName[LW_CFG_OBJECT_NAME_SIZE]; /* 设备的名称 */
} LW_I2C_DEVICE;
typedef LW_I2C_DEVICE   * PLW_I2C_DEVICE;
```

- I2CDEV_usAddr:设备地址;
- I2CDEV_usFlag:若从设备的地址为 10 bit,则将该标志位值置为 LW_I2C_CLIENT_TEN,否则置为 0;
- I2CDEV_pi2cadapter:设备挂载的 I^{2}C 总线适配器;
- I2CDEV_lineManage:设备挂载的链表;
- I2CDEV_atomicUsageCnt:设备使用的计数;
- I2CDEV_cName:设备名称。

I^{2}C 消息结构体是 I^{2}C 主机和从机通信的消息格式,该结构体的详细描述如下:

```
# include <SylixOS.h>
typedef struct lw_i2c_message {
    UINT16          I2CMSG_usAddr;      /* 器件地址 */
    UINT16          I2CMSG_usFlag;      /* 传输控制参数 */
    UINT16          I2CMSG_usLen;       /* 长度(缓冲区大小) */
    UINT8           * I2CMSG_pucBuffer; /* 缓冲区 */
} LW_I2C_MESSAGE;
typedef LW_I2C_MESSAGE * PLW_I2C_MESSAGE;
```

- I2CMSG_usAddr:器件地址;
- I2CMSG_usFlag:传输控制参数,其取值见表 12.1;
- I2CMSG_usLen:存放消息内容的缓存区大小;
- I2CMSG_pucBuffer:存放消息内容的缓存区。

表 12.1 I^{2}C 传输控制参数取值

传输控制参数的值	含　义
LW_I2C_M_TEN	使用 10 bit 设备地址
LW_I2C_M_RD	为读操作,否则为写
LW_I2C_M_NOSTART	不发送 start 标志
LW_I2C_M_REV_DIR_ADDR	读写标志位反转
LW_I2C_M_IGNORE_NAK	忽略 ACK NACK
LW_I2C_M_NO_RD_ACK	读操作时不发送 ACK

12.2.3 基于 I²C 的 EEPROM 驱动实现

一个具体的 I²C 设备驱动以 lw_i2c_device 结构体的形式进行组织,用于将设备挂接于 I²C 总线,组织好之后,再完成设备本身所属类型的驱动。下面以 EEPROM 为例介绍 I²C 设备驱动的实现。

当用户在上层调用 open 函数打开 EEPROM 的设备文件时,会调用到此函数。该函数的主要作用是调用 API_I2cDeviceCreate 函数,在指定的 I²C 适配器上创建一个 I²C 设备。函数 API_I2cDeviceCreate 原型如下:

```
# include <SylixOS.h>
PLW_I2C_DEVICE   API_I2cDeviceCreate (CPCHAR      pcAdapterName,
                                      CPCHAR      pcDeviceName,
                                      UINT16      usAddr,
                                      UINT16      usFlag)
```

函数 API_I2cDeviceCreate 原型分析:
- 此函数成功返回 pi2cdevice(I²C 设备结构体类型),失败返回 LW_NULL;
- 参数 *pcAdapterName* 是设备挂载的适配器名称;
- 参数 *pcDeviceName* 是设备名称;
- 参数 *usAddr* 是设备地址;
- 参数 *usFlag* 是设备标志。

```
# include <SylixOS.h>
LONG  eepromOpen (EEPROM  * peeprom, PCHAR  pcName, INT  iFlags, INT  iMode)
{
    if (!peeprom) {
        _ErrorHandle(EINVAL);
        return  (PX_ERROR);
    }
    if (LW_DEV_INC_USE_COUNT(&peeprom ->EEP_devhdr) == 1) {
        peeprom ->EEP_i2cdev = API_I2cDeviceCreate(EEPROM_I2C_NAME,
                                                   pcName,
                                                   EEPROM_ADDR,
                                                   0);
        if (peeprom ->EEP_i2cdev == LW_NULL) {
            return  (PX_ERROR);
        }
    }
    return  ((LONG)peeprom);
}
```

如以下程序所示,当用户在上层调用 close 函数关闭 EEPROM 的设备文件时,会调用到此函数。该函数的主要作用是调用 API_I2cDeviceDelete 函数,删除指定的 I^2C 设备。函数 API_I2cDeviceDelete 原型如下:

```
# include <SylixOS.h>
INT   API_I2cDeviceDelete (PLW_I2C_DEVICE   pi2cdevice)
```

函数 API_I2cDeviceDelete 原型分析:

- 此函数成功返回 ERROR_NONE,失败返回 PX_ERROR;
- 参数 *pi2cdevice* 是指定的 I^2C 设备结构体。

```
# include <SylixOS.h>
INT   eepromClose (EEPROM   * peeprom)
{
    if (!peeprom) {
        _ErrorHandle(EINVAL);
        return   (PX_ERROR);
    }
    if (LW_DEV_DEC_USE_COUNT(&peeprom ->EEP_devhdr) == 0) {
        API_I2cDeviceDelete(peeprom ->EEP_i2cdev);
    }
    return   (ERROR_NONE);
}
```

EEPROM 的传输函数的实现,可以分为两部分。第一部分,将需要发送的数据封装成 I^2C 消息结构体类型;第二部分,调用 I^2C 的传输函数 API_I2cDevice-Transfer,将数据传输出去。具体实现如下所示。函数 API_I2cDeviceTransfer 原型如下:

```
# include <SylixOS.h>
INT   API_I2cDeviceTransfer (PLW_I2C_DEVICE        pi2cdevice,
                             PLW_I2C_MESSAGE        pi2cmsg,
                             INT                    iNum)
```

函数 API_I2cDeviceTransfer 原型分析:

- 此函数成功返回 iRet(完成传输的消息数量),失败返回 PX_ERROR;
- 参数 *pi2cdevice* 是指定的 I^2C 设备结构体;
- 参数 *pi2cmsg* 是传输消息结构体组;
- 参数 *iNum* 是传输消息结构体中消息的数量。

```
# include <SylixOS.h>
INT   eepromByteRead (PLW_I2C_DEVICE   pi2c, UINT8   ucByteAddr, UINT8   * pucData)
{
    INT                 iRet;
```

```
    if (!pi2c) {
        return (PX_ERROR);
    }
    LW_I2C_MESSAGE msgs[] = {
        {
            .I2CMSG_usAddr = pi2c ->I2CDEV_usAddr,
            .I2CMSG_usFlag = 0,
            .I2CMSG_usLen = 1,
            .I2CMSG_pucBuffer = &ucByteAddr,
        }, {
            .I2CMSG_usAddr = pi2c ->I2CDEV_usAddr,
            .I2CMSG_usFlag = LW_I2C_M_RD,
            .I2CMSG_usLen = 1,
            .I2CMSG_pucBuffer = pucData,
        }
    };
    iRet = API_I2cDeviceTransfer(pi2c, msgs, 2);
    if (iRet < 0) {
        EEPROM_DBG("I2c msg read error: % d\n", iRet);
        return (PX_ERROR);
    }
    return (iRet);
}
```

12.3　SPI 总线

SPI(Serial Peripheral Interface),串行外设接口,是 Motorola 公司推出的一种高速的、全双工、同步的通信总线。SPI 接口主要用于 MCU 与外围设备的通信,外围设备包括 EEPROM、FLASH、实时时钟、A/D 转换器、数字信号处理器和数字信号解码器等。它以主从方式工作,通常有一个主设备和一个或多个从设备。

SPI 在芯片的引脚上只占用 4 根线,分别是 MOSI(数据输出)、MISO(数据输入)、SCLK(时钟)和 CS(片选)。

MOSI:主机数据输出,从机数据输入;

MISO:主机数据输入,从机数据输出;

SCLK:时钟信号,由主机产生;

CS:从机使能信号,由主机控制。

SPI 主、从硬件的连接如图 12.2 所示。

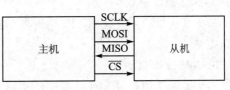

图 12.2　SPI 主、从硬件连接图

12.3.1　SPI 总线原理

SPI 协议规定,一个 SPI 设备不能在数据通信过程中仅仅充当一个"发送者 (Transmitter)"或者"接收者(Receiver)"。实质上每次 SPI 的数据传输都是主从设备在交换数据。SPI 总线传输中,CS 信号是低电平有效的,当我们要与某外设通信的时候,需要将该外设上的 CS 线置低。在数据传输的过程中,每次接收到的数据必须在下一次数据传输之前被采样。如果之前接收到的数据没有被读取,那么这些已经接收完成的数据将有可能被丢弃,导致 SPI 物理模块最终失效。因此,SPI 在传输完数据后,必须读取 SPI 设备里的数据,即使这些数据在程序里是无用的。

SPI 模块为了和外设进行数据交换,根据外设工作要求,其输出串行同步时钟极性 CPOL (Clock Polarity)和相位 CPHA(Clock Phase)可以配置。CPOL,表示 SCLK 空闲的时候,其电平值是低电平还是高电平;CPHA,表示数据采样在第一个跳变沿还是第二个跳变沿。

CPHA=0,表示第一个边沿:

对于 CPOL=0,SCLK 空闲时是低电平,第一个跳变沿就是从低变到高,所以是上升沿;

对于 CPOL=1,SCLK 空闲时是高电平,第一个跳变沿就是从高变到低,所以是下降沿;

CPHA=1,表示第二个边沿:

对于 CPOL=0,SCLK 空闲时是低电平,第二个跳变沿就是从高变到低,所以是下降沿;

对于 CPOL=1,SCLK 空闲时是高电平,第二个跳变沿就是从低变到高,所以是上升沿;

12.3.2　SylixOS SPI 总线驱动分析

SylixOS 的 SPI 体系结构和 I^2C 类似,也分为 3 个组成部分。

1. SPI 核心

SPI 核心提供了 SPI 总线驱动和设备驱动的注册、注销方法,SPI 通信方法和适配器无关的代码等。每个 SPI 从设备驱动都能找到和它相连的 SPI 总线适配器。

2. SPI 总线驱动

SPI 总线驱动主要包括 SPI 适配器结构 lw_spi_adapter 和 SPI 适配器的通信方法数据结构。

3. SPI 设备驱动

SPI 设备驱动是对 SPI 设备端的实现,设备一般挂接在受 CPU 控制的 SPI 适配器上,通过 SPI 适配器与 CPU 交换数据。每一条 SPI 总线对应一个 SPI 适配器。在内核中,每一个适配器都提供了一个描述的结构,也定义了 Adapter 支持的操作,再通过 SPI 核心层将 SPI 设备与 SPI 适配器关联起来。

SPI 总线适配器相关信息位于"libsylixos/SylixOS/system/device/spi"文件下，其适配器创建原型如下：

```
#include <SylixOS.h>
INT   API_SpiAdapterCreate (CPCHAR           pcName,
                            PLW_SPI_FUNCS    pspifunc)
```

函数 API_SpiAdapterCreate 原型分析：

此函数成功返回 ERROR_NONE，失败返回 PX_ERROR；

- 参数 *pcName* 是 SPI 适配器的名称，即 shell 命令 buss 显示的名称；
- 参数 *pspifunc* 是 SPI 总线传输函数的指针。

函数 API_SpiAdapterCreate 使用结构体 PLW_SPI_FUNCS 来向内核提供传输函数集合，其详细描述如下：

```
#include <SylixOS.h>
typedef struct lw_spi_funcs {
    INT        (* SPIFUNC_pfuncMasterXfer)(PLW_SPI_ADAPTER    pspiadapter,
                                           PLW_SPI_MESSAGE    pspimsg,
                                           INT                iNum);
    INT        (* SPIFUNC_pfuncMasterCtl)(PLW_SPI_ADAPTER     pspiadapter,
                                          INT                 iCmd,
                                          LONG                lArg);
} LW_SPI_FUNCS;
typedef LW_SPI_FUNCS          * PLW_SPI_FUNCS;
```

- SPIFUNC_pfuncMasterXfer：SPI 传输函数，SPI 设备会直接调用此函数实现消息发送。第一个参数 *pspiadapter* 为 SPI 总线适配器指针；第二个参数 *pspimsg* 为 SPI 设备需要传输的消息结构体首地址指针；第三个参数 *iNum* 为需要传输的消息个数，以上三个参数即可告知 SPI 设备如何调用此函数实现消息传输。
- SPIFUNC_pfuncMasterCtl：SPI 适配器控制函数，用来实现与硬件控制器相关的控制。第一个参数 *pspiadapter* 为 SPI 总线适配器指针；第二个参数 *iCmd* 为控制命令；第三个参数 *lArg* 与 *iCmd* 相关。

注册到内核的传输函数集合中要用到多种结构体，PLW_SPI_ADAPTER 总线适配器结构体指针主要包含当前总线适配器节点信息，PLW_SPI_DEVICE 总线设备结构体指针主要包含当前 I²C 设备的相关信息，PLW_SPI_MESSAGE 消息请求结构体指针的作用是指向需要发送的消息缓冲区，提供以上三种结构体后控制器即可知道如何进行发送。各种结构体的详细描述如下：

首先介绍 SPI 总线适配器结构体，该结构体详细描述如下：

```
# include <SylixOS.h>
typedef struct lw_spi_adapter {
    LW_BUS_ADAPTER   SPIADAPTER_pbusadapter;     /* 总线节点 */
    struct lw_spi_funcs * SPIADAPTER_pspifunc;   /* 总线适配器操作函数 */
    LW_OBJECT_HANDLE    SPIADAPTER_hBusLock;     /* 总线操作锁 */
LW_LIST_LINE_HEADER SPIADAPTER_plineDevHeader;
                                                 /* 设备链表 */
} LW_SPI_ADAPTER;
typedef LW_SPI_ADAPTER        * PLW_SPI_ADAPTER;
```

- SPIADAPTER_pbusadapter:系统总线节点结构体;
- SPIADAPTER_pspifunc:指向总线适配器的操作函数,即 API_SpiAdapter-Create 函数注册到核心层的操作函数集指针;
- SPIADAPTER_hBusLock:SPI 总线锁,不需要手动处理;
- SPIADAPTER_plineDevHeader:指向此适配器下挂载的设备链表,不需要手动处理。

SPI 设备结构体详细描述如下:

```
# include <SylixOS.h>
typedef struct lw_spi_device {
    PLW_SPI_ADAPTER  SPIDEV_pspiadapter;  /* 挂载的适配器 */
    LW_LIST_LINESPIDEV_lineManage;        /* 设备挂载链 */
    atomic_t SPIDEV_atomicUsageCnt;       /* 设备使用计数 */
CHAR    SPIDEV_cName[LW_CFG_OBJECT_NAME_SIZE];
                                          /* 设备的名称 */
} LW_SPI_DEVICE;
typedef LW_SPI_DEVICE * PLW_SPI_DEVICE;
```

- SPIDEV_pspiadapter:设备挂载的 SPI 总线适配器;
- SPIDEV_lineManage:设备挂载的链表;
- SPIDEV_atomicUsageCnt:设备使用的计数;
- SPIDEV_cName:设备名称。

SPI 消息结构体是 SPI 主机和从机通信的消息格式,该结构体的详细描述如下:

```
# include <SylixOS.h>
typedef struct lw_spi_message {
    UINT16        SPIMSG_usBitsPerOp;          /* 操作单位 bits 数 */
    UINT16        SPIMSG_usFlag;               /* 传输控制参数 */
    UINT32        SPIMSG_uiLen;                /* 长度(缓冲区大小) */
/* 长度为 0,只设置传输控制参数 */
    UINT8       * SPIMSG_pucWrBuffer;          /* 发送缓冲区 */
```

```
       UINT8              * SPIMSG_pucRdBuffer;        /* 接收缓冲区 */
       VOIDFUNCPTRSPIMSG_pfuncComplete;                /* 传输结束后的回调函数 */
       PVOIDSPIMSG_pvContext;                          /* 回调函数参数 */
} LW_SPI_MESSAGE;
typedef LW_SPI_MESSAGE        * PLW_SPI_MESSAGE;
```

- SPIMSG_usBitsPerOp:操作单位 bits 数;
- SPIMSG_usFlag:传输控制参数,其取值见表 12.2;
- SPIMSG_usLen:存放消息内容的缓存区长度,若长度为 0,只设置传输控制参数;
- SPIMSG_pucWrBuffer:发送缓存区;
- SPIMSG_pucusRdBuffer:接收缓存区;
- SPIMSG_pfuncComplete:传输结束后的回调函数;
- SPIMSG_pvContext:回调函数参数。

表 12. 2　传输控制参数表

传输控制参数取值	含　义
LW_SPI_M_CPOL_0 LW_SPI_M_CPOL_1	CPOL 配置
LW_SPI_M_CPHA_0 LW_SPI_M_CPHA_1	CPHA 配置
LW_SPI_M_CPOL_EN	是否设置新的 CPOL 配置
LW_SPI_M_CPHA_EN	是否设置新的 CPHA 配置
LW_SPI_M_WRBUF_FIX	发送缓存区仅发送第一个字节
LW_SPI_M_RDBUF_FIX	接收缓存区仅接收第一个字节
LW_SPI_M_MSB	从高位到低位
LW_SPI_M_LSB	从低位到高位

12. 3. 3　SPI flash 代码分析

　　一个具体的 SPI 设备驱动以 lw_spi_device 结构体的形式进行组织,用于将设备挂接于 SPI 总线,组织好之后,再完成设备本身所属类型的驱动。下面以 SPI flash 为例介绍 SPI 设备驱动的实现。

　　SPI flash 是挂载在 SPI 总线上的设备,它依靠 SPI 总线的传输函数传递数据。所以在 SPI flash 设备创建时,要调用 API_SpiDeviceCreate 函数将其挂载在一个指定的 SPI 总线适配器上,具体实现如以下程序清单所示。函数 API_SpiDeviceCreate 原型如下:

```
# include <SylixOS.h>
PLW_SPI_DEVICE  API_SpiDeviceCreate (CPCHAR      pcAdapterName,
                                     CPCHAR      pcDeviceName)
```

函数 API_SpiDeviceCreate 原型分析：
- 此函数成功返回 pspidevice(SPI 设备结构体类型)，失败返回 LW_NULL；
- 参数 *pcAdapterName* 是设备挂载的 SPI 适配器名称；
- 参数 *pcDeviceName* 是设备名称。

函数 API_SpiDeviceBusRequest 的作用是获得指定 SPI 设备的总线使用权，原型如下：

```
# include <SylixOS.h>
INT  API_SpiDeviceBusRequest (PLW_SPI_DEVICE  pspidevice)
```

函数 API_SpiDeviceBusRequest 原型分析：
- 此函数成功返回 ERROR_NONE，失败返回 PX_ERROR；
- 参数 *pspidevice* 是 SPI 设备结构体。

函数 API_SpiDeviceBusRelease 的作用是释放指定 SPI 设备的总线使用权，原型如下：

```
# include <SylixOS.h>
INT  API_SpiDeviceBusRelease (PLW_SPI_DEVICE  pspidevice)
```

函数 API_SpiDeviceBusRelease 原型分析：
- 此函数成功返回 ERROR_NONE，失败返回 PX_ERROR；
- 参数 *pspidevice* 是 SPI 设备结构体。

函数 API_SpiDeviceCtl 的作用是指定 SPI 设备处理指定命令，原型如下：

```
# include <SylixOS.h>
INT  API_SpiDeviceCtl (PLW_SPI_DEVICE  pspidevice, INT  iCmd, LONG  lArg)
```

函数 API_SpiDeviceCtl 原型分析：
- 此函数成功返回 ERROR_NONE，失败返回 PX_ERROR；
- 参数 *pspidevice* 是 SPI 设备结构体；
- 参数 *iCmd* 是 SPI 传输控制命令；
- 参数 *lArg* 是 SPI 传输控制命令的参数。

```
# include <SylixOS.h>
INT  norDevCreate (PCHAR  pSpiBusName, UINT  uiSSPin)
{
    INT              iError;
    __PSPI_NOR_OBJ  pSpi_Nor = & G_spiNorObj;
```

```
    if (pSpi_Nor ->pSpiNorDev == NULL) {
        pSpi_Nor ->pSpiNorDev = API_SpiDeviceCreate(pSpiBusName,
                                            SPI_NOR_DEVNAME);
    }
    __ssGpioInit(uiSSPin);
    iError = API_SpiDeviceBusRequest(pSpi_Nor ->pSpiNorDev);
    if (iError == PX_ERROR) {
        NOR_DEBUG("Spi Request Bus error\n\r");
        return (PX_ERROR);
    }
    API_SpiDeviceCtl(pSpi_Nor ->pSpiNorDev, SPI_MODE_SET, SPI_MODE_0);
                                            /* 设置 SPI 模式为 MODE 0 */
    API_SpiDeviceCtl(pSpi_Nor ->pSpiNorDev,
                    BAUDRATE_SET,
                    BAUDRATE_MAX / 4);      /* 设置波特率 */
    API_SpiDeviceCtl(pSpi_Nor ->pSpiNorDev, SPI_QUADM_CANCLE, 0);
                                            /* 取消 4 线模式设置 */
    SPI_ENABLE_SS();
    __flashNorCmd1byte(EQPI);
    SPI_DISABLE_SS();

    API_SpiDeviceCtl(pSpi_Nor ->pSpiNorDev, SPI_QUADM_SET, 0);
                                            /* 设置 4 线模式 */
    API_SpiDeviceBusRelease(pSpi_Nor ->pSpiNorDev);
/* 释放 SPI 总线 */
    return  (ERROR_NONE);
}
```

如下所示,SPI flash 需要调用 SPI 的传输函数 API_SpiDeviceTransfer 来完成数据的传输。函数 API_SpiDeviceTransfer 的原型如下:

```
# include <SylixOS.h>
INT  API_SpiDeviceTransfer (PLW_SPI_DEVICE        pspidevice,
                            PLW_SPI_MESSAGE       pspimsg,
                            INT                   iNum)
```

函数 API_SpiDeviceTransfer 原型分析:
- 此函数成功返回 ERROR_NONE,失败返回 PX_ERROR;
- 参数 *pspidevice* 是 SPI 设备结构体;
- 参数 *pspimsg* 是 SPI 传输消息结构体组;
- 参数 *iNum* 是 SPI 传输消息数量。

```
# include <SylixOS.h>
static INT  __flashNorCmd1byte (UINT8 ucCmd)
{
    UINT8             ucTxCmd[1] = {ucCmd};
    LW_SPI_MESSAGE   spiCmdMessage = {
            .SPIMSG_uiLen = 1,
            .SPIMSG_pucWrBuffer = ucTxCmd,
            .SPIMSG_pucRdBuffer = NULL,
    };
    API_SpiDeviceTransfer(_G_spiNorObj.pSpiNorDev, &spiCmdMessage, 1);
                                    /* 发起传输 */
    return  (ERROR_NONE);
}
```

第 **13** 章

GPIO 驱动

13.1　GPIO 驱动简介

GPIO 是嵌入式系统最简单、最常用的资源。比如点亮 LED、控制蜂鸣器、输出高低电平、检测按键等。GPIO 分输入和输出，在 SylixOS 中有关 GPIO 最底层的寄存器驱动的相关描述，集中在"bsp/SylixOS/driver/gpio/gpio. c"文件中。

GPIO 是与硬件密切相关的，SylixOS 提供一个模型来让驱动统一处理 GPIO，即各个板卡都有实现自己的 LW_GPIO_CHIP 的控制模块：request，free，input，output，get，set 等，然后把控制模块注册到内核中。当用户请求 GPIO 时，系统调用这个 GPIO 对应的 LW_GPIO_CHIP 的处理函数。

SylixOS 将 GPIO 控制器功能抽象成了 LW_GPIO_CHIP 结构体，该结构体包含了 GPIO 所有可能的操作：

```
typedef struct lw_gpio_chip {
    CPCHAR          GC_pcLabel;
    LW_LIST_LINE    GC_lineManage;
    INT    ( * GC_pfuncRequest) (struct lw_gpio_chip * pgchip, UINT  uiOffset);
    VOID   ( * GC_pfuncFree)(struct lw_gpio_chip * pgchip, UINT  uiOffset);
    INT    ( * GC_pfuncGetDirection) (struct lw_gpio_chip * pgchip,
                              UINTuiOffset);
    INT    ( * GC_pfuncDirectionInput) (struct lw_gpio_chip * pgchip,
                                UINT uiOffset);
    INT    ( * GC_pfuncGet) (struct lw_gpio_chip * pgchip, UINT  uiOffset);
    INT    ( * GC_pfuncDirectionOutput) (struct lw_gpio_chip * pgchip,
                                UINT  uiOffset,
                                INT  iValue);
```

```
INT    (*GC_pfuncSetDebounce) (struct lw_gpio_chip * pgchip,
                               UINT    uiOffset,
                               UINT    uiDebounce);
INT    (*GC_pfuncSetPull) (struct lw_gpio_chip * pgchip,
                           UINT    uiOffset,
                           UINT    uiType);
VOID   (*GC_pfuncSet) (struct lw_gpio_chip    * pgchip,
                       UINT                     uiOffset,
                       INT                      iValue);
INT    (*GC_pfuncSetupIrq) (struct lw_gpio_chip * pgchip,
                            UINT    uiOffset,
                            BOOL    bIsLevel,
                            UINT    uiType);
VOID   (*GC_pfuncClearIrq) (struct lw_gpio_chip * pgchip, UINT   uiOffset);
irqreturn_t (*GC_pfuncSvrIrq) (struct lw_gpio_chip * pgchip, UINT   uiOffset);
UINT                    GC_uiBase;
UINT                    GC_uiNGpios;
struct lw_gpio_desc     * GC_gdDesc;
ULONG                   GC_ulPad[16];                    /* 保留未来扩展 */
} LW_GPIO_CHIP;
typedef LW_GPIO_CHIP        * PLW_GPIO_CHIP;
```

13.2 GPIO 驱动函数分析

结构体 LW_GPIO_CHIP 成员函数和变量的功能说明如下：

```
INT    (*GC_pfuncRequest) (struct lw_gpio_chip * pgchip, UINT uiOffset);
```

- 功能：从 SylixOS 中申请一个 GPIO；
- *pgchip*：GPIO 控制器抽象结构体指针；
- *uiOffset*：GPIO 编号。

```
VOID   (*GC_pfuncFree) (struct lw_gpio_chip * pgchip, UINT uiOffset);
```

- 功能：释放正在使用的 GPIO，如果当前是中断模式，则取消中断；
- *pgchip*：GPIO 控制器抽象结构体指针；
- *uiOffset*：GPIO 编号。

```
INT    (*GC_pfuncGetDirection) (struct lw_gpio_chip * pgchip, UINT uiOffset);
```

- 功能：获得指定 GPIO 方向，1 表示输出，0 表示输入；
- *pgchip*：GPIO 控制器抽象结构体指针；

- $uiOffset$:GPIO 编号。

```
INT    (*GC_pfuncDirectionInput)(struct lw_gpio_chip * pgchip，UINT    uiOffset);
```

- 功能:设置指定 GPIO 为输入模式;
- $pgchip$:GPIO 控制器抽象结构体指针;
- $uiOffset$:GPIO 编号。

```
INT    (*GC_pfuncGet)(struct lw_gpio_chip * pgchip，UINT    uiOffset);
```

- 功能:获得指定 GPIO 的状态,1 表示高电平,0 表示低电平;
- $pgchip$:GPIO 控制器抽象结构体指针;
- $uiOffset$:GPIO 编号。

```
INT    (*GC_pfuncDirectionOutput)(struct lw_gpio_chip * pgchip，UINT    uiOffset,
                                  INT    iValue);
```

- 功能:设置指定 GPIO 为输出模式;
- $pgchip$:GPIO 控制器抽象结构体指针;
- $uiOffset$:GPIO 编号;
- $iValue$:输出值。

```
INT    (*GC_pfuncSetDebounce)(struct lw_gpio_chip * pgchip，UINT    uiOffset,
                              UINT    uiDebounce);
```

- 功能:设置指定 GPIO 去抖参数;
- $pgchip$:GPIO 控制器抽象结构体指针;
- $uiOffset$:GPIO 编号;
- $uiDebounce$:去抖参数。

```
INT    (*GC_pfuncSetPull)(struct lw_gpio_chip * pgchip，UINT    uiOffset,
                          UINT    uiType);
```

- 功能:设置 GPIO 上下拉;
- $pgchip$:GPIO 控制器抽象结构体指针;
- $uiOffset$:GPIO 编号;
- $uiType$:上下拉类型(0 表示开路,1 表示上拉,2 表示下拉)。

```
VOID    (*GC_pfuncSet)(struct lw_gpio_chip * pgchip，UINT    uiOffset,
                       INT    iValue);
```

- 功能:设置指定 GPIO 的状态;
- $pgchip$:GPIO 控制器抽象结构体指针;
- $uiOffset$:GPIO 编号;

- *iValue*：值(1 表示高电平，0 表示低电平)。

```
INT    ( * GC_pfuncSetupIrq)(struct lw_gpio_chip * pgchip, UINT   uiOffset,
                             BOOL    bIsLevel, UINT   uiType);
```

- 功能：设置指定 GPIO 的外部中断输入模式；
- *pgchip*：GPIO 控制器抽象结构体指针；
- *uiOffset*：GPIO 编号；
- *bIsLevel*：中断触发方式(1 表示电平触发，0 表示边沿触发)；
- *uiType*：触发类型(如果是电平触发，1 表示高电平触发，0 表示低电平触发；如果是边沿触发，1 表示上升沿触发，0 表示下降沿触发，2 表示双边沿触发)。

```
VOID   ( * GC_pfuncClearIrq)(struct lw_gpio_chip * pgchip, UINT   uiOffset);
```

- 功能：当 GPIO 为外部中断输入模式时，清除中断；
- *pgchip*：GPIO 控制器抽象结构体指针；
- *uiOffset*：GPIO 编号。

```
irqreturn_t ( * GC_pfuncSvrIrq)(struct lw_gpio_chip   * pgchip, UINT   uiOffset);
```

- 功能：判断 GPIO 是否发生中断，返回 LW_IRQ_HANDLED 表示发生了中断，返回 LW_IRQ_NONE 表示没有发生中断；
- *pgchip*：GPIO 控制器抽象结构体指针；
- *uiOffset*：GPIO 编号。

LW_GPIO_CHIP 诸多成员函数不是每个都必须实现，一般 GPIO 驱动只是实现了 LW_GPIO_CHIP 中部分函数，如果某一功能没有实现，设置为 LW_NULL。

13.3 GPIO 驱动实现

本节以 imx6Q 的 SylixOS GPIO 为例。在编写 GPIO 驱动之前先设置好 GPIO 控制器，即填充好 IMX6Q_GPIO_CONTROLER 该结构体。

```
typedef struct {
    addr_t              GPIOC_ulPhyAddrBase;         / * 物理地址基地址 * /
    addr_t              GPIOC_stPhyAddrSize;         / * 物理地址空间大小 * /
    ULONG               CPIOC_ulIrqNum1;             / * 0～15 引脚的中断号 * /
    ULONG               CPIOC_ulIrqNum2;             / * 16～32 引脚的中断号 * /
    UINT                GPIOC_uiPinNumber;
    addr_t              GPIOC_ulVirtAddrBase;        / * 虚拟地址基地址 * /
} IMX6Q_GPIO_CONTROLER, * PIMX6Q_GPIO_CONTROLER;
```

因为 GPIO 一般都是成组的,这样便把每个 GPIO 的寄存器等信息抽象。一组
GPIO 控制器结构,例如 GPIO0 和 GPIO1 是一组(共 32 个 GPIO 口),共用一组寄存
器,所以 GPIO0 和 GPIO1 可以一起用 IMX6Q_GPIO_CONTROLER 来控制。

　　i. MX6Q 有 7 组 GPIO 控制器。

```
static IMX6Q_GPIO_CONTROLLER  _G_imx6qGpioControlers[] = {
    {
    GPIO1_BASE_ADDR,
        LW_CFG_VMM_PAGE_SIZE,
        IMX_INT_GPIO1_INT15_0,
        IMX_INT_GPIO1_INT31_16,
        32,
        GPIO1_BASE_ADDR,                        /* 默认是物理地址 */
        },{
    ......
    }, {
    GPIO7_BASE_ADDR,
        LW_CFG_VMM_PAGE_SIZE,
        IMX_INT_GPIO7_INT15_0,
        IMX_INT_GPIO7_INT31_16,
        14,
        GPIO7_BASE_ADDR,
    },
};
static LW_GPIO_CHIP  _G_imx6qGpioChip ;
```

13.3.1　申请 GPIO 引脚

　　调用 imx6qGpioRequest 函数可以申请一个 GPIO 引脚。首先检查引脚号是否
有效,即是否在 GPIO 控制器控制的范围内,接着根据引脚号计算出该 GPIO 相关的
寄存器地址,最后通过 writel 直接操作寄存器即可。

```
static INT   imx6qGpioRequest (PLW_GPIO_CHIP  pGpioChip, UINT   uiOffset)
{
    INT    iRet;
    ......
    iRet = GpioPinmuxSet(uiOffset / 32, uiOffset % 32, 0x10 | ALT5);
    return (iRet);
}
UINT32  GpioPinmuxSet (UINT32  uiPinGroup, UINT32 uiPinNum, UINT32 uiCfg)
{
```

```
addr_t atAddr = GpioPinmuxReg[uiPinGroup][uiPinNum];
/* 计算对应 GPIO 引脚的寄存器地址 */
......
writel (uiCfg, atAddr);                    /* GPIO 功能均为 ALT5 */
return ERROR_NONE;
}
```

13.3.2　释放 GPIO 引脚

调用 imx6qGpioFree 函数释放一个正在被使用的 GPIO，如果当前是中断模式，则放弃中断输入功能。

```
static VOID  imx6qGpioFree (PLW_GPIO_CHIP  pGpioChip, UINT  uiOffset)
{
    PIMX6Q_GPIO_CONTROLER  pGpioControler;
    addr_t        atBase;
    UINT32        uiRegVal;
    ......
    uiRegVal = readl (atBase + GPIO_IMR) &(~(1 << (uiOffset % 32)));
    writel (uiRegVal, atBase + GPIO_IMR);              /* 禁止该 GPIO 中断 */
    uiRegVal = readl (atBase + GPIO_GDIR) &(~(1 << (uiOffset % 32)));
    writel (uiRegVal, atBase + GPIO_GDIR);            /* 设置该 GPIO 为输入 */
}
```

13.3.3　获得指定 GPIO 方向

调用 imx6qGpioGetDirection 函数获得指定 GPIO 的方向。

```
static INT  imx6qGpioGetDirection (PLW_GPIO_CHIP  pGpioChip, UINT  uiOffset)
{
    ......
    uiRegVal = readl (atBase + GPIO_GDIR) & (1 << (uiOffset % 32));
    if(uiRegVal) {
            return  (1);
    } else {
            return  (0);
    }
}
```

13.3.4　设置指定 GPIO 为输入

imx6qGpioDirectionInput 为设置指定 GPIO 为输入模式。

```
static INT  imx6qGpioDirectionInput (PLW_GPIO_CHIP  pGpioChip, UINT  uiOffset)
{
    ......
    uiRegVal = readl (atBase + GPIO_GDIR) &(~(1 << (uiOffset % 32)));
    writel (uiRegVal, atBase + GPIO_GDIR);              /* 设置该 GPIO 为输入 */
    return  (0);
}
```

13.3.5　获得指定 GPIO 电平

imx6qGpioGet 获得指定 GPIO 电平。

```
static INT  imx6qGpioGet (PLW_GPIO_CHIP  pGpioChip, UINT  uiOffset)
{
    ......
    uiRegVal = readl (atBase + GPIO_PSR) & (1 << (uiOffset % 32));
    if(uiRegVal) {
            return  (1);
    } else {
            return  (0);
    }
}
```

13.3.6　设置指定 GPIO 为输出

imx6qGpioDirectionOutput 为设置指定 GPIO 为输出模式。

```
static INT  imx6qGpioDirectionOutput (PLW_GPIO_CHIP    pGpioChip,
                                      UINT  uiOffset,
                                      INT   iValue)
{
    ......
    uiRegVal = readl (atBase + GPIO_GDIR) | (1 << (uiOffset % 32));
    writel (uiRegVal, atBase + GPIO_GDIR);         /* 设置该 GPIO 为输出 */
    if(iValue) {                                   /* 设置该 GPIO 默认电平 */
        uiRegVal = readl (atBase + GPIO_DR) | (1 << (uiOffset % 32));
        writel (uiRegVal, atBase + GPIO_DR);       /* 设置该 GPIO 默认电平为 1 */
    } else {
        uiRegVal = readl(atBase + GPIO_DR) &(~(1 << (uiOffset % 32)));
        writel (uiRegVal, atBase + GPIO_DR);       /* 设置该 GPIO 默认电平为 0 */
    }
    return  (0);
}
```

13.3.7 设置指定 GPIO 电平

imx6qGpioSet 为设置指定 GPIO 电平。

```
static VOID   imx6qGpioSet (PLW_GPIO_CHIP  pGpioChip,
                            UINT     uiOffset,
                            INT      iValue)
{
    ......
    if(iValue) {                                    /* 设置该 GPIO 电平 */
        uiRegVal = readl (atBase + GPIO_DR) | (1 << (uiOffset % 32));
        writel (uiRegVal, atBase + GPIO_DR);    /* 设置该 GPIO 电平为 1 */
    } else {
        uiRegVal = readl (atBase + GPIO_DR) &(~(1 << (uiOffset % 32)));
        writel (uiRegVal, atBase + GPIO_DR);    /* 设置该 GPIO 电平为 0 */
    }
}
```

13.3.8 设置指定 GPIO 为外部中断输入

imx6qGpioSetupIrq 设置指定 GPIO 为外部中断输入。

```
static INT   imx6qGpioSetupIrq (PLW_GPIO_CHIP  pGpioChip,
                                UINT     uiOffset,
                                BOOL     bIsLevel,
                                UINT     uiType)
{
......
    if(uiPinOff > 15) {                             /* 计算需要设置的寄存器位 */
        atBase = atBase + GPIO_ICR2;
        uiIrqNum = pGpioControler ->CPIOC_ulIrqNum2;
        uiPinOff = (uiPinOff - 15) << 1;
    } else {
        atBase = atBase + GPIO_ICR1;
        uiIrqNum = pGpioControler ->CPIOC_ulIrqNum1;
        uiPinOff = uiPinOff << 1;
    }
    uiRegVal = readl (pGpioControler ->GPIOC_ulVirtAddrBase + GPIO_EDGE_SEL);
                                        /* 清除双边沿中断触发设置 */
    writel (uiRegVal &(~(1 << (uiOffset % 32))),
    pGpioControler ->GPIOC_ulVirtAddrBase + GPIO_EDGE_SEL);
    if (bIsLevel) {                              /* 如果是电平触发中断 */
```

```
        if(uiType) {                                  /* 高电平触发 */
            uiRegVal = readl(atBase) & (~(0x3 << uiPinOff));
            uiRegVal = uiRegVal | 0x1 << uiPinOff;
            writel(uiRegVal, atBase);
        } else {                                      /* 低电平触发 */
            uiRegVal = readl(atBase) & (~(0x3 << uiPinOff));
            uiRegVal = uiRegVal | 0x0 << uiPinOff;
            writel(uiRegVal, atBase);
        }
    } else {
        if (uiType == 1) {                            /* 上升沿触发  */
            uiRegVal = readl(atBase) & (~(0x3 << uiPinOff));
            uiRegVal = uiRegVal | 0x2 << uiPinOff;
            writel(uiRegVal, atBase);
        } else if (uiType == 0) {                     /* 下降沿触发 */
            uiRegVal = readl(atBase) & (~(0x3 << uiPinOff));
            uiRegVal = uiRegVal | 0x3 << uiPinOff;
            writel(uiRegVal, atBase);
        } else {                                      /* 双边沿触发 */
            uiRegVal = readl (pGpioControler ->GPIOC_ulVirtAddrBase + GPIO_EDGE_
                        SEL) | (1 << (uiOffset % 32));
            writel (uiRegVal, pGpioControler ->GPIOC_ulVirtAddrBase + GPIO_EDGE_
                SEL);
        }
    }
uiRegVal = readl(pGpioControler ->GPIOC_ulVirtAddrBase + GPIO_IMR);
                                            /* 使能该 GPIO 中断 */
writel(uiRegVal | (1 << (uiOffset % 32)),
    pGpioControler ->GPIOC_ulVirtAddrBase + GPIO_IMR);
/*
 * 测试用代码
 */
uiRegVal = readl(pGpioControler ->GPIOC_ulVirtAddrBase + GPIO_IMR);

return  (uiIrqNum);
}
```

13.3.9　清除指定 GPIO 中断标志

imx6qGpioClearIrq 清除指定 GPIO 中断标志。

```
static VOID  imx6qGpioClearIrq (PLW_GPIO_CHIP  pGpioChip, UINT  uiOffset)
{
    ......
    pGpioControler = &_G_imx6qGpioControlers [uiOffset / 32];
    atBase = pGpioControler ->GPIOC_ulVirtAddrBase;
    uiRegVal = readl (atBase + GPIO_ISR) | (1 << (uiOffset % 32));
    writel (uiRegVal, atBase + GPIO_ISR);            /* 清除该 GPIO 中断状态 */
}
```

13.3.10 判断 GPIO 中断标志

imx6qGpioSvrIrq 判断 GPIO 中断标志。

```
static irqreturn_t  imx6qGpioSvrIrq (PLW_GPIO_CHIP  pGpioChip, UINT  uiOffset)
{
    ......
    uiRegVal = readl (atBase + GPIO_ISR) & (1 << (uiOffset % 32));
    if (uiRegVal) {
        return  (LW_IRQ_HANDLED);
    } else {
        return  (LW_IRQ_NONE);
    }
}
```

写好 GPIO 相关驱动程序后, 填充 GPIO 控制器结构体。

```
static LW_GPIO_CHIP  _G_imx6qGpioChip = {
    .GC_pcLabel             = "IMX6Q  GPIO",
    .GC_pfuncRequest        = imx6qGpioRequest,
    .GC_pfuncFree           = imx6qGpioFree,
    .GC_pfuncGetDirection   = imx6qGpioGetDirection,
    .GC_pfuncDirectionInput = imx6qGpioDirectionInput,
    .GC_pfuncGet            = imx6qGpioGet,
    .GC_pfuncDirectionOutput = imx6qGpioDirectionOutput,
    .GC_pfuncSetDebounce    = imx6qGpioSetDebounce,
    .GC_pfuncSetPull        = LW_NULL,
    .GC_pfuncSet            = imx6qGpioSet,
    .GC_pfuncSetupIrq       = imx6qGpioSetupIrq,
    .GC_pfuncClearIrq       = imx6qGpioClearIrq,
    .GC_pfuncSvrIrq         = imx6qGpioSvrIrq,
};
```

当填充好 LW_GPIO_CHIP 结构体后, 向系统中安装 GPIO 驱动。

```
INT   imx6qGpioDrv (VOID)
{
    PIMX6Q_GPIO_CONTROLER    pGpioControler;
    INT                      i;
    _G_imx6qGpioChip.GC_uiBase = 0;
    _G_imx6qGpioChip.GC_uiNGpios = 0;
    /*
     * GPIO 控制器时钟和电源使能,及地址映射
     */
    for (i = 0; i < GPIO_CONTROLER_NR; i ++ ) {
        pGpioControler = & _G_imx6qGpioControlers[i];
        _G_imx6qGpioChip.GC_uiNGpios += pGpioControler ->GPIOC_uiPinNumber;
    }
    return  (API_GpioChipAdd(& _G_imx6qGpioChip));
}
```

在文件 bspInit.c 的函数 halDrvInit 中调用 imx6qGpioDrv 函数即可。

第 **14** 章

DMA 子系统

14.1　DMA 子系统简介

14.1.1　概　述

DMA(Direct Memory Access)，是 CPU 不参与数据搬运，直接由 DMA 控制器将数据从一块物理内存搬运到另一块物理内存的数据搬运方式。在 DMA 模式下，CPU 只需向 DMA 控制器下达指令，让 DMA 控制器来控制数据的搬运，数据搬运完毕再把信息反馈给 CPU。这样很大程度上降低了 CPU 资源占有率，可大大节省系统资源。

14.1.2　通用 DMA 原理简介

如图 14.1 所示，CPU 通过控制指令控制 DMA 使能或禁用。DMA 控制器在使能模式下通过配置指令配置 DMA 搬运的源地址、目的地址、搬运方向和搬运长度。在完成相关配置后，CPU 处理其他事务，DMA 控制器开始进行内存搬运。DMA 搬运成功或者失败均会触发相应的中断，CPU 会对中断进行处理(DMA 识别的只能是物理地址，所以使用时需要特别注意)。

14.2　DMA 设备驱动

14.2.1　DMA 驱动简介

SylixOS 中的 DMA 相关驱动代码位于"libsylixos/SylixOS/system/device/dma/"目录下，DMA 驱动多用于外设驱动或总线驱动中，主要功能是从一块物理地

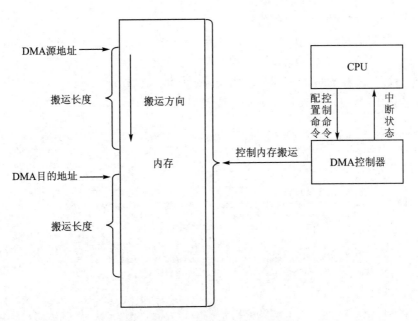

图 14.1　通用 DMA 工作简图

址向另一块物理地址搬运数据。本文以 S3C2440 通用 DMA 驱动为例。

　　DMA 设备库对 DMA 设备进行了封装,设备驱动仅需要提供初始化函数和回调函数即可。

　　用户在注册 DMA 设备驱动之前,需要先调用 API_DmaDrvInstall 函数安装DMA 设备库,此函数的功能是向系统内核加载一个 DMA 驱动。用户需在配置好DMA 控制器之后,调用此函数把驱动加载到内核中。其函数原型如下:

```
# include <SylixOS.h>
INT    API_DmaDrvInstall (UINT          uiChannel,
                          PLW_DMA_FUNCS  pdmafuncs,
                          size_t         stMaxDataBytes)
```

函数 API_DmaDrvInstall 原型分析:
- 此函数成功返回 ERROR_NONE,失败返回 PX_ERROR;
- 参数 *uiChannel* 是 DMA 通道号;
- 参数 *pdmafuncs* 是 DMA 驱动加载函数;
- 参数 *stMaxDataBytes* 是 DMA 驱动最大传输字节数。

DMA 设备需要调用 dmaGetFuncs 函数绑定驱动并创建设备,其函数原型如下:

```
# include <SylixOS.h>
PLW_DMA_FUNCS  dmaGetFuncs (UINT       iChannel,
                           ULONG      * pulMaxBytes)
```

函数 dmaGetFuncs 原型分析：

- 此函数成功返回 PLW_DMA_FUNCS，失败返回 PX_ERROR；
- 参数 *iChannel* 是 DMA 通道号；
- 参数 *pulMaxBytes* 是 DMA 驱动最大传输字节数。

结构体 PLW_DMA_FUNCS 详细描述如下：

```
#include <SylixOS.h>
typedef struct lw_dma_funcs {
    VOID            (* DMAF_pfuncReset)(UINT    uiChannel,
                     struct  lw_dma_funcs       * pdmafuncs);
    INT             (* DMAF_pfuncTrans)(UINT    uiChannel,
                     struct  lw_dma_funcs       * pdmafuncs,
                     PLW_DMA_TRANSACTION        pdmatMsg);
    INT             (* DMAF_pfuncStatus)(UINT   uiChannel,
                     struct  lw_dma_funcs       * pdmafuncs);
} LW_DMA_FUNCS;
typedef  LW_DMA_FUNCS     * PLW_DMA_FUNCS;
```

- *DMAF_pfuncReset* 是复位 DMA 当前的操作；
- *DMAF_pfuncTrans* 是启动一次 DMA 传输；
- *DMAF_pfuncStatus* 是获得 DMA 当前的工作状态。

结构体中包含三个需要提供给 DMA 设备库的操作函数，其功能分别是复位当前 DMA 操作、启动一次 DMA 传输、获得当前 DMA 工作状态。这三个函数需要驱动程序根据不同的硬件去具体实现。

14.2.2　DMA 回调函数

DMA 驱动支持用户创建自己的回调函数来实现相应的操作。用户可根据实际情况自行添加或删除回调函数，示例如下：

```
#include <SylixOS.h>
typedef struct {
...
VOID   (* DMAT_pfuncStart)(UINT    uiChannel,
                     PVOID    pvArg);           /* 启动本次传输之前的回调 */
PVOID  * DMAT_pvArg;                            /* 回调函数参数 */
VOID   (* DMAT_pfuncCallback)(UINT uiChannel,
                     PVOID    pvArg);       /* 本次传输完成后的回调函 */
...
} LW_DMA_TRANSACTION;
```

- *DMAT_pfuncStart* 是启动本次传输之前的回调；

- *DMAT_pvArg* 是回调函数参数;
- *DMAT_pfuncCallback* 是本次传输完成后的回调。

启动一次 DMA 传输前后,如果需要处理其他事务,可自行填充回调函数,进行相关操作。

14.2.3　DMA 传输参数

LW_DMA_TRANSACTION 结构体中除了一些 DMA 回调函数外,还有一些重要的 DMA 参数,结构体定义如下:

```
# include <SylixOS.h>
typedef struct {
    UINT8    * DMAT_pucSrcAddress;        /* 源端缓冲区地址 */
    UINT8    * DMAT_pucDestAddress;       /* 目的端缓冲区地址 */
    size_t     DMAT_stDataBytes;          /* 传输的字节数 */
    INT        DMAT_iSrcAddrCtl;          /* 源端地址方向控制 */
    INT        DMAT_iDestAddrCtl;         /* 目的地址方向控制 */
    INT        DMAT_iHwReqNum;            /* 外设请求端编号 */
    BOOL       DMAT_bHwReqEn;             /* 是否为外设启动传输 */
    BOOL       DMAT_bHwHandshakeEn;       /* 是否使用硬件握手 */
    INT        DMAT_iTransMode;           /* 传输模式,自定义 */
    PVOID      DMAT_pvTransParam;         /* 传输参数,自定义 */
    ULONG      DMAT_ulOption;             /* 体系结构相关参数 */
    PVOID      DMAT_pvArgStart;           /* 启动回调参数 */
    ...
} LW_DMA_TRANSACTION;
typedef  LW_DMA_TRANSACTION    * PLW_DMA_TRANSACTION;
```

- *DMAT_pucSrcAddress* 是 DMA 源端缓冲区地址;
- *DMAT_pucDestAddress* 是 DMA 目的端缓冲区地址;
- *DMAT_stDataBytes* 是 DMA 传输的字节数;
- *DMAT_iSrcAddrCtl* 是 DMA 源端地址方向控制;
- *DMAT_iDestAddrCtl* 是 DMA 目的地址方向控制;
- *DMAT_iHwReqNum* 是外设请求端编号;
- *DMAT_bHwReqEn* 是 DMA 是否为外设启动传输;
- *DMAT_bHwHandshakeEn* 是 DMA 是否使用硬件握手;
- *DMAT_iTransMode* 是传输模式,自定义;
- *DMAT_pvTransParam* 是传输参数,自定义;
- *DMAT_ulOption* 是体系结构相关参数;
- *DMAT_pvArgStart* 是启动回调参数。

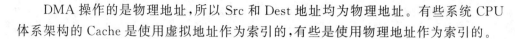

DMA 操作的是物理地址,所以 Src 和 Dest 地址均为物理地址。有些系统 CPU 体系架构的 Cache 是使用虚拟地址作为索引的,有些是使用物理地址作为索引的。

14.2.4 DMA 函数简介

SylixOS 内核中提供很多有关 DMA 操作的内核函数。除 API_DmaDrvInstall 函数是在驱动加载中调用外,其余函数可在 DMA 驱动挂载到内核完成之后调用。用户也可在其他驱动中调用相关函数来控制已经加载的 DMA 驱动完成相关操作。系统内核函数无需用户编写,包含对应头文件传入正确的参数即可使用。

API_DmaReset 函数实现复位制定的 DMA 通道,函数如下:

```
# include <SylixOS.h>
INT    API_DmaReset(UINT    uiChannel);
```

函数 API_DmaReset 原型分析:
- 此函数成功返回 ERROR_NONE,失败返回 PX_ERROR;
- 参数 *uiChannel* 是 DMA 通道号。

API_DmaJobNodeNum 函数可获得当前队列节点数,函数如下:

```
# include <SylixOS.h>
INT    API_DmaJobNodeNum(UINT    uiChannel,
                         INT     * piNodeNum);
```

函数 API_DmaJobNodeNum 原型分析:
- 此函数成功返回 ERROR_NONE,失败返回 PX_ERROR;
- 参数 *uiChannel* 是 DMA 通道号;
- 参数 *piNodeNum* 是 DMA 驱动函数节点号。

API_DmaMaxNodeNumGet 函数可获得最大队列节点数,函数如下:

```
# include <SylixOS.h>
INT    API_DmaMaxNodeNumGet(UINT    uiChannel,
                            INT     * piMaxNodeNum);
```

函数 API_DmaMaxNodeNumGet 原型分析:
- 此函数成功返回 ERROR_NONE,失败返回 PX_ERROR;
- 参数 *uiChannel* 是 DMA 通道号;
- 参数 *piMaxNodeNum* 是最大节点数。

API_DmaMaxNodeNumSet 函数可设置最大队列节点数,函数如下:

```
# include <SylixOS.h>
INT    API_DmaMaxNodeNumSet(UINT    uiChannel,
                            INT     iMaxNodeNum);
```

函数 API_DmaMaxNodeNumSet 原型分析：

- 此函数成功返回 ERROR_NONE，失败返回 PX_ERROR；
- 参数 *uiChannel* 是 DMA 通道号；
- 参数 *piMaxNodeNum* 是最大节点数。

API_DmaJobAdd 函数可添加一个 DMA 传输请求，函数如下：

```
# include <SylixOS.h>
INT     API_DmaJobAdd(UINT                          uiChannel,
                  PLW_DMA_TRANSACTION       pdmatMsg);
```

函数 API_DmaJobAdd 原型分析：

- 此函数成功返回 ERROR_NONE，失败返回 PX_ERROR；
- 参数 *uiChannel* 是 DMA 通道号；
- 参数 *pdmatMsg* 是传入数据指针。

API_DmaGetMaxDataBytes 函数可获得一次可以传输的最大字节数，函数如下：

```
# include <SylixOS.h>
INT     API_DmaGetMaxDataBytes(UINT     uiChannel);
```

函数 API_DmaGetMaxDataBytes 原型分析：

- 此函数成功返回 ERROR_NONE，失败返回 PX_ERROR；
- 参数 *uiChannel* 是 DMA 通道号。

API_DmaFlush 可删除所有被延迟处理的传输请求，函数如下：

```
# include <SylixOS.h>
   INT     API_DmaFlush(UINT     uiChannel);
```

函数 API_DmaFlush 原型分析：

- 此函数成功返回 ERROR_NONE，失败返回 PX_ERROR；
- 参数 *uiChannel* 是 DMA 通道号。

DMA 传输完成后的中断处理函数，在 DMA 中断服务程序中需要调用 API_DmaContext 函数，函数如下：

```
# include <SylixOS.h>
   INT     API_DmaContext(UINT     uiChannel);
```

函数 API_DmaContext 原型分析：

- 此函数成功返回 ERROR_NONE，失败返回 PX_ERROR；
- 参数 *uiChannel* 是 DMA 通道号。

14.3 DMA 驱动程序

14.3.1 DMA 驱动

DMA 内核相关代码位于"SylixOS/system/device/dma/"目录下,其中包含 DMA 中断、注册等。驱动仅需配置源端口地址、目的端口地址、DMA 通道号等参数即可完成驱动配置(本章以 mini2440 开发板为例,介绍 DMA 驱动程序)。

DMA 驱动程序需要实现 LW_DMA_FUNCS 结构体中 3 个回调函数的填充和一个中断处理函数。具体框图如图 14.2 所示。

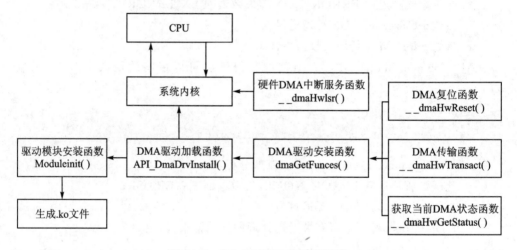

图 14.2 SylixOS DMA 驱动流程图

硬件芯片如果支持多个 DMA 通道,则需要多次调用驱动加载函数来加载对应通道的 DMA 驱动。

14.3.2 DMA 通道结构体

__DMA_PHY_CHANNEL 是重要的结构体,通用 DMA 的硬件特性的配置都需要依赖此结构体,如下所示:

```
# include <SylixOS.h>
typedef struct {
    volatile unsigned int        uiSrcAddr;        /* 源端地址 */
    volatile unsigned int        uiSrcCtl;         /* 源端地址控制 */
    volatile unsigned int        uiDstAddr;        /* 目的端地址 */
    volatile unsigned int        uiDstCtl;         /* 目的端地址控制 */
    volatile unsigned int        uiDMACtl;         /* DMA 通道控制 */
```

```
        volatile unsigned int        uiDMAStat;         /* DMA 通道状态 */
        volatile unsigned int        uiCurScr;          /* DMA 当前源端地址 */
        volatile unsigned int        uiCurDst;          /* DMA 当前目的端地址 */
        volatile unsigned int        uiMaskTigger;      /* 触发控制寄存器 */
} __DMA_PHY_CHANNEL;
```

- *uiSrcAddr* 是 DMA 搬运源端地址；
- *uiSrcCtl* 是 DMA 搬运源端地址控制；
- *uiDstAddr* 是 DMA 搬运目的端地址；
- *uiDstCtl* 是 DMA 搬运目的端地址控制；
- *uiDMACtl* 是 DMA 通道控制；
- *uiDMAStat* 是 DMA 通道状态；
- *uiCurScr* 是 DMA 当前源端地址；
- *uiCurDst* 是 DMA 当前目的端地址；
- *uiMaskTigger* 是触发控制寄存器。

此结构体中的成员是根据硬件平台的通用 DMA 的使用原理来定义的。在用户使用过程中需要根据实际使用的开发板的硬件信息来配置相关的参数。

14.3.3　硬件地址定义

下面的介绍是根据开发板的寄存器地址定义的宏或数组。实际编写驱动过程中需参考下述结构，根据实际使用的开发板的硬件信息来填充结构。

```
#include <SylixOS.h>
#define __2440_DMA_PHY_ADDR    {(__DMA_PHY_CHANNEL *)0x4b000000,   \
    (__DMA_PHY_CHANNEL *) 0x4b000040,    \
    (__DMA_PHY_CHANNEL *) 0x4b000080,    \
    (__DMA_PHY_CHANNEL *) 0x4b0000c0}
```

14.3.4　中断处理函数

DMA 中断触发之后，只需在相关通道的中断内清除中断标志位即可，如下所示：

```
#include <SylixOS.h>
static irqreturn_t  __dmaHwIsr (int  iChannel)
{
    switch (iChannel) {                    /* 清除指定中断标志 */
    case LW_DMA_CHANNEL0:
        INTER_CLR_PNDING(BIT_DMA0);
        break;
```

```
case LW_DMA_CHANNEL1：
    INTER_CLR_PNDING(BIT_DMA1)；
    break；
case LW_DMA_CHANNEL2：
    INTER_CLR_PNDING(BIT_DMA2)；
    break；
case LW_DMA_CHANNEL3：
    INTER_CLR_PNDING(BIT_DMA3)；
    break；
default：
    return  (LW_IRQ_HANDLED)；
}
API_DmaContext(iChannel)；                    /* 调用 DMA 处理函数 */
return  (LW_IRQ_HANDLED)；
}
```

DMA 传输完成之后，会触发一次 DMA 中断。在中断服务函数中清除中断标志位，再调用系统函数 API_DmaContext 函数进行相关操作。

14.3.5　初始化 DMA

DMA 驱动加载或 DMA 复位过程中会调用 __dmaHwReset 函数，此函数调用时需按照如下步骤：第一步，填充对应 DMA 通道的初始化操作；第二步，清除对应通道 DMA 驱动的悬挂中断标志位；第三步，向系统内核中注册相应的中断处理函数。使能对应中断即可。__dmaHwReset 函数如下：

```
# include <SylixOS.h>
static void  __dmaHwReset (UINT  uiChannel, PLW_DMA_FUNCS  pdmafuncs)
{
    __DMA_PHY_CHANNEL  * pdmaphychanCtl = __GpdmaphychanTbl[uiChannel]；
    if (uiChannel >= __2440_DMA_CHAN_NUM) {
        return；                                    /* 通道出错 */
    }
    pdmaphychanCtl->uiMaskTigger = (__DMA_PHY_STOP | __DMA_PHY_ON)；
                                                    /* 停止 DMA */
    /*
     * 安装中断处理例程
     */
    switch (uiChannel) {
    case LW_DMA_CHANNEL0：
        INTER_CLR_PNDING(BIT_DMA0)；                /* 清除悬挂中断标志 */
        API_InterVectorConnect(VIC_CHANNEL_DMA0,
```

```
                                    (PINT_SVR_ROUTINE)__dmaHwIsr,
                                    (PVOID)uiChannel,
                                    "dma0_isr");           /* 安装中断处理例程 */
            INTER_CLR_MSK((1u << VIC_CHANNEL_DMA0));
            break;
        case LW_DMA_CHANNEL1:
            INTER_CLR_PNDING(BIT_DMA1);                    /* 清除悬挂中断标志 */
            API_InterVectorConnect(VIC_CHANNEL_DMA1,
                                    (PINT_SVR_ROUTINE)__dmaHwIsr,
                                    (PVOID)uiChannel,
                                    "dma1_isr");           /* 安装中断处理例程 */
            INTER_CLR_MSK((1u << VIC_CHANNEL_DMA1));
            break;
        case LW_DMA_CHANNEL2:
            INTER_CLR_PNDING(BIT_DMA2);                    /* 清除悬挂中断标志 */
            API_InterVectorConnect(VIC_CHANNEL_DMA2,
                                    (PINT_SVR_ROUTINE)__dmaHwIsr,
                                    (PVOID)uiChannel,
                                    "dma2_isr");           /* 安装中断处理例程 */
            INTER_CLR_MSK((1u << VIC_CHANNEL_DMA2));
            break;
        case LW_DMA_CHANNEL3:
            INTER_CLR_PNDING(BIT_DMA3);                    /* 清除悬挂中断标志 */
            API_InterVectorConnect(VIC_CHANNEL_DMA3,
                                    (PINT_SVR_ROUTINE)__dmaHwIsr,
                                    (PVOID)uiChannel,
                                    "dma3_isr");           /* 安装中断处理例程 */
            INTER_CLR_MSK((1u << VIC_CHANNEL_DMA3));
            break;
    }
}
```

14.3.6　获取 DMA 状态函数

系统调用 DMA 驱动的时候,有时会需要判断当前通道 DMA 工作状态来判断是否能执行相关操作。__dmaHwGetStatus 函数的功能是根据传入的通道号来判断当前通道的 DMA 的状态。

```
#include <SylixOS.h>
static int  __dmaHwGetStatus (UINT  uiChannel, PLW_DMA_FUNCS  pdmafuncs)
{
    __DMA_PHY_CHANNEL  * pdmaphychanCtl = __GpdmaphychanTbl[uiChannel];
```

```
    if (uiChannel >= __2440_DMA_CHAN_NUM) {
        return  (PX_ERROR);                          /* 通道出错 */
    }
    if (pdmaphychanCtl ->uiDMAStat & __DMA_PHY_STAT) {
                                                     /* 检测状态 */
        return  (LW_DMA_STATUS_BUSY);
    } else {
        return  (LW_DMA_STATUS_IDLE);
    }
}
```

函数成功返回 LW_DMA_STATUS_IDLE,失败返回 LW_DMA_STATUS_
BUSY。

14.3.7   初始化一次 DMA 传输

DMA 驱动安装完毕之后,系统如需启动 DMA 进行数据搬运工作,可调用
__dmaHwTransact 函数配置一次传输。DMA 驱动根据 CPU 传参来选择源地址是
APB 还是 AHB 总线、DMA 拷贝的方向、目的端总线,最后进行 DMA 控制器相关配
置,如选择触发方式是硬件触发还是软件触发。完成配置之后会在对应驱动中启动
DMA 来进行一次 DMA 搬运工作,__dmaHwTransact 函数如下:

```
# include <SylixOS.h>
static int  __dmaHwTransact (UINT     uiChannel,
                            PLW_DMA_FUNCS       pdmafuncs,
                            PLW_DMA_TRANSACTION pdmatMsg)
{
    __DMA_PHY_CHANNEL  * pdmaphychanCtl = __GpdmaphychanTbl[uiChannel];
    if (uiChannel >= __2440_DMA_CHAN_NUM) {
        return  (-1);                                /* 通道出错 */
    }
    if (!pdmatMsg) {
        return  (-1);                                /* 消息指针错误 */
    }
    /*
     * 保存地址信息
     */
    pdmaphychanCtl ->uiSrcAddr = (unsigned int)pdmatMsg ->DMAT_pucSrcAddress;
    pdmaphychanCtl ->uiDstAddr = (unsigned int)pdmatMsg ->DMAT_pucDestAddress;
    /*
     * 设置源端地址控制信息
     */
```

```
switch (pdmatMsg->DMAT_iSrcAddrCtl) {

case LW_DMA_ADDR_INC:

    if (pdmatMsg->DMAT_ulOption & DMA_OPTION_SRCBUS_APB) {
                                        /* 源端为 APB 总线 */

        pdmaphychanCtl->uiSrcCtl = (1 << 1);

    } else {                            /* 源端为 AHB 总线 */

        pdmaphychanCtl->uiSrcCtl = 0;

    }

    break;

case LW_DMA_ADDR_FIX:

    if (pdmatMsg->DMAT_ulOption & DMA_OPTION_SRCBUS_APB) {
                                        /* 源端为 APB 总线 */

        pdmaphychanCtl->uiSrcCtl = ((1 << 1) | 1);

    } else {                            /* 源端为 AHB 总线 */

        pdmaphychanCtl->uiSrcCtl = 1;

    }

    break;

default:

    return  (PX_ERROR);                 /* 不支持 */

}

/*
 * 设置目的端地址控制信息
 */

switch (pdmatMsg->DMAT_iDestAddrCtl) {

case LW_DMA_ADDR_INC:

    if (pdmatMsg->DMAT_ulOption & DMA_OPTION_DSTBUS_APB) {
                                        /* 目的端为 APB 总线 */

        pdmaphychanCtl->uiDstCtl = (1 << 1);

    } else {                            /* 目的端为 AHB 总线 */

        pdmaphychanCtl->uiDstCtl = 0;

    }

    break;

case LW_DMA_ADDR_FIX:

    if (pdmatMsg->DMAT_ulOption & DMA_OPTION_DSTBUS_APB) {
                                        /* 目的端为 APB 总线 */

        pdmaphychanCtl->uiDstCtl = ((1 << 1) | 1);

    } else {                            /* 目的端为 AHB 总线 */

        pdmaphychanCtl->uiDstCtl = 1;

    }

    break;
```

```
        default:
            return (PX_ERROR);                    /* 不支持 */
    }
    /*
     * 设置 DMA 址控制信息
     */
    {
        int     iHandshake = 0;                   /* 非握手模式,测试用 */
        int     iSyncClk = 0;                     /* 请求段同步时钟 */
        int     iInterEn = 1;                     /* 允许中断 */
        int     iTransferMode = 0;                /* 突发或单字传输 */
        int     iServiceMode = 0;                 /* 完全或单次传输模式 */
        int     iReqScr = 0;                      /* 请求源 */
        int     iSwOrHwReg = 0;                   /* 请求启动方式 */
        int     iAutoReloadDis = 1;               /* 是否禁能自动加载 */
        int     iDataSizeOnce = 0;                /* 一次传输的数据宽度 */
        int     iLength;                          /* 传输的长度 */
        if (pdmatMsg ->DMAT_bHwHandshakeEn) {
            iHandshake = 1;                       /* 使用硬件握手 */
        }
        if (pdmatMsg ->DMAT_iTransMode & DMA_TRANSMODE_WHOLE) {
            iServiceMode = 1;                     /* 完全传输模式 */
        }
        if (pdmatMsg ->DMAT_iTransMode & DMA_TRANSMODE_CLKAHB) {
            iSyncClk = 1;                         /* AHB 时钟源 */
        }
        if (pdmatMsg ->DMAT_iTransMode & DMA_TRANSMODE_BURST) {
            iTransferMode = 1;                    /* 卒发模式 */
        }
        iReqScr = pdmatMsg ->DMAT_iHwReqNum;      /* 请求源编号 */
        if (pdmatMsg ->DMAT_bHwReqEn) {
            iSwOrHwReg = 1;                       /* 硬件请求启动 */
        }
        if (pdmatMsg ->DMAT_iTransMode & DMA_TRANSMODE_DBYTE) {
            iDataSizeOnce = 1;                    /* 半字传输 */
        } else if (pdmatMsg ->DMAT_iTransMode & DMA_TRANSMODE_4BYTE) {
            iDataSizeOnce = 2;                    /* 字传输 */
        }
        switch (iDataSizeOnce) {                  /* 确定传输长度 */
        case 0:
            iLength = (INT)pdmatMsg ->DMAT_stDataBytes;
```

```
            break;
        case 1:
            iLength = (INT)pdmatMsg->DMAT_stDataBytes / 2;
            break;
        case 2:
            iLength = (INT)pdmatMsg->DMAT_stDataBytes / 4;
            break;
        }
        pdmaphychanCtl->uiDMACtl = ((unsigned)iHandshake << 31)
                                 | (iSyncClk << 30)
                                 | (iInterEn << 29)
                                 | (iTransferMode << 28)
                                 | (iServiceMode << 27)
                                 | (iReqScr << 24)
                                 | (iSwOrHwReg << 23)
                                 | (iAutoReloadDis << 22)
                                 | (iDataSizeOnce << 20)
                                 | (iLength);   /* 设置控制寄存器 */
        /*
         * 启动 DMA
         */
        if (iSwOrHwReg == 0) {                   /* 选择软件启动方式 */
            pdmaphychanCtl->uiMaskTigger =
                        (__DMA_PHY_ON | __DMA_SW_TRIGGER);
                                                /* 软件启动传输 */
        } else {
            pdmaphychanCtl->uiMaskTigger = __DMA_PHY_ON;
                                        /* 进打开通道,等待硬件触发 */
        }
    }
    return (0);
}
```

- *LW_DMA_ADDR_INC* 是内核宏定义 DMA 以地址增长方式工作;
- *LW_DMA_ADDR_FIX* 是内核宏定义 DMA 以地址不变方式工作;
- *LW_DMA_ADDR_DEC* 是内核宏定义 DMA 以地址减少方式工作;
- *DMA_OPTION_SRCBUS_AHB* 是宏定义源端 AHB 总线通道;
- *DMA_OPTION_SRCBUS_APB* 是宏定义源端 APB 总线通道;
- *DMA_OPTION_DSTBUS_AHB* 是宏定义目标 AHB 总线通道;
- *DMA_OPTION_DSTBUS_APB* 是宏定义目标 APB 总线通道;

- *DMA_TRANSMODE_SINGLE* 是宏定义单次传输；
- *DMA_TRANSMODE_WHOLE* 是宏定义完全传输；
- *DMA_TRANSMODE_CLKAPB* 是宏定义 APB 时钟源；
- *DMA_TRANSMODE_CLKAHB* 是宏定义 AHB 时钟源；
- *DMA_TRANSMODE_NORMAL* 是宏定义正常方式传输；
- *DMA_TRANSMODE_BURST* 是宏定义突发模式传输；
- *DMA_TRANSMODE_ONESHOT* 是宏定义传输完成后，不进行重载；
- *DMA_TRANSMODE_RELOAD* 是宏定义传输完成后，自动重载；
- *DMA_TRANSMODE_BYTE* 是宏定义字节传输；
- *DMA_TRANSMODE_DBYTE* 是宏定义半字传输；
- *DMA_TRANSMODE_4BYTE* 是宏定义字传输。

14.3.8　DMA 驱动注册

　　dmaGetFuncs 函数的主要工作是注册填充相关的回调函数供内核使用。具体函数的实现在上文中已经做了具体介绍。

　　完成上述函数的填充就可以完成一个完整的 DMA 驱动。

```
# include <SylixOS.h>
PLW_DMA_FUNCS  dmaGetFuncs (int    iChannel, ULONG   * pulMaxBytes)
{
    static LW_DMA_FUNCS      pdmafuncsS3c2440a;
    if (pdmafuncsS3c2440a.DMAF_pfuncReset == LW_NULL) {
        pdmafuncsS3c2440a.DMAF_pfuncReset = __dmaHwReset;
        pdmafuncsS3c2440a.DMAF_pfuncTrans = __dmaHwTransact;
        pdmafuncsS3c2440a.DMAF_pfuncStatus = __dmaHwGetStatus;
    }
    if (pulMaxBytes) {
        * pulMaxBytes = (1 * LW_CFG_MB_SIZE);
    }
    return   (&pdmafuncsS3c2440a);
}
```

第 15 章

CAN 设备驱动

15.1 CAN 设备驱动简介

CAN(Controller Area Network)，即控制局域网，是一种串行通信协议，在汽车电子、自动控制、安防监控等领域都有广泛的应用。CAN 总线协议仅仅定义了 OSI 模型中的物理层和数据链路层，在实际应用中，通常会在一个基于 CAN 基本协议的应用层协议进行通信。在 CAN 的基本协议中，使用帧为基本传输单元，类似于以太网中的 MAC 帧，CAN 控制器负责对 CAN 帧进行电平转换、报文校验、错误处理、总线仲裁等处理。

目前，CAN 应用层协议有 DeviceNet、CANopen、CAL 等，它们针对不同的应用场合有自己的协议标准。SylixOS 中的 CAN 总线架构位于"libsylixos/SylixOS/system/device/can/"目录下，该设备支持底层协议且封装为一个字符型设备，对他的读/写操作都必须以 CAN 帧为基本单元，其架构如图 15.1 所示。

15.2 CAN 设备驱动

15.2.1 CAN 设备驱动注册

CAN 设备驱动库对 CAN 设备进行了封装，CAN 设备驱动仅需提供 I/O 控制函数、启动发送函数和回调安装函数即可，CAN 设备驱动库位于"libsylixos/SylixOS/system/device/can"目录下。

在注册 CAN 设备之前需要安装 CAN 设备驱动，其原型如下：

```
# include <SylixOS.h>
INT  API_CanDrvInstall (void)
```

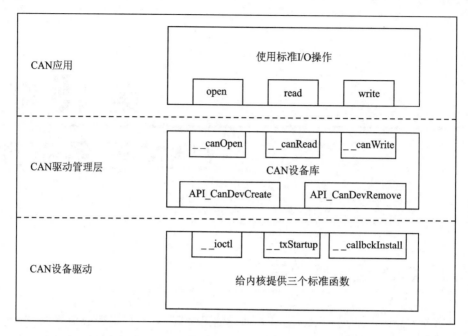

图 15.1 CAN 架构

函数 API_CanDrvInstall 原型分析：

- 此函数成功返回 ERROR_NONE,失败返回 PX_ERROR。

CAN 设备驱动封装了对 I/O 子系统的注册,因此 CAN 设备只需要调用设备库标准函数 API_CanDevCreate 即可绑定驱动并创建设备,其函数原型如下：

```
# include <SylixOS.h>
INT   API_CanDevCreate (PCHAR          pcName,
                        CAN_CHAN     * pcanchan,
                        UINT           uiRdFrameSize,
                        UINT           uiWrtFrameSize)
```

函数 API_CanDevCreate 原型分析：

- 此函数成功返回 ERROR_NONE,失败返回 PX_ERROR;
- 参数 *pcName*:设备名称;
- 参数 *pcanchan*:CAN 驱动结构体指针,包含 CAN 设备驱动需要提供给 CAN 设备库的操作函数,上层会直接引用此结构体,因此需要持续有效;
- 参数 *uiRdFrameSize*:读取缓冲区大小,数值是 CAN 帧个数;
- 参数 *uiWrtFrameSize*:写入缓冲区大小,数值是 CAN 帧个数。

结构体 CAN_CHAN 详细描述如下：

```
typedef struct __can_drv_funcs                          CAN_DRV_FUNCS;
typedef struct __can_chan {
    CAN_DRV_FUNCS     * pDrvFuncs;
} CAN_CHAN;                                    /* CAN 驱动结构体 */
struct __can_drv_funcs {
    INT         (* ioctl)(CAN_CHAN      * pcanchan,
                      INT           cmd,
                      PVOID         arg);
    INT         (* txStartup)(CAN_CHAN     * pcanchan);
    INT         (* callbackInstall)(CAN_CHAN      * pcanchan,
                          INT           callbackType,
                          CAN_CALLBACK  callback,
                          PVOID         callbackArg);
};
```

　　结构体 CAN_CHAN 中包含三个需要提供给 CAN 设备库的操作函数,其功能分别是提供 I/O 控制、启动设备发送和回调安装功能。这三个函数的第一个传入参数都是指向 CAN 驱动结构体的指针,即 API_CanDrvInstall 函数第二个参数的值。

15.2.2　CAN 回调函数

　　使用回调函数的目的是将 CAN 设备驱动库中的结构体保存到驱动中以供缓冲区数据操作及总线状态操作使用,因此在驱动结构体中需要提供六个变量以保存数据,示例如下:

```
typedef struct {
...
    INT (* pcbSetBusState)();                   /* bus status callback */
    INT (* pcbGetTx)();                         /* int callback */
    INT (* pcbPutRcv)();
    PVOID    pvSetBusStateArg;
    PVOID    pvGetTxArg;
    PVOID    pvPutRcvArg;
...
} CAN_CHAN;
```

　　以上三个回调函数的第一个参数是保存在驱动结构体中对应的 PVOID 类型参数,发送接收回调函数的第二个参数为 CAN 帧指针,总线状态设置回调函数的第二个参数为总线状态,详细取值如表 15.1 所列。

表 15.1 总线状态

总线状态取值	含　义
CAN_DEV_BUS_ERROR_NONE	正常状态
CAN_DEV_BUS_OVERRUN	接收溢出
CAN_DEV_BUS_OFF	总线关闭
CAN_DEV_BUS_LIMIT	限定警告
CAN_DEV_BUS_PASSIVE	错误被动
CAN_DEV_BUS_RXBUFF_OVERRUN	接收缓冲溢出

15.2.3 CAN I/O 控制函数

CAN 设备驱动库中的 I/O 控制函数主要实现一些与控制器无关的功能，诸如冲刷缓冲区和获取 CAN 控制器状态等，而需要设备驱动实现的 I/O 控制函数则实现与控制器相关的功能，诸如复位 CAN 控制器和设置 CAN 控制器波特率等，详细功能如表 15.2 所列。

表 15.2 CAN 设备驱动功能

CAN 设备驱动 I/O 控制功能取值	含　义
CAN_DEV_OPEN	CAN 设备打开，主要实现中断使能等
CAN_DEV_CLOSE	CAN 设备关闭
CAN_DEV_SET_BAUD	设置 CAN 设备波特率
CAN_DEV_SET_MODE	设置 CAN 设备模式 0：BASIC CAN；1：PELI CAN
CAN_DEV_REST_CONTROLLER	复位 CAN 控制器
CAN_DEV_STARTUP	启动 CAN 控制器
CAN_DEV_SET_FLITER	设置 CAN 滤波器（暂不支持）

一个完整的驱动 I/O 控制函数示例如下：

```
static INT __Ioctl (CAN_CHAN * pcanchan, INT  cmd, LONG arg)
{
    INTREG  intreg;
    switch (cmd) {
    case CAN_DEV_OPEN:                              /* 打开 CAN 设备 */
        pcanchan ->open(pcanchan);
        break;
    case CAN_DEV_CLOSE:                             /* 关闭 CAN 设备 */
        pcanchan ->close(pcanchan);
```

```
        break;
    case CAN_DEV_SET_BAUD:                              /* 设置波特率 */
        switch (arg) {
        case 1000000:
            pcanchan->baud = (ULONG)BTR_1000K;
            break;
        case 900000:
            pcanchan->baud = (ULONG)BTR_900K;
            break;
        case 666000:
            pcanchan->baud = (ULONG)BTR_666K;
            break;
        ...
        default:
            errno = ENOSYS;
            return (PX_ERROR);
        }
        break;
    case CAN_DEV_SET_MODE:
        if (arg) {
            pcanchan->canmode = PELI_CAN;
        } else {
            pcanchan->canmode = BAIS_CAN;
        }
        break;
    case CAN_DEV_REST_CONTROLLER:
        __startup(pcanchan);
        break;
    case CAN_DEV_STARTUP:
        reset(pcanchan);
        pcbSetBusState(pcanchan->pvSetBusStateArg,
                       CAN_DEV_BUS_ERROR_NONE);
        ...
        break;
    default:
        errno = ENOSYS;
        return (PX_ERROR);
    }
    return (ERROR_NONE);
}
```

每个功能的具体实现都与控制器相关,需要根据实际情况实现。在这里需要注意的是,如果传入的 I/O 控制命令没有在 CAN 设备驱动 I/O 控制函数中实现,必须要如程序中 default 分支那样返回;否则 CAN 设备库会认为 I/O 控制命令已经成功实现,导致部分命令出错。

15.2.4 CAN 启动发送函数

这里称为启动发送函数的原因是每个控制器实现都有可能不同,比如 zynq7000 的 CAN 控制器驱动是设置 FIFO 空中断状态位,真正的发送函数则在 SylixOS 中断延迟处理队列中执行发送,而 sja1000 控制器则是在启动发送函数中立即发送。下面是一个立即发送的例子,以方便演示回调发送函数的使用方法:

```
static INT __TxStartup (CAN_CHAN * pcanchan)
{
    CAN_FRAME      canframe;
    if (pcanchan ->pcbGetTx(pcanchan ->pvGetTxArg, &canframe) == ERROR_NONE) {
    ...
    }
    return  (ERROR_NONE);
}
```

15.2.5 CAN 接收函数

我们不涉及 CAN 协议,因此只讨论 CAN 接收函数应该如何实现。下面是一个 CAN 接收函数的例子:

```
static INT __canRecv (__CAN_CHAN * pchannel)
{
    UINT32      uiValue;
    CAN_FRAME   canframe;
    lib_memset(&canframe, 0, sizeof(CAN_FRAME));
    canframe.CAN_uiChannel = pchannel ->CAHCH_uiChannel;
    uiValue = CAN_READ(pchannel, RXFIFO_ID);
    canframe.CAN_uiId = uiValue;
    canframe.CAN_bExtId = LW_TRUE;
    uiValue = CAN_READ(pchannel, RXFIFO_DLC);
    canframe.CAN_ucLen = uiValue >> DLCR_DLC_OFFSET;
    uiValue = CAN_READ(pchannel, RXFIFO_DATA1);
    canframe.CAN_ucData[0] = uiValue >> 24;
    canframe.CAN_ucData[1] = uiValue >> 16;
    canframe.CAN_ucData[2] = uiValue >> 8;
```

```
        canframe.CAN_ucData[3] = uiValue;
        uiValue = CAN_READ(pchannel, RXFIFO_DATA2);
        canframe.CAN_ucData[4] = uiValue >> 24;
        canframe.CAN_ucData[5] = uiValue >> 16;
        canframe.CAN_ucData[6] = uiValue >> 8;
        canframe.CAN_ucData[7] = uiValue;
        if (pchannel ->CANCH_pcbPutRcv) {
            if (pchannel ->CANCH_pcbPutRcv(pchannel ->CANCH_pvPutRcvArg,
                &canframe) != ERROR_NONE) {
                pchannel ->CANCH_pcbSetBusState(pchannel ->CANCH_pvSetBusStateArg,
                CAN_DEV_BUS_RXBUFF_OVERRUN);
            }
        }
        return  (ERROR_NONE);
}
```

首先读取相关寄存器,填充 CAN_FRAME 结构体,然后调用接收回调函数将接收到的数据拷贝到 CAN 设备库。如果拷贝的时候发生错误,说明缓冲区已满,这时候需要调用总线状态设置回调函数来设置总线状态为接收缓冲区溢出。

15.2.6　CAN 帧结构体

CAN 帧结构体封装了 CAN 通信的相关信息,发送和接收都需要使用此结构体,其详细描述如下:

```
typedef struct {
    UINT32          CAN_uiId;                   /* 标识码 */
    UINT32          CAN_uiChannel;              /* 通道号 */
    BOOL            CAN_bExtId;                 /* 是否是扩展帧 */
    BOOL            CAN_bRtr;                   /* 是否是远程帧 */
    UCHAR           CAN_ucLen;                  /* 数据长度 */
    UCHAR           CAN_ucData[CAN_MAX_DATA];   /* 帧数据 */
} CAN_FRAME;
typedef CAN_FRAME       * PCAN_FRAME;           /* CAN 帧指针类型 */
```

- CAN_uiId:该成员为 CAN 节点标示符,在一个 CAN 总线系统中,每个节点的标示符都是唯一的,大多数应用协议都会将 CAN_uiId 进行再定义,比如将一部分位用来表示设备的数据类型,一部分位表示设备的地址等;
- CAN_uiChannel:该成员不是 CAN 协议规定的,SylixOS 中用该数据表示系统中 CAN 设备的硬件通道编号,实际应用中通常不用处理;
- CAN_bExtId:如果该成员为 FALSE,则表示一个标准帧,CAN_uiId 的低

11 位有效,反之则表示为一个扩展帧,CAN_uiId 的低 29 位有效;

- **CAN_bRtr** :该成员表示是否为一个远程帧,远程帧的作用是让希望获取帧的节点主动向 CAN 系统中的节点请求与该远程帧标示符相同的帧;
- **CAN_ucLen** :该成员表示当前帧中数据的实际长度;
- **CAN_ucData** :一个 CAN 帧的最大帧数据长度为 8 字节,该成员存储了实际数据。

15.3 sja1000 驱动实现

下面以 sja1000 控制器为例,一步步介绍如何编写一个 CAN 驱动程序。该驱动的源码在"/libsylixos/SylixOS/driver/can/"目录中作为一个可以使用的例程存在。

在进行设备创建之前,我们需要进行私有数据的初始化以及硬件初始化(含中断绑定等)。sja1000 的私有数据结构体如下所示:

注:由于 sja1000 是一个通用 CAN 控制的驱动,因此有些函数以及私有结构体成员等是在 bsp 中赋值以及调用的,我们这里重点介绍驱动架构,不讨论 sja1000 控制器细节。

```
struct sja1000_chan {
    CAN_DRV_FUNCS  * pDrvFuncs;
    LW_SPINLOCK_DEFINE  (slock);
    INT ( * pcbSetBusState)();              /* bus status callback */
    INT ( * pcbGetTx)();                    /* int callback */
    INT ( * pcbPutRcv)();
    PVOID    pvSetBusStateArg;
    PVOID    pvGetTxArg;
    PVOID    pvPutRcvArg;
    unsigned long canmode;                  /* BAIS_CAN or PELI_CAN */
    unsigned long baud;
    SJA1000_FILTER  filter;
    /*
     *   user MUST set following members before calling this module api.
     */
    unsigned long channel;
    void ( * setreg) (SJA1000_CHAN * , int reg, UINT8 val);
                                            /* set register value */
    UINT8 ( * getreg) (SJA1000_CHAN * , int reg);
                                            /* get register value */
    /*
     *   you MUST clean cpu interrupt pending bit in reset()
     */
```

```
    void ( * reset)(SJA1000_CHAN * );          / * hardware reset sja1000 * /
    void ( * open)(SJA1000_CHAN * );
    void ( * close)(SJA1000_CHAN * );
    void * priv;                               / * user can use this save some thing * /
};
```

我们仅讨论与标准架构相关的结构体,其中有六个成员是 CAN 设备库需要使用的,因此驱动必须提供,分别是 pcbSetBusState、pcbGetTx、pcbPutRcv、pvSet-BusStateArg、pvGetTxArg 和 pvPutRcvArg。前三个成员是三个回调函数,它们的第一个参数分别对应后三个成员,至于其使用方法我们将在下文中做详细介绍。

为了注册到 CAN 设备库,我们需要提供一个持续存在的 CAN_CHAN 结构体,全局变量是一个很好的选择,且可以多次复用。正如所说的那样,sja1000 中的实现如下:

```
/ ***********************************************************
   sja1000 driver functions
   ******************************************************** * * */
static CAN_DRV_FUNCS sja1000_drv_funcs = {
    (INT ( * )())sja1000Ioctl,
    (INT ( * )())sja1000TxStartup,
    (INT ( * )())sja1000CallbackInstall
};
```

sja1000 的驱动通过 sja1000Init 函数创建了一个 CAN_CHAN(SJA1000_CHAN),该通道包含了相应的驱动数据和驱动方法(可根据实际情况不包含这些数据而只包含一个 CAN_DRV_FUNCS 类型的结构)。以下是创建 CAN_CHAN 的一种方法:

```
/ ***********************************************************
** 函数名称:sja1000Init
** 功能描述:初始化 SJA1000 驱动程序
   ******************************************************** * * */
INT sja1000Init (SJA1000_CHAN * pcanchan)
{
    if (pcanchan ->channel == 0) {
        _ErrorHandle(ENOSYS);
        return   (PX_ERROR);
    }
    LW_SPIN_INIT(&pcanchan ->slock);
    pcanchan ->pDrvFuncs = &sja1000_drv_funcs;
    pcanchan ->channel = 0;
```

```
    pcanchan->canmode = PELI_CAN;
    pcanchan->baud = BTR_500K;                    /* default baudrate */
    pcanchan->filter.acr_code = 0xFFFFFFFF;
    pcanchan->filter.amr_code = 0xFFFFFFFF;
    pcanchan->filter.mode = 1;                    /* single filter */
    return  (ERROR_NONE);
}
```

创建完成的 CAN_CHAN(SJA1000_CHAN)作为第二个参数传递给函数 API_CanDevCreate 即可完成注册,调用方法如下:

```
API_CanDevCreate("sja1000_can", (CAN_CHAN * )pcanchan, 256, 256);
```

下面通过实际的代码来分析一下 sja1000 驱动实现的关键点。

首先介绍回调安装函数即 sja1000CallbackInstall,该函数实现了上述三个回调函数及其参数的注册,在 sja1000 中详细实现如下:

```
/*********************************************************
** 函数名称:sja1000CallbackInstall
** 功能描述:SJA1000 安装回调
*********************************************************/
static INT sja1000CallbackInstall (SJA1000_CHAN      * pcanchan,
                                   INT                 callbackType,
                                   INT                 ( * callback)(),
                                   VOID                * callbackArg)
{
    switch (callbackType) {
    case CAN_CALLBACK_GET_TX_DATA:
        pcanchan->pcbGetTx = callback;
        pcanchan->pvGetTxArg = callbackArg;
        return  (ERROR_NONE);
    case CAN_CALLBACK_PUT_RCV_DATA:
        pcanchan->pcbPutRcv = callback;
        pcanchan->pvPutRcvArg = callbackArg;
        return  (ERROR_NONE);
    case CAN_CALLBACK_PUT_BUS_STATE:
        pcanchan->pcbSetBusState = callback;
        pcanchan->pvSetBusStateArg = callbackArg;
        return  (ERROR_NONE);
    default:
        _ErrorHandle(ENOSYS);
        return  (PX_ERROR);
```

```
    }
}
```

实际上在其他 CAN 设备驱动中的实现也基本无改动,在这里该函数第一个参数为 sja1000 私有结构体的原因是其第一个成员即为 CAN_CHAN。

然后我们来介绍一下 sja1000 的设备驱动 I/O 控制函数 sja1000Ioctl,其实现如下:

```
/**********************************************************
** 函数名称:sja1000Ioctl
** 功能描述:SJA1000 控制
**********************************************************/
static INT sja1000Ioctl (SJA1000_CHAN * pcanchan, INT   cmd, LONG arg)
{
    INTREG   intreg;
    switch (cmd) {
    case CAN_DEV_OPEN:                          /* 打开 CAN 设备 */
        pcanchan ->open(pcanchan);
        break;
    case CAN_DEV_CLOSE:                         /* 关闭 CAN 设备 */
        pcanchan ->close(pcanchan);
        break;
    case CAN_DEV_SET_BAUD:                      /* 设置波特率 */
        switch (arg) {
        case 1000000:
            pcanchan ->baud = (ULONG)BTR_1000K;
            break;
        case 900000:
            pcanchan ->baud = (ULONG)BTR_900K;
            break;
        case 800000:
            pcanchan ->baud = (ULONG)BTR_800K;
            break;
        case 700000:
            pcanchan ->baud = (ULONG)BTR_700K;
            break;
        case 600000:
            pcanchan ->baud = (ULONG)BTR_600K;
            break;
        case 666000:
            pcanchan ->baud = (ULONG)BTR_666K;
```

```
            break;
    case 500000:
            pcanchan->baud = (ULONG)BTR_500K;
            break;
    case 400000:
            pcanchan->baud = (ULONG)BTR_400K;
            break;
    case 250000:
            pcanchan->baud = (ULONG)BTR_250K;
            break;
    case 200000:
            pcanchan->baud = (ULONG)BTR_200K;
            break;
    case 125000:
            pcanchan->baud = (ULONG)BTR_125K;
            break;
    case 100000:
            pcanchan->baud = (ULONG)BTR_100K;
            break;
    case 80000:
            pcanchan->baud = (ULONG)BTR_80K;
            break;
    case 50000:
            pcanchan->baud = (ULONG)BTR_50K;
            break;
    case 40000:
            pcanchan->baud = (ULONG)BTR_40K;
            break;
    case 30000:
            pcanchan->baud = (ULONG)BTR_30K;
            break;
    case 20000:
            pcanchan->baud = (ULONG)BTR_20K;
            break;
    case 10000:
            pcanchan->baud = (ULONG)BTR_10K;
            break;
    case 5000:
            pcanchan->baud = (ULONG)BTR_5K;
            break;
```

```
        default:
            errno = ENOSYS;
            return (PX_ERROR);
        }
        break;
    case CAN_DEV_SET_MODE:
        if (arg) {
            pcanchan->canmode = PELI_CAN;
        } else {
            pcanchan->canmode = BAIS_CAN;
        }
        break;
    case CAN_DEV_REST_CONTROLLER:
    case CAN_DEV_STARTUP:
        pcanchan->reset(pcanchan);
        pcanchan->pcbSetBusState(pcanchan->pvSetBusStateArg,
                                 CAN_DEV_BUS_ERROR_NONE);
        intreg = KN_INT_DISABLE();
        sja1000InitChip(pcanchan);
        sja1000SetMode(pcanchan, MOD_RM, 0);        /* goto normal mode */
        KN_INT_ENABLE(intreg);
        /*
         * if have data in send queue, start transmit
         */
        sja1000TxStartup(pcanchan);
        break;
    default:
        errno = ENOSYS;
        return (PX_ERROR);
    }
    return (ERROR_NONE);
}
```

　　该函数已经在 15.2.3 小节介绍过,这里仍然要提醒一下,需要注意 default 分支的返回值,其他都是与控制器相关的操作,没有需要额外留意的地方。

　　我们再来说一下启动发送函数,在 sja1000 中是 sja1000TxStartup 函数,其具体实现如下:

```
/**********************************************************
** 函数名称: sja1000TxStartup
** 功能描述: SJA1000 芯片启动发送
**********************************************************/
```

```
static INT sja1000TxStartup (SJA1000_CHAN * pcanchan)
{
    INT              i;
    SJA1000_FRAME frame;
    CAN_FRAME      canframe;
    if (pcanchan ->pcbGetTx(pcanchan ->pvGetTxArg, &canframe) == ERROR_NONE) {
        frame.id = canframe.CAN_uiId;
        frame.frame_info = canframe.CAN_bExtId << 7;
        frame.frame_info |= (canframe.CAN_bRtr << 6);
        frame.frame_info |= (canframe.CAN_ucLen  & 0x0f);
        if (!canframe.CAN_bRtr) {
            for (i = 0; i < canframe.CAN_ucLen; i++) {
                frame.data[i] = canframe.CAN_ucData[i];
            }
        }
        sja1000Send(pcanchan, &frame);
    }
    return  (ERROR_NONE);
}
```

在这个实现方法中,使用了在启动发送函数中直接发送的方法。在这里为了方便移植,将 CAN_FRAME 结构体拷贝到了控制器私有结构体 SJA1000_FRAME 中,然后使用 sja1000 的发送函数立即发送。

最后我们来说一下控制器 sja1000 的接收函数,它是在中断处理函数中实现的,该中断处理函数实现如下:

```
/*********************************************************
** 函数名称: sja1000Isr
** 功能描述: SJA1000 中断处理
*********************************************************/
VOID sja1000Isr (SJA1000_CHAN * pcanchan)
{
    int i;
    volatile UINT8   ir, temp;
    SJA1000_FRAME   frame;
    CAN_FRAME   canframe;
    ir = GET_REG(pcanchan, IR);
    if (ir & IR_BEI) {                              /* bus error int */
        pcanchan ->pcbSetBusState(pcanchan ->pvSetBusStateArg, CAN_DEV_BUS_OFF);
        return;
    }
```

```
    if (ir & IR_RI) {                                    /* recv int */
        while (1) {
            temp = GET_REG(pcanchan, SR);
            if (temp & 0x01) {
                sja1000Recv(pcanchan, &frame);
                if (frame.frame_info & 0x80) {
                    canframe.CAN_bExtId = LW_TRUE;
                } else {
                    canframe.CAN_bExtId = LW_FALSE;
                }
                if (frame.frame_info & 0x40) {
                    canframe.CAN_bRtr = LW_TRUE;
                } else {
                    canframe.CAN_bRtr = LW_FALSE;
                }
                canframe.CAN_ucLen = frame.frame_info & 0x0f;
                canframe.CAN_uiId = frame.id;
                if (!canframe.CAN_bRtr) {
                    for (i = 0; i < canframe.CAN_ucLen; i ++) {
                        canframe.CAN_ucData[i] = frame.data[i];
                    }
                }
                if (pcanchan->pcbPutRcv(pcanchan->pvPutRcvArg, &canframe)) {
                    pcanchan->pcbSetBusState(pcanchan->pvSetBusStateArg,
                                CAN_DEV_BUS_RXBUFF_OVERRUN);
                }
            } else {
                break;
            }
        }
    }
    if (ir & IR_TI) {                                    /* send int */
        if (pcanchan->pcbGetTx(pcanchan->pvGetTxArg, &canframe) == ERROR_NONE) {
            frame.id = canframe.CAN_uiId;
            frame.frame_info = canframe.CAN_bExtId << 7;
            frame.frame_info |= (canframe.CAN_bRtr << 6);
            frame.frame_info |= (canframe.CAN_ucLen  & 0x0f);
            if (!canframe.CAN_bRtr) {
                for (i = 0; i < canframe.CAN_ucLen; i ++) {
                    frame.data[i] = canframe.CAN_ucData[i];
                }
```

```
        }
        sja1000Send(pcanchan, &frame);
    }
}
if (ir & IR_DOI) {                           /* data overflow int */
    COMMAND_SET(pcanchan, CMR_CDO);
    pcanchan ->pcbSetBusState(pcanchan ->pvSetBusStateArg,
    CAN_DEV_BUS_OVERRUN);
    }
}
```

　　发生中断后判断中断为接收中断,调用接收函数填充 sja1000 私有帧结构体,然后转化为 SylixOS 标准帧,调用接收回调函数将接收到的数据拷贝给 CAN 设备库。此时若发生错误,说明接收缓冲区满,需要调用设置总线状态回调函数设置总线状态为接收缓冲区溢出。

　　在中断中若硬件控制器发生接收缓冲区溢出,则需要设置总线状态为接收溢出;若硬件控制器报总线错误,则需要设置总线状态为总线关闭。

第 **16** 章

LCD 驱动

16.1 LCD 显示原理

LCD(Liquid Crystal Display)是利用液晶分子的物理结构和光学特性进行显示的一种技术。液晶分子具有以下的特性:

① 液晶分子是介于固体和液体之间的一种棒状结构的大分子物质。

② 在自然形态下具有光学各向异性的特点,在电(磁)场作用下,呈各向同性的特点。

③ LCD 的显示原理是利用了液晶的特性,将液晶置于两片导电玻璃基板之间,在上下玻璃基板的两个电极作用下,引起液晶分子扭曲变形,改变通过液晶盒光束的偏振状态,实现对背光源光束的开关控制。若在两片玻璃间加上彩色滤光片,玻璃面上即可实现彩色图像显示。

④ LCD 一般有以下几项衡量显示效果的指标:

- 物理分辨率:表示 LCD 可以显示的点的数目,为一个固定值。同样的尺寸下,分辨率越高,显示的画面越细致。

- 色饱和度:表示 LCD 色彩鲜艳的程度。显示器是由红色(R)、绿色(G)、蓝色(B)三种颜色光组合成任意颜色的,如果 RGB 三原色越鲜艳,则 LCD 显示的颜色范围越广。

- 亮度:表示 LCD 在白色画面下明亮的程度。亮度是直接影响画面品质的重要因素,LCD 的亮度一般由背光脚控制,其电压由 PWM 产生,可以被调节。

- 对比度:表示 LCD 上同一点最亮时(白色)与最暗时(黑色)的亮度的比值,高的对比度意味着相对较高的亮度和呈现较好的锐利度。

16.2 FrameBuffer 概述

图形设备,也称作帧缓冲(FrameBuffer)设备,通过该设备可以直接操作显存本身。

SylixOS 中图形设备的名称为/dev/fb0,如果硬件支持多个图层,相应的会有/dev/fb1、/dev/fb2 等设备存在。在使用图形设备之前,需要首先获取其与显示模式相关的信息,比如分辨率、每个像素占用的字节大小及 RGB 的编码结构、显存的大小等信息,这样才能将需要显示的图像数据正确地写入显存。

16.2.1 FrameBuffer 与应用程序的交互

FrameBuffer 设备是图形硬件的抽象,其代表图形硬件的帧缓冲区,以允许应用程序通过指定的接口访问图形硬件。应用程序调用 mmap 把 FrameBuffer 映射到应用程序空间,将要显示的图像写入此内存空间,图像即可在屏幕上显示出来;应用程序读取此内存空间即可获取当前屏幕显示的内容。

FrameBuffer 设备可通过设备节点进行访问,通常在/dev 目录下有诸如/dev/fb0 的 FrameBuffer 设备节点。

应用程序对 FrameBuffer 的操作主要有两种方式:

- 通过映射操作:应用程序使用 mmap 映射后,可以读/写显存,修改或获取屏幕显示内容;
- 通过 I/O 控制操作:应用程序使用 ioctl 可以读取或设置 FrameBuffer 设备及屏幕的参数,如分辨率、显示颜色数、屏幕大小等。

16.2.2 FrameBuffer 的显示原理

FrameBuffer 与屏幕上显示的像素点存在对应关系,其对应关系由色彩模式规定。色彩模式即指"一个像素的三元色分别有几位数据组成"。

数据位数有以下几种:

- 8 位:最多能显示 256 种颜色。如果硬件仅支持黑白显示,则一个像素可支持 256 阶灰度值。如果硬件支持彩色显示,通常情况下这 256 个编码值对应 256 种生活中最常用的颜色,即调色板模式(用有限的颜色来近似表达实际的显示需求)。
- 16 位:最多能显示 65 536 种颜色,也称作伪真彩色,支持 16 位色彩的硬件能够显示生活中绝大多数的颜色。16 位数据显示下,有 RGB555 和 RGB565 两种编码方式。
- 24 位:能够显示多达 1 600 万种颜色,用肉眼几乎无法分辨出与实际颜色的差异,因此也叫作真彩色。在 24 位数据显示下,一个像素的红、绿、蓝三种颜色分别使用 8 位表示；

- 32 位：相对于 24 位，其多出的 8 位用来表示像素的 256 阶透明度（0 表示不透明，255 表示完全透明。完全透明时，此像素不被显示）。

表 16.1 与表 16.2 分别展示了一个像素点 8 位和 16 位情况下显示缓冲区与显示点的对应关系。

表 16.1　8 位色时显示缓冲区与显示点的对应关系

色彩排序	RGB			BGR		
位	[7:5]	[4:2]	[1:0]	[7:5]	[4:2]	[1:0]
色　彩	R	G	B	B	G	R

表 16.2　16 位色时显示缓冲区与显示点的对应关系

色彩排序	RGB			BGR		
色彩模式	RGB565			BGR565		
位	[15:11]	[10:5]	[4:0]	[15:11]	[10:5]	[4:0]
色　彩	R	G	B	B	G	R
色彩模式	RGB555			BGR555		
位	[14:11]	[10:5]	[4:0]	[14:11]	[10:5]	[4:0]
色　彩	R	G	B	B	G	R

16.3　SylixOS FrameBuffer 结构分析

SylixOS 中 FrameBuffer 结构层次如图 16.1 所示。

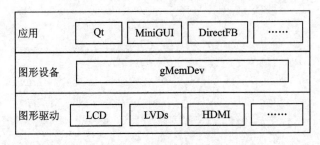

图 16.1　SylixOS 中 FrameBuffer 结构层次

SylixOS 中 FrameBuffer 结构层次大致由三部分构成：

- 应用层：指用户开发的 GUI 程序。所有的 GUI 应用程序都调用图形设备层中提供的统一接口，以此对 FrameBuffer 进行控制。
- 图形设备层：是 SylixOS 提供的 gMemDev 设备抽象。

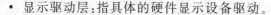

- 显示驱动层:指具体的硬件显示设备驱动。

SylixOS 中的 FrameBuffer 设备是标准的字符设备,其设备结构体 LW_GM_ DEVICE 定义位于"libsylixos/SylixOS/system/device/graph"目录下。LW_GM_ DEVICE 结构体作为所有绘图函数的第一个参数,其详细描述如下:

```
# include <SylixOS.h>
typedef struct {
    LW_DEV_HDR              GMDEV_devhdrHdr;        /* I/O 设备头 */
    PLW_GM_FILEOPERATIONS   GMDEV_gmfileop;         /* 设备操作函数集 */
    ULONG                   GMDEV_ulMapFlags;       /* 内存映射选项 */
    PVOID                   GMDEV_pvReserved[8];    /* 保留配置字 */
} LW_GM_DEVICE;
typedef LW_GM_DEVICE         * PLW_GM_DEVICE;
```

- GMDEV_devhdrHdr:字符设备标准 I/O 设备头;
- GMDEV_gmfileop:指向图形显示设备的操作函数;
- GMDEV_ulMapFlags:图形显示设备节点调用 mmap 进行内存映射时的映射选项;
- GMDEV_pvReserved[8]:系统保留的 32 字节配置字,不必设置。

图形显示设备的操作函数如下:

```
# include <SylixOS.h>
typedef struct gmem_file_operations {
    FUNCPTR     GMFO_pfuncOpen;
    FUNCPTR     GMFO_pfuncClose;
    FUNCPTR     GMFO_pfuncIoctl;
    INT         (* GMFO_pfuncGetVarInfo) (LONG lDev, PLW_GM_VARINFO   pgmvi);
    INT         (* GMFO_pfuncSetVarInfo) (LONG lDev,
                                          const PLW_GM_VARINFO pgmvi);
    INT         (* GMFO_pfuncGetScrInfo) (LONG lDev, PLW_GM_SCRINFO   pgmsi);
    INT         (* GMFO_pfuncGetPhyInfo) (LONG lDev, PLW_GM_PHYINFO   pgmphy);
    INT         (* GMFO_pfuncGetMode)(LONG  lDev,   ULONG  * pulMode);
    INT         (* GMFO_pfuncSetMode) (LONG  lDev, ULONG  ulMode);
    INT         (* GMFO_pfuncSetPalette) (LONG       lDev,
                                          UINT       uiStart,
                                          UINT       uiLen,
                                          ULONG      * pulRed,
                                          ULONG      * pulGreen,
                                          ULONG      * pulBlue);
    INT         (* GMFO_pfuncGetPalette) (LONG       lDev,
                                          UINT       uiStart,
```

```
                              UINT        uiLen,
                              ULONG       * pulRed,
                              ULONG       * pulGreen,
                              ULONG       * pulBlue);
    INT        ( * GMFO_pfuncSetPixel)(LONG    lDev,
                              INT         iX,
                              INT         iY,
                              ULONG       ulColor);
    INT        ( * GMFO_pfuncGetPixel)(LONG    lDev,
                              INT         iX,
                              INT         iY,
                              ULONG       * pulColor);
    INT        ( * GMFO_pfuncSetColor)(LONG    lDev, ULONG    ulColor);
    INT        ( * GMFO_pfuncSetAlpha)(LONG    lDev, ULONG    ulAlpha);
    INT        ( * GMFO_pfuncDrawHLine)(LONG    lDev,
                              INT         iX0,
                              INT         iY,
                              INT         IX1);
    INT        ( * GMFO_pfuncDrawVLine)(LONG    lDev,
                              INT         iX,
                              INT         iY0,
                              INT         IY1);
    INT        ( * GMFO_pfuncFillRect)(LONG    lDev,
                              INT         iX0,
                              INT         iY0,
                              INT         iX1,
                              INT         iY1);
} LW_GM_FILEOPERATIONS;
typedef LW_GM_FILEOPERATIONS    * PLW_GM_FILEOPERATIONS;
```

- GMFO_pfuncOpen：打开显示设备，打开设备之后即获得了显示设备的操作权限；
- GMFO_pfuncClose：关闭显示设备，关闭设备之后即释放了显示设备的操作权限；
- GMFO_pfuncIoctl：显示设备 I/O 控制，FrameBuffer 驱动设备应提供如表 16.3 所列的 ioctl 命令接口；
- GMFO_pfuncGetVarInfo：获取显示规格，第二个参数为获取到的显示规格信息的 LW_GM_VARINFO 结构体变量；
- GMFO_pfuncSetVarInfo：设置显示规格，第二个参数为需要设置的显示规格信息的 LW_GM_VARINFO 结构体变量；

表 16.3　I/O 命令类型

I/O 命令类型	含　义
LW_GM_GET_VARINFO	调用驱动 GMFO_pfuncGetVarInfo 获取显示规格
LW_GM_SET_VARINFO	调用驱动 GMFO_pfuncSetVarInfo 设置显示规格
LW_GM_GET_SCRINFO	调取驱动 GMFO_pfuncGetScrInfo 获取显示属性
LW_GM_GET_PHYINFO	调用驱动 GMFO_pfuncGetPhyInfo 获取显示物理特性
LW_GM_GET_MODE	调用驱动 GMFO_pfuncGetMode 获取显示模式
LW_GM_SET_MODE	调用驱动 GMFO_pfuncSetMode 设置显示模式

- GMFO_pfuncGetScrInfo：获取显示属性，第二个参数为获取到的显示属性的 LW_GM_SCRINFO 结构体变量；
- GMFO_pfuncGetPhyInfo：获取显示物理特性，第二个参数为获取到的显示物理特性的 LW_GM_PHYINFO 结构体变量；
- GMFO_pfuncGetMode：获取显示模式；
- GMFO_pfuncSetMode：设置显示模式；
- GMFO_pfuncSetPalette：设置调色板；
- GMFO_pfuncGetPalette：获取调色板。

以下接口为 2D 加速使能时使用的接口（仅当 GMVI_bHardwareAccelerate 为 LW_TRUE 时有效）。

注：使能 2D 加速的前提是芯片提供了 2D 加速控制器，并且以下接口通过 2D 加速控制器实现。

- GMFO_pfuncSetPixel：设制一个像素；
- GMFO_pfuncGetPixel：获取一个像素；
- GMFO_pfuncSetColor：设置当前绘图前景色；
- GMFO_pfuncSetAlpha：设置当前绘图透明度；
- GMFO_pfuncDrawHLine：绘制一条水平线；
- GMFO_pfuncDrawVLine：绘制一条垂直线；
- GMFO_pfuncFillRect：填充矩形区域。

显示规格描述的是 FrameBuffer 上与显示区域相关的数据，包括可视区域大小、每个像素点的色彩模式。显示规格结构体 LW_GM_VARINFO 的详细描述如下：

```
# include <SylixOS.h>
typedef struct {
    ULONG           GMVI_ulXRes;              /* 可视区域 */
    ULONG           GMVI_ulYRes;
    ULONG           GMVI_ulXResVirtual;       /* 虚拟区域 */
```

```
    ULONG              GMVI_ulYResVirtual;
    ULONG              GMVI_ulXOffset;                    /* 显示区域偏移 */
    ULONG              GMVI_ulYOffset;
    ULONG              GMVI_ulBitsPerPixel;               /* 每个像素的数据位数 */
    ULONG              GMVI_ulBytesPerPixel;              /* 每个像素的存储字节数 */
    /* 有些图形处理器 DMA 为了对齐 */
    /* 使用了填补无效字节 */
    ULONG              GMVI_ulGrayscale;                  /* 灰度等级 */
    ULONG              GMVI_ulRedMask;                    /* 红色掩码 */
    ULONG              GMVI_ulGreenMask;                  /* 绿色掩码 */
    ULONG              GMVI_ulBlueMask;                   /* 蓝色掩码 */
    ULONG              GMVI_ulTransMask;                  /* 透明度掩码 */
    LW_GM_BITFIELD     GMVI_gmbfRed;                      /* bitfield in gmem */
    LW_GM_BITFIELD     GMVI_gmbfGreen;
    LW_GM_BITFIELD     GMVI_gmbfBlue;
    LW_GM_BITFIELD     GMVI_gmbfTrans;
    BOOL               GMVI_bHardwareAccelerate;          /* 是否使用硬件加速 */
    ULONG              GMVI_ulMode;                       /* 显示模式 */
    ULONG              GMVI_ulStatus;                     /* 显示器状态 */
} LW_GM_VARINFO;
typedef LW_GM_VARINFO   * PLW_GM_VARINFO;
```

- GMVI_ulXRes：FrameBuffer 可视区域的宽度；
- GMVI_ulYRes：FrameBuffer 可视区域的高度；
- GMVI_ulXResVirtual：FrameBuffer 虚拟区域的宽度；
- GMVI_ulYResVirtual：FrameBuffer 虚拟区域的高度；
- GMVI_ulXOffset：FrameBuffer 可视区域在水平方向的偏移；
- GMVI_ulYOffset：FrameBuffer 可视区域在竖直方向的偏移；
- GMVI_ulBitsPerPixel：每个像素点占用的比特位数；
- GMVI_ulBytesPerPixel：每个像素点占用的字节数；
- GMVI_ulGrayscale：每个像素的灰度等级，即一个像素最多可以表示成多少种颜色；
- GMVI_ulRedMask：每个像素中红色位的掩码；
- GMVI_ulGreenMask：每个像素中绿色位的掩码；
- GMVI_ulBlueMask：每个像素中蓝色位的掩码；
- GMVI_ulTransMask：每个像素中透明位的掩码；
- GMVI_gmbfRed：每个像素中红色位的掩码，以 LW_GM_BITFIELD 类型表示；
- GMVI_gmbfGreen：每个像素中绿色位的掩码，以 LW_GM_BITFIELD 类型

表示；
- GMVI_gmbfBlue：每个像素中蓝色位的掩码，以 LW_GM_BITFIELD 类型表示；
- GMVI_gmbfTrans：每个像素中透明位的掩码，以 LW_GM_BITFIELD 类型表示；
- GMVI_bHardwareAccelerate：是否使用硬件加速；
- GMVI_ulMode：显示模式；
- GMVI_ulStatus：显示器状态。

LW_GM_BITFIELD 以掩码起始位、掩码位长度和大小端来表示一个颜色或透明的掩码，其结构如下：

```
typedef struct {
    UINT32      GMBF_uiOffset;          /* beginning of bitfield */
    UINT32      GMBF_uiLength;          /* length of bitfield */
    UINT32      GMBF_uiMsbRight;        /* != 0:Most significant bit is */
    /* right */
} LW_GM_BITFIELD;
```

显示属性描述的是与显示设备驱动相关的信息，如设备 ID、FrameBuffer 内存大小等，显示属性结构体 LW_GM_SCRINFO 详细描述如下：

```
#include <SylixOS.h>
typedef struct {
    PCHAR       GMSI_pcName;            /* 显示器名称 */
    ULONG       GMSI_ulId;             /* ID */
    size_t      GMSI_stMemSize;        /* Framebuffer 内存大小 */
    size_t      GMSI_stMemSizePerLine; /* 每一行的内存大小 */
    caddr_t     GMSI_pcMem;            /* 显示内存(需要驱动程序映射) */
} LW_GM_SCRINFO;
typedef LW_GM_SCRINFO  * PLW_GM_SCRINFO;
```

- GMSI_pcName：显示器名称，一般应定义为类似"/dev/fb0"的设备节点名；
- GMSI_ulId：显示设备的 ID，当有多台显示设备时，作为唯一性标识；
- GMSI_stMemSize：FrameBuffer 的大小，其大小应为最大高度×最大宽度×每个像素所占字节数；
- GMSI_stMemSizePerLine：每一行内存的大小，其大小应为最大宽度×每个像素所占字节数；
- GMSI_pcMem：FrameBuffer 内存的基址，该基址应为 DMA 内存申请的内存地址。

显示物理特性描述的是物理显示设备，如 LCD 屏幕、HDMI 显示屏的物理特

性,显示物理特性结构体 LW_GM_PHYINFO 详细描述如下:

```
# include <SylixOS.h>
typedef struct {
    UINT        GMPHY_uiXmm;          /* 横向毫米数 */
    UINT        GMPHY_uiYmm;          /* 纵向毫米数 */
    UINT        GMPHY_uiDpi;          /* 每英寸像素数 */
    ULONG       GMPHY_ulReserve[16];  /* 保留 */
} LW_GM_PHYINFO;
typedef LW_GM_PHYINFO  * PLW_GM_PHYINFO;
```

- GMPHY_uiXmm:显示器的横向毫米数;
- GMPHY_uiYmm:显示器的纵向毫米数;
- GMPHY_uiDpi:显示器每英寸中的像素个数;
- GMPHY_ulReserve:系统保留的 512 字节空间。

16.4　LCD 驱动程序分析

16.4.1　设备创建

LCD 驱动需调用 API_GMemDevAdd 函数,以在图形显示设备层中创建一个可供应用程序调用的显示设备,其函数原型如下:

```
# include <SylixOS.h>
INT   API_GMemDevAdd (CPCHAR  cpcName, PLW_GM_DEVICE  pgmdev);
```

函数 API_GMemDevAdd 原型分析:
- 此函数成功返回 ERROR_NONE,失败返回 PX_ERROR;
- 参数 *cpcName* 是创建的图形显示设备的名称;
- 参数 *pgmdev* 是该图形显示设备的 LW_GM_DEVICE 结构。

驱动程序在调用 API_GMemDevAdd 之前应初始化该图形显示设备使用的操作集指针,如在 S3C2440 中 LCD 设备创建函数中有如下的实现:

```
INT   lcdDevCreate (VOID)
{
    _G_gmfoS3c2440a.GMFO_pfuncOpen = __lcdOpen;
    _G_gmfoS3c2440a.GMFO_pfuncClose = __lcdClose;
    _G_gmfoS3c2440a.GMFO_pfuncGetVarInfo = (INT ( * )(LONG,
                                PLW_GM_VARINFO))__lcdGetVarInfo;
    _G_gmfoS3c2440a.GMFO_pfuncGetScrInfo = (INT ( * )(LONG,
                                PLW_GM_SCRINFO))__lcdGetScrInfo;
```

```
    _G_gmdevS3c2440a.GMDEV_gmfileop = &_G_gmfoS3c2440a;

    return  (gmemDevAdd("/dev/fb0", &_G_gmdevS3c2440a));
}
```

16.4.2　实现属性读取接口

　　LCD 驱动里需要实现获取显示规格的接口，并初始化可视区域大小、像素点色彩模式等数据。S3C2440 的 LCD 获取显示规格的接口如下：

```
#define LCD_XSIZE                    800
#define LCD_YSIZE                    480
static INT    __lcdGetVarInfo (PLW_GM_DEVICE  pgmdev, PLW_GM_VARINFO  pgmvi)
{
    if (pgmvi) {
        pgmvi->GMVI_ulXRes              = LCD_XSIZE;
        pgmvi->GMVI_ulYRes              = LCD_YSIZE;
        pgmvi->GMVI_ulXResVirtual       = LCD_XSIZE;
        pgmvi->GMVI_ulYResVirtual       = LCD_YSIZE;
        pgmvi->GMVI_ulXOffset           = 0;
        pgmvi->GMVI_ulYOffset           = 0;
        pgmvi->GMVI_ulBitsPerPixel      = 16;
        pgmvi->GMVI_ulBytesPerPixel     = 2;
        pgmvi->GMVI_ulGrayscale         = 65536;
        pgmvi->GMVI_ulRedMask           = 0xF800;
        pgmvi->GMVI_ulGreenMask         = 0x03E0;
        pgmvi->GMVI_ulBlueMask          = 0x001F;
        pgmvi->GMVI_ulTransMask         = 0;
        pgmvi->GMVI_bHardwareAccelerate = LW_FALSE;
        pgmvi->GMVI_ulMode              = LW_GM_SET_MODE;
        pgmvi->GMVI_ulStatus            = 0;
    }
    return  (ERROR_NONE);
}
```

　　由此可知，S3C2440 的 LCD 初始化设置为 RGB565 的色彩模式，可视区域的宽为 800 像素，高为 480 像素。

　　LCD 驱动里需要实现获取显示属性的接口如下：

```
static INT    __lcdGetScrInfo (PLW_GM_DEVICE  pgmdev, PLW_GM_SCRINFO  pgmsi)
{
```

```
    if (pgmsi) {
        pgmsi->GMSI_pcName              = "/dev/fb0";
        pgmsi->GMSI_ulId                = 0;
        pgmsi->GMSI_stMemSize           = 800 * 480 * 2;
        pgmsi->GMSI_stMemSizePerLine    = LCD_XSIZE * 2;
        pgmsi->GMSI_pcMem               = (caddr_t)__LCD_FRAMEBUFFER_BASE;
    }
    return  (ERROR_NONE);
}
```

由此可知,S3C2440 的 LCD 对应设备节点"/dev/fb0",设备 ID 为 0,其申请的 FrameBuffer 大小为 $800 \times 480 \times 2$ 个字节。

16.4.3　申请 FrameBuffer 使用的基地址

在显示属性获取的接口中需要初始化 FrameBuffer 使用的基地址,FrameBuffer 的基地址一般为满足对齐关系的 DMA 物理内存,申请的 DMA 内存大小为:最大高度×最大宽度×每个像素所占字节数。在 S3C2440 中,FrameBuffer 内存申请操作如下:

```
if (GpvFbMemBase == LW_NULL) {
    GpvFbMemBase =  API_VmmPhyAllocAlign(800 * 480 * 2,
                                          4 * 1024 * 1024,
                                          LW_ZONE_ATTR_DMA);
    if (GpvFbMemBase == LW_NULL) {
        __lcdOff();
        printk(KERN_ERR "__lcdOpen() low vmm memory!\n");
        return  (PX_ERROR);
    }
    __lcdInit();
}
```

应用程序 mmap 驱动程序中申请的 FrameBuffer 内存,并初始化 LCD 显示时序后,按照规定的格式将显示数据拷贝到 FrameBuffer 中,屏幕上就能显示出图像。

16.4.4　LCD 时序设置

LCD 驱动中最核心的是设置 LCD 显示时序,一般 LCD 控制器中会提供一组时序控制寄存器。在 LCD 初始化时,应该将对应屏幕能够显示的时序(VSYNC、HSYNC 等)数据设置到这组寄存器中。

16.4.5　背光亮度调节

LCD 屏幕的背光亮度一般由 PWM 控制,调整 PWM 的占空比即可实现对 LCD 背光亮度的调节。一般应将 PWM 的驱动单独实现为字符设备,并提供调节占空比的方法,在 LCD 中调用该调节接口,则可实现对背光亮度的调节。

16.5　HDMI 驱动简介

HDMI(High – Definition Multimedia Interface)又称为高清晰度多媒体接口,是首个支持在单线缆上传输、不经过压缩的全数字高清晰度、多声道音频和智能格式与控制命令数据的数字接口。

HDMI 驱动的硬件结构一般有两种:

① 内部集成 HDMI 控制器输出:芯片内部集成了 HDMI 控制器,其输出的信号就为标准的 HDMI 信号;

② 使用 Connector 转换输出:某些芯片未集成 HDMI 控制器,但可以将芯片的 RGB 输出信号通过 Connector 转换芯片转换为 HDMI 的信号输出。

对于内部集成 HDMI 控制器输出的驱动编程方法,和 LCD 驱动实现类似。

使用 Connecter 转换输出的 HDMI 驱动实现一般包含以下 4 个模块:

① LCD 驱动的实现:需要让 LCD 驱动输出转换芯片能够识别的 RGB 信号;

② 转换芯片驱动的实现:转换芯片一般为 I^2C 总线设备,挂载在 I^2C 总线上,通过 I^2C 总线提供的统一接口实现对转换芯片的初始化及控制;

③ HDMI 热插拔:转换芯片一般会提供 HDMI 热插拔检测的引脚;

④ EDID 识别逻辑:EDID 是一种 VESA 标准数据格式,其中包含有关显示器及其性能的参数,包括供应商信息、最大图像大小、颜色设置、厂商预设置、频率范围的限制以及显示器名和序列号的字符串,HDMI 驱动中实现对 EDID 的识别,即可实现显示分辨率的自适应。

第 **17** 章
输入设备驱动

计算机中各部件通过总线进行连接,这些部件包括 CPU(中央处理单元)、内存、外设等。其中外设根据不同功能又分为输入设备和输出设备。输入设备负责将外部数据、指令或其他标志信息输送到计算机内部进行处理,输出设备负责将计算机处理完成的数据以人能识别的形式传输到计算机"外部"。典型的输入设备包括:键盘、鼠标、触摸屏等。

17.1 键盘数据格式说明

17.1.1 USB 键盘数据格式

USB 键盘数据格式由 USB HID 协议定义,该协议定义键盘数据包含 8 个字节,其格式如表 17.1 所列。

表 17.1 键盘数据格式

字节 1	特殊按键							
	bit 位	7	6	5	4	3	2	1	0
	含 义	Right GUI	Right Alt	Right Shift	Right Ctrl	Left GUI	Left Alt	Left Shift	Left Ctrl
字节 2	保留字节,固定为 0								
字节 3～字节 8	当前按下的普通按键键值,最多 6 个按键								

普通按键的相关键值可以参考《*USB HID to PS/2 Scan Code Translation Table*》,部分键码如表 17.2 所列。

例如,键盘发送一帧如下的数据:0x02 0x00 0x04 0x05 0x00 0x000x000x00 表示同时按下了 Left Shift ＋'a'＋'b'三个键。

表 17.2 部分普通按键键值

键 值	键盘区域	含 义	键 值	键盘区域	含 义
0x04	Keyboard	a and A	0x53	Keypad	Num Lock and Clear
0x1E	Keyboard	1 and !	0x58	Keypad	ENTER
0x28	Keyboard	Return	0x59	Keypad	1
0x2C	Keyboard	Spacebar	0xB6	Keypad	(
0x3A	Keyboard	F1	0xBB	Keypad	Backspace
0x4B	Keyboard	PageUp	0xD7	Keypad	+

17.1.2 键盘事件结构体定义

根据 USB 键盘的数据格式，SylixOS 定义了 keyboard_event_notify 结构，当每产生一个键盘事件时，驱动应向系统通知一个事件的发生。

```
# include <SylixOS.h>
typedef struct keyboard_event_notify {
    int32_t         nmsg;                          /* 消息数量,通常为 1 */
    int32_t         type;                          /* 按键状态,按下或松开 */
    int32_t         ledstate;                      /* LED 状态 */
    int32_t         fkstat;                        /* 功能键状态 */
    int32_t         keymsg[KE_MAX_KEY_ST * 2];     /* 按键键值 */
} keyboard_event_notify;
```

- nmsg：表示消息数量，通常为 1。
- type：表示按键状态，有如表 17.3 所列的 2 种情况。

表 17.3 按键状态位

状态位名称	含 义
KE_PRESS	按键按下
KE_RELEASE	按键松开

- ledstate：表示 LED 状态，如果对应的位为 0，表示 LED 按键处于打开状态，反之则处于关闭状态。在打开状态下，通常键盘驱动程序会将相应的 LED 指示灯打开。LED 状态有如表 17.4 所列的 3 种情况。

表 17.4 LED 状态位

状态位名称	含 义
KE_LED_NUMLOCK	用于标识数字小键盘是否使能
KE_LED_CAPSLOCK	用于标识字母大写状态是否使能
KE_LED_SCROLLLOCK	用于标识滚动锁定状态是否使能

- fkstat：表示功能键状态，如果对应的位为 0，表示功能键按下；反之则没有按下。功能键状态位有如表 17.5 所列的 6 种情况。

表 17.5　功能键状态位

状态位名称	含　义
KE_FK_CTRL	用于标识左 Ctrl 键是否按下
KE_FK_ALT	用于标识左 Alt 键是否按下
KE_FK_SHIFT	用于标识左 Shift 键是否按下
KE_FK_CTRLR	用于标识右 Ctrl 键是否按下
KE_FK_ALTR	用于标识右 Alt 键是否按下
KE_FK_SHIFTR	用于标识右 Shift 键是否按下

- keymsg：表示普通按键键值，其每两个元素为一组：
  event.keymsg[n]($n = 0,2,4,\cdots$)表示 SylixOS 键盘键码；
  event.keymsg[n + 1]($n = 0,2,4,\cdots$)表示标准键盘键码。

17.2　鼠标与触摸屏格式说明

17.2.1　USB 鼠标数据格式

USB 鼠标数据格式由 USB HID 协议定义，该协议定义鼠标数据包含 4 个字节，其格式如表 17.6 所列。

表 17.6　鼠标格式说明

字节 1	
bit7	为 1 时，表示 Y 坐标的变化量超出−256～255 的范围；为 0 时，表示没有超出
bit6	为 1 时，表示 X 坐标的变化量超出−256～255 的范围；为 0 时，表示没有超出
bit5	Y 坐标变化的符号位，1 表示鼠标向下移动，0 表示鼠标向上移动
bit4	X 坐标变化的符号位，1 表示鼠标向左移动，0 表示鼠标向右移动
bit3	固定为 1
bit2	置 1 时表示中键被按下
bit1	置 1 时表示右键被按下
bit0	置 1 时表示左键被按下
字节 2	
X 坐标变化量，与字节 1 的 bit4 组成 9 位符号数，负数表示向左移，正数表示向右移。用补码表示变化量	
字节 3	
Y 坐标变化量，与字节 1 的 bit5 组成 9 位符号数，负数表示向上移，正数表示向右移。用补码表示变化量	
字节 4	
滚轮变化量，0x01 表示滚轮向前滚动一格；0xFF 表示滚轮向后滚动一格；0x80 为中间值，不滚动	

17.2.2 触摸屏数据格式

触摸屏一般提供了可以读取坐标数值的寄存器,驱动读取坐标值后一般会参照鼠标数据将触摸坐标数据提交至上层(系统中间层或应用程序)。提交时,触摸按下事件设定为鼠标左键按下事件,触摸抬起事件设定为鼠标左键抬起事件。

17.2.3 鼠标与触摸屏事件结构体定义

鼠标和触摸屏驱动使用的事件结构体位于"libsylixos/SylixOS/system/device/input"目录下,input 设备驱动应按照如下的 mouse_event_notify 结构向系统提交一个事件:

```
typedef struct mouse_event_notify {
    int32_t             ctype;
    int32_t             kstat;
    int32_t             wscroll[MOUSE_MAX_WHEEL];
    int32_t             xmovement;
    int32_t             ymovement;
    /*
     *  if use absolutely coordinate (such as touch screen)
     *  if you use touch screen:
     *  (kstat & MOUSE_LEFT) ! = 0 (press)
     *  (kstat & MOUSE_LEFT) == 0 (release)
     */
# define xanalog         xmovement
# define yanalog         ymovement
} mouse_event_notify;
```

- ctype:表示坐标类型,分为相对坐标和绝对坐标,一般鼠标使用相对坐标,触摸屏使用绝对坐标。坐标类型的定义如表 17.7 所列。

表 17.7　坐标类型

状态位名称	含 义
MOUSE_CTYPE_REL	相对坐标
MOUSE_CTYPE_ABS	绝对坐标

- kstat:表示按键状态,按键包括如表 17.8 所列的 8 种类型。对于触摸屏,用"左键"表示手指按下或松开;第 4 键~第 8 键是用于满足特殊应用的鼠标,如游戏鼠标。每一个按键状态用一个数据位表示,0 表示弹起,1 表示按下。
- wscroll:表示滚轮变化值。
- xmovement:表示 X 相对偏移。

表 17.8　按键状态

状态位名称	含　义
MOUSE_LEFT	左键
MOUSE_RIGHT	右键
MOUSE_MIDDLE	中键
MOUSE_BUTTON4～MOUSE_BUTTON8	额外的 5 个预定义按键

- ymovement：表示 Y 相对偏移。
- 当为绝对坐标时，系统建议程序使用 xanalog 和 yanalog（虽然目前其与 xmovement 和 ymovement 是同一个成员变量），以使程序更加直观易读。

17.3　电容触摸屏驱动分析

17.3.1　电容触摸屏硬件原理

电容触摸屏利用人体电流感应现象，在手指和屏幕之间形成一个电容，手指触摸时吸走一个微小电流，这个电流会导致触摸板上 4 个电极上发生电流流动，控制器通过计算这 4 个电流的比例就能算出触摸点的坐标。

17.3.2　电容触摸屏代码分析

电容触摸屏设备是一个字符设备，以 GT9xx 系列的电容触摸屏为例，该电容触摸屏常见采用 I²C 接口连接到主控芯片。

应用程序只需通过 read 函数读取触摸屏设备，即可获取到填充有触摸坐标信息的 mouse_event_notify 结构体。

17.3.2.1　电容触摸屏初始化

安装触摸屏驱动的逻辑如下：

```
INT  touchDrv (VOID)
{
    struct file_operations        fileOper;
    INT                           iDrvNum;
    lib_memset(&fileOper, 0, sizeof(struct file_operations));
    fileOper.owner        = THIS_MODULE;
    fileOper.fo_create    = __touchOpen;
    fileOper.fo_open      = __touchOpen;
    fileOper.fo_close     = __touchClose;
    fileOper.fo_read      = __touchRead;
```

```
    fileOper.fo_lstat                = __touchLstat;
    fileOper.fo_ioctl                = __touchIoctl;
    iDrvNum = iosDrvInstallEx2(&fileOper, LW_DRV_TYPE_NEW_1);
    return  (iDrvNum);
}
```

创建触摸屏设备的逻辑如下：

```
iError = iosDevAddEx(&pTouchDev ->TOUCH_devHdr, pcName, iDrvNum, DT_CHR);
if (iError) {
    _ErrorHandle(ERROR_SYSTEM_LOW_MEMORY);
    __SHEAP_FREE(pTouchDev);
    printk(KERN_ERR "Failed to create touch device % s!\n", pcName);
    return  (PX_ERROR);
}
```

最终，调用 GT9xx 硬件初始化操作：

- 通过 I²C 接口设置触摸屏扫描数据间隔寄存器、最大支持 TOUCH 点数寄存器；
- 初始化 GT9xx 中断，其采用 GPIO 作为外部中断，当手指触摸到屏幕时，会产生 GPIO 中断。

17.3.2.2　电容触摸屏事件上抛线程

　　GT9xx 的触摸事件提交分为上下半程处理，下半程线程会阻塞等待触摸中断事件产生。当产生了触摸中断时，会调用 __touchHandleEvents 获取坐标值，并将获取到的坐标值填入 mouse_event_notify 结构体，最终通过消息队列传送到触摸屏定义的 read 函数中。用户调用触摸驱动的 read 函数时，即可获取到触摸事件信息。

　　GT9xx 的下半程线程逻辑如下：

```
static PVOID  __touchThread (PVOID  pvArg)
{
    INT                iEventNum;
    PTOUCH_DEV         pTouchDev = (PTOUCH_DEV)pvArg;
    while (!pTouchDev ->TOUCH_bQuit) {
        API_SemaphoreBPend(pTouchDev ->TOUCH_hSignal, LW_OPTION_WAIT_INFINITE);
        if (pTouchDev ->TOUCH_bQuit) {
            break;
        }
        iEventNum = __touchHandleEvents(pTouchDev);
        if (iEventNum == PX_ERROR) {
            printk(KERN_ERR "touch: handle touch event fail!\n");
        } else if (iEventNum > 0) {
```

```
                SEL_WAKE_UP_ALL(&pTouchDev ->TOUCH_selList, SELREAD);
        }
    }
    return  (LW_NULL);
}
```

__touchHandleEvents 获取坐标值时会调用到 GT9xx 定义的 getevent 函数,在其中读取 GT9xx 的坐标寄存器,并填充为 mouse_event_notify 结构体。当用户手指离开屏幕时,GT9xx 产生 release 事件,getevent 返回值为 TOUCH_RELEASE_NUM,其实现如下:

```
static INT  __touchHandleEvents (PTOUCH_DEV  pTouchDev)
{
    mouse_event_notify  events[TOUCH_MAX_INPUT_POINTS];
    INT                 iEvents;
    INT                 i = 0;
    iEvents = pTouchDev ->pDrvFunc ->getevent(pTouchDev, events);
    if (iEvents == TOUCH_RELEASE_NUM) {
        API_MsgQueueSend(pTouchDev ->TOUCH_hEventQueue,
                        (PVOID)&events[0],
                        (ULONG)sizeof(mouse_event_notify));
        i = 1;
    } else {
        if (iEvents > TOUCH_MAX_INPUT_POINTS) {
            iEvents = TOUCH_MAX_INPUT_POINTS;
        }
        for (i = 0; i < iEvents; i++) {
            API_MsgQueueSend(pTouchDev ->TOUCH_hEventQueue,
                            (PVOID)&events[i],
                            (ULONG)sizeof(mouse_event_notify));
        }
    }
    return  (i);
}
```

17.3.2.3　电容触摸屏触摸中断产生

手指触摸时中断处理逻辑如下:

```
static irqreturn_t  __touchIsr (PTOUCH_DEV  pTouchDev, ULONG  ulVector)
{
    irqreturn_t     irqreturn;
    irqreturn = API_GpioSvrIrq(pTouchDev ->TOUCH_data.T_uiIrq);
```

```
    if (irqreturn == LW_IRQ_HANDLED) {
        API_GpioClearIrq(pTouchDev ->TOUCH_data.T_uiIrq);
        API_SemaphoreBPost(pTouchDev ->TOUCH_hSignal);
    }
    return  (irqreturn);
}
```

17.4　xinput 模型简介

17.4.1　实现背景

考虑到当系统中存在多个输入设备(多个 USB 设备或触摸屏同时存在)时,用户程序可以同时对其进行响应,并简化热插拔事件监测,SylixOS 实现了 xinput. ko 内核模块。

注册该模块后,将创建两个设备,分别为/dev/input/xmse 和/dev/input/xkbd,分别收集系统中所有的鼠标和键盘事件,应用程序则只需要读取这两个设备即可。对于 xmse 设备,由于存在一般鼠标消息和触摸屏消息,因此,应用程序需要分别处理。

17.4.2　原理初探

17.4.2.1　热插拔检测

xinput 的热插拔检测使用了 SylixOS 的热插拔子系统,对应的 input 设备驱动程序应向热插拔子系统的工作队列添加热插拔检测事件。

xinput 会检测 SylixOS 热插拔子系统"/dev/hotplug"的文件描述符,当描述符就绪时会判断是否是 input 设备。若为 input 设备,则调用 open 函数打开该设备。

17.4.2.2　事件收集

用户调用 open 函数打开 xinput 创建的/dev/input/xmse 或/dev/input/xkbd 后,应调用 read 函数读取/dev/input/xmse 或/dev/input/xkbd 设备以获取 input 事件。xinput 中会将具体的每一个 input 设备产生的事件汇总到用户调用的该 read 接口,最终使用户获取 event 结构以获得 input 事件信息。

17.4.2.3　input 设备查看

xinput 提供了 proc 文件系统节点供用户查看系统当前的 input 设备情况。

17.4.3　代码分析

17.4.3.1　模块加载

加载 xinput. ko 模块时，默认会执行其 module_init 函数。

```
int module_init (void)
{
    LW_CLASS_THREADATTR   threadattr;
    char                  temp_str[128];
    int                   prio;
    xdev_init();                        /* xinput 设备初始化 */
    xinput_proc_init();                 /* xinput proc 文件系统初始化 */
    if (xinput_drv()) {                 /* xinput 驱动注册 */
        return  (PX_ERROR);
    }
    if (xinput_devadd()) {              /* xinput 设备创建 */
        return  (PX_ERROR);
    }
    LW_SPIN_INIT(&xinput_sl);
    xinput_hotplug = TRUE;
    if (getenv_r("XINPUT_KQSIZE", temp_str, sizeof(temp_str)) == 0) {
        xinput_kmqsize = atoi(temp_str);
    }
    if (getenv_r("XINPUT_MQSIZE", temp_str, sizeof(temp_str)) == 0) {
        xinput_mmqsize = atoi(temp_str);
    }
    threadattr = API_ThreadAttrGetDefault();
    if (getenv_r("XINPUT_PRIO", temp_str, sizeof(temp_str)) == 0) {
        prio = atoi(temp_str);
        threadattr.THREADATTR_ucPriority = (uint8_t)prio;
    }
    threadattr.THREADATTR_ulOption |= LW_OPTION_OBJECT_GLOBAL;
    threadattr.THREADATTR_stStackByteSize = XINPUT_THREAD_SIZE;
    /*
     *  xinput 扫描线程创建
     */
    xinput_thread = API_ThreadCreate("t_xinput",
                                     xinput_scan,
                                     &threadattr,
                                     NULL);
    return  (ERROR_NONE);
}
```

xinput 模块加载时会通过环境变量 KEYBOARD 和 MOUSE 获取当前需要关注的 input 设备名称,并注册 xinput 设备驱动,建立 xinput 设备,最终创建 xinput 最重要的 xinput_scan 线程。

对于 QT 等 GUI 应用程序,可以在系统中设定 KEYBOARD 和 MOUSE 环境变量,用于告知 xinput 模块当前需要关注的 input 设备;同时也可以设定 XINPUT_KQSIZE 和 XINPUT_MQSIZE 环境变量,用于设置 xinput 设备支持的消息队列大小。相关的环境变量用例如下:

```
KEYBOARD = /dev/input/kbd0
MOUSE = /dev/input/touch0 :/dev/input/mse0
XINPUT_KQSIZE = 16
XINPUT_MQSIZE = 4
```

17.4.3.2　xinput_scan 线程

xinput_scan 线程是 xinput. ko 模块最核心的逻辑实现,其代码如下:

```
static void  * xinput_scan (void * arg)
{
    INTREG                int_lock;
    int                   i;
    fd_set                fdset;
    int                   width;
    int                   ret;
    struct timeval        timeval = {XINPUT_SEL_TO, 0};
    keyboard_event_notify knotify;
    mouse_event_notify    mnotify[MAX_INPUT_POINTS];
    BOOL                  need_check;
    (void)arg;
    xinput_hotplug_fd = open("/dev/hotplug", O_RDONLY);
    for (;;) {
        FD_ZERO(&fdset);

        LW_SPIN_LOCK_QUICK(&xinput_sl, &int_lock);
        need_check = xinput_hotplug;
        xinput_hotplug = FALSE;
        LW_SPIN_UNLOCK_QUICK(&xinput_sl, int_lock);
        if (need_check) {
            xdev_try_open();
        }
        width = xdev_set_fdset(&fdset);
        if (xinput_hotplug_fd >= 0) {
```

```
        FD_SET(xinput_hotplug_fd, &fdset);
        width = (width > xinput_hotplug_fd) ? width : xinput_hotplug_fd;
    }
    width += 1;
    ret = select(width, &fdset, LW_NULL, LW_NULL, &timeval);
    if (ret < 0) {
        xdev_close_all();

        LW_SPIN_LOCK_QUICK(&xinput_sl, &int_lock);
        xinput_hotplug = TRUE;
        LW_SPIN_UNLOCK_QUICK(&xinput_sl, int_lock);
        sleep(XINPUT_SEL_TO);
        continue;
    } else if (ret == 0) {
        continue;
    } else {
        ssize_t temp;
        input_dev_t * input;
        if (xinput_hotplug_fd >= 0 && FD_ISSET(xinput_hotplug_fd, &fdset)) {
            unsigned char hpmsg[LW_HOTPLUG_DEV_MAX_MSGSIZE];
            temp = read(xinput_hotplug_fd,
                        hpmsg,
                        LW_HOTPLUG_DEV_MAX_MSGSIZE);
            if (temp > 0) {
                xinput_hotplug_cb(hpmsg, (size_t)temp);
            }
        }

        input = xdev_kbd_array;
        for (i = 0; i < xdev_kbd_num; i ++ , input ++ ) {
            if (input ->fd >= 0) {
                if (FD_ISSET(input ->fd, &fdset)) {
                    temp = read(input ->fd, (PVOID)&knotify, sizeof(knotify));
                    if (temp <= 0) {
                        close(input ->fd);
                        input ->fd = - 1;
                    } else {
                        if (LW_DEV_GET_USE_COUNT(&kdb_xinput.devhdr)) {
                            API_MsgQueueSend2(kdb_xinput.queue,
                                              (void * )&knotify,
                                              (u_long)temp,
                                              LW_OPTION_WAIT_INFINITE);
```

```
                                        SEL_WAKE_UP_ALL(&kdb_xinput.sel_list, SELREAD);
                        }
                    }
                }
            }

        input = xdev_mse_array;
        for (i = 0; i < xdev_mse_num; i ++, input ++) {
            if (input ->fd >= 0) {
                if (FD_ISSET(input ->fd, &fdset)) {
                    temp = read(input ->fd, (PVOID)mnotify,
                            sizeof(mouse_event_notify) * MAX_INPUT_POINTS);
                    if (temp <= 0) {
                        close(input ->fd);
                        input ->fd = - 1;
                    } else {
                        if (LW_DEV_GET_USE_COUNT(&mse_xinput.devhdr)) {
                            if (!(mnotify[0].kstat & MOUSE_LEFT)) {
                                API_MsgQueueSend2(mse_xinput.queue,
                                            (void *)mnotify,
                                            (u_long)temp,
                                            LW_OPTION_WAIT_INFINITE);
                            } else {
                                API_MsgQueueSend(mse_xinput.queue,
                                            (void *)mnotify,
                                            (u_long)temp);
                            }
                            SEL_WAKE_UP_ALL(&mse_xinput.sel_list, SELREAD);
                        }
                    }
                }
            }
        }
    }
    return  (NULL);
}
```

xinput_scan 线程创建之后会尝试打开 xinput 模块加载时已设置的需关注的 input 设备。若打开成功,则记录下其文件描述符 fd,作为当前需要关注的 input 设备之一。

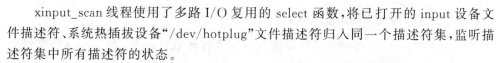

　　xinput_scan 线程使用了多路 I/O 复用的 select 函数,将已打开的 input 设备文件描述符、系统热插拔设备"/dev/hotplug"文件描述符归入同一个描述符集,监听描述符集中所有描述符的状态。

　　因此,xinput 模块要求鼠标和键盘的读取 read 函数不能产生阻塞。如果没有事件产生,就立即返回读取失败,对鼠标和键盘的事件阻塞必须通过 select 完成,否则整个 xinput_scan 线程就会被某一个 input 设备的 read 函数阻塞。

　　当 select 返回时,首先会检查是否为 hotplug 热插拔设备产生的热插拔事件,调用 xinput_hotplug_cb 判断 msg_type 消息类型是否为 LW_HOTPLUG_MSG_USB_KEYBOARD 、LW_HOTPLUG_MSG_USB_MOUSE 或 LW_HOTPLUG_MSG_PCI_INPUT ,如果是,则在线程下一次循环中再次去尝试打开刚插入的 input 设备。xinput_hotplug_cb 的实现如下:

```
static void  xinput_hotplug_cb (unsigned char * phpmsg, size_t size)
{
    INTREG      int_lock;
    int         msg_type;
    (void)size;
    msg_type = (int)((phpmsg[0] << 24) +
                     (phpmsg[1] << 16) +
                     (phpmsg[2] << 8) +
                      phpmsg[3]);
    if ((msg_type == LW_HOTPLUG_MSG_USB_KEYBOARD) ||
        (msg_type == LW_HOTPLUG_MSG_USB_MOUSE)      ||
        (msg_type == LW_HOTPLUG_MSG_PCI_INPUT)) {
        if (phpmsg[4]) {
            LW_SPIN_LOCK_QUICK(&xinput_sl, &int_lock);
            xinput_hotplug = TRUE;
            LW_SPIN_UNLOCK_QUICK(&xinput_sl, int_lock);
        }
    }
}
```

　　检查完 hotplug 热插拔设备事件后,xinput_scan 线程会循环读取每个键盘和每个鼠标、触摸屏设备的 input 消息。读取到的键盘 input 消息以 keyboard_event_notify 结构体形式提交,读取到的鼠标、触摸 input 消息以 mouse_event_notify 结构体形式提交。

　　读取到 input 消息后,xinput 会调用系统的消息队列接口,将信息投递到 xinput 的 read 接口中,以供用户程序获取,并唤醒用户设置的待唤醒的线程。

17.4.3.3　设置待唤醒线程

xinput 的 ioctl 接口提供了可使用户程序线程休眠的命令，当 xinput 设备接收到 input 事件后可以将其唤醒。

应用程序需定义如下的 LW_SEL_WAKEUPNODE 结构体，将待休眠的线程 ID 赋值给 SELWUN_hThreadId，并调用 xinput 的 ioctl 接口，ioctl 的 cmd 为 FIOSELECT，arg 为如下的结构体变量地址，即可将线程加入到系统等待链表中。

```
# include <SylixOS.h>
typedef struct {
    LW_LIST_LINE            SELWUN_lineManage;
    BOOL                    SELWUN_bDontFree;
    LW_OBJECT_HANDLESE      LWUN_hThreadId;
    INT                     SELWUN_iFd;
    LW_SEL_TYPE             SELWUN_seltypType;
} LW_SEL_WAKEUPNODE;
typedef LW_SEL_WAKEUPNODE    * PLW_SEL_WAKEUPNODE;
```

17.4.3.4　input 设备查看

xinput 同时实现了 proc 文件节点，读取 /proc/xinput 文件即可查看到当前系统中的 input 设备，代码如下：

```
[root@sylixos:/]# cat /proc/xinput
    devices           type      status
/dev/input/kbd0       kbd       close
/dev/input/touch0     mse       close
/dev/input/mse0       mse       close
```

第 **18** 章

热插拔子系统

18.1 热插拔子系统消息传递原理

18.1.1 热插拔设备概述

热插拔设备指支持带电操作的一类设备,允许用户在不关闭系统、不切断电源的情况下取出或更换设备。热插拔系统用于管理、监控系统中所有热插拔设备的插入、拔出状态,从而能够让系统内部自动完成此类设备的创建、删除而无需用户手动处理。同时,热插拔系统会收集热插拔相关信息,供应用程序使用。

如图 18.1 所示,SylixOS 中有一个名为"t_hotplug"的内核线程,设备的热插拔状态通过事件的方式报告给该线程,对设备的创建或删除工作均由该线程处理。系统会创建一个名为"/dev/hotplug"的虚拟设备,它负责收集相关的热插拔消息,应用程序可通过读取"/dev/hotplug"设备,获得所关心的热插拔消息。

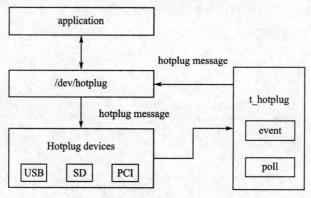

图 18.1 热插拔系统总体结构

18.1.2　热插拔消息

　　SylixOS 定义了常见的热插拔设备消息,如 USB 设备、SD 设备、PCI 设备等。此外,还定义了网络的连接与断开、电源的连接状态改变等与热插拔行为相似的消息。

　　如图 18.2 所示,消息的前 4 个字节标识了消息的类型。SylixOS 中已经定义了 USB 键盘、USB 鼠标、SD 存储卡、SDIO 无线网卡等热插拔类型。在实际的硬件平台上,设备驱动也可以定义自己的热插拔消息类型。

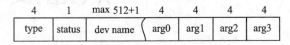

图 18.2　热插拔消息格式

　　第 5 个字节为设备状态,0 表示拔出状态,1 表示插入状态。

　　从第 6 个字节开始,表示设备的名称,其内容为一个以'\0'结束的字符串,应用程序应该以此为结束符得到完整的名称。该名称为一个设备的完整路径名称,如"/dev/ttyUSB0""/media/sdcard0"等。由于在 SylixOS 中一个完整路径名称的最大长度为 512 字节,加上结束字符'\0',因此,"dev name"字段的最大长度为 513 字节。

　　设备名称('\0'字符结尾)后是 4 个可用于灵活扩展的参数,均为 4 字节长度。这 4 个参数可适应不同设备消息的特殊处理。SylixOS 未规定每个参数的具体用法和存储格式(大端或小端),完全由设备驱动定义。

　　因此,一个热插拔消息的最大长度为:4+1+513+4+4+4+4=534 字节。

18.1.3　处理热插拔消息

　　应用程序可通过读取"/dev/hotplug"设备获取热插拔消息,程序清单 18.1 所示代码说明应用层如何处理热插拔消息。

程序清单 18.1　处理热插拔消息

```
#include   <SylixOS.h>
int  main (int  argc, char  * argv[])
{
    ......
    iFd =  open("/dev/hotplug", O_RDONLY);
    if (iFd < 0) {
    fprintf(stderr, "open /dev/hotplug failed.\n");
    return (-1);
    }
    while (1) {
        sstReadLen = read(iFd, pucMsgBuff, MSG_LEN_MAX);
```

```
if (sstReadLen < 0) {
fprintf(stderr, "read hotplug message error.\n");
close(iFd);
return (-1);
}
/*
 * 解析热插拔消息
 */
pucTemp = pucMsgBuff;
        iMsgType = (pucTemp[0] << 24)
| (pucTemp[1] << 16)
| (pucTemp[2] << 8)
| (pucTemp[3]);
pucTemp += 4;
bInsert = *pucTemp ? TRUE : FALSE;
pucTemp += 1;
pcDevName = (CHAR *) pucTemp;
pucArg = pucTemp + strlen(pcDevName) + 1;
printf("get new hotplug message >> \n"
" message type: %d\n"
" device status: %s\n"
" device name: %s\n"
" arg0: 0x%01x%01x%01x%01x\n"
" arg1: 0x%01x%01x%01x%01x\n"
" arg2: 0x%01x%01x%01x%01x\n"
" arg3: 0x%01x%01x%01x%01x\n", iMsgType,
bInsert ? "insert" : "remove", pcDevName, pucArg[0], pucArg[1],
pucArg[2], pucArg[3], pucArg[4], pucArg[5], pucArg[6],
pucArg[7], pucArg[8], pucArg[9], pucArg[10], pucArg[11],
pucArg[12], pucArg[13], pucArg[14], pucArg[15]);
}
......
}
```

程序清单 18.1 示例代码分析：

- 打开"/dev/hotplug"热插拔设备；
- 循环读取该设备中的热插拔消息；
- 解析热插拔消息并输出打印。

应用程序在解析消息类型时，需要按照大端数据存储格式进行解析，即低地址的字节代表的是高字节数据。消息的其他参数的起始地址即为设备名称起始地址加上其长度和结束字符的地址。程序运行后，插入或拔出 SD 存储卡，会打印如下的信息：

插入 SD 存储卡：

```
get new hotplug message >>
message type：346
device status：insert
device name：/media/sdcard0
arg0：0x0000
arg1：0x0000
arg2：0x0000
arg3：0x0000
```

拔出 SD 存储卡：

```
get new hotplug message >>
message type：346
device status：remove
device name：/media/sdcard0
arg0：0x0000
arg1：0x0000
arg2：0x0000
arg3：0x0000
```

上面显示消息类型的值为十进制的 346，对比"SylixOS/system/hotplugLib/hotplugLib.h"文件中定义的消息类型，346 对应的为 LW_HOTPLUG_MSG_SD_STORAGE(0x0100＋90)，表示是 SD 存储卡设备的热插拔消息。消息中的设备名称为/media/sdcard0，是 SylixOS 中 SD 存储卡的标准命名方式，此外其他的存储设备也会默认挂载在/media/目录下，如 U 盘的名称为/media/udisk0。其他 4 个参数的值均为 0，说明 SD 存储卡对应的热插拔消息并未使用这个额外参数(实际上，大部分热插拔消息都未使用额外参数)。

18.1.4　SylixOS 定义的热插拔消息

SylixOS 定义了常见的热插拔设备消息，如 USB 设备、SD 设备、PCI 设备、网络设备、电源状态改变以及其他用户自定义的热插拔消息。SylixOS 已经定义的热插拔消息如表 18.1 所列。

表 18.1　SylixOS 定义的热插拔消息

热插拔设备	热插拔消息
USB 热插拔消息类型	USB 键盘
	USB 鼠标
	USB 触摸屏

续表 18.1

热插拔设备	热插拔消息
USB 热插拔消息类型	USB 打印机
	USB 大容量设备
	USB 网络适配器
	USB 声卡
	USB 串口
	USB 摄像头
	USB HUB
	USB 用户自定义设备
SD 热插拔消息类型	SDIO 串口
	SDIO 蓝牙 TYPE – A
	SDIO 蓝牙 TYPE – B
	SDIO GPS
	SDIO 摄像头
	SDIO 标准 PHS 设备
	SDIO 无线网卡
	SDIO 转 ATA 接口
	SD 存储卡
	SD/SDIO 用户自定义设备
PCI/PCI – E 热插拔消息类型	PCI(E)存储设备
	PCI(E)网络适配器
	PCI(E)声卡
	PCI(E)摄像头
	PCI(E) VGA XGA 3D
	PCI(E) VIDEO AUDIO PHONE
	PCI(E) RAM FLASH
	PCI(E)桥连器
	PCI(E)串/并口调制解调器等
	PCI(E)系统类设备
	PCI(E)鼠标键盘等输入设备
	PCI(E) Docking
	PCI(E)处理器
	PCI(E) PCI 串行通信
	PCI(E) INTELLIGENT
	PCI(E)卫星通信
	PCI(E)加密系统
	PCI(E)信号处理系统
	PCI(E)用户自定义设备

热插拔设备	热插拔消息
SATA 热插拔消息	SATA 硬盘
	SATA 用户自定义设备
网络连接状态	网络连接状态变化
电源连接状态	电源连接状态变化
用户自定义热插拔事件	接收所有热插拔信息
	用户自定义类型设备

18.2 热插拔子系统分析

18.2.1 系统与驱动

在热插拔子系统中,系统与驱动层的交互分为热插拔事件和循环检测。热插拔事件是针对设备能够产生热插拔中断通知的情况,SylixOS 可以将通知以异步的方式来处理;而循环检测是设备不能产生一个热插拔中断通知的情况,需要轮询检测某些事件标志,来获取设备的插入或拔出状态。

18.2.1.1 热插拔事件

能够产生热插拔事件的设备,在驱动层调用 API_HotplugEvent 函数即可,SylixOS 热插拔系统中对热插拔事件处理是通过 JobQueue 来实现的。SylixOS 定义工作队列如下:

```
static   LW_JOB_QUEUE              _G_jobqHotplug;
static   LW_JOB_MSG                _G_jobmsgHotplug[LW_CFG_HOTPLUG_MAX_MSGS];
```

热插拔事件通过 API_HotplugEvent 函数向工作队列中添加工作:

```
# include <SylixOS.h>
INT   API_HotplugEvent (VOIDFUNCPTR   pfunc,
                        PVOID         pvArg0,
                        PVOID         pvArg1,
                        PVOID         pvArg2,
                        PVOID         pvArg3,
                        PVOID         pvArg4,
                        PVOID         pvArg5)
{
    ......
    if (_jobQueueAdd( &_G_jobqHotplug,
```

```
                           pfunc,
                           pvArg0,
                           pvArg1,
                           pvArg2,
                           pvArg3,
                           pvArg4,
                           pvArg5)) {
            _ErrorHandle(ERROR_EXCE_LOST);
            return   (PX_ERROR);
      }
......
}
```

函数 API_HotplugEvent 原型分析：

- 函数成功返回ERROR_NONE，失败返回PX_ERROE；
- 参数 *pfunc* 表示函数指针；
- 参数 *pvArg0* ～ *pvArg5* 为函数参数。

设备驱动创建时，驱动层调用 API_HotplugEvent 函数完成工作队列的添加，热插拔内核线程在检测该工作队列时会检测到工作，并调用其中的执行函数，向应用层提供热插拔消息。

18.2.1.2　循环检测

针对不能产生一个热插拔中断事件的设备，驱动层可调用 API_HotplugPoll-lAdd 函数将驱动中的轮询检测函数添加到系统中，这样系统会在一个确定的时间间隔轮询检测设备状态。

轮询检测节点结构如下，函数指针和函数参数两个成员是驱动设计者所要关心的，也就是驱动的轮询检测函数，全局链表头_G_plineHotplugPoll 连接所有的热插拔节点。

```
typedef struct {
LW_LIST_LINE          HPPN_lineManage;         /*节点链表*/
VOIDFUNCPTR           HPPN_pfunc;              /*函数指针*/
PVOID                 HPPN_pvArg;              /*函数参数*/
LW_RESOURCE_RAW       HPPN_resraw;             /*资源管理节点*/
} LW_HOTPLUG_POLLNODE;
```

SylixOS 下热插拔驱动支持提供 API_HotplugPollAdd 接口添加轮询检测函数，代码如下：

```
# include <SylixOS.h>
INT  API_HotplugPollAdd (VOIDFUNCPTR  *pfunc*, PVOID  *pvArg*)
```

```
{
    ……
    phppn ->HPPN_pfunc = pfunc;

    phppn ->HPPN_pvArg = pvArg;
    ……
}
```

API_HotplugPollAdd 函数原型分析：
- 函数成功返回ERROR_NONE，失败返回PX_ERROR；
- 参数 *pfunc* 表示函数指针；
- 参数 *pvArg* 为函数参数。

18.2.1.3　内核线程

SylixOS 下热插拔子系统中会创建"t_hotplug"内核线程，内核线程代码实现如下：

```
# include <SylixOS.h>
static VOID  _hotplugThread (VOID)
{
    ……
    for (;;) {
    ulError = _jobQueueExec(&_G_jobqHotplug, LW_HOTPLUG_SEC * LW_TICK_HZ);
    if (ulError) {
    ……
    for (plineTemp = _G_plineHotplugPoll;
    plineTemp != LW_NULL;
    plineTemp = _list_line_get_next(plineTemp)) {
    if (phppn ->HPPN_pfunc) {
    phppn ->HPPN_pfunc(phppn ->HPPN_pvArg);
    }
    }
    ……
    }
    }
}
```

"t_hotplug"内核线程每隔"LW_HOTPLUG_SEC * LW_TICK_HZ"时间间隔会遍历执行工作队列中的工作，若工作队列中没有工作，则内核线程遍历循环检测链表，检测到节点则调用其中的循环检测函数。

18.2.2　系统与应用层

系统与应用层的交互是系统将热插拔消息通知给应用层，这样用户层可以感知

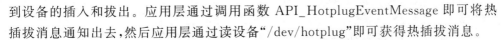

到设备的插入和拔出。应用层通过调用函数 API_HotplugEventMessage 即可将热插拔消息通知出去,然后应用层通过读设备"/dev/hotplug"即可获得热插拔消息。

实现原理分两部分,一是热插拔设备部分,二是消息传递部分。

18.2.2.1　热插拔设备部分

热插拔设备的创建涉及到 SylixOS 设备驱动的知识,这里不再详述,在之后的设备驱动文章中将做详细介绍。

18.2.2.2　消息传递部分

消息传递部分调用 HotplugEventMessage 函数将热插拔消息存放在设备缓存区中,代码片段如下:

```
#include <SylixOS.h>
INT  API_HotplugEventMessage (INT      iMsg,
                              BOOL     bInsert,
                              CPCHAR   pcPath,
                              UINT32   uiArg0,
                              UINT32   uiArg1,
                              UINT32   uiArg2,
                              UINT32   uiArg3)
{
......
    _hotplugDevPutMsg(iMsg, ucBuffer, i);
......
}
```

函数 API_HotplugEventMessage 原型分析:
- 函数成功返回ERROR_NONE,失败返回PX_ERROR;
- 参数 $iMsg$ 为消息号;
- 参数 $bInsert$ 表示插入,否则为拔出;
- 参数 $pcPath$ 表示设备路径或名称;
- 参数 $uiArg0 \sim uiArg3$ 为附加参数。

函数 HotplugEventMessage 根据 SylixOS 定义的热插拔消息格式,将传入参数封装为热插拔消息,并调用_hotplugDevPutMsg 函数将热插拔消息保存至缓存区。

18.3　热插拔驱动接口

18.3.1　热插拔设备驱动

SylixOS 下创建插拔消息设备,应用程序可以读取此设备来获取系统热插拔消息。

18.3.1.1 安装驱动程序

内核线程调用_hotplugDrvInstall 函数安装消息设备驱动程序。

```
#include <SylixOS.h>
INT  _hotplugDrvInstall(VOID);
```

函数_hotplugDrvInstall 原型分析：
- 函数成功返回 ERROR_NONE，失败返回 PX_ERROR。

驱动程序调用 hotplugDrvInstall 函数向系统注册设备驱动程序，同时该函数安装驱动主设备号，并为该主设备号指定驱动程序的许可证信息、驱动程序的作者信息以及驱动程序的描述信息。

hotplugDrvInstall 函数向系统注册设备驱动程序如下：

1. 打开热插拔消息设备文件

```
static  LONG  _hotplugOpen(PLW_HOTPLUG_DEV    photplugdev,
                           PCHAR              pcName,
                           INT                iFlags,
                           INT                iMode);
```

函数_hotplugOpen 原型分析：
- 函数成功返回（LONG）photplugfil，失败返回PX_ERROR；
- 参数 *Photplugdev* 为热插拔消息设备；
- 参数 *pcName* 为热插拔名称；
- 参数 *iFlags* 为打开热插拔设备标记；
- 参数 *iMode* 为打开热插拔设备模式。

2. 关闭热插拔消息设备文件

```
static  INT  _hotplugClose(PLW_HOTPLUG_FILE    photplugfil);
```

函数_hotplugClose 原型分析：
- 函数成功返回ERROR_NONE，失败返回PX_ERROR；
- 参数 *Photplugfil* 为热插拔消息文件。

3. 读热插拔消息设备文件

```
static  ssize_t  _hotplugRead(PLW_HOTPLUG_FILE    photplugfil,
                              PCHAR               pcBuffer,
                              size_t              stMaxBytes);
```

函数_hotplugRead 原型分析：
- 函数成功返回读取的消息大小sstRet，函数失败返回PX_ERROR；
- 参数 *Photplugfil* 为热插拔消息文件；

- 参数 *pcBuffer* 为接收缓冲区；
- 参数 *stMaxBytes* 为接收缓冲区大小。

4. 写热插拔消息设备文件

```
static  ssize_t  _hotplugWrite(PLW_HOTPLUG_FILE    photplugfil,
                               PCHAR               pcBuffer,
                               size_t              stNBytes);
```

函数_hotplugWrite 原型分析：

- 函数默认返回PX_ERROR，SylixOS 热插拔消息由设备驱动完成，用户不需要向该设备写入内容；
- 参数 *Photplugfil* 为热插拔消息文件；
- 参数 *pcBuffer* 为接收缓冲区；
- 参数 *stNBytes* 为接收缓冲区大小。

5. 控制热插拔消息设备文件

```
static  INT  _hotplugIoctl(PLW_HOTPLUG_FILE    photplugfil,
                           INT                 iRequest,
                           LONG                lArg);
```

函数_hotplugIoctl 原型分析：

- 函数成功返回ERROR_NONE，失败返回PX_ERROR；
- 参数 *Photplugfil* 为热插拔消息文件；
- 参数 *iRequest* 为功能参数；
- 参数 *lArg* 为传入参数。

SylixOS 下热插拔子系统针对热插拔设备提供 ioctl 操作，用户在应用层对热插拔设备操作时可调用 ioctl 函数，根据传入参数对热插拔设备进行操作。

18.3.1.2　创建消息设备

热插拔设备驱动提供设备创建接口，内核线程调用_hotplugDevCreate 函数创建热插拔设备。

```
# include <SylixOS.h>
INT  _hotplugDevCreate(VOID);
```

函数_hotplugDevCreate 原型分析：

- 函数返回ERROR_NONE 表示创建消息设备成功，返回PX_ERROR 表示创建消息设备失败。

SylixOS 定义设备与文件结构体如下：

```
typedef struct {
    LW_DEV_HDR              HOTPDEV_devhdrHdr;          /* 设备头 */
    LW_SEL_WAKEUPLIST       HOTPDEV_selwulList;         /* 等待链 */
    LW_LIST_LINE_HEADER     HOTPDEV_plineFile;          /* 打开的文件链表 */
    LW_OBJECT_HANDLE        HOTPDEV_ulMutex;            /* 互斥操作 */
} LW_HOTPLUG_DEV;
typedef LW_HOTPLUG_DEV    * PLW_HOTPLUG_DEV;
typedef struct {
    LW_LIST_LINE            HOTPFIL_lineManage;         /* 文件链表 */
    INT                     HOTPFIL_iFlag;              /* 打开文件的选项 */
    INT                     HOTPFIL_iMsg;               /* 关心的热插拔信息 */
    PLW_BMSG                HOTPFIL_pbmsg;              /* 消息缓冲区 */
    LW_OBJECT_HANDLE        HOTPFIL_ulReadSync;         /* 读取同步信号量 */
} LW_HOTPLUG_FILE;
typedef LW_HOTPLUG_FILE * PLW_HOTPLUG_FILE;
```

18.3.1.3 产生热插拔消息

热插拔设备驱动提供_hotplugDevPutMsg 函数产生一条热插拔消息。

```
# include <SylixOS.h>
VOID  _hotplugDevPutMsg(INT  iMsg, CPVOID  pvMsg, size_t  stSize);
```

函数_hotplugDevPutMsg 原型分析：
- 参数 *iMsg* 表示消息类型；
- 参数 *pvMsg* 表示需要保存的消息；
- 参数 *stSize* 表示消息长度。

18.3.2 热插拔支持

18.3.2.1 初始化 hotplug 库

SylixOS 系统在初始化函数_SysInit 中调用_hotplugInit 函数初始化热插拔库。

```
# include <SylixOS.h>
INT  _hotplugInit (VOID)
```

函数_hotplugInit 原型分析：
- 函数返回ERROR_NONE 表示初始化成功,返回PX_ERROR 表示初始化失败。

函数 hotplugInit 初始化全局工作队列_G_jobqHotplug,创建热插拔信号量并创建热插拔内核线程,同时初始化热插拔消息设备,代码片段如下：

```
# if LW_CFG_DEVICE_EN > 0
    _hotplugDrvInstall();
    _hotplugDevCreate();
# endif
```

18.3.2.2　是否在内核线程中

SylixOS 提供 API_HotplugContext 函数判断线程是否在 hotplug 处理线程中。

```
# include <SylixOS.h>
BOOL  API_HotplugContext (VOID)
```

函数 API_HotplugContext 原型分析：
- 函数返回LW_TRUE 表示在 hotplug 处理线程中，返回LW_FALSE 表示不在 hotplug 处理线程中。

18.3.2.3　将 hotplug 事件加入处理队列

SylixOS 提供 API_HotplugEvent 函数，该函数将需要处理的 hotplug 事件加入到处理队列中。API_HotplugEvent 函数原型分析见 18.2.1 小节中热插拔事件。

18.3.2.4　产生一个 hotplug 消息事件

应用程序可以直接调用该接口产生热插拔消息事件，函数原型分析见 18.2.2 小章节中消息传递部分。

18.3.2.5　加入循环检测函数

热插拔支持提供 API_HotplugPollAdd 函数接口，从 hotplug 事件处理上下文中添加一个循环检测函数。函数原型分析见 18.2.1 小节中循环检测。

18.3.2.6　删除循环检测函数

热插拔支持提供 API_HotplugPollDelete 函数接口，从 hotplug 事件处理上下文中删除一个循环检测函数。

```
# include <SylixOS.h>
INT  API_HotplugPollDelete (VOIDFUNCPTR  pfunc, PVOID  pvArg)
```

函数 API_HotplugPollDelete 原型分析：
- 该函数返回ERROR_NONE 表示执行成功，返回PX_ERROR 表示执行失败；
- 参数 pfunc 为函数指针；
- 参数 pvArg 为函数参数。

18.3.2.7　获得 hotplug 消息丢失数量

SylixOS 热插拔系统中提供接口，以获得热插拔消息丢失数量。

```
# include <SylixOS.h>
size_t   API_HotplugGetLost (VOID)
```

函数 API_HotplugGetLost 原型分析:

- 函数返回pjobq →JOBQ_stLost 为丢失信息数量。

第 **19** 章

块设备驱动

19.1　块设备驱动概述

块设备是 I/O 设备中的一类,将信息存储在固定大小的块中,每个块都有自己的地址。数据块的大小通常在 512~32 768 字节之间。块设备的基本特征是每个块都能独立于其他块而被读/写。磁盘是最常见的块设备。

SylixOS 实现了兼容 POSIX 标准的输入/输出系统,SylixOS 的 I/O 概念继承了 UNIX 操作系统的概念,认为一切皆为文件。本章介绍 SylixOS 在 I/O 层之下提供的块设备,用户驱动可以使用此标准化的设备来编写,这样可以对上层提供统一的、标准的设备 API,方便应用程序移植。块设备驱动相关信息位于"libsylixos/SylixOS/system/device/block"文件下。带有磁盘缓冲器和分区处理工具的 SylixOS 块设备结构如图 19.1 所示。

SylixOS 存在两种块设备驱动模型,即 LW_BLK_DEV 模型和 LW_BLK_RAW 模型,对应着两种文件系统的装载方式,即 LW_BLK_DEV 模式和 BLOCK 设备文件模式,用户可以根据自身系统的特点灵活选择。

19.1.1　LW_BLK_DEV 模式

LW_BLK_DEV 模式是 SylixOS 的默认挂载模式,如图 19.2 所示。

LW_BLK_DEV 整体与 I/O 系统无关,仅是一个文件系统设备操作的实体,对于用户应用程序不可见,类似于很多嵌入式第三方文件系统软件提供的方式。此方式更加适用于嵌入式系统,推荐使用此方式。

其块设备驱动创建函数原型如下:

```
# include <SylixOS.h>
INT    __blockIoDevCreate (PLW_BLK_DEV    pblkdNew);
```

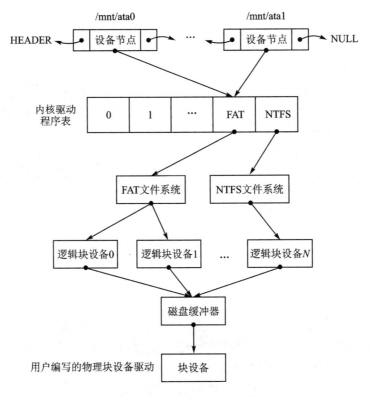

图 19.1 SylixOS 块设备结构

函数＿＿blockIoDevCreate 原型分析：

- 此函数成功返回设备表索引，块设备错误返回 PX_ERROR，空间已满返回−2；
- 参数 *pblkdNew* 是新的块设备控制块。

函数＿＿blockIoDevCreate 在驱动层创建了一个块设备驱动，使用结构体LW_BLK_DEV 向内核提供操作函数集和基本信息，其详细描述如下：

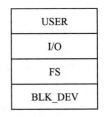

图 19.2 LW_BLK_DEV 模型

```
typedef struct {
    PCHAR        BLKD_pcName;              /* 可以为 NULL 或者"\0" */
    /* nfs romfs 文件系统使用 */
    FUNCPTR      BLKD_pfuncBlkRd;          /* function to read blocks */
    FUNCPTR      BLKD_pfuncBlkWrt;         /* function to write blocks */
    FUNCPTR      BLKD_pfuncBlkIoctl;       /* function to ioctl device */
    FUNCPTR      BLKD_pfuncBlkReset;       /* function to reset device */
    FUNCPTR      BLKD_pfuncBlkStatusChk;   /* function to check status */
    ULONG        BLKD_ulNSector;           /* number of sectors */
```

```
    ULONG            BLKD_ulBytesPerSector;         /* bytes per sector */
    ULONG            BLKD_ulBytesPerBlock;          /* bytes per block */
    BOOL             BLKD_bRemovable;               /* removable medium flag */
    BOOL             BLKD_bDiskChange;              /* media change flag */
    INT              BLKD_iRetry;                   /* retry count for IO error */
    INT              BLKD_iFlag;                    /* O_RDONLY or O_RDWR */
    /*
     * 以下参数操作系统使用, 必须初始化为 0.
     */
    INT              BLKD_iLogic;                   /* if this is a logic disk */
    UINT             BLKD_uiLinkCounter;            /* must be 0 */
    PVOID            BLKD_pvLink;                   /* must be NULL */
    UINT             BLKD_uiPowerCounter;           /* must be 0 */
    UINT             BLKD_uiInitCounter;            /* must be 0 */
} LW_BLK_DEV;
typedef LW_BLK_DEV          BLK_DEV;
typedef LW_BLK_DEV        * PLW_BLK_DEV;
typedef LW_BLK_DEV        * BLK_DEV_ID;
```

结构体 LW_BLK_DEV 提供了块设备的一系列静态参数,以及读/写、复位、I/O 控制等功能函数。

LW_BLK_DEV 模式下除了提供块设备驱动创建函数外,SylixOS 还提供了一系列相关操作函数,如初始化、删除、读/写、复位、控制块设备及获取块设备状态等,用户可在"libsylixos/SylixOS/system/device/block/blockIo. c"文件中自行查阅。

19.1.2　BLOCK 设备文件模式

BLOCK 设备文件模式是 SylixOS 可选择的文件系统挂载方式,对应着 LW_BLK_RAW 模型,如图 19.3 所示。

LW_BLK_RAW 是存在于 I/O 系统中的一个设备,用户可以通过 I/O 系统直接访问此设备,对于用户来说是可见的设备。使用 mount 将此设备挂接文件系统后,文件系统将通过 I/O 操作此设备,此方法类似于 Linux 等大型操作系统提供的方法。例如插入一个 U 盘,如果驱动程序注册为 Blk Raw I/O ,则 I/O 系统中会出现一个 /dev/blk/xxx 的设备,之后通过 mount 指令将其挂载入文件系统

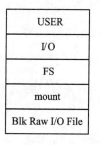

图 19.3　LW_BLK_RAW 模型

操作,如"mount – t vfat 　/dev/blk/xxx 　/mnt/udisk"。用户操作 dev/blk/xxx 相当于绕过文件系统直接操作物理设备。用户操作 /mnt/udisk 表示使用文件系统操作物理设备。此操作类型需要 LW_CFG_MOUNT_EN 与 LW_CFG_SHELL_EN 支

持,即使能 mount 工具和 tshell。

创建 BLK RAW 设备驱动的函数原型如下:

```
#include <SylixOS.h>
INT   API_BlkRawCreate(CPCHAR      pcBlkName,
                       BOOL        bRdOnly,
                       BOOL        bLogic,
                       PLW_BLK_RAW  pblkraw);
```

函数 API_BlkRawCreate 原型分析:

- 此函数成功返回ERROR_NONE,失败返回PX_ERROR;
- 参数 *pcBlkName* 是块设备名称;
- 参数 *bRdOnly* 表明是否为只读设备;
- 参数 *bLogic* 表明是否为逻辑分区;
- 参数 *pblkraw* 是创建的 blk raw 控制块。

函数 API_BlkRawCreate 通过/dev/blk/xxx 块设备生成一个 BLOCK 控制块。该函数只能内核程序调用,使用结构体 LW_BLK_RAW 向内核提供操作函数集和基本信息,其详细描述如下:

```
typedef struct {
    LW_BLK_DEV       BLKRAW_blkd;
    INT              BLKRAW_iFd;
    mode_t           BLKRAW_mode;
} LW_BLK_RAW;
typedef LW_BLK_RAW   * PLW_BLK_RAW;
```

- BLKRAW_blkd:块设备;
- BLKRAW_iFd:块设备的文件描述符;
- BLKRAW_mode:块设备打开模式。

第一种方法简单可靠,推荐使用,直接选择 oemDiskMount/oemDiskMountEx 即可,oemDiskMount 函数会自动在/dev/blk 目录内创建 blk 设备文件。

19.2　块设备 I/O 控制

SylixOS 在"libsylixos/SylixOS/system/device/block/blockIo.c"文件中提供了块设备底层 I/O 接口。该类接口与 I/O 系统无关,供上层文件系统调用,用户仅可见文件系统。

除了 19.1.1 小节提到的__blockIoDevCreate 创建函数外,SylixOS 还提供了对应的删除函数,以及读/写和控制函数,其中控制函数的函数原型如下:

```
#include <SylixOS.h>
INT  __blockIoDevIoctl (INT  iIndex, INT  iCmd, LONG  lArg);
```

函数__blockIoDevIoctl 原型分析:

- 此函数成功返回ERROR_NONE,失败返回ERROR_CODE;
- 参数 *iIndex* 是块设备索引;
- 参数 *iCmd* 是控制命令;
- 参数 *lArg* 是控制参数。

SylixOS 要求磁盘设备必须支持如表 19.1 所列的通用 FIO 命令。

表 19.1　磁盘设备需要的 FIO 命令

FIO 命令	含　义
FIOSYNC	与 FIOFLUSH 相同
FIOFLUSH	回写磁盘数据到物理磁盘
FIOUNMOUNT	卸载磁盘
FIODISKINIT	初始化磁盘

选择使用支持掉电保护的文件系统,需要支持如表 19.2 所列的 FIO 命令。

表 19.2　掉电保护文件系统需要的 FIO 命令

FIO 命令	含　义
FIOSYNCMETA	将指定范围的扇区数据完成写入磁盘

固态硬盘(SSD)需要支持如表 19.3 所列的 FIO 命令。

表 19.3　SSD 需要的 FIO 命令

FIO 命令	含　义
FIOTRIM	针对固态硬盘回收指定范围的扇区

可移动磁盘介质还需要支持如表 19.4 所列的 FIO 命令。

表 19.4　可移动磁盘需要的 FIO 命令

FIO 命令	含　义
FIODATASYNC	数据回写,可以与 FIOSYNC 做相同处理
FIOCANCEL	放弃还没有写入磁盘的数据(磁盘介质发生变化)
FIODISKCHANGE	磁盘介质发生变化,放弃还没写入磁盘的数据,然后必须将 BLKD_bDiskChange 设置为 LW_TRUE 使操作系统立即停止对相应卷的操作,等待重新挂载

除了以上必须支持的命令外,ioctl 还支持如表 19.5 所列的通用指令(磁盘设备

扩展)。

表 19.5　底层 I/O 通用命令

通用命令	含　义
LW_BLKD_CTRL_POWER	控制电源设备
LW_BLKD_POWER_OFF	关闭磁盘电源
LW_BLKD_POWER_ON	打开磁盘电源
LW_BLKD_CTRL_LOCK	锁定设备(保留)
LW_BLKD_CTRL_EJECT	弹出设备(保留)
LW_BLKD_GET_SECNUM	获得设备扇区数量
LW_BLKD_GET_SECSIZE	获得扇区的大小,单位:字节
LW_BLKD_GET_BLKSIZE	获得块大小,单位:字节,可以与扇区大小相同
LW_BLKD_CTRL_RESET	复位磁盘
LW_BLKD_CTRL_STATUS	检查磁盘状态
LW_BLKD_CTRL_OEMDISK	获得对应磁盘文件 OEM 控制块

　　块设备是 I/O 设备中的一类,SyilxOS 下最终会为每一个物理设备创建一个 BLK I/O 设备,在/dev/blk 目录下生成一个块设备文件,如/dev/blk/sata0,应用层可直接对其进行常规的 I/O 操作。相关内容在"libsylixos/SylixOS/fs/oemDisk/oemBlkIo. c"文件中。

　　BLK I/O 设备除了提供了底层 I/O 的相关控制命令外,还提供关于文件操作的相关命令,如表 19.6 所列。

表 19.6　I/O 控制命令

通用命令	含　义
FIOSEEK	文件重定位
FIOWHERE	获得文件当前读写指针
FIONREAD	获得文件剩余字节数
FIONREAD64	获得文件剩余字节数
FIOFSTATGET	获得文件状态

19.3　块设备 CACHE 管理

　　由于磁盘属于低速设备,磁盘的读/写速度远远低于 CPU 的运算速度,所以为了解决这种速度不匹配的问题,SylixOS 提供了对应块设备的缓冲器。它是一个特殊的块设备,与物理设备一一对应(多个逻辑分区共享一个 CACHE),介于文件系统和磁盘之间,可以极大地降低磁盘 I/O 的访问率,同时提高系统性能。当然引入磁盘缓冲器的最大问题在于磁盘数据与缓冲数据的不同步性,这个问题可以通过调用 sync 等函数来解决。

SylixOS 对块设备 CACHE 管理的代码在"libsylixos/SylixOS/fs/diskCache"目录下,主要包含磁盘缓冲器的创建、删除和同步等操作。

19.3.1　块设备 CACHE 的创建

创建磁盘 CACHE 块设备的函数原型如下:

```
# include <SylixOS.h>
ULONG   API_DiskCacheCreateEx2(PLW_BLK_DEV              pblkdDisk,
                               PLW_DISKCACHE_ATTR       pdcattrl,
                               PLW_BLK_DEV              * ppblkDiskCache);
```

函数 API_DiskCacheCreateEx2 原型分析:
- 此函数成功返回ERROR_NONE,失败返回错误码;
- 参数 *pblkDisk* 是需要 CACHE 的块设备;
- 参数 *pdcattrl* 是磁盘 CACHE 描述信息;
- 参数 *ppblkDiskCache* 是创建出的 CACHE 块设备。

使用 API_DiskCacheCreateEx2 函数创建 CACHE 块设备时,上层可通过LW_DISKCACHE_ATTR 结构体传递磁盘 CACHE 的描述信息,该结构体的详细描述如下:

```
typedef struct {
    PVOID       DCATTR_pvCacheMem;          /* 扇区缓存地址 */
    size_t      DCATTR_stMemSize;           /* 扇区缓存大小 */
    BOOL        DCATTR_bCacheCoherence;     /* 缓冲区需要 CACHE 一致性 */
    INT         DCATTR_iMaxRBurstSector;    /* 磁盘猝发读的最大扇区数 */
    INT         DCATTR_iMaxWBurstSector;    /* 磁盘猝发写的最大扇区数 */
    INT         DCATTR_iMsgCount;           /* 管线消息队列缓存个数 */
    INT         DCATTR_iPipeline;           /* 处理管线线程数量 */
    BOOL        DCATTR_bParallel;           /* 是否支持并行读/写 */
    ULON        GDCATTR_ulReserved[8];      /* 保留 */
} LW_DISKCACHE_ATTR;
typedef LW_DISKCACHE_ATTR  * PLW_DISKCACHE_ATTR;
```

SylixOS 要求处理管线线程数量最小为 0,即不使用管线并发技术,最大为LW_CFG_DISKCACHE_MAX_PIPELINE,该值目前定义为 4,即最多支持 4 个处理管线线程。而管线消息队列缓存的数量不能少于处理管线线程数量,一般为其

2～8 倍。

除了函数 API_DiskCacheCreateEx2 之外，SylixOS 还提供了另外两个 CACHE 块设备创建函数，即 API_DiskCacheCreateEx 函数和 API_DiskCacheCreate 函数。API_DiskCacheCreateEx 函数是在 API_DiskCacheCreateEx2 之上默认配置了缓冲区不需要 CACHE 一致性保障、不支持并行读/写、4 个管线消息队列缓存、1 个处理管线线程。而 API_DiskCacheCreate 函数则是在 API_DiskCacheCreateEx 之上默认配置了磁盘读猝发长度比写少一半。

每个磁盘 CACHE 块设备都由一个控制块管理，该控制块包含了各种控制信息，其详细描述如下：

```
typedef struct {
    LW_BLK_DEV              DISKC_blkdCache;            /* DISK CACHE 的控制块 */
    PLW_BLK_DEV             DISKC_pblkdDisk;            /* 被缓冲 BLK I/O 控制块地址 */
    LW_LIST_LINE            DISKC_lineManage;           /* 背景线程管理链表 */
    LW_OBJECT_HANDLE        DISKC_hDiskCacheLock;       /* DISK CACHE 操作锁 */
    INT                     DISKC_iCacheOpt;            /* CACHE 工作选项 */
    ULONG                   DISKC_ulEndStector;         /* 最后一个扇区的编号 */
    ULONG                   DISKC_ulBytesPerSector;     /* 每一扇区字节数量 */
    ULONG                   DISKC_ulValidCounter;       /* 有效的扇区数量 */
    ULONG                   DISKC_ulDirtyCounter;       /* 需要回写的扇区数量 */
    INT                     DISKC_iMaxRBurstSector;     /* 最大猝发读/写扇区数量 */
    INT                     DISKC_iMaxWBurstSector;
    LW_DISKCACHE_WP         DISKC_wpWrite;              /* 并发写管线 */
    PLW_LIST_RING           DISKC_pringLruHeader;       /* LRU 表头 */
    PLW_LIST_LINE          *DISKC_pplineHash;           /* HASH 表池 */
    INT                     DISKC_iHashSize;            /* HASH 表大小 */
    ULONG                   DISKC_ulNCacheNode;         /* CACHE 缓冲的节点数 */
    caddr_t                 DISKC_pcCacheNodeMem;       /* CACHE 节点链表首地址 */
    caddr_t                 DISKC_pcCacheMem;           /* CACHE 缓冲区 */
    PLW_DISKCACHE_NODE      DISKC_disknLuck;            /* 幸运扇区节点 */
    VOIDFUNCPTR             DISKC_pfuncFsCallback;      /* 文件系统回调函数 */
    PVOID                   DISKC_pvFsArg;              /* 文件系统回调参数 */
} LW_DISKCACHE_CB;
typedef LW_DISKCACHE_CB    *PLW_DISKCACHE_CB;
```

块设备 CACHE 创建的过程主要包括创建背景回写线程、初始化磁盘、创建并发写队列、开辟 HASH 表和缓冲内存池、开辟初始化控制块等。

1. 背景回写线程

磁盘高速缓冲控制器背景回写线程会定期检查所有加入背景线程的磁盘缓冲，随机回写一定数量的磁盘缓冲，目前系统默认配置为 128 个扇区。

2. 并发写队列

如果磁盘 CACHE 块设备支持管线并发技术，则会创建多个写线程，线程中循环等待写事务消息，执行具体的写盘操作，详细内容将在下一小节讲解。

3. HASH 表和缓冲内存池

SyilxOS 以 NODE 节点的方式管理 CACHE 缓存，每一个 NODE 节点都对应着一个扇区缓存，NODE 节点则以 LRU（Least Recently Used）的方式组成循环链表，方便查找空闲节点和刷新脏节点。对于已经缓存的扇区，则通过 HASH 表与链表结合的方式进行快速索引。

4. 开辟初始化控制块

控制块中包含了 CACHE 块设备的各种控制信息，也包括 BLK I/O 控制块。所有文件系统、逻辑磁盘的读/写、I/O 控制操作都会调用 CACHE 块设备的相应操作函数。

管理 CACHE 缓存的 NODE 节点详细信息如下：

```
typedef struct {
    LW_LIST_RING          DISKN_ringLru;          /* LRU 表节点 */
    LW_LIST_LINE          DISKN_lineHash;         /* HASH 表节点 */
    ULONG                 DISKN_ulSectorNo;       /* 缓冲的扇区号 */
    INT                   DISKN_iStatus;          /* 节点状态 */
    caddr_t               DISKN_pcData;           /* 扇区数据缓冲 */
    UINT64                DISKN_u64FsKey;         /* 文件系统自定义数据 */
} LW_DISKCACHE_NODE;
typedef LW_DISKCACHE_NODE    * PLW_DISKCACHE_NODE;
```

关于 NODE 节点以及 HASH 表的具体操作方法，将在后续的 CACHE 块设备的同步、读/写操作中进行详细的介绍。

19.3.2　块设备 CACHE 的同步

磁盘 CACHE 块设备的同步即回写缓存中的脏页到存储介质。SylixOS 的 CACHE 管理机制存在多种回写方式，包括指定扇区范围回写（__diskCacheFlushInvRange 函数）、指定关键区回写（__diskCacheFlushInvMeta 函数）和指定扇区数量回写（__diskCacheFlushInvCnt 函数）。

SylixOS 以 LRU 管理 CACHE 缓存，当对某一页缓存进行了读/写操作后，需要重新确定 LRU 表位置，将 NODE 节点插入链表头部，脏页回写后的空闲页则插入 LRU 表的尾部。这样最近使用的缓存放在最前面，不常使用的逐渐移到最后，而空闲的节点放在了链表最尾部。每当需要查找空闲节点或回写脏页时，只需要从链表尾部向前查找即可。

若需要回写指定扇区数量的缓存，只需要从 LRU 表的尾部向前查找指定数量的节点,将其中的脏节点加入临时链表,然后回写该链表上的所有节点即可。在插入临时链表时,以缓冲扇区号升序排列,方便后续回写时合并连续扇区。关于具体的回写方式,将在后续章节的磁盘高速传输中详细介绍,本节不做过多介绍。完成回写后,空闲节点需要重新插入 LRU 表尾部,方便空闲节点申请。

19.3.3 块设备 CACHE 的读/写操作

当文件系统需要进行读/写操作时,最终会调用到磁盘对应的 CACHE 块设备读/写操作。此时,需要先获取一个经过指定处理的 CACHE 节点。首先根据扇区号从有效的 HASH 表中查找对应节点,若找到则直接命中,说明之前对该扇区进行过缓存,否则需要开辟新的节点。开辟新节点时,从 LRU 表的结尾向前查找,将找到的节点置为有效,并加入到相关的 HASH 表中。若所有 CACHE 全部为脏节点,或无法找到合适的控制块,则需要做 FLUSH 操作,回写一些扇区,之后重新查找。

查找到有效节点后,读与写将有不同的操作。读操作时,若直接从 HASH 表中命中,则只需将 CACHE 缓存中的数据拷贝到上层缓冲即可。若不是直接命中,系统不仅会从存储介质中读出上层申请的扇区数据,还会根据设置的猝发读扇区数量和当前空闲节点数量进行预读,这样可以大大提高后续读操作的命中率。

若为写操作,在查找到有效节点后,需要将该节点置为脏节点,并将上层缓冲数据拷贝到 CACHE 缓存中。

除了以上的操作之外,无论是读操作还是写操作,都需要将操作后的节点设置为幸运节点,并重新确定 LRU 表位置,将该节点插入到链表头。

19.3.4 块设备 CACHE 的删除

磁盘 CACHE 块设备删除的函数原型如下:

```
#include <SylixOS.h>
INT  API_DiskCacheDelete (PLW_BLK_DEV  pblkdDiskCache);
```

函数 API_DiskCacheDelete 原型分析:
- 此函数成功返回 ERROR_NONE,失败返回 PX_ERROR;
- 参数 *pblkDiskCache* 是磁盘 CACHE 的块设备。

调用函数 API_DiskCacheDelete 删除磁盘之前首先要使用 remove 函数卸载卷,删除时需要等待所有写操作完成,然后释放所有申请的资源。

19.4 磁盘分区管理

19.4.1 MBR 简介

Microsoft 将使用 DOS 分区体系的磁盘称为主引导记录 MBR(Master Boot Record)磁盘。在一个分区表类型的磁盘中最多只能存在 4 个主分区。如果一个磁盘上需要超过 4 个以上的磁盘分区的话,那么就需要使用扩展分区了。如果使用扩展分区,那么一般为 3 个主分区＋1 个扩展分区,扩展分区中可包含无限制的逻辑分区。此外,DOS 分区单卷容量最大支持 2 TB。

对于使用 DOS 分区体系的磁盘,第一个扇区(0 号扇区,512 字节)为存放主引导记录(MBR)的扇区。当计算机启动并完成自检后,首先会寻找磁盘的 MBR 并读取其中的引导记录,然后将系统控制权交给它。

MBR 由 446 字节的引导代码、64 字节的主分区表以及两字节的签名值"55AA"组成。如表 19.7 所列。

表 19.7　MBR 结构

字节偏移	字节数	描　　述
00～1BD	446	引导代码
1BE～1CD	16	分区表项 1
1CE～1DD	16	分区表项 2
1DE～1ED	16	分区表项 3
1EE～1FD	16	分区表项 4
1FE～1FF	2	签名值(55AA)

- 引导代码:MBR 获得系统的控制权后,引导代码对其他代码信息进行检查,如查看是否有"55AA"有效标记,并进一步引导系统;
- 分区表:描述磁盘内的分区情况;
- "55AA"有效标志:"55AA"标志通知系统,该 MBR 扇区是否有效,如果该标志丢失或损坏,磁盘将会显示为未初始化。

其中分区表区域占 64 字节,分为 4 个分区表项。各个表项描述了一个 DOS 分区,最多可描述 4 个主分区。分区表项与物理分区没有顺序上的对应关系,操作系统会完整地对 4 个分区表项进行检索,根据每个分区表项的描述定位物理分区。分区表项的详细结构如表 19.8 所列。

表 19.8　分区表结构

字节偏移	字节数	描　　述
00～00	1	可引导标志(0x80:可引导;0x00:不可引导)
01～03	3	分区起始 CHS 地址
04～04	1	分区类型
05～07	3	分区结束 CHS 地址
08～0B	4	分区起始 LBA 地址(Little－endian 顺序)
0C～0F	4	分区大小扇区数(Little－endian 顺序)

19.4.2　磁盘命令说明

19.4.2.1　fdisk

fdisk 命令可以显示磁盘分区或为磁盘设备创建分区表。

命令格式：

> *fdisk*　［-f］［block I/O device］

常用选项：

> -f:指定磁盘设备

参数说明：

> block I/O device:块设备,如/dev/blk/sdcard0

下面是 fdisk 命令的使用方法：

显示 udisk0 分区表：

> *fdisk*　/dev/blk/udisk0

创建分区表：

> *fdisk*　-f　/dev/blk/udisk0

fdisk 最多可创建 4 个分区(分区数:1~4),每个分区的大小需指出其百分比值(如 40%),可选择指定的分区是否为活动分区(包括:活动和非活动),目前支持的文件系统类型包括：

① FAT；

② TPSFS(SyilxOS 掉电安全文件系统)；

③ LINUX。

19.4.2.2　mkfs

在 SylixOS 中,可以使用 mkfs 命令来格式化指定磁盘。

命令格式：

> *mkfs*　media name

常用选项：

> 无

参数说明：

> media name:磁盘名称

下面是 mkfs 命令格式化 sdcard0：

```
# mkfs    /media/sdcard0/
now format media, please wait..
disk format ok
```

19.4.2.3 mkgrub

在 SylixOS 中，可以使用 mkgrub 命令来对指定磁盘写入 GRUB 引导区程序。命令格式：

```
mkgrub   [block  I/O  device]
```

常用选项：

```
无
```

参数说明：

```
block  I/O  device：块设备文件
```

下面是 mkgurb 向 hdd – 0 写入 GRUB 引导区程序：

```
# mkgrub   /dev/hdd0/
Make disk grub boot program
```

19.5 磁盘高速传输

19.5.1 SylixOS 管线模型分析

SyilxOS 在 CAHCE 回写的过程采取了两种传输方式，即直接回写和多管线并发回写。并发写管线通过多线程并发处理 CACHE 提交的写请求，实现一定意义上的磁盘高速传输。SylixOS 中通过 LW_DISKCACHE_WP 结构体管理并发写管线，该结构体的具体内容如下：

```
typedef struct {
    BOOL              DISKCWP_bExit;              /* 是否需要退出 */
    BOOL              DISKCWP_bCacheCoherence;    /* CACHE 一致性标志 */
    BOOL              DISKCWP_bParallel;          /* 并行化读/写支持 */
    INT               DISKCWP_iPipeline;          /* 写管线线程数 */
    INT               DISKCWP_iMsgCount;          /* 写消息缓冲个数 */
    PVOID             DISKCWP_pvRBurstBuffer;     /* 管线缓存 */
    PVOID             DISKCWP_pvWBurstBuffer;     /* 管线缓存 */
    LW_OBJECT_HANDLE  DISKCWP_hMsgQueue;          /* 管线刷新队列 */
```

```
        LW_OBJECT_HANDLE        DISKCWP_hCounter;              /* 计数信号量 */
        LW_OBJECT_HANDLE        DISKCWP_hPart;                 /* 管线缓存管理 */
        LW_OBJECT_HANDLE        DISKCWP_hSync;                 /* 排空信号 */
        LW_OBJECT_HANDLE        DISKCWP_hDev;                  /* 非并发设备锁 */
        LW_OBJECT_HANDLE        DISKCWP_hWThread[LW_CFG_DISKCACHE_MAX_PIPELINE];
        /* 管线写任务表 */
} LW_DISKCACHE_WP;
typedef LW_DISKCACHE_WP      * PLW_DISKCACHE_WP;
```

- DISKCWP_bExit：为 LW_TRUE 时，写管线线程将会退出；
- DISKCWP_bCacheCoherence：为 LW_TRUE 时，管线缓存将使用非缓冲的内存；
- DISKCWP_bParallel：并行化读/写支持，如果不支持则需要在操作设备前调用设备锁，防止并发操作；
- DISKCWP_iPipeline：写管线线程数，为 0 时表示不使用并发写管线；
- DISKCWP_iMsgCount：写消息缓冲个数，最小为 DCATTR_iPipeline，可以为 DCATTR_iPipeline 的 2～8 倍；
- DISKCWP_hMsgQueue：管线刷新队列，上层通过发送一个消息，发起一个写请求；
- DISKCWP_hCounter：计数信号量，用于计数当前缓冲块，发起写请求时申请，完成回写时释放；
- DISKCWP_hPart：通过定长内存管理管线缓存；
- DISKCWP_hDev：非并发设备锁；
- DISKCWP_hWThread：管线写任务表；
- DISKCWP_hSync：排空信号，用于回写完成后同步。

写管线的创建通过调用__diskCacheWpCreate 函数来完成，其函数原型如下：

```
#include <SylixOS.h>
INT   __diskCacheWpCreate(PLW_DISKCACHE_CB      pdiskc,
                          PLW_DISKCACHE_WP      pwp,
                          BOOL                  bCacheCoherence,
                          BOOL                  bParallel,
                          INT                   iPipeline,
                          INT                   iMsgCount,
                          INT                   iMaxRBurstSector,
                          INT                   iMaxWBurstSector,
                          ULONG                 ulBytesPerSector);
```

函数__diskCacheWpCreate 原型分析：

- 此函数成功返回ERROR_NONE，失败返回PX_ERROR；

- 参数 *pdiskc* 是磁盘缓冲控制块；
- 参数 *pwp* 是并发写管线控制块；
- 参数 *bCacheCoherence* 是 CACHE 一致性需求；
- 参数 *bParallel* 是表明并发读/写支持；
- 参数 *iPipeline* 是写管线线程数；
- 参数 *iMsgCount* 是管线总消息个数；
- 参数 *iMaxRBurstSector* 是读猝发长度；
- 参数 *iMaxWBurstSector* 是写猝发长度；
- 参数 *ulBytesPerSector* 是每扇区大小。

函数 __diskCacheWpCreate 根据输入参数创建对应的写管线,并填充相关信息到并发写管线控制结构体。写管线线程运行后,循环等待接收管线刷新消息。当线程接收到消息后,根据消息中的信息调用具体的硬件接口进行写操作,释放相关资源后进入下一次循环等待接收消息。其中消息类型如下:

```
typedef struct {
    ULONG         DISKCWPM_ulStartSector;        /*起始扇区*/
    ULONG         DISKCWPM_ulNSector;            /*扇区数量*/
    PVOID         DISKCWPM_pvBuffer;             /*扇区缓冲*/
} LW_DISKCACHE_WPMSG;
typedef LW_DISKCACHE_WPMSG * PLW_DISKCACHE_WPMSG;
```

其中的扇区缓冲通过定长内存分区管理,分区总大小为:最大写猝发大小×消息个数,每个内存块的大小为最大写猝发的大小。上层发起写请求时,需要从定长分区中申请内存块,将要处理的数据填入缓冲区。为了实现互斥,系统还创建了初始值与消息个数相等的计数信号量,每次申请内存块前,都需要先申请信号量。所以管线线程完成写操作后,同时要释放消息中的内存块以及计数信号量和同步信号。

19.5.2　SylixOS 管线使用

SylixOS 管线使用主要在 CACHE 回写时,即调用__diskCacheFlushList 函数将链表内的 CACHE 节点扇区全部回写磁盘。由于链表以扇区号升序排列,所以能够方便地查找连续扇区,进行多扇区猝发写操作。此时,需要调用__diskCacheWpGet-Buffer 函数在已初始化后的内存分区中申请一个内存块,该函数的具体实现如下:

```
PVOID  __diskCacheWpGetBuffer (PLW_DISKCACHE_WP  pwp, BOOL bRead)
{
    PVOID  pvRet;
    if (bRead) {
        return  (pwp->DISKCWP_pvRBurstBuffer);
    }
```

```
    if (pwp ->DISKCWP_iPipeline == 0) {
        return  (pwp ->DISKCWP_pvWBurstBuffer);
    }
    if (API_SemaphoreCPend(pwp ->DISKCWP_hCounter, LW_OPTION_WAIT_INFINITE)) {
        _BugHandle(LW_TRUE, LW_TRUE, "diskcache pipeline error!\r\n");
    }
    pvRet = API_PartitionGet(pwp ->DISKCWP_hPart);
    _BugHandle((pvRet == LW_NULL), LW_TRUE, "diskcache pipeline error!\r\n");
    return  (pvRet);
}
```

在申请内存块前,需要先请求计数信号量,计数信号量与内存块数量相等。当内存分区中已没有剩余的内存块时,线程无法获得计数信号量,进入休眠。当管线线程完成写操作后会释放接收到的内存块,并释放计数信号量,此时休眠线程成功申请信号量进入就绪态,并顺利获得内存块。

接着需要将 CACHE 中的缓冲数据拷贝到内存块中,并提交一个写请求。管线线程接收到消息后进行具体的写操作和资源释放。写请求函数具体实现如下:

```
INT   __diskCacheWpWrite (PLW_DISKCACHE_CB   pdiskc,
                          PLW_BLK_DEV         pblkdDisk,
                          PVOID               pvBuffer,
                          ULONG               ulStartSector,
                          ULONG               ulNSector)
{
    LW_DISKCACHE_WPMSG  diskcwpm;
    PLW_DISKCACHE_WP   pwp = &pdiskc ->DISKC_wpWrite;
    if (pwp ->DISKCWP_iPipeline == 0) {
        return  (pdiskc ->DISKC_pblkdDisk ->BLKD_pfuncBlkWrt(pblkdDisk,
                                                             pvBuffer,
                                                             ulStartSector,
                                                             ulNSector));
    }
    diskcwpm.DISKCWPM_ulStartSector = ulStartSector;
    diskcwpm.DISKCWPM_ulNSector = ulNSector;
    diskcwpm.DISKCWPM_pvBuffer = pvBuffer;
    API_MsgQueueSend2(pwp ->DISKCWP_hMsgQueue, &diskcwpm,
                      sizeof(LW_DISKCACHE_WPMSG), LW_OPTION_WAIT_INFINITE);
    return  (ERROR_NONE);
}
```

发起写请求后可通过调用__diskCacheWpSync 函数进行写同步,该函数通过写管线控制块中的 DISKCWP_hSync 信号量实现同步功能。

19.6　RAID 磁盘阵列管理

磁盘阵列 RAID(Redundant Array of Independent Disks),有"独立磁盘构成的具有冗余能力的阵列"之意。磁盘阵列是由很多价格便宜的磁盘,组成一个容量巨大的磁盘组,利用个别磁盘提供数据所产生的加成效果提升整个磁盘系统效能。SylixOS 实现了软件 RAID 功能,配置灵活、管理方便,可以实现将几个物理磁盘合并成一个更大的虚拟设备,从而达到性能改进和数据冗余的目的。

SylixOS 中关于软件 RAID 磁盘阵列管理的内容主要在"libsylixos/SylixOS/fs/diskRaid"目录下,实现了 RAID0 与 RAID1 级别。

19.6.1　RAID 0

RAID 0 是最早出现的 RAID 模式,即 Data Stripping 数据分条技术,把连续的数据分散到多个磁盘上存取。当系统有数据请求时就可以被多个磁盘并行地执行,每个磁盘执行属于它自己的那部分数据请求。这种数据上的并行操作可以充分利用总线的带宽,显著提高磁盘整体存取性能。因为读取和写入是在设备上并行完成的,读取和写入性能将会提高,这通常是运行 RAID 0 的主要原因。但 RAID 0 没有数据冗余和容错,如果驱动器出现故障,那么将无法恢复任何数据。其存储结构如图 19.4 所示。

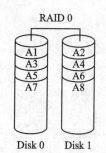

图 19.4　RAID 0 存储结构

在 SylixOS 中创建 RAID 0 类型磁盘阵列块设备的函数接口如下:

```
#include <SylixOS.h>
ULONG   API_DiskRaid0Create (PLW_BLK_DEV      pblkd [],
                             UINT             uiNDisks,
                             size_t           stStripe,
                             PLW_BLK_DEV      * ppblkDiskRaid);
```

函数 API_DiskRaid0Create 原型分析:
- 此函数成功返回ERROR_NONE ,失败返回错误码;
- 参数 *pblkd* []是物理块设备列表;
- 参数 *uiNDisks* 是物理磁盘数量,只能为 2 块或者 4 块,二者选其一;
- 参数 *stStripe* 是磁盘条带数量,必须是扇区字节数的 2 的指数倍,最好为 32 KB;
- 参数 *ppblkDiskRaid* 是返回的 RAID 虚拟磁盘。

API_DiskRaid0Create 函数将多个物理磁盘合并成一个更大的虚拟设备,阵列中所有的物理磁盘参数必须完全一致,例如磁盘大小、扇区大小等参数必须相同。函数中最终返回的 RAID 虚拟磁盘设备类型使用 LW_DISKRAID0_CB 结构描述,其具体结构如下:

```
typedef struct {
    LW_BLK_DEV          DISKR_blkdRaid;          /* DISK CACHE 的控制块 */
    PLW_BLK_DEV        * DISKR_ppblkdDisk;       /* 阵列物理磁盘列表 */
    UINT                DISKR_uiNDisks;          /* 阵列磁盘数量 */
    UINT                DISKR_uiDiskShift;       /* 磁盘 shift */
    UINT                DISKR_uiDiskMask;        /* 磁盘掩码 */
    UINT                DISKR_uiStripeShift;     /* 条带基于扇区的 2 指数次方 */
    UINT                DISKR_uiStripeMask;      /* 条带掩码 */
} LW_DISKRAID0_CB;
typedef LW_DISKRAID0_CB  * PLW_DISKRAID0_CB;
```

磁盘 shift 和磁盘掩码都与组成阵列的磁盘数量有关,RAID 阵列的 BLK I/O 控制块为最终向上表现出的虚拟设备,其中的读接口函数的具体实现如下:

```
static INT  __raid0DevRd (PLW_DISKRAID0_CB     pdiskr,
                          VOID               * pvBuffer,
                          ULONG                ulStartSector,
                          ULONG                ulSectorCount)
{
    PUCHAR  pucBuffer = (PUCHAR)pvBuffer;
    ULONG   ulNSecPerStripe = (ULONG)(1 << pdiskr ->DISKR_uiStripeShift);
    ULONG   ulRdCount;
    ULONG   ulStripe;
    ULONG   ulSector;
    UINT    uiDisk;
    while (ulSectorCount) {
        ulStripe = ulStartSector >> pdiskr ->DISKR_uiStripeShift;
        uiDisk = (UINT)(ulStripe & pdiskr ->DISKR_uiDiskMask);
        if (ulStartSector & pdiskr ->DISKR_uiStripeMask) {
            ulRdCount = ulStartSector & pdiskr ->DISKR_uiStripeMask;
            if (ulRdCount >= ulSectorCount) {
                ulRdCount = ulSectorCount;
            }
        } else {
            if (ulSectorCount >= ulNSecPerStripe) {
                ulRdCount = ulNSecPerStripe;
            } else {
```

```
                    ulRdCount = ulSectorCount;
            }
        }
        ulSector = ulStartSector >> pdiskr->DISKR_uiDiskShift;
        if (RAID_BLK_READ(pdiskr, uiDisk, pucBuffer, ulSector, ulRdCount)) {
            return  (PX_ERROR);
        }
        ulStartSector += ulRdCount;
        ulSectorCount -= ulRdCount;
        pucBuffer += (ulRdCount * pdiskr->DISKR_blkdRaid.BLKD_ulBytesPerSector);
    }
    return  (ERROR_NONE);
}
```

读块设备时,将连续的扇区分割成连续的条带,并根据磁盘数量确定条带所在的磁盘号,从相应的磁盘中读出。写设备时与此类似,确定条带号和磁盘号后,写入相应的磁盘。

RAID 0 类型磁盘阵列块设备的删除函数接口如下:

```
# include <SylixOS.h>
INT  API_DiskRaid0Delete (PLW_BLK_DEV  pblkDiskRaid);
```

函数 API_DiskRaid0Delete 原型分析:
- 此函数成功返回 ERROR_NONE,失败返回 PX_ERROR;
- 参数 *pblkDiskRaid* 是之前创建的 RAID 0 虚拟磁盘。

19.6.2　RAID 1

RAID 1 称为磁盘镜像(Mirroring),一个具有全冗余的模式,如图 19.5 所示。RAID 1 可以用于 2 个或 2×N 个磁盘,并使用 0 块或更多的备用磁盘,每次写数据时会同时写入镜像盘。这种阵列可靠性很高,但其有效容量减小到总容量的一半,同时这些磁盘的大小应该相等,否则总容量只具有最小磁盘的大小。

在 SylixOS 中创建 RAID 1 类型磁盘阵列块设备的函数接口如下:

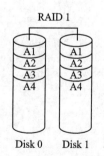

图 19.5　RAID 1 存储结构

```
# include <SylixOS.h>
ULONG  API_DiskRaid1Create (PLW_BLK_DEV    pblkd [],
                            UINT           uiNDisks,
                            PLW_BLK_DEV   * ppblkDiskRaid);
```

函数 API_DiskRaid1Create 原型分析：

- 此函数成功返回 ERROR_NONE，失败返回错误码；
- 参数 *pblkd* [ ] 是物理块设备列表；
- 参数 *uiNDisks* 是物理磁盘数量，只能为 2 块或者 4 块，二者选其一；
- 参数 *ppblkDiskRaid* 是返回的 RAID 虚拟磁盘。

API_DiskRaid1Create 函数将多个物理磁盘合并成一个更大的虚拟设备，阵列中所有的物理磁盘参数必须完全一致，例如磁盘大小、扇区大小等参数必须相同。函数中最终返回的 RAID 虚拟磁盘设备类型使用 LW_DISKRAID1_CB 结构描述，其具体结构如下：

```
typedef struct {
    LW_BLK_DEV          DISKR_blkdRaid;        / * DISK CACHE 的 BLK IO 控制块 * /
    PLW_BLK_DEV        * DISKR_ppblkdDisk;    / * 阵列物理磁盘列表 * /
    UINT                DISKR_uiNDisks;        / * 阵列磁盘数量 * /
} LW_DISKRAID1_CB;
typedef LW_DISKRAID1_CB    * PLW_DISKRAID1_CB;
```

磁盘 shift 和磁盘掩码都与组成阵列的磁盘数量有关，RAID 阵列的 BLK I/O 控制块为最终向上表现出的虚拟设备，其中的读接口函数如下：

```
static INT   __raid1DevRd (PLW_DISKRAID1_CB    pdiskr,
                           VOID                * pvBuffer,
                           ULONG               ulStartSector,
                           ULONG               ulSectorCount)
{
    INT   i;
    INT   iRet = ERROR_NONE;
    for (i = 0; i < pdiskr ->DISKR_uiNDisks; i ++ ) {
        if (RAID_BLK_READ(pdiskr, i, pvBuffer, ulStartSector, ulSectorCount)) {
            _DebugFormat(__ERRORMESSAGE_LEVEL,
                         "RAID - 1 system block disk % u error. \r\n", i);
            iRet = PX_ERROR;
        } else {
            break;
        }
    }
    return  (iRet);
}
```

读块设备时，只要从任意一个磁盘中读出即可。与此对应，RAID 1 的写操作需要对每个磁盘进行相同的写操作。

RAID 1 类型磁盘阵列块设备的删除函数接口如下：

```
# include <SylixOS.h>
INT  API_DiskRaid1Delete (PLW_BLK_DEV  pblkDiskRaid);
```

函数 API_DiskRaid1Delete 原型分析：
- 此函数成功返回ERROR_NONE，失败返回PX_ERROR；
- 参数 *pblkDiskRaid* 是之前创建的 RAID 1 虚拟磁盘。

此外 SylixOS 还提供了 RAID 1 的磁盘拷贝接口，用于备份数据或从镜像磁盘上恢复数据。其函数原型如下：

```
# include <SylixOS.h>
ULONG  API_DiskRaid1Ghost (PLW_BLK_DEV    pblkDest,
                           PLW_BLK_DEV    pblkSrc,
                           ULONG          ulStartSector,
                           ULONG          ulSectorNum);
```

函数 API_DiskRaid1Ghost 原型分析：
- 此函数成功返回ERROR_NONE，失败返回PX_ERROR；
- 参数 *pblkDest* 是目的磁盘；
- 参数 *pblkSrc* 是源磁盘；
- 参数 *ulStartSector* 是起始扇区；
- 参数 *ulSectorNum* 是扇区数量。

19.7　OemDisk 接口

SylixOS 提供了一个磁盘自动挂载工具，它是将很多磁盘工具封装在一起的一个工具集。设备可以通过热插拔事件将物理磁盘块设备交给磁盘自动挂载工具，该工具首先会为这个磁盘开辟磁盘缓冲，然后会自动进行磁盘分区检查，生成对应每个分区的虚拟块设备，最后这个工具会识别每一个分区的文件系统类型，并装载与之对应的文件系统。这样从用户角度来说，就可以在操作系统目录中看到对应挂载的文件系统目录了。

磁盘自动挂载工具，可以大大降低多分区磁盘的管理难度，其初始化接口如下：

```
# include <SylixOS.h>
VOID  API_OemDiskMountInit (VOID);
```

API_OemDiskMountInit 函数的主要任务是安装 BLK I/O 驱动程序和建立互斥信号量。完成初始化后，用户便可使用磁盘自动挂载工具提供的挂载接口。SyilxOS 中常用的挂载接口如下：

```
# include <SylixOS.h>
PLW_OEMDISK_CB  API_OemDiskMount (CPCHAR       pcVolName,
                                  PLW_BLK_DEV   pblkDisk,
                                  PVOID         pvDiskCacheMem,
                                  size_t        stMemSize,
                                  INT           iMaxBurstSector);
```

函数 API_OemDiskMount 原型分析:

- 此函数成功返回 OEM 磁盘控制块,失败返回LW_NULL;
- 参数 *pcVolName* 是根节点名称,当前 API 将根据分区情况在末尾加入数字;
- 参数 *pblkDisk* 是物理磁盘控制块,必须是直接操作物理磁盘;
- 参数 *pvDiskCacheMem* 是磁盘 CACHE 缓冲区的内存起始地址;
- 参数 *stMemSize* 是磁盘 CACHE 缓冲区大小;
- 参数 *iMaxBurstSector* 是磁盘猝发读/写的最大扇区数。

API_OemDiskMount 函数会自动挂载一个磁盘的所有分区,当无法识别分区时,使用 FAT 格式挂载。挂载完成后以一个 OEM 磁盘控制块返回,该控制块的详细内容如下所示:

```
typedef struct {
    PLW_BLK_DEV          OEMDISK_pblkdDisk;              /* 物理磁盘驱动 */
    PLW_BLK_DEV          OEMDISK_pblkdCache;             /* CACHE 驱动块 */
    PLW_BLK_DEV          OEMDISK_pblkdPart[LW_CFG_MAX_DISKPARTS];
                                                         /* 各分区驱动块 */
    INT                  OEMDISK_iVolSeq[LW_CFG_MAX_DISKPARTS];
                                                         /* 对应各分区的卷序号 */
    PLW_DEV_HDR          OEMDISK_pdevhdr[LW_CFG_MAX_DISKPARTS];
                                                         /* 安装后的设备头 */
    PVOID                OEMDISK_pvCache;                /* 自动分配内存地址 */
    UINT                 OEMDISK_uiNPart;                /* 分区数 */
    INT                  OEMDISK_iBlkNo;                 /* /dev/blk/? 设备号 */
    CHAR                 OEMDISK_cVolName[1];            /* 磁盘根挂载节点名 */
} LW_OEMDISK_CB;
typedef LW_OEMDISK_CB   * PLW_OEMDISK_CB;
```

除了上面提供的接口外,SylixOS 还提供了另一种接口,其函数原型如下:

```
# include <SylixOS.h>
PLW_OEMDISK_CB  API_OemDiskMountEx (CPCHAR       pcVolName,
                                    PLW_BLK_DEV   pblkDisk,
                                    PVOID         pvDiskCacheMem,
                                    size_t        stMemSize,
                                    INT           iMaxBurstSector,
                                    CPCHAR        pcFsName,
                                    BOOL          bForceFsType)
```

函数 API_OemDiskMountEx 原型分析：
- 此函数成功返回 OEM 磁盘控制块，失败返回LW_NULL；
- 参数 *pcVolName* 是根节点名称，当前 API 将根据分区情况在末尾加入数字；
- 参数 *pblkDisk* 是物理磁盘控制块，必须是直接操作物理磁盘；
- 参数 *pvDiskCacheMem* 是磁盘 CACHE 缓冲区的内存起始地址；
- 参数 *stMemSize* 是磁盘 CACHE 缓冲区大小；
- 参数 *iMaxBurstSector* 是磁盘猝发读/写的最大扇区数；
- 参数 *pcFsName* 是文件系统类型；
- 参数 *bForceFsType* 是是否强制使用指定的文件系统类型。

API_OemDiskMountEx 函数除了能够自动挂载一个磁盘的所有分区外，还可以使用指定的文件系统类型挂载。但是，挂载的文件系统不包含 yaffs 文件系统，因为 yaffs 属于静态文件系统。

文件系统挂载后，用户可以使用 API_OemDiskHotplugEventMessage 函数将相关的热插拔消息发送给感兴趣的应用程序，该函数原型如下：

```
# include <SylixOS.h>
INT   API_OemDiskHotplugEventMessage (PLW_OEMDISK_CB   poemd,
                                      INT              iMsg,
                                      BOOL             bInsert,
                                      UINT32           uiArg0,
                                      UINT32           uiArg1,
                                      UINT32           uiArg2,
                                      UINT32           uiArg3);
```

函数 API_OemDiskHotplugEventMessage 原型分析：
- 此函数成功返回 OEM 磁盘控制块，失败返回LW_NULL；
- 参数 *poemd* 是 OEM 磁盘控制块；
- 参数 *iMsg* 是 hotplug 消息类型；
- 参数 *uiArg* 0～3 是附加消息。

SylixOS 还提供了相应的卸载函数如下：

```
# include <SylixOS.h>
INT   API_OemDiskUnmountEx (PLW_OEMDISK_CB   poemd, BOOL   bForce);
```

函数 API_OemDiskUnmounEx 原型分析：
- 此函数成功返回ERROR_NONE，失败返回PX_ERROR；
- 参数 *poemd* 是 OEM 磁盘控制块；
- 参数 *bForce* 表明如果有文件占用是否强制卸载。

使用 API_OemDiskUnmounEx 函数能够自动卸载一个物理 OEM 磁盘设备的所有卷标，使用时推荐不要强制卸载卷，如果有文件打开，强行卸载卷是非常危险的。

19.8 MTD 设备管理

NAND Flash 与传统块设备相似,都是存储设备,但又有所不同。比如块设备不区分写和擦除操作,也没有 OOB 区。这些区别决定了系统需要一种特殊的设备来抽象 NAND Flash 设备,简化驱动开发,这就是 MTD 设备,MTD 既不属于块设备也不属于字符设备。

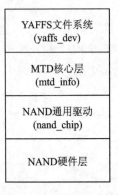

图 19.6 SylixOS 中 NAND 框架

MTD 是 Memory Technology Device 的缩写。MTD 支持类似于内存的存储器,它是底层硬件和上层软件之间的桥梁。对底层来说,MTD 无论对 NOR Flash 还是 NAND Flash 都有很好的驱动支持。对上层来说,它抽象出文件系统所需的接口函数。有了 MTD,编写 NAND Flash 的驱动变得十分轻松,因为上层的架构都已经做好,驱动编写者只需参考 NAND Flash 的 DATASHEET 编写最底层的硬件驱动即可。

SylixOS 下 NAND 的整体框架如图 19.6 所示。

向系统注册一个 MTD 的接口如下:

```
# include <linux/mtd/mtd.h>
int add_mtd_device(struct mtd_info * mtd);
```

函数 add_mtd_device 原型分析:
- 此函数成功返回 0,失败返回 1;
- 参数 *mtd* 是 MTD 设备信息结构体。

SylixOS 以一个指针数组 mtd_table 管理 MTD 设备。数组中保存着已注册的 MTD 设备线信息结构体的首地址,该结构体包含了 NAND 设备的相关硬件参数和相关配置,以及操作函数集。

对应的删除接口如下:

```
# include <linux/mtd/mtd.h>
int del_mtd_device (struct mtd_info * mtd);
```

函数 del_mtd_device 原型分析:
- 此函数成功返回 0,失败返回 ERROR_CODE;
- 参数 *mtd* 是 MTD 设备信息结构体。

该函数与注册函数对应,根据保存在 MTD 结构中的索引将 mtd_table 中的指针置空。

第 **20** 章

SD 设备驱动

20.1 SD 总线简介

SD 总线协议由 MMC 发展而来,可在软件上完全兼容 MMC 协议。其定义了一套完整的物理层规范和总线通信协议,并且在协议层支持 SPI 传输模式,目的是在没有 SD 控制器的芯片上也能使用 SD 设备,算是一种低成本解决方案。SD 协议主要包含 SD Memory(即 SD 存储卡)和 SDIO 规范,SDIO 类似于 USB,同样的接口可支持诸如 WiFi、串口、GPS 等不同功能的设备。

SD 卡是一个标准化程度比较高的设备,支持 SD 总线模式和 SPI 总线模式访问,如表 20.1 所列。SD 控制器模式需要 MCU 内部集成 SD 控制器才能使用,SPI 模式则可以使用现成的 SPI 接口电路,大大简化了电路设计并降低了成本。

表 20.1　两种 SD 卡总线模式

引　脚	SD 模式			SPI 模式		
	名　称	类　型	描　述	名　称	类　型	描　述
1	CD/DAT3	IO/PP	卡的检测/数据线 3	CS	I	SPI 片选(低电平有效)
2	CMD	PP	命令/响应	DI	I	数据输入
3	VSS1	S	电源地	VSS	S	电源地
4	VDD	S	电源	VDD	S	电源
5	CLK	I	时钟	SCLK	I	时钟
6	VSS2	S	电源地	VSS2	S	电源地
7	DAT0	IO/PP	数据线 0	DO	O/PP	数据输出
8	DAT1	IO/PP	数据线 1/SDIO 中断	RSV	—	可作 SDIO 中断
9	DAT2	IO/PP	数据线 2	RSV	—	保留

如果把 SD 一次总线传输称作一次会话,那么一次会话由命令、应答和数据组成。在 SD 模式下,由于 SD 是一个主从总线,命令总是由 SD 控制器发出,随后可能伴随设备对该命令的应答以及双方的数据传输,三者均伴随 CRC 数据校验以保证传输的正确性。CRC 计算由 SD 控制器处理。在 SPI 模式下,SPI 模式总线协议实际上是 SD 总线协议的一个子集。由于 SPI 控制器只能充当 SD 物理传输层的功能,因此额外定义了专供 SPI 模式下使用的命令集,这些命令同时也对应不同的应答格式。此模式下,一次 SD 总线会话将由多个 SPI 传输完成,这对软件设计有更多的需求。此外,还需要由软件完成 CRC 校验的处理,也可以在初始化 SD 设备时关闭 CRC 功能。

每一个 SD 卡上都有一个写保护开关(WP),该开关实际上与 SD 卡内部没有任何联系,但它提供了实现软件写保护的方法,需要硬件设计上的支持。

20.2　SylixOS 中 SD 协议架构

SylixOS 中 SD 协议栈(以下称作 SD Stack)结构如图 20.1 所示。

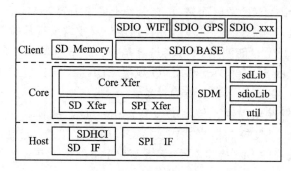

图 20.1　SD Stack 结构

Host 层:硬件控制器抽象层,SD 控制器在不同的硬件平台上可能有不同的实现,因此需要实现具体的传输处理操作。所有的控制器驱动都向上(Core 层)提供统一的操作接口。SD Stack 已经提供了符合 SD 规范的标准控制器 SDHCI 驱动,在此情况下,控制器驱动的编写将更加简单。当然也可使用 SPI 传输。

Core 层:主要封装了 SD 和 SPI 两种传输方式以及 SD Memory 和 SDIO 相关协议操作库,让 Client 层只需要关心与具体设备相关的 SD 协议处理,而不必考虑底层的硬件情况,详细介绍如下:

- sdLib 为基于 Core Xfer 为传输对象封装的 SD Memory 相关协议操作库;
- sdioLib:与 sdLib 一样,是针对 sdio 类设备特殊操作的相关工具库,sdio 类设备驱动使用此库可以使驱动的编写更简单;
- SDM:SD DRV Manager,即 SD 驱动管理层,这里的 SD 驱动包括 SD 设备驱动和 SD 控制器驱动,这样两者的信息都由 SDM 管理维护,以此达到两者完全隔离的目的。

Client 层：实现具体的设备类协议，主要包括 SD Memory 和 SDIO BASE 两个库，分别对应 SD 存储卡类设备和 SDIO 类设备，详细介绍如下：

- SD Memory 负责 SD Memory 相关的协议处理（如初始化，块读/写等），它同时完成与 SylixOS 块设备相关的接口创建（BLK_DEV）；
- SDIO BASE：SDIO 类基础驱动，它和 SD Memory 处于同一级别，不会直接去创建实际的 SDIO 类设备，主要是在完成 SDIO 的基础初始化后，使用特定的 SDIO 子类驱动来创建对应的设备。之所以设计 SDIO 类基础驱动，是为了让驱动的管理更加统一，同时将原设计中的一些缺点（比如设备驱动要关心 Host 的一些信息）掩藏起来，让 SDIO 类设备驱动开发更简洁。

SD 总线定义为一主多从总线，理论上一条总线上可以挂接多个 SD 从设备，它们以不同的地址区分。但 SylixOS SD 协议实现上，并不支持一条 SD 总线上存在多个设备的情况，原因有以下几点：

① 由于 SD 卡接口完全兼容 MMC 卡，因此若同一个总线上同时存在 SD 卡和 MMC 卡，且它们需要不同的电压支持，则不论是硬件还是软件上都很难处理此类情况。

② 当一个总线上挂接多个 SDIO 类设备时，如何有效区分产生的 SDIO 中断来自于哪个设备目前还未能找到任何答案。

③ 总线上的多个 SD 设备若需要不同的传输速率，SD 规范中也没有给出任何可行的解决方案，因为 SD 控制器本身不能处理不同速率带来的时序转换问题（这里可以对比一下 USB 总线，不同速率的设备是通过 HUB 完成传输转换的）。因此 SD 规范中也明确说明了，在高速模式下，一个 SD 控制器只能对应一个 SD 设备。

④ SD 规范没有对一个总线上可同时挂接的设备最大数量进行明确的定义，它可能受限于端口的驱动能力、硬件设计上的抗干扰能力等因素，这增加了应用的不确定性。

⑤ 硬件成本越来越低，实际的应用中也少有此类需求。很多芯片上都同时存在多个 SD 硬件控制器通道，这已经能满足需要同时使用多个 SD 设备的场合。

可见，SD 总线的定义存在诸多缺陷。基于以上几点原因，SylixOS SD 协议在软件实现上，一个 SD 控制器仅能同时支持一个 SD 设备。同时也建议设计硬件电路时，最好不要将多个 SD 卡槽挂接到一个 SD 总线上，因为即使是 Linux 系统，也是同样的处理方式。

20.3　系统库初始化

在注册任何 SD 设备之前都需要首先对系统库进行初始化：

```
# include <SylixOS.h>
INT   API_SdmLibInit(VOID);
INT   API_SdmSdioLibInit(VOID);
INT   API_SdMemDrvInstall(VOID);
INT   API_SdioBaseDrvInstall(VOID);
```

- 调用 API_SdmLibInit 函数的目的是初始化 Core 层 SDM 系统库需要的系统数据,在调用此函数的同时也会默认初始化 Core 层 SD Memory 库相关系统数据,故不需要额外初始化 SD 存储卡相关库。
- 调用 API_SdmSdioLibInit 函数的目的是初始化 Core 层 SDIO 库相关系统数据。
- 调用 API_SdMemDrvInstall 函数的目的是向 SDM 安装 Client 层 SD 存储卡类设备驱动。
- 调用 API_SdioBaseDrvInstall 函数的目的是向 SDM 安装 Client 层 SDIO 类设备基础驱动。

20.4　SD 非标准控制器驱动

20.4.1　概　述

SD 非标准接口驱动编写需要用户自行管理大部分数据。一般编写顺序是首先初始化总线适配器的私有数据,例如进行寄存器地址映射和中断绑定等,然后进行硬件寄存器的初始化,最后向内核注册准备好的数据。

20.4.2　SD/SPI 总线适配器创建

对应不同传输方式需要创建不同的总线适配器,下面分别介绍 SD 总线适配器的创建以及 SPI 总线适配器的创建。

20.4.2.1　SD 总线适配器的创建

SD 总线适配器驱动相关信息位于"libsylixos/SylixOS/system/device/sd"文件下,其适配器创建函数原型如下:

```
# include <SylixOS.h>
INTAPI_SdAdapterCreate(CPCHAR  pcName, PLW_SD_FUNCS  psdfunc);
```

函数 API_SdAdapterCreate 原型分析:

- 此函数成功返回 ERROR_NONE,失败返回 PX_ERROR;
- 参数 *pcName* 参数是 SD 适配器的名称,即 shell 命令 buss 显示的名称;
- 参数 *psdfunc* 参数是 SD 总线传输函数集指针。

注:*psd func* 会在 SDM 中持续引用,因此该对象需要持续有效。

函数 API_SdAdapterCreate 使用结构体 PLW_SD_FUNCS 来向内核提供传输函数集合,其详细描述如下:

```
# include <SylixOS.h>
typedef struct lw_sd_funcs {
    INT ( * SDFUNC_pfuncMasterXfer)(PLW_SD_ADAPTER          psdadapter,
                              struct lw_sd_device     * psddevice,
                              PLW_SD_MESSAGE          psdmsg,
                              INT                     iNum);
    INT ( * SDFUNC_pfuncMasterCtl)(PLW_SD_ADAPTER          psdadapter,
                              INT                     iCmd,
                              LONG                    lArg);
} LW_SD_FUNCS, * PLW_SD_FUNCS;
```

- SDFUNC_pfuncMasterXfer:主控传输函数,上层会直接调用此函数实现消息发送。第一个参数 *psdadapter* 为 SD 总线适配器指针;第二个参数 *psddevice* 为 SD 总线上的设备结构体指针;第三个参数 *psdmsg* 为需要传输的消息结构体首地址指针;第四个参数 *iNum* 为需要传输的消息个数。以上四个参数即可告知主控器如何实现数据传输。
- SDFUNC_pfuncMasterCtl:主控 I/O 控制函数,用来实现与硬件控制器相关的控制。第一个参数 *psdadapter* 为 SD 总线适配器指针;第二个参数 *iCmd* 为控制命令;第三个参数 *lArg* 与 *iCmd* 相关,需要 I/O 控制函数支持的功能如表 20.2 所列。

表 20.2 I/O 控制函数命令

需要支持的功能	含　义
SDBUS_CTRL_POWEROFF	关闭电源
SDBUS_CTRL_POWERUP	上电
SDBUS_CTRL_POWERON	打开电源,作用同上
SDBUS_CTRL_SETBUSWIDTH	设置总线位宽
SDBUS_CTRL_SETCLK	设置时钟频率
SDBUS_CTRL_STOPCLK	停止时钟
SDBUS_CTRL_STARTCLK	使能时钟
SDBUS_CTRL_DELAYCLK	时钟延迟
SDBUS_CTRL_GETOCR	获取适配器电压

在这里需要说明的是,在 I/O 控制函数支持的功能中参数 SDBUS_CTRL_

POWERUP 和参数 SDBUS_CTRL_POWERON 可能会使人产生误解,实际上参数 SDBUS_CTRL_POWERUP 和参数 SDBUS_CTRL_POWERON 只是一种功能的两种不同名称而已,主要与个人习惯相关,并无其他特殊区分和设计,在适配器中两者的实现一致即可。

注册到内核的传输函数集合中要用到多种结构体,PLW_SD_ADAPTER 总线适配器结构体指针主要包含当前总线适配器节点信息,PLW_SD_DEVICE 总线设备结构体指针主要包含当前 SD 设备的相关信息,PLW_SD_MESSAGE 消息请求结构体指针的作用是指向需要发送的消息缓冲区,提供以上三种结构体后控制器即可知道如何进行发送,各种结构体的详细描述如下。

首先介绍 SD 总线适配器结构体,该结构体详细描述如下:

```
# include <SylixOS.h>
typedef struct lw_sd_adapter {
    LW_BUS_ADAPTER          SDADAPTER_busadapter;       /* 总线节点 */
    struct lw_sd_funcs      * SDADAPTER_psdfunc;        /* 总线适配器操作函数 */
    LW_OBJECT_HANDLE        SDADAPTER_hBusLock;         /* 总线操作锁 */
    INT                     SDADAPTER_iBusWidth;        /* 总线位宽 */
    LW_LIST_LINE_HEADER     SDADAPTER_plineDevHeader;   /* 设备链表 */
} LW_SD_ADAPTER, * PLW_SD_ADAPTER;
```

- SDADAPTER_busadapter:系统总线节点结构体;
- SDADAPTER_psdfunc:指向总线适配器的操作函数,即 API_SdAdapter-Create 函数注册到 SDM 层的操作函数集指针;
- SDADAPTER_hBusLock:SD 总线锁,不需要手动处理;
- SDADAPTER_iBusWidth:总线位宽,其取值见表 20.3;
- SDADAPTER_plineDevHeader:指向此适配器下挂载的设备链表,不需要手动处理。

表 20.3 总线位宽选项

位宽选项值	含 义
SDBUS_WIDTH_1	1 位位宽
SDBUS_WIDTH_4	4 位位宽
SDBUS_WIDTH_8	8 位位宽
SDBUS_WIDTH_4_DDR	4 位双通道
SDBUS_WIDTH_8_DDR	8 位双通道

SD 总线设备结构体详细描述如下:

```
# include <SylixOS.h>
typedef struct lw_sd_device {
    PLW_SD_ADAPTER          SDDEV_psdAdapter;       /* 从属的 SD 适配器 */
    LW_LIST_LINE            SDDEV_lineManage;       /* 设备挂载链 */
    atomic_t                SDDEV_atomicUsageCnt；  /* 设备使用计数 */
    UINT8                   SDDEV_ucType;
    UINT32                  SDDEV_uiRCA;            /* 设备本地地址 */
    UINT32                  SDDEV_uiState;          /* 设备状态位标志 */
    LW_SDDEV_CID            SDDEV_cid;
    LW_SDDEV_CSD            SDDEV_csd;
    LW_SDDEV_SCR            SDDEV_scr;
    CHAR                    SDDEV_pDevName[LW_CFG_OBJECT_NAME_SIZE];
    PVOID                   SDDEV_pvUsr;            /* 设备用户数据 */
} LW_SD_DEVICE, * PLW_SD_DEVICE;
```

- SDDEV_psdAdapter：指向该设备所从属的适配器的指针；
- SDDEV_lineManage：该设备在总线适配器中的一个节点，一般不需要手动处理；
- SDDEV_atomicUsageCnt：用来记录设备打开次数；
- SDDEV_ucType：设备类型，其类型如表 20.4 所列；
- SDDEV_uiRCA：卡相对地址；
- SDDEV_uiState：目前设备状态，其状态取值如表 20.5 所列；
- SDDEV_cid：SD 卡的 CID 寄存器值；
- SDDEV_csd：SD 卡的 CSD 寄存器值；
- SDDEV_scr：SD 卡的 SCR 寄存器值；
- SDDEV_pDevName：设备名称；
- SDDEV_pvUsr：用户自定义数据。

表 20.4　设备类型

设备类型值	含　义
SDDEV_TYPE_MMC	MMC 卡
SDDEV_TYPE_SDSC	SDSC 标准的卡
SDDEV_TYPE_SDHC	SDHC 标准的 SD 卡
SDDEV_TYPE_SDXC	SDXC 标准的 SD 卡
SDDEV_TYPE_SDIO	SDIO 卡
SDDEV_TYPE_COMM	暂不支持

表 20.5 设备状态

设备状态值	含　义
SD_STATE_EXIST	该设备已经存在
SD_STATE_WRTP	暂无使用
SD_STATE_BAD	暂无使用
SD_STATE_READONLY	暂无使用

将要发送的数据存在于 SD 消息结构体中,其详细描述如下:

```
# include <SylixOS.h>
typedef struct lw_sd_message {
    LW_SD_COMMAND    * SDMSG_psdcmdCmd;      /* 发送命令 */
    LW_SD_DATA       * SDMSG_psddata;        /* 数据传输属性 */
    LW_SD_COMMAND    * SDMSG_psdcmdStop;     /* 停止命令 */
    UINT8            * SDMSG_pucRdBuffer;    /* 请求缓冲(读缓冲) */
    UINT8            * SDMSG_pucWrtBuffer;   /* 请求缓冲(写缓冲) */
} LW_SD_MESSAGE, * PLW_SD_MESSAGE;
```

- SDMSG_psdcmdCmd:需要发送的命令结构体;
- SDMSG_psddata:需要发送的数据属性;
- SDMSG_psdcmdStop:如果命令发送完成后需要发送停止命令,则填充此指针;
- SDMSG_pucRdBuffer:数据读取缓冲区;
- SDMSG_pucWrtBuffer:数据发送缓冲区。

LW_SD_MESSAGE 结构体中封装了很多与协议相关的结构体,下面我们按顺序介绍。首先介绍第一个结构体 LW_SD_COMMAND,该结构体内部封装了与 SD 命令相关的信息,其结构体详细描述如下:

```
# include <SylixOS.h>
typedef struct lw_sd_command {
    UINT32   SDCMD_uiOpcode;        /* 操作码(命令) */
    UINT32   SDCMD_uiArg;           /* 参数 */
    UINT32   SDCMD_uiResp[4];       /* 应答(有效位最多 128 位) */
    UINT32   SDCMD_uiFlag;          /* 属性位标(命令和应答属性) */
    UINT32   SDCMD_uiRetry;
} LW_SD_COMMAND, * PLW_SD_COMMAND;
```

- SDCMD_uiOpcode:需要发送的 SD 命令;
- SDCMD_uiArg:此项有无数数据与 SDCMD_uiOpcode 相关;
- SDCMD_uiResp:应答数据,最多 128 位;

- SDCMD_uiFlag：SD 命令类型及应答类型，取值如表 20.6 所列；
- SDCMD_uiRetry：消息重试次数。

表 20.6　SD 命令及应答类型

命令及应答类型取值	含　义
SD_RSP_PRESENT	有应答
SD_RSP_136	136 位应答
SD_RSP_CRC	应答中包含有效 CRC
SD_RSP_BUSY	命令引起的应答是忙信号
SD_RSP_OPCODE	应答中包含了发送的命令
SD_CMD_AC	带有指定地址的命令
SD_CMD_ADTC	带有地址，并伴随数据传输命令
SD_CMD_BC	广播命令，无应答
SD_CMD_BCR	广播命令，有应答
SD_RSP_SPI_S1	(SPI 模式)有第一个状态字节
SD_RSP_SPI_S2	(SPI 模式)有第二个状态字节
SD_RSP_SPI_B4	(SPI 模式)有四个状态字节
SD_RSP_SPI_BUSY	(SPI 模式)卡发送的忙信号

　　SD 消息结构体中的第二个结构体是 LW_SD_DATA，该结构体主要封装了与数据相关的信息，其详细描述如下：

```
#include <SylixOS.h>
typedef struct lw_sd_data {
    UINT32    SDDAT_uiBlkSize;
    UINT32    SDDAT_uiBlkNum;
    UINT32    SDDAT_uiFlags;
} LW_SD_DATA, * PLW_SD_DATA;
```

- SDDAT_uiBlkSize：块大小；
- SDDAT_uiBlkNum：块数量；
- SDDAT_uiFlags：数据传输标志，其取值如表 20.7 所列。

表 20.7　数据传输标志

数据传输标志	含　义
SD_DAT_WRITE	此次传输需要写数据
SD_DAT_READ	此次传输需要读数据
SD_DAT_STREAM	此次多字节传输按流方式传输

20.4.2.2　SPI 总线适配器的创建

SPI 总线适配器驱动相关信息位于"libsylixos/SylixOS/system/device/spi"文件夹下,在这里我们不做讨论。需要注意的是,SylixOS 内部适配器是根据名称来进行匹配的,因此名称需要唯一,具体实现见 12.3 节 SPI 总线。

20.4.3　向 SDM 注册 HOST 信息

在向 SDM[①] 层注册信息时需要使用 API_SdmHostRegister 函数并填充 SD_HOST 结构体,此结构体主要用来将主控器的相关信息报告给 SDM 层并统一管理。

注:SD_HOST 会在 SDM 中持续引用,因此该对象需要持续有效。

首先来分析一下函数 API_SdmHostRegister,该函数原型如下:

```
#include <SylixOS.h>
PVOID API_SdmHostRegister(SD_HOST * psdhost);
```

函数 API_SdmHostRegister 原型分析:

- 此函数成功返回 SDM 控制器指针,失败返回 LW_NULL。注意需要,在主控器私有数据结构体中保存返回的 SDM 控制器指针,SylixOS 的 SD 设备热插拔事件通知需要通过它来实现;
- 参数 *psdhost* 是指向 SD 主控器信息结构体的指针。

下面我们来分析一个最重要的结构体 SD_HOST,其详细描述如下:

```
#include <SylixOS.h>
struct sd_host {
    CPCHAR      SDHOST_cpcName;
    INT         SDHOST_iType;
    INT         SDHOST_iCapbility;                  /* 主动支持的特性 */
    VOID        (* SDHOST_pfuncSpicsEn) (SD_HOST * psdhost);
    VOID        (* SDHOST_pfuncSpicsDis) (SD_HOST * psdhost);
    INT         (* SDHOST_pfuncCallbackInstall)
       (
        SD_HOST      * psdhost,
        INT             iCallbackType,        /* 安装的回调函数的类型 */
        SD_CALLBACK  callback,                /* 回调函数指针 */
        PVOID           pvCallbackArg         /* 回调函数的参数 */
       );
    INT         (* SDHOST_pfuncCallbackUnInstall)
       (
        SD_HOST      * psdhost,
```

---

① SDM 是 SD 协议管理。

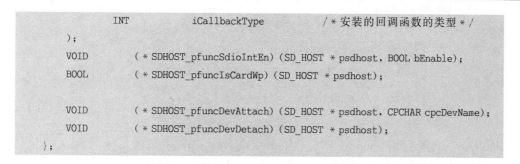

```
               INT              iCallbackType              /* 安装的回调函数的类型 */
    );
    VOID          (* SDHOST_pfuncSdioIntEn) (SD_HOST * psdhost, BOOL bEnable);
    BOOL          (* SDHOST_pfuncIsCardWp) (SD_HOST * psdhost);

    VOID          (* SDHOST_pfuncDevAttach) (SD_HOST * psdhost, CPCHAR cpcDevName);
    VOID          (* SDHOST_pfuncDevDetach) (SD_HOST * psdhost);
};
```

- SDHOST_cpcName：SD 主控器名称，用来查找注册到内核中的 SD/SPI 总线适配器，需要注意的是其必须与 20.4.2 小节中注册的名称一致，一个适配器有且只有一个名字，并且只能由一个 SDM 主控器管理，只能挂载一个设备；
- SDHOST_iType：用来标注正在注册的总线适配器是 SD 总线还是 SPI 总线，详细取值如表 20.8 所列；
- SDHOST_iCapbility：正在注册的总线适配器主动支持的某些特性，详细取值如表 20.9 所列；
- SDHOST_pfuncSpicsEn：仅供 SPI 总线模式下进行片选操作；
- SDHOST_pfuncSpicsDis：仅供 SPI 总线模式下进行片选取消操作；
- SDHOST_pfuncCallbackInstall：安装回调函数，其中参数 iCallbackType 取值如表 20.10 所列，目前需要支持的并不多，后续随着 SD Stack 的发展可动态扩展；
- SDHOST_pfuncCallbackUnInstall：注销安装回调函数，其中参数 iCallbackType 取值同上；
- SDHOST_pfuncSdioIntEn：使能 SDIO 中断；
- SDHOST_pfuncIsCardWp：判断该主控器上对应的卡是否写保护；
- SDHOST_pfuncDevAttach：添加设备；
- SDHOST_pfuncDevDetach：删除设备。

　　结构体 SD_HOST 中必须提供的成员有 SDHOST_cpcName、SDHOST_iType、SDHOST_pfuncCallbackInstall 和 SDHOST_pfuncCallbackUnInstall。若主控器为 SPI 总线，成员 SDHOST_pfuncSpicsEn 和 SDHOST_pfuncSpicsDis 也必须提供。

表 20.8　SD 主控器类型

SD 主控器类型	含　义
SDHOST_TYPE_SD	SD 总线适配器
SDHOST_TYPE_SPI	SPI 总线适配器

表 20.9　SD 主控器支持的特性

SD 主控器支持的特性	含　义
SDHOST_CAP_HIGHSPEED	支持高速传输
SDHOST_CAP_DATA_4BIT	支持 4 位数据传输
SDHOST_CAP_DATA_8BIT	支持 8 位数据传输
SDHOST_CAP_DATA_4BIT_DDR	支持 4 位 ddr 数据传输
SDHOST_CAP_DATA_8BIT_DDR	支持 8 位 ddr 数据传输
SDHOST_CAP_MMC_FORCE_1BIT	MMC 卡强制使用 1 位总线

表 20.10　安装的回调函数类型

安装的回调函数类型	含　义
SDHOST_CALLBACK_CHECK_DEV	卡状态监测

20.4.4　热插拔检测

热插拔检测可以通过中断或使用系统提供的 hotplugPollAdd 函数自动轮询检测,这里不建议采用中断方式。下面不讨论两种方法的优劣,仅提供如何通知 SDM 层设备插入/拔出的方法。热插拔中需要使用两个函数,一个是 API_SdmEventNotify 函数,另一个是SD_CALLBACK 的回调函数。

分析 API_SdmEventNotify 函数,其原型如下:

```
# include <SylixOS.h>
INT   API_SdmEventNotify(PVOID  pvSdmHost, INT  iEvtType);
```

API_SdmEventNotify 函数原型分析:

- 函数成功返回ERROR_NONE ,失败返回PX_ERROR ;
- 参数 *pvSdmHost* 是 20.4.3 小节中函数 API_SdmHostRegister 的返回值;
- 参数 *iEvtType* 是用来通知内核发生的事件类型,其取值如表 20.11 所列。

表 20.11　SDM 事件类型

SDM 事件类型	含　义
SDM_EVENT_DEV_INSERT	SD 设备插入
SDM_EVENT_DEV_REMOVE	SD 设备移除
SDM_EVENT_SDIO_INTERRUPT	SDIO 设备发生中断
SDM_EVENT_BOOT_DEV_INSERT	SD BOOT 设备插入

在热插拔检测函数中仅需用到两个宏,在检测到设备插入时用SDM_EVENT_

DEV_INSERT 通知 SDM 层设备插入；在检测到设备移除时用 SDM_EVENT_DEV_REMOVE 通知 SDM 层设备移除。

SD BOOT 设备意思是此设备需要或可以尽快初始化，常见的情况是焊在板子上的 MMC 设备或 SD 存储卡设备需要做根文件系统等。使用 SDM_EVENT_BOOT_DEV_INSERT 这个参数即可通知 SDM 层采用 SD BOOT 设备插入方式立即创建设备，而不是将设备创建放入闲时工作队列，这种设备创建方法有迅速创建设备、提高启动速度的优点，故推荐此种设备使用这个方法。

此函数的另外一个作用是在发生 SDIO 中断时使用 SDM_EVENT_SDIO_INTERRUPT 参数，通知 SDM 发生了 SDIO 中断，我们在下一章详细介绍。

SD_CALLBACK 回调函数实际上在内核中的真正函数如下：

```
#include <SylixOS.h>
static INT __sdCoreSdCallbackCheckDev (PVOID  pvDevHandle，INT  iDevSta);
```

- 函数调用成功返回 ERROR_NONE，失败返回 PX_ERROR；
- 参数 *pvDevHandle* 是 SDM 层调用回调函数保存在主控器私有数据结构体中的参数；
- 参数 *iDevSta* 是将要设置的设备状态，取值如表 20.12 所列。

表 20.12　设备状态

设备状态	含　义
SD_DEVSTA_UNEXIST	设备已经不存在，即将删除
SD_DEVSTA_EXIST	设备存在

在检测到设备插入后会自动创建 SD 设备结构体，此时设备已经存在，其默认状态为 SD_DEVSTA_EXIST；在设备移除后需要通知系统设备已经不存在，即将删除，需要手动设置设备状态为 SD_DEVSTA_UNEXIST。

需要注意的是在主控器私有数据结构体中需要提供 SD_CALLBACK 回调函数指针类型和 PVOID 类型两个成员来保存 SDM 注册的回调函数及其参数。

20.4.5　SDIO 中断的处理

由于 SDIO 中断的处理比较复杂，所以 SylixOS 建议的做法是在中断处理函数中将 SDIO 中断处理函数加入到 SylixOS 中断延迟处理队列（优先级很高，不会发生很久不处理的情况），在 SDIO 中断处理函数中使用通知函数通知 SDM 层发生中断。使用到的函数与热插拔一样为 API_SdmEventNotify，但参数为 SDM_EVENT_SDIO_INTERRUPT。

20.4.6　SD 存储卡作根文件系统

在 SD 存储卡作根文件系统的情况下需要迅速地创建设备，因此不能等待优先级较低的热插拔线程执行,SylixOS 建议的做法是在 SD 控制器初始化末尾直接通知 SDM 层创建设备。使用到的函数依然是 API_SdmEventNotify,参数为 SDM_EVENT_BOOT_DEV_INSERT。

20.4.7 SD 非标准接口驱动完整示例

本节给出 SD 非标准接口驱动的实现。

所用宏定义及全局变量定义如下:

```
#define __SYLIXOS_KERNEL
#include <SylixOS.h>
#include <stdio.h>
#include <string.h>
#define __SDHOST_NAME              "/bus/sd/0"
#define __SDHOST_CDNAME            "sd_cd0"
#define __SDHOST_WPNAME            "sd_wp0"
#define __SDHOST_MAXNUM            1
#define __SDHOST_VECTOR_CH0        21                  /* 中断号 */
#define __SDHOST_PHYADDR_CH0       0x5A000000    /* 寄存器物理地址 */
#define __EMMC_RESERVE_SECTOR      0
#ifndef GPIO_NONE
#define GPIO_NONE                  LW_CFG_MAX_GPIOS
#endif
#define SD_ERR(fmt, arg...)        printk("[SD]"fmt, ##arg);
static __SD_CHANNEL  _G_sdChannel[__SDHOST_MAXNUM];
```

控制器内部结构定义如下:

```
typedef struct {
    SD_HOST            SDCH_sdhost;
    CHAR               SDCH_cName[10];
    PLW_SD_ADAPTER     SDCH_psdadapter;
    LW_SD_FUNCS        SDCH_sdFuncs;
    UINT32             SDCH_sdOCR;          /* 电压及设备容量支持 */
    PLW_JOB_QUEUE      SDCH_jqDefer;        /* SDIO 中断在中断延迟队列处理 */
    addr_t             SDCH_phyAddr;        /* 控制器基地址 */
    addr_t             SDCH_virAddr;
    UINT32             SDCH_uVector;        /* 中断号 */
    UINT32             SDCH_uiSdiCd;        /* SD 卡使用的 CD 引脚 */
    UINT32             SDCH_uiSdiWp;        /* SD 卡使用的 WP 引脚 */
    SD_CALLBACK        SDCH_callbackChkDev;
    PVOID              SDCH_pvCallBackArg;
```

```
        PVOID              SDCH_pvSdmHost;
        INT                SDCH_iCardSta;      /*当前 SD 卡状态 */
} __SD_CHANNEL, * __PSD_CHANNEL;
```

SD 系统库初始化函数如下：

```
VOID  sdiLibInit (VOID)
{
    /*
     *  SDM 系统层初始化,包含 SD 存储卡库的初始化
     */
    API_SdmLibInit();
    /*
     *  SDIO 库初始化
     */
    API_SdmSdioLibInit();
    API_SdMemDrvInstall();                     /*安装 SD 存储卡驱动 */
    API_SdioBaseDrvInstall();                  /*安装 SDIO 基础驱动 */
}
```

初始化函数主要完成 SD 存储卡库和 SDIO 库的初始化、SD 存储卡驱动和 SDIO 基础驱动的安装。

下面函数实现 SD 总线的初始化。

```
INT  sdDrvInstall (INT          iChannel,
                   UINT32       uiSdCdPin,
                   UINT32       uiSdWpPin,
                   BOOL         bIsBootDev)
{

    __PSD_CHANNEL    pChannel;
    INT              iRet;
    /*
     *初始化控制器软件资源
     */
    iRet = __sdDataInit(iChannel, uiSdCdPin, uiSdWpPin);
    if (iRet != ERROR_NONE){
        return (PX_ERROR);
    }
    /*
     *初始化控制器硬件资源
     */
    iRet = __sdHwInit(iChannel);
    if (iRet != ERROR_NONE){
```

```
        goto __errb1;
    }
    /*
     * 创建 SD 总线适配器
     */
    pChannel = & G_sdChannel[iChannel];
    iRet = API_SdAdapterCreate(pChannel ->SDCH_cName, &pChannel ->SDCH_sdFuncs);
    if (iRet != ERROR_NONE) {
        SD_ERR("% s err:fail to create sd adapter!\r\n", __func__);
        goto __errb1;
    }
    pChannel ->SDCH_psdadapter = API_SdAdapterGet(pChannel ->SDCH_cName);
    /*
     * 向 SDM 注册 HOST 信息
     */
    pChannel ->SDCH_pvSdmHost = API_SdmHostRegister(&pChannel ->SDCH_sdhost);
    if (!pChannel ->SDCH_pvSdmHost) {
        SD_ERR("% s err:fail to register SDM host!\r\n", __func__);
        goto __errb2;
    }
    /*
     *  SDM 层扩展参数设置,设置触发块大小,提高读/写效率,默认 64,此处仅作示例
     */
    API_SdmHostExtOptSet(pChannel ->SDCH_pvSdmHost,
                         SDHOST_EXTOPT_MAXBURST_SECTOR_SET,
                         128);
    /*
     *  BOOT 设备特殊处理:在当前线程(而非热插拔线程)直接创建设备,提高启动速度
     */
    if (bIsBootDev) {
        iRet = API_SdmEventNotify(pChannel ->SDCH_pvSdmHost,
                                  SDM_EVENT_BOOT_DEV_INSERT);
        pChannel ->SDCH_iCardSta = 1;
        if (iRet) {
            SD_ERR("% s err:fail to create boot device!\r\n", __func__);
            pChannel ->SDCH_iCardSta = 0;
        }
        /*
         *  CPU 直接从 SD 卡启动情况可以使用此额外选项避开 u - boot 段等,其他情况
            建议使用分区
         */
```

```
        API_SdmHostExtOptSet(pChannel->SDCH_pvSdmHost,
                             SDHOST_EXTOPT_RESERVE_SECTOR_SET,
                             __EMMC_RESERVE_SECTOR);
    }
    /*
     * 加入到内核热插拔检测线程
     */
    hotplugPollAdd((VOIDFUNCPTR)__sdCdHandle, (PVOID)pChannel);
    return (ERROR_NONE);
__errb2:
    API_SdAdapterDelete(pChannel->SDCH_cName);
__errb1:
    __sdDataDeinit(iChannel);
    return (PX_ERROR);
}
```

函数中调用的控制器软硬件资源初始化函数如下：

```
static INT  __sdDataInit (INT  iChannel, UINT32  uiSdCdPin, UINT32  uiSdWpPin)
{
    __PSD_CHANNEL      pChannel;
    SD_HOST          * pSdHost;
    LW_SD_FUNCS      * pSdFuncs;
    INT                iRet;
    CHAR               cSdCdName[10] = __SDHOST_CDNAME;
    CHAR               cSdWpName[10] = __SDHOST_WPNAME;
    pChannel = &_G_sdChannel[iChannel];
    pSdHost = &pChannel->SDCH_sdhost;
    pSdFuncs = &pChannel->SDCH_sdFuncs;
    pChannel->SDCH_uiSdiCd = uiSdCdPin;                   /* 保存两个引脚号 */
    pChannel->SDCH_uiSdiWp = uiSdWpPin;
    snprintf(pChannel->SDCH_cName, sizeof(__SDHOST_NAME) - 1, __SDHOST_NAME);
                                               /* 名字非常重要，不能重复 */

    switch (iChannel) {
    case 0:
        pChannel->SDCH_phyAddr = __SDHOST_PHYADDR_CH0;  /* 初始化内存基地址 */
        pChannel->SDCH_uVector = __SDHOST_VECTOR_CH0;
        break;
    case 1:
        break;
    }
```

```
    iRet = API_InterVectorConnect(pChannel->SDCH_uVector,/*绑定中断处理函数*/
    __sdIrq,
    pChannel,
    "sd_isr");
    if (iRet) {
        SD_ERR("%s err:Vector setup fail!\r\n", __func__);
        goto __erra1;
    }
    pChannel->SDCH_virAddr = (addr_t)API_VmmIoRemapNocache((PVOID)pChannel->SDCH_
                             phyAddr,
                                   LW_CFG_VMM_PAGE_SIZE);
                                                    /*映射寄存器地址到虚拟内存*/
    if (!pChannel->SDCH_virAddr) {
        SD_ERR("%s err:No more space!\r\n", __func__);
        goto __erra1;
    }
    cSdCdName[sizeof(__SDHOST_CDNAME) - 2] += iChannel;
    cSdWpName[sizeof(__SDHOST_WPNAME) - 2] += iChannel;
    if (uiSdCdPin != GPIO_NONE && uiSdCdPin != 0) {/*申请热插拔检测引脚*/
        iRet = API_GpioRequestOne(uiSdCdPin, LW_GPIOF_IN, cSdCdName);
        if (iRet != ERROR_NONE) {
            SD_ERR("%s err:failed to request gpio %d!\r\n", __func__, uiSdCdPin);
            goto __erra2;
        }
    }
    if (uiSdWpPin != GPIO_NONE && uiSdWpPin != 0) {        /*申请写保护检测引脚*/
        iRet = API_GpioRequestOne(uiSdWpPin, LW_GPIOF_IN, cSdWpName);
        if (iRet != ERROR_NONE) {
            SD_ERR("%s err:failed to request gpio %d!\r\n", __func__, uiSdWpPin);
            goto __erra3;
        }
    }
    pChannel->SDCH_jqDefer = API_InterDeferGet(0); /*获取CPU0中断延迟处理队列*/
    pChannel->SDCH_cName[sizeof(__SDHOST_NAME) - 2] += iChannel;
                     /*对名称敏感,不能同名*/
    pChannel->SDCH_iCardSta = 0;                   /*初始化状态为卡未插入*/
    pChannel->SDCH_sdOCR = SD_VDD_32_33 |       /*OCR中包含主控制器的电压支持*/
                           SD_VDD_33_34 |       /*情况,还有设备容量支持情况*/
                           SD_VDD_34_35 |
                           SD_VDD_35_36;
/*
```

```
      * 注册 SD 总线需要使用的结构体
      */
     pSdFuncs->SDFUNC_pfuncMasterCtl = __sdIoCtl;
     pSdFuncs->SDFUNC_pfuncMasterXfer = __sdTransfer;
     /*
      * 注册到 SDM 层需要的结构体
      */
     pSdHost->SDHOST_cpcName = pChannel->SDCH_cName;
     pSdHost->SDHOST_iType = SDHOST_TYPE_SD;
     pSdHost->SDHOST_iCapbility = SDHOST_CAP_DATA_4BIT;
     pSdHost->SDHOST_pfuncCallbackInstal l = __sdCallBackInstall;
     pSdHost->SDHOST_pfuncCallbackUnInstall = __sdCallBackUnInstall;
     pSdHost->SDHOST_pfuncSdioIntEn = __sdSdioIntEn;
     return (ERROR_NONE);
__erra3:
     API_GpioFree(uiSdCdPin);
__erra2:
     API_VmmIoUnmap((PVOID)pChannel->SDCH_virAddr);
__erra1:
     return (PX_ERROR);
}
static INT  __sdHwInit (INT  iChannel)
{
     __PSD_CHANNEL      pChannel;
     addr_t             atRegAddr;
     pChannel = &_G_sdChannel[iChannel];
     atRegAddr = pChannel->SDCH_virAddr;
     /*
      * 根据控制器不同实现不同
      */
     return (ERROR_NONE);
}
```

回收 SD 控制器软件资源的实现如下：

```
static VOID  __sdDataDeinit (INT  iChannel)
{
     __PSD_CHANNEL  pChannel;
     pChannel = &_G_sdChannel[iChannel];
     API_GpioFree(pChannel->SDCH_uiSdiWp);
     API_GpioFree(pChannel->SDCH_uiSdiCd);
```

```
        API_VmmIoUnmap((PVOID)pChannel ->SDCH_virAddr);
        API_InterVectorDisconnect(pChannel ->SDCH_uVector,__sdIrq,pChannel);
        memset(pChannel, 0, sizeof(__SD_CHANNEL));
    }
```

初始化 SD 控制器软件资源函数 __sdDataInit 中,注册的 __sdIoCtl 函数和 __sdTransfer 函数实现如下:

```
static INT   __sdIoCtl (PLW_SD_ADAPTERpsdadapter,
                        INT            iCmd,
                        LONG           lArg)
{
    __SD_CHANNEL                      * pChannel;
    INT                               iError = ERROR_NONE;
    INT                               iNum;
    iNum = psdadapter ->SDADAPTER_busadapter.BUSADAPTER_cName
            [sizeof(__SDHOST_NAME) - 2] - '0';
    pChannel = & _G_sdChannel[iNum];         /* 用名称来判断是哪一个主控器 */
    switch (iCmd) {
    case SDBUS_CTRL_POWEROFF:
        break;
    case SDBUS_CTRL_POWERUP:                  /* 这两个功能相同 */
    case SDBUS_CTRL_POWERON:
        break;
    case SDBUS_CTRL_SETBUSWIDTH:
        break;
    case SDBUS_CTRL_SETCLK:
        break;
    case SDBUS_CTRL_DELAYCLK:
        break;
    case SDBUS_CTRL_GETOCR:
        * (UINT32 * )lArg = pChannel ->SDCH_sdOCR;
        iError = ERROR_NONE;
        break;
    default:
        SD_ERR("% s error : can't support this cmd.\r\n", __func__);
        iError = PX_ERROR;
        break;
    }
    return (iError);
}
```

```
static INT   __sdTransfer (PLW_SD_ADAPTER      psdadapter,
                           PLW_SD_DEVICE        psddevice,
                           PLW_SD_MESSAGE       psdmsg,
                           INT                  iNum)
{
    INT              iCount = 0;
    __SD_CHANNEL   * pChannel;
    INT              iCh;
    iCh = psdadapter ->SDADAPTER_busadapter. BUSADAPTER_cName
        [sizeof(__SDHOST_NAME) - 2] - '0';
    pChannel = & _G_sdChannel[iCh];
    while (iCount < iNum && psdmsg ! = NULL) {
        / *
         * 板级相关发送处理
         * /
        if (psdmsg ->SDMSG_psdcmdStop) {           / * 如果有停止命令则随后发送 * /
        }
        iCount ++ ;
        psdmsg ++ ;
    }
    return (ERROR_NONE);
}
```

__sdIoCtl 函数实现了 SD 主控 I/O 控制, __sdTransfer 函数实现了 SD 主控传输。

初始化 SD 控制器软件资源时安装的回调函数如下：

```
static INT   __sdCallBackInstall (SD_HOST * pHost,
                                  INT          iCallbackType,
                                  SD_CALLBACK  callback,
                                  PVOID        pvCallbackArg)
{
    __SD_CHANNEL   * pChannel = (__SD_CHANNEL * )pHost;
    if (!pChannel) {
        return (PX_ERROR);
    }
    if (iCallbackType == SDHOST_CALLBACK_CHECK_DEV) {
        pChannel ->SDCH_callbackChkDev = callback;
        pChannel ->SDCH_pvCallBackArg = pvCallbackArg;
    }
    return (ERROR_NONE);
}
```

下面函数用于卸载已安装的回调函数。

```c
static INT  __sdCallBackUnInstall (SD_HOST    * pHost,
                                   INT          iCallbackType)
{
    __SD_CHANNEL  * pChannel = ( __SD_CHANNEL * )pHost;
    if (!pChannel) {
        return (PX_ERROR);
    }
    if (iCallbackType == SDHOST_CALLBACK_CHECK_DEV) {
        pChannel ->SDCH_callbackChkDev = NULL;
        pChannel ->SDCH_pvCallBackArg = NULL;
    }
    return (ERROR_NONE);
}
```

使能 SDIO 中断的函数结构如下：

```c
static VOID  __sdSdioIntEn (SD_HOST  * pHost, BOOL  bEnable)
{
    / *
     * 自定义中断使能实现方法
     * /
}
```

热插拔处理函数如下：

```c
static VOID  __sdCdHandle(PVOID  pvArg)
{
    INT  iStaCurr;
    __PSD_CHANNEL  pChannel = ( __PSD_CHANNEL)pvArg;
    / *
     * 自行实现判断卡状态
     * /
    iStaCurr = __sdStatGet(pChannel);
    if (iStaCurr ^ pChannel ->SDCH_iCardSta) {                 / * 状态变化 * /
        if (iStaCurr) {                                        / * 插入状态 * /
            API_SdmEventNotify(pChannel ->SDCH_pvSdmHost, SDM_EVENT_DEV_INSERT);
        } else {                                               / * 移除状态 * /
            if (pChannel ->SDCH_callbackChkDev) {
                pChannel ->SDCH_callbackChkDev(pChannel ->SDCH_pvCallBackArg, SDHOST
                                               _DEVSTA_UNEXIST);
            }
```

```
                API_SdmEventNotify(pChannel->SDCH_pvSdmHost, SDM_EVENT_DEV_REMOVE);
        }

        pChannel->SDCH_iCardSta = iStaCurr;
    }

}
```

SDIO 中断处理函数如下：

```
static VOID  __sdSdioIntHandle (PVOID  pvArg)
{
    __PSD_CHANNEL  pChannel;
    pChannel = (__PSD_CHANNEL)pvArg;
    API_SdmEventNotify(pChannel->SDCH_pvSdmHost, SDM_EVENT_SDIO_INTERRUPT);
}
```

SD 控制器中断处理函数如下：

```
static irqreturn_t  __sdIrq (PVOID  pvArg, ULONG  ulVector)
{
    __PSD_CHANNEL  pChannel;
    pChannel = (__PSD_CHANNEL)pvArg;
    /*
     * 自行实现中断状态判断，如果是 SDIO 中断，则加入到中断延迟处理队列进行处理
     */
    API_InterDeferJobAdd(pChannel->SDCH_jqDefer,
                        __sdSdioIntHandle,
                        (PVOID)pChannel);
    return (LW_IRQ_HANDLED);
}
```

查看设备状态的函数实现如下，函数通过 SD 卡的检测引脚，检测 SD 卡是否存在。

```
static INT  __sdStatGet (__PSD_CHANNEL  pChannel)
{
    UINT32  uiValue = 0;
    if (pChannel->SDCH_uiSdiCd != GPIO_NONE && pChannel->SDCH_uiSdiCd != 0) {
        uiValue = API_GpioGetValue(pChannel->SDCH_uiSdiCd);
    } else {
        uiValue = 0;
    }
    return (uiValue == 0);
}
```

20.5 SD 标准控制器驱动(SDHCI)

20.5.1 概 述

SDHCI 标准接口驱动在内核中已经有比较完善的实现模板,具体实现代码位于 "libsylixos/SylixOS/system/device/sdcard/host/"文件下,其中隐藏了许多操作如 SDIO 中断、Adapter 注册等,驱动仅需提供部分数据即可方便地实现驱动。

20.5.2 SDHCI 标准控制器创建及注册

SDHCI 标准控制器的注册只需要调用 API_SdhciHostCreate 函数即可,其内部 封装了如 Adapter 创建、SDM 层 HOST 注册等步骤,以减轻驱动开发者的负担,其 函数原型如下:

```
# include <SylixOS.h>
PVOIDAPI_SdhciHostCreate(CPCHAR          pcAdapterName,
                         PLW_SDHCI_HOST_ATTR    psdhcihostattr);
```

函数 API_SdhciHostCreate 原型分析:
- 此函数成功返回 SDHCI 主控器指针,失败返回LW_NULL;
- 参数 *pcAdapterName* 为创建的 SD 总线适配器名称,即输入 shell 命令 buss 看到的名称,注意此名称不能重复;
- 参数 *psdhcihostattr* 为主控器所具有的属性。

注册 SDHCI 标准控制器需要提供填充好数据的PLW_SDHCI_HOST_ATTR 结构体,该结构体中包含了此控制器适应 SDHCI 标准的详细特性,其详细描述 如下:

```
typedef struct lw_sdhci_host_attr {
    SDHCI_DRV_FUNCS  * SDHCIHOST_pdrvfuncs;      /* 标准主控驱动函数结构指针 */
    INT              SDHCIHOST_iRegAccessType;   /* 寄存器访问类型 */
    ULONG            SDHCIHOST_ulBasePoint;      /* 槽基地址指针 */
    ULONG            SDHCIHOST_ulIntVector;      /* 控制器在 CPU 中的中断号 */
    UINT32           SDHCIHOST_uiMaxClock;       /* 如果控制器没有内部时钟,用户 */
                                                 /* 需要提供时钟源 */

    SDHCI_QUIRK_OP   * SDHCIHOST_pquirkop;
    UINT32           SDHCIHOST_uiQuirkFlag;
    VOID             * SDHCIHOST_pvUsrSpec;      /* 用户驱动特殊数据 */
}LW_SDHCI_HOST_ATTR, * PLW_SDHCI_HOST_ATTR;
```

- SDHCIHOST_pdrvfuncs:主控驱动函数结构指针,大部分情况为 LW_

NULL,SDM 会自动根据寄存器访问类型成员取值自行实现,小部分非标准驱动需要提供单独的寄存器读/写函数;

- SDHCIHOST_iRegAccessType:寄存器访问类型,其中 x86 平台使用参数为 SDHCI_REGACCESS_TYPE_IO ,ARM 等其他平台使用参数为 SDHCI_REGACCESS_TYPE_MEM ,若上一个成员不为空,则此成员值无效;

- SDHCIHOST_ulBasePoint:寄存器(槽)基地址指针;

- SDHCIHOST_ulIntVector:此控制器在 CPU 中的中断号;

- SDHCIHOST_uiMaxClock:控制器输入时钟频率;

- SDHCIHOST_pquirkop:若有不符合 SD 标准主控行为的怪异(Quirk)行为, 则需要驱动实现相关函数并填充到此结构体;

- SDHCIHOST_uiQuirkFlag:主要针对不同控制特性的开关,详见表 20.13, 后期 Quirk 特性可能会随着支持平台的增加而增加;

- SDHCIHOST_pvUsrSpec:用户驱动特殊数据。

表 20.13　QuirkFlag

QuirkFlag 选项	说　明
SDHCI_QUIRK_FLG_DONOT_RESET_ON_EVERY_TRANSACTION	每次传输前不需要复位控制器
SDHCI_QUIRK_FLG_REENABLE_INTS_ON_EVERY_TRANSACTION	传输后禁止,传输前使能中断
SDHCI_QUIRK_FLG_DO_RESET_ON_TRANSACTION_ERROR	传输错误时复位控制器
SDHCI_QUIRK_FLG_DONOT_CHECK_BUSY_BEFORE_CMD_SEND	发送命令前不执行忙检查
SDHCI_QUIRK_FLG_DONOT_USE_ACMD12	不使用 Auto CMD12
SDHCI_QUIRK_FLG_DONOT_SET_POWER	不操作控制器电源的开/关
SDHCI_QUIRK_FLG_DO_RESET_AFTER_SET_POWER_ON	当打开电源后执行控制器复位
SDHCI_QUIRK_FLG_DONOT_SET_VOLTAGE	不操作控制器的电压
SDHCI_QUIRK_FLG_CANNOT_SDIO_INT	控制器不能发出 SDIO 中断
SDHCI_QUIRK_FLG_RECHECK_INTS_AFTER_ISR	中断服务后再次处理中断状态
SDHCI_QUIRK_FLG_CAN_DATA_8BIT	支持 8 位数据传输
SDHCI_QUIRK_FLG_CAN_DATA_4BIT_DDR	支持 4 位 DDR 数据传输
SDHCI_QUIRK_FLG_CAN_DATA_8BIT_DDR	支持 8 位 DDR 数据传输
SDHCI_QUIRK_FLG_MMC_FORCE_1BIT	MMC 卡强制使用 1 位总线

主控驱动函数 SDHCI_DRV_FUNCS 为控制器寄存器访问驱动函数,大部分情况下驱动程序无需提供,内部根据 SDHCIHOST_iRegAccessType 使用相应的默认驱动,但为了最大的适应性,驱动程序也可使用自己的寄存器访问驱动,其详细描述如下:

```
struct _sdhci_drv_funcs {
    UINT32        ( * sdhciReadL) (PLW_SDHCI_HOST_ATTR    psdhcihostattr,
                                   ULONG                  ulReg);
    UINT16        ( * sdhciReadW) (PLW_SDHCI_HOST_ATTR    psdhcihostattr,
                                   ULONG                  ulReg);
    UINT8         ( * sdhciReadB) (PLW_SDHCI_HOST_ATTR    psdhcihostattr,
                                   ULONG                  ulReg);
    VOID          ( * sdhciWriteL) (PLW_SDHCI_HOST_ATTR   psdhcihostattr,
                                    ULONG                 ulReg,
                                    UINT32                uiLword);
    VOID          ( * sdhciWriteW) (PLW_SDHCI_HOST_ATTR   psdhcihostattr,
                                    ULONG                 ulReg,
                                    UINT16                usWord);
    VOID          ( * sdhciWriteB) (PLW_SDHCI_HOST_ATTR   psdhcihostattr,
                                    ULONG                 ulReg,
                                    UINT8                 ucByte);
};
typedef struct _sdhci_drv_funcs SDHCI_DRV_FUNCS;
```

- sdhciReadL：读取 8 位长度的数据；
- sdhciReadW：读取 16 位长度的数据；
- sdhciReadB：读取 32 位长度的数据；
- sdhciWriteL：写入 8 位长度的数据；
- sdhciWriteW：写入 16 位长度的数据；
- sdhciWriteB：写入 32 位长度的数据。

怪异（Quirk）主控行为结构体 SDHCI_QUIRK_OP，该结构体的目的是将该控制器中不完全符合 SDHCI 标准的部分操作提取出来单独实现以供 SD Stack 使用，以便达到最大适用性。该结构体详细描述如下：

注：由于 PLW_SDHCI_HOST_ATTR 结构体在注册到 SDM 层中时发生了拷贝，因此如果 SDHCI_QUIRK_OP 结构体中的实现依赖于更多内部数据，则必须将内部数据保存到 LW_SDHCI_HOST_ATTR 结构体中的 SDHCIHOST_pvUsrSpec 成员里。

```
struct _sdhci_quirk_op {
    INT   ( * SDHCIQOP_pfuncClockSet) (PLW_SDHCI_HOST_ATTR  psdhcihostattr,
                                       UINT32               uiClock);
    INT   ( * SDHCIQOP_pfuncClockStop) (PLW_SDHCI_HOST_ATTR  psdhcihostattr);
    INT   ( * SDHCIQOP_pfuncBusWidthSet) (PLW_SDHCI_HOST_ATTR  psdhcihostattr,
                                          UINT32               uiBusWidth);
```

```
    INT   ( * SDHCIQOP_pfuncResponseGet)(PLW_SDHCI_HOST_ATTR  psdhcihostattr,
                                         UINT32                uiRespFlag,
                                         UINT32                * puiRespOut);
    VOID  ( * SDHCIQOP_pfuncIsrEnterHook)(PLW_SDHCI_HOST_ATTR  psdhcihostattr);
    VOID  ( * SDHCIQOP_pfuncIsrExitHook)(PLW_SDHCI_HOST_ATTR  psdhcihostattr);
    BOOL  ( * SDHCIQOP_pfuncIsCardWp)(PLW_SDHCI_HOST_ATTR  psdhcihostattr);
};
typedef struct _sdhci_quirk_op SDHCI_QUIRK_OP;
```

- SDHCIQOP_pfuncClockSet:时钟设置,若不提供则使用 SDHCI 标准的寄存器进行控制;
- SDHCIQOP_pfuncClockStop:时钟停止;
- SDHCIQOP_pfuncBusWidthSet:主控总线位宽设置;
- SDHCIQOP_pfuncResponseGet:命令正确完成后获取应答及其属性;
- SDHCIQOP_pfuncIsrEnterHook:SDHCI 中断服务程序入口 HOOK;
- SDHCIQOP_pfuncIsrExitHook:SDHCI 中断服务程序出口 HOOK;
- SDHCIQOP_pfuncIsCardWp:判断对应卡是否写保护,若不提供实现则默认无写保护。

20.5.3　热插拔检测

热插拔检测是通过 SDM 层进行通知的,所以需要获取 SDM 层 HOST 对象用于热插拔事件通知。比非标准接口更方便的是,SDHCI 已经封装好专门的函数来获取 SDM 层 HOST 对象。首先我们要获取用于通知 SDM 层的 SDM 层 HOST 对象指针,使用 HOST 层 SDHCI 标准驱动封装好的标准函数 API_SdhciSdmHostGet 即可返回该指针,以供热插拔检测使用。函数原型如下:

```
# include <SylixOS.h>
PVOIDAPI_SdhciSdmHostGet(PVOID  pvHost);
```

函数 API_SdhciSdmHostGet 原型分析:
- 此函数成功返回 SDHCI 控制器对应的 SDM 控制器对象指针,失败返回 LW_NULL;
- 参数 *pvHost* 是 SDHCI 主控器指针,即函数 API_SdhciHostCreate 的返回值。

热插拔检测与 SD 非标准接口类似,都需要使用 API_SdmEventNotify 来通知 SDM 层,不同的是在设备移除时需要使用函数 API_SdhciDeviceCheckNotify 来通知 SDHCI 标准主控器设备当前状态。API_SdmEventNotify 函数的分析见 20.4.4 小节,API_SdhciDeviceCheckNotify 函数原型如下:

```
# include <SylixOS.h>
VOIDAPI_SdhciDeviceCheckNotify(PVOID  pvHost，INT  iDevSta);
```

函数 API_SdhciDeviceCheckNotify 原型分析：

- 参数 *pvHost* 是 SDHCI 主控器结构体指针，即 API_SdhciHostCreate 函数的返回值；
- 参数 *iDevSta* 是设备状态，取值见表 20.12。

由于在检测到 SD 设备插入后初始化过程中已默认设置状态为设备存在，故仅需要在检测到设备移除时调用此函数通知上层设备不存在即可。

20.5.4　SD 存储卡作根文件系统

在 SD 存储卡作根文件系统的情况下需要迅速地创建设备，因此不能等待优先级较低的热插拔线程执行，SylixOS 建议的做法是在 SD 控制器初始化末尾直接通知 SDM 层创建设备。使用到的函数依然是 API_SdmEventNotify，参数为 SDM_EVENT_BOOT_DEV_INSERT。

20.5.5　SDHCI 标准驱动完整示例

本节给出 SDHCI 标准接口驱动的实现。

所用宏定义及全局变量定义如下：

```
# define __SYLIXOS_KERNEL
# include <SylixOS.h>
# include <stdio.h>
# include <string.h>
# define __SDHCI_NAME                "/bus/sd/0"
# define __SDHCI_CDNAME              "sd_cd0"
# define __SDHCI_WPNAME              "sd_wp0"
# define __SDHCI_MAXCHANNELNUM       4
# define __SDHCI_VECTOR_CH0          54              /*中断号*/
# define __SDHCI_VECTOR_CH1          55
# define __SDHCI_VECTOR_CH2          56
# define __SDHCI_VECTOR_CH3          57
# define __SDHCI_PHYADDR_CH0         0x02190000      /*寄存器物理地址*/
# define __SDHCI_PHYADDR_CH1         0x02194000
# define __SDHCI_PHYADDR_CH2         0x02198000
# define __SDHCI_PHYADDR_CH3         0x0219C000
# define __SDHCI_QUIRK_FLG_CH0       (SDHCI_QUIRK_FLG_CANNOT_SDIO_INT)
                                                     /*每个板子怪异属性不同*/
# define __SDHCI_QUIRK_FLG_CH1       (SDHCI_QUIRK_FLG_CANNOT_SDIO_INT)
```

```
#define __SDHCI_QUIRK_FLG_CH2        (SDHCI_QUIRK_FLG_MMC_FORCE_1BIT)
#define __SDHCI_QUIRK_FLG_CH3        (SDHCI_QUIRK_FLG_MMC_FORCE_1BIT)
#define __EMMC_RESERVE_SECTOR        0
#ifndef GPIO_NONE
#define GPIO_NONE                    LW_CFG_MAX_GPIOS
#endif
#define SD_ERR(fmt, arg...)          printk("[SD]"fmt, ##arg);
static __SD_CHANNEL  _G_sdChannel[__SDHCI_MAXCHANNELNUM];
```

控制器内部结构定义如下：

```
typedef struct {
    CHAR                  SDHCI_cName[10];    /* 名字很重要,不能重复 */
    LW_SDHCI_HOST_ATTR    SDHCI_attr;         /* SDHCI 属性,虽然会发生拷贝 */
                                              /* 但是其中保存了很多有用数据 */
                                              /* 部分控制器可能会使用 */
    SDHCI_QUIRK_OP        SDHCI_quirkOp;      /* 怪异行为操作结构体,也可以 */
                                              /* 使用全局变量多次复用 */
    PVOID                 SDHCI_pvSdhciHost;  /* SDHCI 标准主控器结构体指 */
    PVOID                 SDHCI_pvSdmHost;    /* 在热插拔中使用以通知上层 */
    UINT32                SDHCI_uiSdiCd;      /* SD 卡使用的 CD 引脚 */
    UINT32                SDHCI_uiSdiWp;      /* SD 卡使用的 WP 引脚 */
    UINT32                SDHCI_iCardSta;     /* 保存 SD 设备当前插拔状态 */
} __SD_CHANNEL, *__PSD_CHANNEL;
```

查看设备状态函数如下，该函数通过 SD 卡的检测引脚，检测 SD 卡是否存在。函数返回 1 表示 SD 卡插入插槽，返回 0 表示 SD 卡从插槽拔出。

```
static INT __sdStatGet (__PSD_CHANNEL pChannel)
{
    UINT32 uiValue = 0;
    if (pChannel->SDHCI_uiSdiCd != GPIO_NONE && pChannel->SDHCI_uiSdiCd != 0) {
        uiValue = API_GpioGetValue(pChannel->SDHCI_uiSdiCd);
    } else {
        uiValue = 0;
    }
    return (uiValue == 0);
}
```

查看设备写状态的函数如下，函数返回 0 表示未进行写保护，返回 1 表示已经写保护。

```
static INT __sdCardWpGet (__PSD_CHANNEL pChannel)
{
```

```
    UINT32  uiStatus = 0;
    if (pChannel ->SDHCI_uiSdiWp ! = GPIO_NONE && pChannel ->SDHCI_uiSdiWp ! = 0) {
        uiStatus = API_GpioGetValue(pChannel ->SDHCI_uiSdiWp);
    } else {
        uiStatus = 0;
    }
    return (uiStatus);
}
```

热插拔处理函数如下:

```
static VOID  __sdCdHandle(PVOID  pvArg)
{
    INT  iStaCurr;
    __PSD_CHANNEL  pChannel = ( __PSD_CHANNEL)pvArg;
    /*
     * 自行实现判断卡状态
     */
    iStaCurr = __sdStatGet(pChannel);

    if (iStaCurr ^ pChannel ->SDHCI_iCardSta) {          /* 状态变化 */
        if (iStaCurr) {                                  /* 插入状态 */
            API_SdmEventNotify(pChannel ->SDHCI_pvSdmHost,
                             SDM_EVENT_DEV_INSERT);
        } else {                                         /* 移除状态 */
            API_SdhciDeviceCheckNotify(pChannel ->SDHCI_pvSdhciHost,
                                  SD_DEVSTA_UNEXIST);
            API_SdmEventNotify(pChannel ->SDHCI_pvSdmHost,
                             SDM_EVENT_DEV_REMOVE);
        }
        pChannel ->SDHCI_iCardSta = iStaCurr;
    }
}
```

设置时钟频率的函数实现如下:

```
static INT  __sdQuirkClockSet (PLW_SDHCI_HOST_ATTR      psdhcihostattr,
                            UINT32                   uiClock)
{
    __PSD_CHANNEL  pChannel;
    pChannel = ( __PSD_CHANNEL)psdhcihostattr ->SDHCIHOST_pvUsrSpec;
    switch (uiClock) {
```

```
        case SDARG_SETCLK_LOW:
            break;
        case SDARG_SETCLK_NORMAL:
            break;
        case SDARG_SETCLK_MAX:
            break;
        default:                            /*根据需要添加*/
            return (PX_ERROR);
    }
    return (ERROR_NONE);
}
```

判断对应卡是否写保护的函数实现如下,函数返回 LW_TRUE 表示该卡已进行写保护,返回 LW_FALSE 表示该卡未进行写保护。

```
static BOOL  __sdQuirkIsCardWp (PLW_SDHCI_HOST_ATTR  psdhcihostattr)
{
    __PSD_CHANNEL  pChannel;
    pChannel = (__PSD_CHANNEL)psdhcihostattr->SDHCIHOST_pvUsrSpec;
    return (__sdCardWpGet(pChannel) ? LW_TRUE : LW_FALSE);
}
```

初始化 SD 控制器软件资源的函数实现如下:

```
static INT  __sdDataInit (INT  iChannel, UINT32  uiSdCdPin, UINT32  uiSdWpPin)
{
    __PSD_CHANNEL         pChannel;
    SDHCI_QUIRK_OP        *pQuirkOp;
    LW_SDHCI_HOST_ATTR    *pSdhciAttr;
    addr_t                addrPhy = 0;
    addr_t                addrVir = 0;
    UINT32                uiVector = 0;
    UINT32                uiQuirkFlag = 0;
    INT                   iRet;
    CHAR                  cSdCdName[10] = __SDHCI_CDNAME;
    CHAR                  cSdWpName[10] = __SDHCI_WPNAME;
    pChannel = &_G_sdChannel[iChannel];
    pQuirkOp = &pChannel->SDHCI_quirkOp;
    pSdhciAttr = &pChannel->SDHCI_attr;
    switch (iChannel) {
    case 0:
        addrPhy = __SDHCI_PHYADDR_CH0;        /*初始化内存基地址*/
        uiVector = __SDHCI_VECTOR_CH0;
```

```
            uiQuirkFlag = __SDHCI_QUIRK_FLG_CH0;
            break;
    case 1:
            addrPhy = __SDHCI_PHYADDR_CH1;
            uiVector = __SDHCI_VECTOR_CH1;
            uiQuirkFlag = __SDHCI_QUIRK_FLG_CH1;
            break;
    case 2:
            addrPhy = __SDHCI_PHYADDR_CH2;
            uiVector = __SDHCI_VECTOR_CH2;
            uiQuirkFlag = __SDHCI_QUIRK_FLG_CH2;
            break;
    case 3:
            addrPhy = __SDHCI_PHYADDR_CH3;
            uiVector = __SDHCI_VECTOR_CH3;
            uiQuirkFlag = __SDHCI_QUIRK_FLG_CH3;
            break;
    }
    addrVir = (addr_t)API_VmmIoRemapNocache((PVOID)addrPhy,
                                    LW_CFG_VMM_PAGE_SIZE);
                                            /* 映射寄存器地址到虚拟内存 */

    if (!addrVir) {
        SD_ERR("%s err:No more space!\r\n", __func__);
        goto __erra1;
    }
    cSdCdName[sizeof(__SDHCI_CDNAME) - 2] += iChannel;
    cSdWpName[sizeof(__SDHCI_WPNAME) - 2] += iChannel;
    if (uiSdCdPin != GPIO_NONE && uiSdCdPin != 0) {    /* 申请热插拔检测引脚 */
        iRet = API_GpioRequestOne(uiSdCdPin, LW_GPIOF_IN, cSdCdName);
        if (iRet != ERROR_NONE) {
            SD_ERR("%s err:failed to request gpio %d!\r\n", __func__, uiSdCdPin);
            goto __erra2;
        }
    }
    if (uiSdWpPin != GPIO_NONE && uiSdWpPin != 0) {        /* 申请写保护检测引脚 */
        iRet = API_GpioRequestOne(uiSdWpPin, LW_GPIOF_IN, cSdWpName);
        if (iRet != ERROR_NONE) {
            SD_ERR("%s err:failed to request gpio %d!\r\n", __func__, uiSdWpPin);
            goto __erra3;
        }
    }
```

```
    pChannel ->SDHCI_uiSdiCd = uiSdCdPin;                        /* 保存两个引脚号 */

    pChannel ->SDHCI_uiSdiWp = uiSdWpPin;

    pChannel ->SDHCI_iCardSta = 0;

    snprintf(pChannel ->SDHCI_cName, sizeof(__SDHCI_NAME), __SDHCI_NAME);

    pChannel ->SDHCI_cName[sizeof(__SDHCI_NAME) - 2] + = iChannel;
                                    /* 对名称敏感,不能同名 */

    pSdhciAttr ->SDHCIHOST_pdrvfuncs = LW_NULL;

    pSdhciAttr ->SDHCIHOST_iRegAccessType = SDHCI_REGACCESS_TYPE_MEM;

    pSdhciAttr ->SDHCIHOST_ulBasePoint = (ULONG)addrVir;

    pSdhciAttr ->SDHCIHOST_ulIntVector = uiVector;

    pSdhciAttr ->SDHCIHOST_uiMaxClock = 200000000;
                                    /* 每个板子获取时钟频率的方法不同 */

    pSdhciAttr ->SDHCIHOST_uiQuirkFlag = uiQuirkFlag;

    pSdhciAttr ->SDHCIHOST_pquirkop = pQuirkOp;

    pSdhciAttr ->SDHCIHOST_pvUsrSpec = (PVOID)pChannel;
    /*
     * Quirk 操作并不是每个控制器都需要,也不是全部都需要提供实现,此处仅仅是举例
     */
    pQuirkOp ->SDHCIQOP_pfuncClockSet = __sdQuirkClockSet;

    pQuirkOp ->SDHCIQOP_pfuncIsCardWp = __sdQuirkIsCardWp;

    return (ERROR_NONE);
__erra3:
    API_GpioFree(uiSdCdPin);
__erra2:
    API_VmmIoUnmap((PVOID)addrVir);
__erra1:
    return (PX_ERROR);
}
```

回收 SD 控制器软件资源的函数实现如下：

```
static VOID __sdDataDeinit (INT  iChannel)
{
    __PSD_CHANNEL   pChannel;
    pChannel = &_G_sdChannel[iChannel];
    API_GpioFree(pChannel ->SDHCI_uiSdiWp);

    API_GpioFree(pChannel ->SDHCI_uiSdiCd);

    API_SdhciHostDelete(pChannel ->SDHCI_pvSdhciHost);

    API_VmmIoUnmap((PVOID)pChannel ->SDHCI_attr.SDHCIHOST_ulBasePoint);

    memset((PVOID)pChannel, 0, sizeof(__SD_CHANNEL));
}
```

初始化 SD 控制器额外寄存器资源的函数实现如下：

```
static INT  __sdHwInitEx (INT  iChannel)
{
    __PSD_CHANNEL    pChannel;
    addr_t           atRegAddr;
    pChannel = &_G_sdChannel[iChannel];
    atRegAddr = (addr_t)pChannel->SDHCI_attr.SDHCIHOST_ulBasePoint;
    /*
     *  根据控制器不同实现不同
     */
    return (ERROR_NONE);
}
```

初始化 SD 总线的函数实现如下：

```
INT  sdDrvInstall (INT       iChannel,
                   UINT32    uiSdCdPin,
                   UINT32    uiSdWpPin,
                   BOOL      bIsBootDev)
{
    __PSD_CHANNEL    pChannel;
    INT              iRet;
    if (iChannel >= __SDHCI_MAXCHANNELNUM) {
        SD_ERR("%s err:This host only have %d channels!\r\n", __func__,
            __SDHCI_MAXCHANNELNUM);
        return (PX_ERROR);
    }
    /*
     *  初始化控制器软件资源
     */
    iRet = __sdDataInit(iChannel, uiSdCdPin, uiSdWpPin);
    if (iRet != ERROR_NONE) {
        return (PX_ERROR);
    }
    /*
     *  初始化 SDHCI 标准之外的其他额外寄存器(部分 CPU 需要)
     */
    iRet = __sdHwInitEx(iChannel);
    if (iRet != ERROR_NONE) {
        goto __errb1;
    }
```

```
pChannel = & G_sdChannel[iChannel];
/*
 * 调用标准 SDHCI 函数进行初始化
 */
pChannel ->SDHCI_pvSdhciHost = API_SdhciHostCreate(pChannel ->SDHCI_cName,
                                                   &pChannel ->SDHCI_attr);
if (!pChannel ->SDHCI_pvSdhciHost) {
    SD_ERR("%s err;Sdhci host create fail!\r\n", __func__);
    goto __errb1;
}
/*
 *    保存 SDM HOST 以供热插拔使用
 */
pChannel ->SDHCI_pvSdmHost =
API_SdhciSdmHostGet(pChannel ->SDHCI_pvSdhciHost);
if (!pChannel ->SDHCI_pvSdmHost) {
    SD_ERR("%s err;Sdhci's sdm host get fail!\r\n", __func__);
    goto __errb1;
}
/*
 *    SDM 层扩展参数设置,设置触发块大小,提高读/写速率,默认 64
 */
API_SdmHostExtOptSet(pChannel ->SDHCI_pvSdmHost,
                     SDHOST_EXTOPT_MAXBURST_SECTOR_SET,
                     128);
/*
 *    BOOT 设备特殊处理:在当前线程(而非热插拔线程)直接创建设备,提高启动速度
 */
if (bIsBootDev) {
    iRet = API_SdmEventNotify(pChannel ->SDHCI_pvSdmHost,
                              SDM_EVENT_BOOT_DEV_INSERT);
    pChannel ->SDHCI_iCardSta = 1;
    if (iRet) {
        SD_ERR("%s err;fail to create boot device!\r\n", __func__);
        pChannel ->SDHCI_iCardSta = 0;
    }
    /*
     *    CPU 直接从 SD 卡启动情况可以使用此额外选项避开 u - boot 段等,其他情况
     *    建议使用分区
     */
```

```
                API_SdmHostExtOptSet(pChannel->SDHCI_pvSdmHost,
                                     SDHOST_EXTOPT_RESERVE_SECTOR_SET,
                                     __EMMC_RESERVE_SECTOR);
    }
    /*
     *    加入热插拔检测线程
     */
    hotplugPollAdd((VOIDFUNCPTR)__sdCdHandle,(PVOID)pChannel);
    return (ERROR_NONE);
__errb1:
    __sdDataDeinit(iChannel);
    return (PX_ERROR);
}
```

SD 系统库初始化函数如下:

```
VOID  sdiLibInit (VOID)
{
    /*
     *    SDM 系统层初始化,包含 SD 存储卡库的初始化
     */
    API_SdmLibInit();
    /*
     *    SDIO 库初始化
     */
    API_SdmSdioLibInit();
    API_SdMemDrvInstall();                    /* 安装 SD 存储卡驱动 */
    API_SdioBaseDrvInstall();                 /* 安装 SDIO 接口驱动 */
}
```

20.6　SDM 扩展选项

这些扩展选项是用来修改 SDM 层部分参数的,以达到提高设备通信速度等目的,主要用于 SD 存储卡操作的优化,使用的函数是 API_SdmHostExtOptSet,其原型如下:

```
#include <SylixOS.h>
INT API_SdmHostExtOptSet(PVOID  pvSdmHost, INT  iOption, LONG  lArg);
```

函数 API_SdmHostExtOptSet 原型分析:
- 此函数成功返回 ERROR_NONE ,失败返回 PX_ERROR ;

- 参数 *pvSdmHost* 是 SDM 层主控器指针，即函数 API_SdmHostRegister 的返回值或函数 API_SdhciSdmHostGet 的返回值；
- 参数 *iOption* 是选项，详细取值如表 20.14 所列；
- 参数 *lArg* 是参数，与上一项有关。

表 20.14　SDM 扩展选项

SDM 扩展选项参数	含　义
SDHOST_EXTOPT_RESERVE_SECTOR_SET	设置保留块，不建议使用
SDHOST_EXTOPT_MAXBURST_SECTOR_SET	设置磁盘猝发读/写最大扇区数
SDHOST_EXTOPT_CACHE_SIZE_SET	设置缓存大小
SDHOST_EXTOPT_CACHE_PL_SET	设置读/写线程数（最大不应超过 CPU 数）
SDHOST_EXTOPT_CACHE_COHERENCE_SET	设置是否要求 CACHE 一致性

设置保留块选项不建议使用，建议使用分区的方法。因为使用保留块的方法说明此 SD 存储卡起始部分没有文件系统，Windows 无法识别该设备，会造成操作上的困难，当然如果 CPU 从 SD 存储卡启动而不仅仅是使用 SD 存储卡作根文件系统，则需要使用保留块的做法。

20.7　SD 通用类设备驱动

20.7.1　概　述

SD 通用类设备驱动主要是供 SD 存储卡类设备驱动和 SDIO 类设备基础驱动使用，一般不会用到此类设备驱动注册，如果随着协议的发展有其他不属于以上类型的通用设备驱动，则需要使用此方法注册。

20.7.2　SD 通用类设备驱动注册

向 SDM 层注册 SD 通用类设备驱动只需要调用 API_SdmSdDrvRegister 函数即可，其原型如下：

```
# include <SylixOS.h>
INT   API_SdmSdDrvRegister(SD_DRV * psddrv);
```

函数 API_SdmSdDrvRegister 原型分析：
- 此函数成功返回 ERROR_NONE，失败返回 PX_ERROR；
- *psddrv* 参数：通用类设备驱动对象指针。

需要填充的 SD_DRV 结构体详细描述如下：

```
# include <SylixOS.h>
struct sd_drv {
    LW_LIST_LINE    SDDRV_lineManage;              /* 驱动挂载链 */
    CPCHAR          SDDRV_cpcName;
    INT             (* SDDRV_pfuncDevCreate)(SD_DRV * psddrv, PLW_SDCORE_DEVICE
                                    psdcoredev, VOID **ppvDevPriv);
    INT             (* SDDRV_pfuncDevDelete)(SD_DRV * psddrv, VOID * pvDevPriv);
    atomic_t        SDDRV_atomicDevCnt;
    VOID            * SDDRV_pvSpec;
};
```

- SDDRV_lineManage：SDM 内部将注册的驱动以链表的形式管理起来；
- SDDRV_cpcName：驱动名称；
- SDDRV_pfuncDevCreate：驱动创建对应设备的方法。参数 *psdcoredev* 由 SDM 提供，输出参数 *ppvDevPriv* 保存创建的设备私有数据。
- SDDRV_pfuncDevDelete：驱动删除对应设备的方法。参数 *pvDevPriv* 为创建时的设备私有数据。上述的设备创建和删除方法的定义是很多系统中采用的形式，即驱动完成具体的工作和自身的数据处理，而 SDM 负责在何时使用驱动处理这些工作。
- SDDRV_atomicDevCnt：该驱动对应的设备计数，即当前有多少个设备在使用该驱动，此信息的主要用途是判断当前驱动是否能被删除。
- SDDRV_pvSpec：由 SDM 内部使用，驱动程序本身不关心该成员的意义。当前，SDM 内部使用此指针保存一个"驱动为它的设备分配设备单元号的【数据对象】"。

由于该种类设备驱动基本不会被用到，因此这里不做详细展开，若有相关需求请直接参考 SD 存储卡类设备驱动和 SDIO 类设备基础驱动的注册，以上两个设备在操作系统中的目录是"libsylixos/SylixOS/system/device/sdcard/client/"。

20.8　SDIO 类设备驱动

20.8.1　概　述

SDIO 类设备驱动相关信息位于"system/device/sdcard/core/sdiodrvm.h"目录中。另外从表 20.1 可以看出，在 SPI 模式下，由 DATA1 充当 SDIO 中断信号引脚，但 SPI 控制器本身无法捕捉该中断信号，因此 SPI 模式下要支持 SDIO 设备将对驱动程序有更多额外的需求，且不一定能很好地实现，软件设计中通常不必考虑在 SPI 模式下支持 SDIO。由于 SDIO 驱动相关设备太多，我们这里仅介绍必需的函数以及部分常用的函数。

20.8.2　SDIO 类设备驱动注册

首先需要了解的是如何注册一个驱动。使用 API_SdmSdioDrvRegister 函数向 SDM 注册一个 SDIO 类设备驱动：

```
#include <SylixOS.h>
INT    API_SdmSdioDrvRegister(SDIO_DRV * psdiodrv);
```

函数 API_SdmSdioDrvRegister 原型分析：
- 此函数成功返回ERROR_NONE，失败返回PX_ERROR；
- *psdiodrv* 参数：SDIO 驱动对象，包含 SDIO 驱动注册信息。

注：注意 SDM 内部会直接引用该对象，因此该对象需要持续有效。

向 SDM 注册一个具体的 SDIO 类设备驱动（比如 SDIO 无线网卡、SDIO 串口等）所需的结构体详细描述如下：

```
struct sdio_drv {
    LW_LIST_LINE    SDIODRV_lineManage;       /* 驱动挂载链 */
    CPCHAR          SDIODRV_cpcName;          /* 驱动名称 */
    INT           (* SDIODRV_pfuncDevCreate)(SDIO_DRV      * psdiodrv,
                                             SDIO_INIT_DATA * pinitdata,
                                             VOID            **ppvDevPriv);
    INT           (* SDIODRV_pfuncDevDelete)(SDIO_DRV * psdiodrv, VOID * pvDevPriv);
    VOID          (* SDIODRV_pfuncIrqHandle)(SDIO_DRV * psdiodrv, VOID * pvDevPriv);
    SDIO_DEV_ID   * SDIODRV_pdevidTbl;
    INT             SDIODRV_iDevidCnt;
    VOID          * SDIODRV_pvSpec;
    atomic_t        SDIODRV_atomicDevCnt;
};
```

对比 SD 驱动，两者的结构非常相似，不过后者多了几个与 SDIO 相关的数据信息。仅针对与 SD 驱动不同的地方进行说明：
- SDIODRV_pfuncIrqHandle：该驱动对应的设备发生 SDIO 中断时的处理方法；
- SDIODRV_pdevidTbl：当前 SDIO 驱动所支持的设备相关信息链表；
- SDIODRV_iDevidCnt：设备相关信息链表中节点个数。

在其设备创建方法 SDIODRV_pfuncDevCreate 中，由SDIO_INIT_DATA 替换了 SD 驱动中的PLW_SDCORE_DEVICE 数据类型。SDIO_INIT_DATA 结构体详细描述如下：

```
#define SDIO_FUNC_MAX   8
struct sdio_init_data {
```

```
    SDIO_FUNC              INIT_psdiofuncTbl[SDIO_FUNC_MAX];
    INT                    INIT_iFuncCnt;      /* 不包括 Func0 */
    PLW_SDCORE_DEVICE      INIT_psdcoredev;
    SDIO_CCCR              INIT_sdiocccr;
};
typedef struct sdio_init_data    SDIO_INIT_DATA;
```

首先需要明白的是,SDIO_INIT_DATA 数据对象是由 SDM 层提供的,实际上,这正是 SDIO Base 驱动在调用具体的 SDIO 驱动之前,进行设备初始化时获得的 SDIO 设备的通用信息,因此把它称作"sdio init data",这些信息可供具体的 SDIO 设备驱动直接使用,而无需再次去获取或处理。这一点与 USB 主栈枚举设备的过程非常相似,即先获得设备描述符、配置描述符、接口描述符、端点描述符等信息,随后根据这些信息去匹配正确的 USB 设备类驱动,当找到具体的驱动时,调用其对应的设备创建方法,并且会提供相应的接口,让这些方法能够获取到这些通用信息。在 SDIO_INIT_DATA 中,主要有SDIO_FUNC 结构体成员和SDIO_CCCR 结构体成员,两者均与 SDIO 协议息息相关。这里只关心驱动,故不详细展开。另外还有一个最重要的结构体指针 INIT_psdcoredev,后续对该设备的操作全部依赖于此指针。

SDIODRV_pdevidTbl 与 SDIODRV_iDevidCnt 两个成员含义分别是当前 SDIO 驱动可支持的 SDIO 设备相关信息链表及链表中设备的个数。SDIO_DEV_ID 与 USB 或 PCI 里对设备标识的定义类似,只不过它相对更加简单,包括设备的接口类型(比如无线网卡、GPS、串口等)、厂商标识、当前设备编码,详细描述如下:

```
struct sdio_dev_id {
    UINT8    DEVID_ucClass;              /* Std interface or SDIO_ANY_ID */
    UINT16   DEVID_usVendor;             /* Vendor or SDIO_ANY_ID */
    UINT16   DEVID_usDevice;             /* Device ID or SDIO_DEV_ID_ANY */
};
#define SDIO_DEV_ID_ANY    (~0)
```

20.8.3 SDIO 类设备驱动操作接口

SDIO 类设备驱动不需要关心底层驱动如何实现,SylixOS 已经封装好相关函数,在系统内实现的声明位于"libsylixos/SylixOS/system/device/sdcard/core/sdio-coreLib.h"文件中。下面仅介绍常用的几个函数,其原型如下:

```
#include #include <SylixOS.h>
INT API_SdioCoreDevReset(PLW_SDCORE_DEVICE    psdcoredev);
INT API_SdioCoreDevReadByte(PLW_SDCORE_DEVICE    psdcoredev,
                    UINT32               uiFn,
                    UINT32               uiAddr,
                    UINT8              * pucByte);
```

```
INT API_SdioCoreDevWriteByte(PLW_SDCORE_DEVICE    psdcoredev,
                             UINT32               uiFn,
                             UINT32               uiAddr,
                             UINT8                ucByte);
```

函数 API_SdioCoreDevReset 是用来重启 SDIO 设备,其参数为指向 SD 核心设备结构体的指针,即 SDIO_INIT_DATA 结构体中的 INIT_psdcoredev 成员。

函数 API_SdioCoreDevReadByte 用来从 SDIO 设备读取指定 I/O 功能上指定地址的一字节数据。

类似的,函数 API_SdioCoreDevWriteByte 用来向指定 I/O 功能上指定地址写一个字节的数据。

下面给出了 SDIO 类设备驱动的通用实现。

所用宏定义及全局变量定义如下:

```
# define   __SYLIXOS_KERNEL
# include  <SylixOS.h>
# define SDIO_VENDOR_ID_V1          0x0001
# define SDIO_VENDOR_ID_V2          0x0002
# define SDIO_DEVICE_ID_D1          0x0001
# define SDIO_DEVICE_ID_D2          0x0002
# define SDIO_ERR(fmt, arg...)      printk("[SDIO]"fmt, ##arg);
static SDIO_DEV_ID  _G_sdioDevIdTbl[] = {
    {
     .DEVID_ucClass = SDIO_DEV_ID_ANY,
     .DEVID_usVendor = SDIO_VENDOR_ID_V1,
     .DEVID_usDevice = SDIO_DEVICE_ID_D1,
    }, {
     .DEVID_ucClass = SDIO_DEV_ID_ANY,
     .DEVID_usVendor = SDIO_VENDOR_ID_V2,
     .DEVID_usDevice = SDIO_DEVICE_ID_D2,
    },
};
static SDIO_DRV  _G_sdioDrv = {
     .SDIODRV_cpcName = "sdio_test",
     .SDIODRV_pfuncDevCreate = __sdioDevCreate,
     .SDIODRV_pfuncDevDelete = __sdioDevDelete,
     .SDIODRV_pfuncIrqHandle = __sdioIrqHandle,
     .SDIODRV_pdevidTbl = _G_sdioDevIdTbl,
     .SDIODRV_iDevidCnt = (sizeof(_G_sdioDevIdTbl)/sizeof(_G_sdioDevIdTbl[0])),
};
```

SDIO 设备结构体定义如下：

```
typedef struct {
    SDIO_INIT_DATA    * pinitdata;           /* 针对每个设备分别保存其数据 */
    PVOID             pvPriv;                /* SDIO 类设备私有数据示例 */
} MY_SDIO_DEV;
```

SDIO 设备的创建函数实现如下：

```
static INT   __sdioDevCreate (SDIO_DRV         * psdiodrv,
                              SDIO_INIT_DATA   * pinitdata,
                              VOID             **ppvDevPriv)
{
    MY_SDIO_DEV   * pmysdiodev;
    INT             iRet;
    printk("This is %s.\r\n", __func__);
    pmysdiodev = (MY_SDIO_DEV * )__SHEAP_ALLOC(sizeof(MY_SDIO_DEV));
    if (pmysdiodev == LW_NULL) {
        SDIO_ERR("%s err: Low memory, create sdio device fail!\r\n", __func__);
        return (PX_ERROR);
    }
    pmysdiodev->pinitdata = pinitdata;           /* 保存每个设备的基本数据 */
    iRet = __mySdioDevInit(pmysdiodev);
    if (iRet != ERROR_NONE) {
        __SHEAP_FREE(pmysdiodev);
        SDIO_ERR("%s err: Sdio device init fail!\r\n", __func__);
        return (PX_ERROR);
    }
    * ppvDevPriv = (VOID * )pmysdiodev;
    return (ERROR_NONE);
}
```

SDIO 设备的删除函数实现如下：

```
static INT   __sdioDevDelete (SDIO_DRV   * psdiodrv, VOID   * pvDevPriv)
{
    MY_SDIO_DEV   * pmysdiodev = (MY_SDIO_DEV * )pvDevPriv;
    INT             iRet;
    printk("This is %s.\r\n", __func__);
    iRet = __mySdioDevDeinit(pmysdiodev);
    if (iRet != ERROR_NONE) {
        SDIO_ERR("%s err: Sdio device deinit fail!\r\n", __func__);
```

```
        return (PX_ERROR);
    }
    __SHEAP_FREE(pmysdiodev);
    return (ERROR_NONE);
}
```

SDIO 设备的中断处理函数实现如下：

```
static VOID  __sdioIrqHandle (SDIO_DRV  * psdiodrv, VOID  * pvDevPriv)
{
    printk("This is % s.\r\n", __func__);
    return;
}
```

SDIO 类设备驱动安装函数如下：

```
INT  sdioDrvInstall (VOID)
{
    INT  iRet;
    iRet = API_SdmSdioDrvRegister(&_G_sdioDrv);
    return (iRet);
}
```

卸载 SDIO 驱动的函数如下：

```
INT  sdioDrvUninstall (VOID)
{
    INT  iRet;
    iRet = API_SdmSdioDrvUnRegister(&_G_sdioDrv);
    return (iRet);
}
```

SDIO 设备初始化函数实现如下：

```
static int  __mySdioDevInit(MY_SDIO_DEV  * pmysdiodev)
{
    PLW_SDCORE_DEVICE  pSdCoreDevice;
    printk("This is % s.\r\n", __func__);
    /*
     *   自行实现设备初始化
     */
    pSdCoreDevice = pmysdiodev ->pinitdata ->INIT_psdcoredev;
    API_SdioCoreDevReset(pSdCoreDevice);          /* 设备重启 */
    return (ERROR_NONE);
}
```

SDIO 设备逆初始化函数结构如下：

```
static int  __mySdioDevDeinit(MY_SDIO_DEV  * pmysdiodev)
{
    printk("This is % s.\r\n", __func__);
    /*
     *  自行实现设备逆初始化
     */
    return (ERROR_NONE);
}
```

第**21**章

网络设备驱动

21.1　网络设备驱动简介

　　网络设备是完成用户数据包在网络媒介上进行发送和接收的设备,它将上层网络协议传递下来的数据包进行发送,并将收到的数据包传递给上层网络协议。

　　网络设备驱动的体系从上到下分为 4 个层次,网络协议接口层、网络设备接口层、网络设备驱动层、网络设备与媒介,结构如图 21.1 所示。

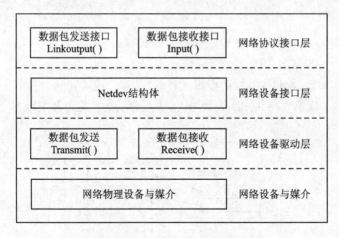

图 21.1　网络设备驱动模型

* 网络协议接口层向网络层提供统一的数据包收发接口,这一层的存在使得上层协议独立于具体的设备;
* 网络设备接口层为不同的网络设备定义统一、抽象的结构体 Netdev,该结构体是网络设备驱动层中的容器;

- 网络设备驱动层对 Netdev 结构体中的成员赋予具体的数值和函数,为网络设备驱动提供实际的功能;
- 网络设备与媒介是与网络相关的物理设备,例如 MAC 控制器、PHY、网口等等。

21.2　网络缓冲区模型

网络设备的核心处理模块是 DMA(Direct Memory Access),DMA 模块能够协助 CPU 处理数据。

SylixOS 在网络初始化时预先给描述符和缓冲区分配一定大小的 DMA 内存空间,在处理数据时,直接使用分配好的缓冲区将数据搬运到网络设备,或者将数据从网络设备中读取至缓冲区。

DMA 模块收发数据的单元被称为 BD(Buffer Description),数据包会被分成若干个帧,而每帧数据则保存在一个 BD 中,BD 结构通常包含以下字段:

```
# include <SylixOS.h>
typedef struct bufferDesc {
    UINT16          BUFD_usDataLen;     /* 缓冲描述符中数据长度 */
    UINT16          BUFD_usStatus;      /* 缓冲描述符状态 */
    ULONG           BUFD_uiBufAddr;     /* 缓冲区地址 */
} BUFD;
```

- BUFD_usDataLen:缓冲描述符中数据长度;
- BUFD_usStatus:描述符状态;
- BUFD_uiBufAddr:缓冲区虚拟地址;
- 所有的 BD 组成一张 BD 表如图 21.2 所示,通常发送和接收的 BD 表是各自独立的。

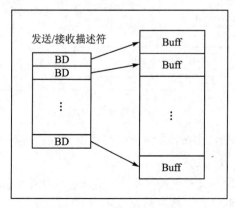

图 21.2　BD 描述符表

21.3　网络协议简析

网络设备驱动工作在物理层和数据链路层,遵循 IEEE 802 标准。

21.3.1　物理层分析

物理层包括物理介质、物理介质连接设备(PMA)、连接单元(AUI)和物理收发信号格式(PS)。物理层主要功能:

- 实现比特流的传输和接收;
- 为进行同步用的前同步码的产生和删除;
- 信号的编码与译码;
- 规定了拓扑结构和传输速率。

简单来说,物理层确保了原始数据可以在各种物理媒介上传输。在这一层,数据的单位称为比特(bit)。

21.3.2　链路层分析

数据链路层包括逻辑链路控制(LLC)子层和媒体访问控制 MAC 子层。

逻辑链路控制 LLC 子层:该层集中了与媒体接入无关的功能。具体来说,LLC 子层的主要功能是:

- 建立和释放数据链路层的逻辑连接;
- 提供与上层的接口(即服务访问点);
- 给 LLC 帧加上序号;
- 差错控制。

介质访问控制 MAC 子层负责解决与媒体接入有关的问题和在物理层的基础上进行无差错的通信。MAC 子层的主要功能是:

- 发送时将上层交下来的数据封装成帧进行发送,接收时对帧进行拆卸,将数据交给上层;
- 实现和维护 MAC 协议;
- 进行比特差错检查与寻址。

简单来说,数据链路层确保了在不可靠的物理介质上提供可靠的传输。在这一层,数据的单位称为帧(Frame)。

21.4　以太网驱动程序

以太网驱动主要包含以下部分:网络设备初始化、数据帧发送、数据帧接收、后台处理和网络接口注册等。

21.4.1　网络设备结构体

SylixOS 定义了 netdev_t 结构体,它位于"libsylixos/SylixOS/net/lwip/netdev/netdev.h"文件中,网络设备驱动只需通过填充 netdev_t 结构体成员并注册网络接口即可实现硬件操作函数与内核的挂接。

netdev_t 结构体内部封装了网络设备的属性和操作接口,其详细描述如下:

```
# include <SylixOS.h>
typedef struct netdev {
    UINT32              magic_no;
    char                dev_name[IF_NAMESIZE];
    char                if_name[IF_NAMESIZE];
    char                * if_hostname;
    UINT32              init_flags;
    UINT32              chksum_flags;
    UINT32              net_type;
    UINT64              speed;
    UINT32              mtu;
    UINT8               hwaddr_len;
    UINT8               hwaddr[NETIF_MAX_HWADDR_LEN];
    struct netdev_funcs * drv;
    void                * priv;
    int                 if_flags;
    void                * wireless_handlers;
    void                * wireless_data;
    ULONG               sys[254];
} netdev_t;
```

- magic_no:魔术,固定为 0xf7e34a81;
- dev_name:网络设备名称;
- if_name:内核网卡名称;
- if_hostname:网络设备主机名称;
- init_flags:网络接口初始化选项,详细取值如表 21.1 所列。

表 21.1　接口初始化选项

接口初始化选项值	含　义
NETDEV_INIT_LOAD_PARAM	添加接口时载入网络参数
NETDEV_INIT_LOAD_DNS	添加接口时载入 DNS 参数
NETDEV_INIT_IPV6_AUTOCFG	添加接口时进行 IPv6 配置
NETDEV_INIT_AS_DEFAULT	添加接口时进行默认配置

- chksum_flags：网络校验选项，其详细配置如表 21.2 所列。

表 21.2　网络校验配置宏

网络校验配置宏	含　义
NETDEV_CHKSUM_GEN_IP	配置 TCP/IP 协议栈生成 IP 校验和
NETDEV_CHKSUM_GEN_UDP	配置 TCP/IP 协议栈生成 UDP 校验和
NETDEV_CHKSUM_GEN_TCP	配置 TCP/IP 协议栈生成 TCP 校验和
NETDEV_CHKSUM_GEN_ICMP	配置 TCP/IP 协议栈生成 ICMP 校验和
NETDEV_CHKSUM_GEN_ICMP6	配置 TCP/IP 协议栈生成 ICMP6 校验和
NETDEV_CHKSUM_CHECK_IP	配置 TCP/IP 协议栈检查 IP 校验和
NETDEV_CHKSUM_CHECK_UDP	配置 TCP/IP 协议栈检查 UDP 校验和
NETDEV_CHKSUM_CHECK_TCP	配置 TCP/IP 协议栈检查 TCP 校验和
NETDEV_CHKSUM_CHECK_ICMP	配置 TCP/IP 协议栈检查 ICMP 校验和
NETDEV_CHKSUM_CHECK_ICMP6	配置 TCP/IP 协议栈检查 ICMP6 校验和
NETDEV_CHKSUM_ENABLE_ALL	配置 TCP/IP 协议栈生成/检查所有校验和
NETDEV_CHKSUM_DISABLE_ALL	配置 TCP/IP 协议栈取消生成/检查所有校验和

- net_type：以太网帧格式类型，详细取值如表 21.3 所列。

表 21.3　以太网帧格式类型

以太网帧格式类型	说　明
NETDEV_TYPE_RAW	RAW 802.3 帧格式
NETDEV_TYPE_ETHERNET	Ethernet V2 帧格式

- speed：网络传输速度。
- mtu：最大传输单元。
- hwaddr_len：硬件地址长度，必须为 6 位或者 8 位。
- hwaddr：硬件地址。
- drv：硬件操作函数集合。
- priv：私有信息结构体，用于保存驱动自定义结构。
- if_flags：网络接口初始化配置选项，详细取值如表 21.4 所列。

表 21.4　接口初始化配置值

接口初始化配置值	含　义
IFF_UP	网络接口使能
IFF_BROADCAST	接收广播数据包

续表 21.4

接口初始化配置值	含　义
IFF_POINTOPOINT	接口点对点链接
IFF_RUNNING	网络运行状态
IFF_MULTICAST	接收多播数据包
IFF_LOOPBACK	环回接口
IFF_NOARP	没有地址解析协议
IFF_PROMISC	接收所有数据包

netdev_funcs 结构体内部封装了网络设备操作函数集合，其详细描述如下：

```
# include <SylixOS.h>
struct netdev_funcs {
    int  ( * init)(struct netdev * netdev);
    int  ( * up)(struct netdev * netdev);
    int  ( * down)(struct netdev * netdev);
    int  ( * remove)(struct netdev * netdev);
    int  ( * ioctl)(struct netdev * netdev, int cmd, void * arg);
    int  ( * macfilter)(struct netdev * netdev, int op, struct sockaddr * addr);
    int  ( * transmit)(struct netdev * netdev, struct pbuf * p);
    void ( * receive)(struct netdev * netdev,
    int  ( * input)(struct netdev * , struct pbuf * ));
    void ( * reserved[8]);
};
```

- init：网络设备初始化函数。
- ioctl：I/O 控制函数，用于进行设备特定的 I/O 控制，常见的控制命令如表 21.5 所列。

表 21.5　I/O 控制命令

I/O 控制命令	说　明
SIOCSIFMTU	设置最大传输单元
SIOCSIFFLAGS	设置网卡混杂模式
SIOCSIFHWADDR	设置硬件地址

- macfilter：组播过滤函数，用于添加/删除组播过滤。
- transmit：网络传输函数，用于数据包的发送。
- receive：网络接收函数，用于数据包的接收。

21.4.2　驱动自定义结构

Netdev 结构体中提供了 void * 类型的 **priv** 成员,用于指向用户的自定义结构,用户可以在自定义结构中添加任意数据类型。i. MX6Q 的网卡驱动自定义结构如下:

```
# include <SylixOS.h>
typedef struct enet {
    addr_t        ENET_atIobase;                  /* 网络设备寄存器基地址 */
    UINT32        ENET_uiIrqNum;                   /* MAC 中断号 */
    UINT16        ENET_ucPhyAddr;                  /* PHY 设备地址 */
    UINT32        ENET_uiPhyLinkStatus;            /* PHY 连接状态 */
    BUFD          * ENET_pbufdRxbdBase;            /* 接收缓冲描述符指针 */
    BUFD          * ENET_pbufdTxbdBase;            /* 发送缓冲描述符指针 */
    BUFD          * ENET_pbufdCurRxbd;             /* 当前接收描述符 */
    BUFD          * ENET_pbufdCurTxbd;             /* 当前发送描述符 */
    LW_SPINLOCK_DEFINE   (ENET_slLock);
} ENET;
```

- ENET_atIobase:寄存器基地址;
- ENET_uiIrqNum:MAC 中断号;
- ENET_ucPhyAddr:PHY 设备地址;
- ENET_uiPhyLinkStatus:PHY 连接状态;
- ENET_pbufdRxbdBase:接收缓冲描述符指针;
- ENET_pbufdTxbdBase:发送缓冲描述符指针;
- ENET_pbufdCurRxbd:当前接收描述符;
- ENET_pbufdCurTxbd:当前发送描述符;
- ENET_slLock:自旋锁。

21.4.3　MII 驱动

网络设备初始化包括对 MAC 控制器、PHY 设备的初始化。MAC 控制器初始化需要根据数据手册进行配置,而 PHY 设备的初始化在内核中已经有比较完善的实现模板,具体代码位于"libsylixos/SylixOS/system/device/mii"目录下。

PHY 设备初始化需要调用 API_MiiPhyInit 函数,其内部封装了如 PHY 设备扫描、设置连接模式和 PHY 状态监控等操作步骤,其函数原型如下:

```
# include <SylixOS.h>
INT  API_MiiPhyInit (PHY_DEV  * pPhyDev)
```

函数 API_MiiPhyInit 原型分析:

- 此函数成功返回MII_OK,失败返回MII_ERROR;
- 参数 *pPhyDev*:PHY 设备指针,根据结构体中的配置参数初始化 PHY 设备。

PHY_DEV 结构体中包含了 PHY 设备初始化过程中需要的参数,其详细描述如下:

```
# include <SylixOS.h>
typedef struct phy_dev {
    LW_LIST_LINE      PHY_node;                /* Device Header */
    PHY_DRV_FUNC      * PHY_pPhyDrvFunc;
    VOID              * PHY_pvMacDrv;          /* Mother Mac Driver Control */
    UINT32            PHY_uiPhyFlags;          /* PHY flag bits */
    UINT32            PHY_uiPhyAbilityFlags;   /* PHY flag bits */
    UINT32            PHY_uiPhyANFlags;        /* Auto Negotiation flags */
    UINT32            PHY_uiPhyLinkMethod;     /* Whether to force link mode */
    UINT32            PHY_uiLinkDelay;         /* Delay time to wait for Link */
    UINT32            PHY_uiSpinDelay;         /* Delay time of Spinning Reg */
    UINT32            PHY_uiTryMax;            /* Max Try times */
    UINT16            PHY_usPhyStatus;         /* Record Status of PHY */
    UINT8             PHY_ucPhyAddr;           /* Address of a PHY */
    UINT32            PHY_uiPhyID;             /* Phy ID */
    UINT32            PHY_uiPhyIDMask;         /* Phy ID MASK */
    UINT32            PHY_uiPhySpeed;
    CHAR              PHY_pcPhyMode[16];       /* Link Mode description */
} PHY_DEV;
```

部分成员描述如下:

- PHY_node:PHY 设备链表,当存在多个 PHY 设备时通过链表相连。
- PHY_pPhyDrvFunc:PHY 操作函数。
- PHY_pvMacDrv:指向 MAC 驱动中的变量,并作为参数的指针。
- PHY_uiPhyFlags:PHY 状态标志,其取值如表 21.6 所列。

表 21.6 PHY 状态标志

设备状态值	含 义
MII_PHY_NWAIT_STAT	是否等待协商完成
MII_PHY_AUTO	是否允许自动协商
MII_PHY_100	PHY 可用 100M 速度
MII_PHY_10	PHY 可用 10M 速度
MII_PHY_FD	PHY 可用全双工

续表 21.6

设备状态值	含 义
MII_PHY_HD	PHY 可用半双工
MII_PHY_MONITOR	允许监控 PHY 状态
MII_PHY_INIT	PHY 初始化
MII_PHY_1000T_FD	PHY 可用 1 000M 全双工
MII_PHY_1000T_HD	PHY 可用 1 000M 半双工
MII_PHY_TX_FLOW_CTRL	PHY 传输流程控制
MII_PHY_RX_FLOW_CTRL	PHY 接收流程控制
MII_PHY_GMII_TYPE	GMII=1，MII=0

- PHY_uiPhyANFlags：自动协商标志。
- PHY_uiPhyLinkMethod：PHY 链接模式，其取值如表 21.7 所列。

表 21.7　PHY 链接模式

设备状态值	含 义
MII_PHY_LINK_UNKNOWN	未设置链接模式
MII_PHY_LINK_AUTO	设置为自动协商模式
MII_PHY_LINK_FORCE	设置为指定模式

- PHY_uiLinkDelay：链接延时时间。
- PHY_uiTryMax：PHY 链接最大尝试次数。
- PHY_usPhyStatus：PHY 的状态寄存器值。
- PHY_ucPhyAddr：PHY 设备地址。
- PHY_uiPhyID：PHY 设备 ID 号。
- PHY_uiPhyIDMask：PHY 设备 ID 掩码。
- PHY_uiPhySpeed：PHY 数据传输速度。
- PHY_pcPhyMode[16]：PHY 工作模式。

PHY_DRV_FUNC 结构体提供了 PHY 操作函数集合，其详细描述如下：

```
# include <SylixOS.h>
typedef struct phy_drv_func {
    FUNCPTR          PHYF_pfuncRead;              /* phy read function */
    FUNCPTR          PHYF_pfuncWrite;             /* phy write function */
    FUNCPTR          PHYF_pfuncLinkDown;          /* phy status down function */
    FUNCPTR          PHYF_pfuncLinkSetHook;       /* mii phy link set hook func */
} PHY_DRV_FUNC;
```

- PHYF_pfuncRead：PHY 设备寄存器读操作函数；
- PHYF_pfuncWrite：PHY 设备寄存器写操作函数；
- PHYF_pfuncLinkDown：PHY 设备状态改变回调函数；
- PHYF_pfuncLinkSetHook：PHY 连接状态设置函数。

下面是一个 PHY 设备初始化的例子：

```
static INT  __phyInit (struct netdev  * pNetDev)
{
    ...
    pMiidrv = __miiDrvInit(pNetDev);              /* 填充 PHY_DEV 结构体 */
    API_MiiPhyInit(&pMiidrv ->MIID_phydev);       /* 初始化 PHY */
    ...
}
```

其中 __miiDrvInit 函数填充了 PHY_DEV 结构体，包括 PHY 状态标志、PHY 操作函数、PHY 工作模式等。

21.4.4   后台处理

在网络设备驱动中可采取一定手段来检测和报告链路状态，最常见的方法是采用中断，其次可以对链路状态进行周期性的检测。

下面是一个检测链路状态的例子：

```
static INT __miiPhyMonitor (VOID)
{
    ...
    if ((phyStatus & MII_SR_LINK) ! = (oldPhyStatus & MII_SR_LINK)) {
                                        /* 若 PHY 状态发生改变 */
        if (PHYF_pfuncLinkDown ! = LW_NULL) {
            API_NetJobAdd((PHYF_pfuncLinkDown), ( pvMacDrv), 0, 0, 0, 0, 0);
            PhyStatus = oldPhyStatus;
                                        /* 添加异步处理队列报告链路状态 */
        }
    }
    ...
}
```

在 MII 驱动中，已实现定时器检测链路状态，可以通过配置参数启动 PHY 定时器。当 PHY 状态改变时，会调用 PHYF_pfuncLinkDown 回调函数，由用户自己实现。

21.4.5   数据帧接收

网络设备接收数据通过中断触发，在中断处理函数中调用 netdev_notify 函数，最终通过网络设备驱动中的接收函数进行数据接收。

网络设备驱动完成数据帧接收的流程如下：

① 当接收描述符缓冲区收到数据时，触发接收完成中断；

② 在中断处理函数中调用 netdev_notify 函数；

③ 根据 netdev_notify 函数参数进行同步/异步数据帧接收，最终调用网络设备驱动中的接收函数；

④ 在网络接收函数中获得数据包的有效数据和长度；

⑤ 申请 pbuf 内存空间，将有效数据拷贝至 pbuf，调用(∗ input)函数提交数据到上层协议栈；

⑥ 设置接收描述符状态，指向下一描述符。

下面是数据帧接收函数的例子：

```
static irqreturn_t  enetIsr (PVOID  pvArg, UINT32  uiVector)
{
    ...
    if (status & ENET_EIR_RXF) {                    /*获取数据包 */
        netdev_notify(pNetDev, LINK_INPUT, 1);
                                                    /*进行数据接收 */
        writel(ENET_EIR_TXF, atBase + HW_ENET_MAC_EIMR);
                                                    /*关闭接收中断 */
    }
    ...
}
static VOID  enetCoreRecv (struct netdev  ∗ pNetDev,
                        INT ( ∗ input)(struct netdev ∗ , struct pbuf ∗ ))
{
    pBufd = xxx_pbufdCurRxbd;
    while (!(((usStatus = xxx_usStatus) & ENET_BD_RX_EMPTY)) {
                                                    /*判断描述符是否有效 */
        usLen = xxx_usDataLen;
        ucFrame = (UINT8 ∗ )xxx_uiBufAddr;  /*获取接收的帧 */
        usLen − = 4;                        /*除去 FCS */
        pBuf = netdev_pbuf_alloc(usLen);    /*申请 pbuf 内存空间 */
            ...
        pbuf_take(pBuf, ucFrame, (UINT16)usLen);
                                                    /*将有效数据拷贝至 pbuf */
        if (input(pNetDev, pBuf)) {          /*提交数据到协议栈 */
            ...
        }
    }
```

```
writel(ENET_DEFAULT_INTE, atBase + HW_ENET_MAC_EIMR);
                                           /* 使能接收中断 */
}
```

21.4.6　数据帧发送

SylixOS 上层协议在发送数据包时，会调用驱动程序中的发送函数，其发送流程如下：

① 获得有效数据和长度；

② 判断发送描述符是否被使用；

③ 填充描述符内容，根据数据手册填充其发送描述符状态、数据长度，将有效数据拷贝至描述符缓冲区；

④ 设置硬件寄存器，开始进行数据包发送操作；

⑤ 设置指向下一发送描述符。

下面是数据帧发送函数的例子：

```
static INT   enetCoreTx (struct netdev   * pNetDev, struct pbuf   * pbuf)
{
    ...
    if (usStatus & ENET_BD_TX_READY){     /* 判断当前描述符是否可用 */
        return  (PX_ERROR);
    }
    ...                                   /* 填充描述符内容 */
    pbuf_copy_partial(pbuf, (PVOID)xxx_uiBufAddr, usLen, 0);
                                          /* 拷贝 pbuf */
    writel(ENET_TDAR_TX_ACTIVE, atBase + HW_ENET_MAC_TDAR);
                                          /* 设置硬件寄存器，进行数据包发送 */
    ...                                   /* 设置指向下一发送描述符 */
}
```

21.4.7　网络接口参数

SylixOS 通过 netdev_add 函数向内核注册一个网络接口，其函数原型如下：

```
# include <SylixOS.h>
int  netdev_add (netdev_t   * netdev,
                 const char  * ip,
                 const char  * netmask,
                 const char  * gw,
                 int          if_flags);
```

函数 netdev_add 原型分析：

- 此函数成功返回 ERROR_NONE，失败返回 PX_ERROR；
- 参数 *netdev* 是网络设备结构；
- 参数 *ip* 是网络接口 ip 地址；
- 参数 *netmask* 是网络接口子网掩码；
- 参数 *gw* 是网络接口网关；
- 参数 *if_flags* 是网络接口标志，详细取值如表 21.4 所列。

下面是一个注册网络接口的例子：

```
static INT32  __enetRegister (struct netdev  * pNetDev)
{
    static struct netdev_funcs  net_drv = {        / * 设置网络驱动函数 * /
        .init = __enetCoreInit,
        .transmit = __enetCoreTx,
        .receive = __enetCoreRecv,
    };
    pNetDev ->magic_no = NETDEV_MAGIC;             / * 设置网络接口参数 * /
    ...
    pNetDev ->init_flags = NETDEV_INIT_LOAD_PARAM
                           | NETDEV_INIT_LOAD_DNS
                           | NETDEV_INIT_IPV6_AUTOCFG
                           | NETDEV_INIT_AS_DEFAULT;
    pNetDev ->chksum_flags = NETDEV_CHKSUM_ENABLE_ALL;
    pNetDev ->net_type = NETDEV_TYPE_ETHERNET;
    pNetDev ->speed = PHY_SPEED;
    pNetDev ->mtu = ENET_MTU_SIZE;
    pNetDev ->hwaddr_len = ENET_HWADDR_LEN;
    pNetDev ->drv = &net_drv;
    ...
    netdev_add (pNetDev,                            / * 添加网络接口 * /
            cNetIp,
            cNetMask,
            cNetGw,
            IFF_UP | IFF_RUNNING | IFF_BROADCAST | IFF_MULTICAST);
}
```

21.4.7.1　ifparam.ini 文件说明

SylixOS 启动时会读取/etc/ifparam.ini 文件中的网络配置信息，设置网卡 IP 地址等信息。

在/etc 路径下创建 ifparam.ini 文件，其格式范例如下：

```
[dm9000a]
enable = 1
ipaddr = 192.168.1.2
netmask = 255.255.255.0
gateway = 192.168.1.1
default = 1
mac = 00:11:22:33:44:55
```

设置为 DHCP 配置,其格式范例如下:

```
[dm9000a]
enable = 1
dhcp = 1
mac = 00:11:22:33:44:55
```

- [dm9000a]:网络接口设备名;
- enable:网络接口使能;
- ipaddr:IP 地址配置;
- netmask:子网掩码配置;
- gateway:默认网关配置;
- default:是否为默认路由配置,如果未找到配置,则默认为使能;
- mac:硬件地址;
- dhcp:是否为 DHCP 配置,如果未找到配置,则默认为非 DHCP。

第 **22** 章

PCI 设备驱动

22.1 PCI 总线简介

22.1.1 PCI 总线发展历程

PCI(Peripheral Component Interconnect)总线的诞生与计算机的蓬勃发展密切相关。在处理器架构中,PCI 总线属于局部总线。局部总线作为系统总线的延伸,其主要功能是连接外部设备。处理器主频的不断提升,要求速度、带宽更高的局部总线。PCI 总线推出后,迅速统一了当时并存的各类局部总线,EISA、VESA 等其他 32 位总线很快就被 PCI 总线淘汰了。

PCI 总线规范由 Intel 公司的 IAL 提出,是一种并行总线,随后 PCISIG (PCI Special Interest Group)陆续发布了 PCI 总线的 V2.2、V2.3 规范,并最终将规范定格在 V3.0。从数据宽度上看,PCI 总线有 32 bit、64 bit 之分;从总线速度上分,有 33 MHz、66 MHz 两种。改良的 PCI 系统——PCI - X,最高可达到 64 bit、133 MHz,这样就可以得到超过 1 GB/s 的数据传输速率,当采用 Quad Data Rate 技术时,甚至可以得到超过 4 GB/s 的速率。

目前 PCI - E 是 PCI 最新的发展方向,串行,点对点传输,各个传输通道独享带宽;支持双向传输模式和数据分通道传输;在 PCI - E 3.0 规范中,X32 端口的双向传输速率高达 320 Gb/s,可以满足新一代 I/O 接口的要求,如千兆、万兆的以太网技术、4G/8G 的 FC 技术。

PCI 目前的多维度应用如图 22.1 所示。

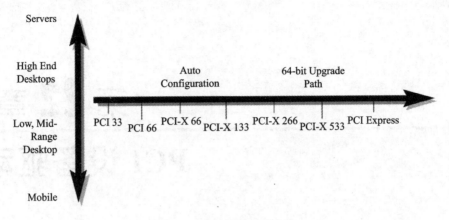

图 22.1　PCI 的多维度发展

22.1.2　PCI 总线结构

PCI 总线作为处理器的局部总线,是处理器系统的一个组成部件,图 22.2 显示了典型的 PCI 本地总线系统架构。该示例并不是任何具体的架构。在该示例中,与 PCI 总线相关的模块包括:HOST 主桥、PCI 总线、PCI 桥和 PCI 设备。PCI 总线由 HOST 主桥和 PCI 桥推出,HOST 主桥与主存储器控制器在同一级总线上,因此 PCI 设备可以方便地通过 HOST 主桥访问主存储器,即进行 DMA 操作。

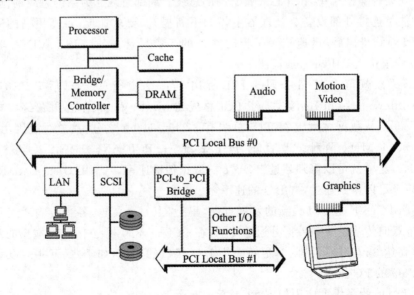

图 22.2　PCI 系统机构

在 PCI 总线中有 3 类设备:PCI 主设备、PCI 从设备和桥设备。其中 PCI 从设备只能被动地接收来自 HOST 主桥或者其他 PCI 设备的读/写请求;PCI 主设备可以通过总线仲裁获得 PCI 总线的使用权,主动地向其他 PCI 设备或者主存储器发起存储器读/写请求。而桥设备的主要作用是管理下游的 PCI 总线,并转发上下游总线之间的总线事务。HOST 主桥是一个很特别的桥片,其主要功能是隔离处理器系统的存储器域与处理器系统的 PCI 域,管理 PCI 总线域,并完成处理器与 PCI 设备间的数据交换。

一个 PCI 设备可以既是主设备也是从设备,但是在同一个时刻,这个 PCI 设备只能是其中一种。PCI 总线规范将 PCI 主从设备统称为 PCI Agent 设备。一个 PCI 设备可以包含 2~8 个功能,每个功能称为一个逻辑设备。因此 PCI 总线中,一个 PCI 设备通过 PCI 总线 ID、设备 ID 以及功能 ID 进行唯一标示。

PCI 总线使用并行总线结构,在同一条总线上所有外部设备共享总线带宽,而PCIe 总线使用了高速差分总线,并采用端到端的连接方式,因此在每一条 PCIe 链路中只能连接两个设备。这使得 PCIe 和 PCI 总线采用的拓扑结构有所不同,如图 22.3 所示。PCIe 体系架构由 Root - Complex、Switch、Endpoint 等设备组成,Root - Complex 将 CPU、Memory 和 PCIe 子系统进行连接,CPU 启动后 PCIe Host 控制器通过逐层枚举的方式发现 PCIe 设备。PCIe 总线除了在连接方式上与 PCI 总线不同之外,还具有多个层次,发送端发送数据时将通过这些层次,而接收数据时也使用这些层次。

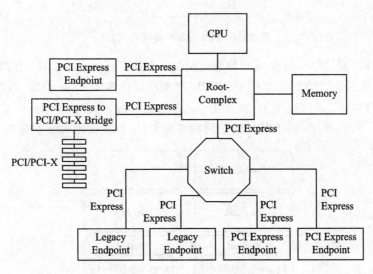

图 22.3 PCIe 系统拓扑结构

22.1.3 PCI 总线信号定义

PCI 的引脚信号如图 22.4 所示,PCI 总线提供了 INTA♯、INTB♯、INTC♯ 和INTD♯ 四个中断请求信号,PCI 设备借助这些中断请求信号,使用电平触发方式向处理器提交中断请求。当这些信号为低时,PCI 设备将向处理器提交中断请求;当处理器执行中断服务程序清除 PCI 设备的中断请求后,PCI 设备将该信号置高,结束当前中断请求。PCI 总线规定单功能设备只能使用 INTA♯信号,而多功能设备才能使用 INTB♯/C♯/D♯信号。

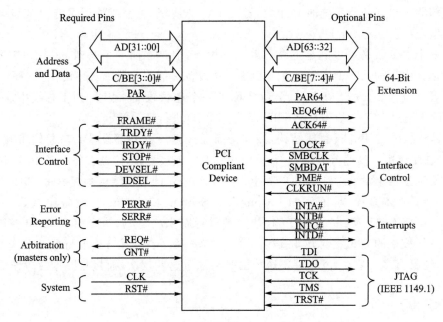

图 22.4　PCI 设备引脚信号定义

与 PCI 不同,在 PCIe 总线的物理链路的一个数据通路(Lane)中,有两组差分信号,共 4 根信号线,如图 22.5 所示。PCIe 链路可以由多条 Lane 组成,目前 PCIe 链路可以支持 1、2、4、8、12、16 和 32 个 Lane,即×1、×2、×4、×8、×16 和×32 宽度的 PCIe 链路。每一个 Lane 上使用的总线频率与 PCIe 总线使用的版本有关。

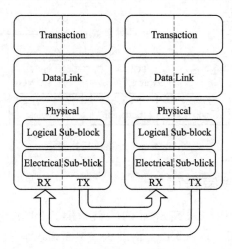

图 22.5　PCIe 结构

22.1.4　PCI 配置空间

　　PCI 设备都有独立的配置空间,其中存储了一些基本信息,如生产商、IRQ 中断号以及 mem 空间和 I/O 空间的起始地址和大小等,HOST 主桥通过配置读/写总线事务访问这段空间。PCI 总线规定了 3 种类型的 PCI 配置空间,分别是 PCI Agent 设备使用的配置空间、PCI 桥使用的配置空间和 Cardbus 桥片使用的配置空间。本小节只介绍 PCI Agent 的配置空间。

　　在 PCI Agent 设备空间中包含了许多寄存器,这些寄存器决定了该设备在 PCI 总线中的使用方法,本节不会全部介绍这些寄存器,因为系统软件只对部分配置寄存器感兴趣。PCI Agent 设备使用的配置空间如图 22.6 所示。

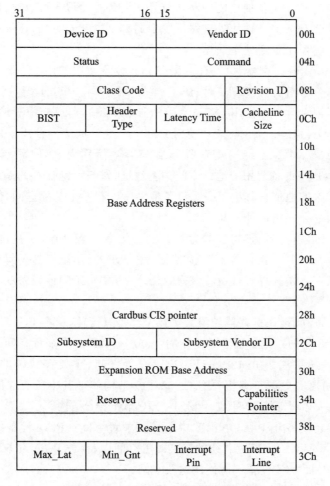

图 22.6　PCI Agent 设备的配置空间

　　• Device ID 和 Vendor ID 寄存器:该组寄存器的值由 PCISIG 分配,只读。其

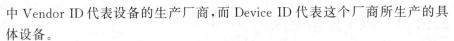

中 Vendor ID 代表设备的生产厂商,而 Device ID 代表这个厂商所生产的具体设备。

- Revision ID 和 Class Code 寄存器:该组寄存器只读。其中 Revision ID 寄存器记载 PCI 设备的版本号。该寄存器可以被认为是 Device ID 寄存器的扩展。而 Class Code 寄存器记载 PCI 设备的分类。

- Capabilities Pointer 寄存器:在 PCI 设备中,该寄存器是可选的,但是在 PCI - X 和 PCIe 设备中必须支持这个寄存器。Capabilities Pointer 寄存器存放 Capabilities 寄存器组的基地址,PCI 设备使用 Capabilities 寄存器组存放一些与 PCI 设备相关的扩展配置信息。

- Interrupt Line 寄存器:该寄存器是系统软件对 PCI 设备进行配置时写入的,记录当前 PCI 设备使用的中断向量号。设备驱动程序可以通过这个寄存器,判断当前 PCI 设备使用处理器系统中的哪个中断向量号,并将驱动程序的中断服务例程注册到操作系统中。

- Interrupt Pin 寄存器:该寄存器保存 PCI 设备使用的中断引脚。PCI 总线提供了 4 个中断引脚:INTA♯、INTB♯、INTC♯ 和 INTD♯。当 Interrupt Pin 寄存器为 1 时表示使用 INTA♯ 引脚向中断控制器提交中断请求,为 2 时表示使用 INTB♯,为 3 时表示使用 INTC♯,为 4 时表示使用 INTD♯。

- Base Address Registers 寄存器:该组寄存器简称为 BAR 寄存器,BAR 寄存器保存 PCI 设备使用的地址空间的基地址,该基地址保存的是该设备在 PCI 总线域中的地址。其中每一个设备最多可以有 6 个基址空间,但多数设备不会使用这么多组地址空间。

- Command 寄存器:该寄存器为 PCI 设备的命令寄存器,在初始化时,其值为 0,此时这个 PCI 设备除了能够接收配置请求外,不能接受任何存储器或者 I/O 请求。系统软件合理设置该寄存器之后,才能访问该设备的存储器或 I/O 空间。

- Status 寄存器:该寄存器的绝大多数位都是只读位,保存 PCI 设备的状态。

除了上述所有 PCI 设备都必须支持的 0x00~0x3F 基本配置空间外,PCI/PCI - X 和 PCIe 设备还扩展了 0x40~0xFF 这段配置空间,主要存放一些与 MSI 或者 MSI - X 中断机制和电源管理相关的 Capability 结构体。其中所有能够提交中断请求的 PCIe 设备,必须支持 MSI 或者 MSI - X Capability 结构。

PCIe 设备还支持 0x100~0xFFF 中断扩展配置空间。PCIe 设备使用的扩展配置空间最大为 4 KB。在 PCIe 总线的扩展配置空间中,存放 PCIe 设备所独有的一些 Capability 结构,而 PCI 设备不能使用这段空间。

其中每一个 Capability 结构都有唯一的 ID 号,每一个 Capability 寄存器都有一个指针,这个指针指向下一个 Capability 结构,从而组成一个单项链表结构,这个链表结构的最后一个 Capability 结构的指针为 0,如图 22.7 所示。

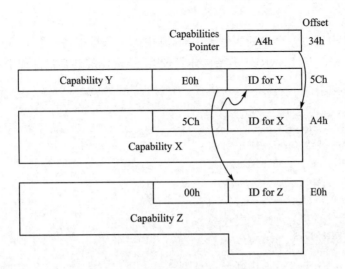

图 22.7　PCIe 总线 Capability 结构的组成

22.2　PCI 中断模型

　　PCI 总线可使用多种中断方式,即 INTx 中断、MSI 中断以及 MSI‐X 中断。MSI 中断机制在 PCI 总线 V2.2 规范提出后,已成为 PCIe 总线的主流,但在 PCI 设备中并不常用。即便是支持 MSI 中断机制的 PCI 设备,在设备驱动中也很少使用这种机制。

22.2.1　INTx 中断

　　PCI 总线使用 INTA♯、INTB♯、INTC♯和 INTD♯信号向处理器发出中断请求。这些中断请求信号为低电平有效,并与处理器的中断控制器连接。在 PCI 体系结构中,这些中断信号属于边带信号,PCI 总线规范并没有明确规定在一个处理器系统中如何使用这些信号,因为这些信号对于 PCI 总线是可选信号。

　　不同处理器使用的中断控制器不同,如 x86 处理器使用 APIC 中断控制器,而 PowerPC 处理器使用 MPIC 中断控制器。这些中断控制器都提供了一些外部中断请求引脚 IRQ_PINx♯。外部设备,包括 PCI 设备可以使用这些引脚向处理器提交中断请求。本书全部以 x86 处理器为例讲解 PCI 的相关内容,且只介绍使用方法,具体中断控制原理可自行查阅。

　　在 x86 处理器系统中,由 BIOS 或者 APCI 表记录 PCI 总线的 INTA～D♯信号与中断控制器之间的映射关系,保存这个映射关系的数据结构也称为中断路由表。BIOS 初始化代码根据中断路由表中的信息,可以将 PCI 设备使用的中断向量写入到该 PCI 设备配置空间 Interrupt Line Register 寄存器中,该寄存器在前文简要介绍过。

　　SylixOS 中通过一个中断表管理中断,其中每个条目描述一个 I/O 中断或 Local 中断,由 X86_MP_INTERRUPT 结构体管理,该结构体的详细信息如下:

```
typedef struct {
    UINT8      INT_ucEntryType;
    UINT8      INT_ucInterruptType;
    UINT16     INT_usInterruptFlags;
    UINT8      INT_ucSourceBusId;
    UINT8      INT_ucSourceBusIrq;
    UINT8      INT_ucDestApicId;
    UINT8      INT_ucDestApicIntIn;
} X86_MP_INTERRUPT;
```

- INT_ucEntryType:中断条目类型;
- INT_ucInterruptType:中断类型;
- INT_usInterruptFlags:中断标志;
- INT_ucSourceBusId:源总线 ID;
- INT_ucSourceBusIrq:源总线 IRQ 号;
- INT_ucDestApicId:目的 APIC ID;
- INT_ucDestApicIntIn:目的 APIC IRQ 号。

　　中断条目中的所有信息在系统初始化时已经填充好,PCI 驱动程序只需根据自己所在的总线 ID、槽 ID 以及中断引脚便可确定对应的中断条目,获取真正的 IRQ 号,后续可使用该 IRQ 号进行中断绑定等操作。

　　SylixOS 在安装 PCI 主控制驱动时,会配置 PCI 总线上的所有设备,获取每个设备的 IRQ 资源信息以及其他资源信息,此时获取的 IRQ 资源默认是 INTx。在获取资源时,将根据设备的总线 ID、槽 ID 以及中断引脚获取全局 IRQ 号。因此如果该 PCI 设备支持 INTx,驱动程序可直接通过 IRQ 资源获得中断向量号以及其他信息。关于 PCI 设备及 PCI 设备资源的相关内容,将在后续章节讲解。

22.2.2　MSI 中断

　　在 PCI 总线中,所有需要提交中断请求的设备,必须能够通过 INTx 引脚(这个引脚会连接到 8129 或者 I/O APIC 上)提交中断,而 MSI 机制是一种可选机制。而 PCIe 总线中,PCIe 设备必须支持 MSI 或者 MSI－X 中断请求机制,而可以不支持 INTx 中断。目前一般的 PCIe 设备都使用 MSI 机制来提交中断。

　　MSI 使用了 MSI Capability 结构体来实现中断请求。PCIe 设备在提交 MSI 中断请求时,总是向这种 Capability 结构体中的 Message Address 的地址写 Message Data,从而组成一个寄存器写 TLP,向处理器提交中断请求。MSI Capability 的结构体如图 22.8 所示。

Capability Structure for 32- bit Message Address

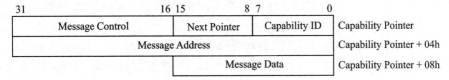

Capability Structure for 64- bit Message Address

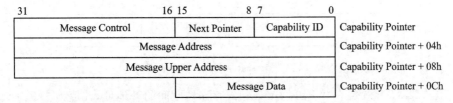

Capability Structure for 64- bit Message Address and Per-vector Masking

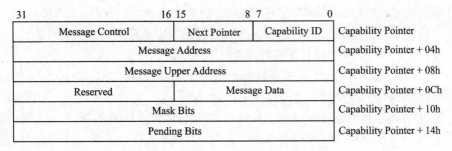

图 22.8　MSI Capability 结构

MSI Capability 结构体有几种不同的类型,根据位数和是否带 MASK 来区分。其中:

- Capability Pointer:标识 Capability 结构地址;
- CapabilityID:值为 0x05,表示的是 MSI 的 ID 号;
- Next Pointer:指向下一个 Capability;
- Message Control:该字段存放当前设备使用 MSI 机制进行中断请求的状态与控制信息,详细信息可查看 PCI V3.0 规范;
- Message Address/Message Upper Address:存放目的地址;
- Message Data:用来存放 MSI 报文使用的数据;
- Mask Bits:当一个 PCIe 设备使用 MSI 机制时,最多可以使用 32 个中断,对应到这里的 32 位,BIT 置 1 时表示屏蔽中断;
- Pending Bits:该字段对于系统软件只读,也是 32 位,对应到可用的 32 个中断,PCIe 设备内部逻辑可修改该字段。

当 Mask Bits 字段的相应位为 1 时,如果 PCIe 设备需要发送对应的中断请求,

Pending Bits 字段的对应位将被 PCIe 设备的内部逻辑置 1,此时 PCIe 设备并不会使用 MSI 报文向中断控制器提交请求;但当系统软件将 Mask Bits 字段的相应位从 1 改写成 0 时,PCIe 设备将发送 MSI 报文来提交中断请求,同时将 Pending Bits 字段的对应位清零。

在 x86 处理器系统中,PCIe 设备通过向 Message Address 写入 Message Data 指定数值实现 MSI/MSI-X 机制。Message Address 字段保存 PCI 总线域的地址,其格式如图 22.9 所示。

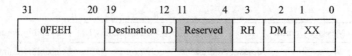

图 22.9　Message Address 字段的格式

其中第 31～20 位存放 FSB Interrupts 存储器空间的基地址,其值为 0xFFE。当 PCIe 设备对 0xFFEX～XXXX 这段"PCI 总线域"的地址空间进行写操作时,MCH/ICH 会首先进行"PCI 总线域"到"存储器域"的地址转换,之后将这个写操作翻译为 FSB 总线的 Interrupt Message 总线事务,从而向 CPU 内核提交中断请求。

Message Address 字段其他位的含义如下所示。

- Destination ID:该字段保存目标 CPU 的 ID 号,目标 CPU 的 ID 与该字段相等时,目标 CPU 将接收这个 Interrupt Message;
- RH(Redirection Hint Indication):该字段位为 0 时,表示 Interrupt Message 将直接发向与 Destination ID 字段相同的目标 CPU;如果 RH 为 1 时,将使能中断转发功能;
- DM(Destination Mode):该位表示在传递优先权最低的中断请求时,Destination ID 字段是否被翻译为 Logical 或 Physical APIC ID。

在 SylixOS 中默认设置 Destination ID 为启动核,即 0 核;RH 为 0,即不使用转发功能,Interrupt Message 将直接发向与 Destination ID 字段相同的目标 CPU,也就是 CPU0。

Message Data 字段的格式如图 22.10 所示。

- Trigger Mode:该字段表示中断触发模式;
- Delivery Mode:该字段表示如何处理来自 PCIe 设备的中断请求;
- Vector:该字段表示这个请求使用的中断向量。如果 PCIe 设备需要多个中断请求,则该字段必须连续。在许多中断控制器中,该字段连续也意味着中断控制器需要为这个 PCIe 设备分片连续的中断向量号。

SylixOS 中使用PCI_MSI_DESC 结构体描述一组连续的 MSI 中断向量区域,其详细内容如下:

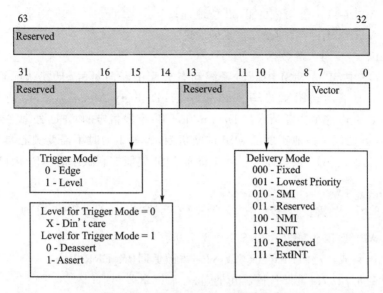

图 22.10 Message Data 字段的格式

```
typedef struct {
    UINT32          PCIMSI_uiNum;
    ULONG           PCIMSI_ulDevIrqVector;
    PCI_MSI_MSG     PCIMSI_pmmMsg;
    UINT32          PCIMSI_uiMasked;
    UINT32          PCIMSI_uiMaskPos;
    PVOID           PCIMSI_pvPriv;
} PCI_MSI_DESC;
typedef PCI_MSI_DESC        * PCI_MSI_DESC_HANDLE;
```

- PCIMSI_uiNum：中断数量；
- PCIMSI_ulDevIrqVector：中断向量基值；
- PCIMSI_pmmMsg：MSI 中断消息；
- PCIMSI_uiMasked：中断掩码；
- PCIMSI_uiMaskPos：中断掩码位置；
- PCIMSI_pvPriv：私有数据。

其中 MSI 中断消息的内容即是上文所说的 Message Address 和 Message Data，其详细内容如下：

```
typedef struct {
    UINT32      uiAddressLo;          / * low 32 bits of address * /
    UINT32      uiAddressHi;          / * high 32 bits of address * /
    UINT32      uiData;               / * 16 bits of msi message data * /
} PCI_MSI_MSG;
```

- uiAddressLo:要写入的低 32 位地址；
- uiAddressHi:要写入的高 32 为地址；
- uiData:要写入的数据。

SyilxOS 中,申请 MSI 中断时系统动态分配中断向量号,且默认配置 Trigger Mode 为 0,即采用边沿触发方式申请中断;Delivery Mode 为 0,即使用"Fixed Mode"方式,此时这个中断请求被 Destination ID 字段指定的 CPU 处理。

SylixOS 已经完整地实现了 MSI 中断机制,编写驱动时不需要关心具体的实现流程,调用相关的 API 接口即可。其中设置 MSI 使能控制状态的 API 接口如下:

```
# include <SylixOS.h>
INT  API_PciDevMsiEnableSet (PCI_DEV_HANDLE  hHandle, INT  iEnable);
```

函数 API_PciDevMsiEnableSet 原型分析:
- 此函数成功返回ERROR_NONE ,失败返回PX_ERROR ;
- 参数 *hHandle* 是设备控制句柄,将在后续章节介绍;
- 参数 *iEnable* 是使能与禁能标志,0 为禁能,1 为使能。

函数 API_PciDevMsiEnableSet 在使能 MSI 的同时会禁能 INTx,对应的,在禁能 MSI 时会使能 INTx。如果 PCI 设备不支持 MSI 中断模式,或设置失败,都会返回 PX_ERROR。该函数只是设置了 MSI 的控制状态,并没有申请具体的中断。申请中断可通过调用如下 API 实现:

```
# include <SylixOS.h>
INT  API_PciDevMsiRangeEnable (PCI_DEV_HANDLE  hHandle,
                               UINT  uiVecMin,
                               UINT  uiVecMax);
```

函数 API_ PciDevMsiRangeEnable 原型分析:
- 此函数成功返回ERROR_NONE ,失败返回PX_ERROR ;
- 参数 *hHandle* 是设备控制句柄;
- 参数 *uiVecMin* 是使能区域中断向量最小值;
- 参数 *uiVecMax* 是使能区域中断向量最大值。

函数 API_ PciDevMsiRangeEnable 设置 MSI 区域使能,并申请一段连续的中断向量,但是真正申请到的向量数量可能少于申请数量。驱动程序在调用该函数时,不仅要判断返回值是否正确,而且要判断申请到的中断向量数目是否正确,并做相应的处理。

22.3　PCI 设备驱动

SylixOS 提供完整的 PCI 总线驱动、统一的 PCI 设备驱动模型。为了方便开发人员快速学习 PCI 设备驱动的开发，SylixOS 在"libsylixos/SylixOS/system/driver/pci/null"目录下实现了一个简单的 PCI NULL 设备驱动示例，该示例给出了通用的 PCI 设备驱动。本节将以该示例驱动为模板介绍 SyilxOS 的 PCI 设备驱动。

SyilxOS 在安装 PCI 主控制驱动程序时，会初始化 PCI 设备管理，同时创建 PCI 设备列表。创建设备列表时，系统遍历 PCI 总线，为所有探测到的 PCI 设备创建设备控制块，并加入到全局设备列表中。完成 PCI 设备创建后，系统会配置 PCI 总线的所有设备，获取所有资源信息。完成上述设备相关的初始化后，系统还将进行 PCI 驱动注册初始化，完成相应资源的申请和全局变量的初始化。

遍历总线时，探测到的每个 PCI 设备都由一个控制块管理，即上文提到的 PCI 设备控制块。该控制块的详细内容如下：

```
typedef struct {
    LW_LIST_LINE        PCIDEV_lineDevNode;         /* 设备管理节点 */
    LW_OBJECT_HANDLE    PCIDEV_hDevLock;            /* 设备自身操作锁 */
    UINT32              PCIDEV_uiDevVersion;        /* 设备版本 */
    UINT32              PCIDEV_uiUnitNumber;        /* 设备编号 */
    CHAR                PCIDEV_cDevName[PCI_DEV_NAME_MAX];
                                                    /* 设备名称 */
    INT                 PCIDEV_iDevBus;             /* 总线号 */
    INT                 PCIDEV_iDevDevice;          /* 设备号 */
    INT                 PCIDEV_iDevFunction;        /* 功能号 */
    PCI_HDR             PCIDEV_phDevHdr;            /* 设备头 */
    /*
     *  PCI_HEADER_TYPE_NORMAL  PCI_HEADER_TYPE_BRIDGE
     *  PCI_HEADER_TYPE_CARDBUS
     */
    INT                 PCIDEV_iType;               /* 设备类型 */
    UINT8               PCIDEV_ucPin;               /* 中断引脚 */
    UINT8               PCIDEV_ucLine;              /* 中断线 */
    UINT32              PCIDEV_uiIrq;               /* 虚拟中断向量号 */
    UINT8               PCIDEV_ucRomBaseReg;
    UINT32              PCIDEV_uiResourceNum;
    PCI_RESOURCE_CB     PCIDEV_tResource[PCI_NUM_RESOURCES];
                                                    /* I/O and memory、ROMs */
    INT                 PCIDEV_iDevIrqMsiEn;        /* 是否使能 MSI */
    ULONG               PCIDEV_ulDevIrqVector;      /* MSI 或 INTx 中断向量 */
    UINT32              PCIDEV_uiDevIrqMsiNum;      /* MSI 中断数量 */
    PCI_MSI_DESC        PCIDEV_pmdDevIrqMsiDesc;    /* MSI 中断描述 */
    CHAR                PCIDEV_cDevIrqName[PCI_DEV_IRQ_NAME_MAX];
                                                    /* 中断名称 */
```

```
    PINT_SVR_ROUTINE          PCIDEV_pfuncDevIrqHandle;      /* 中断服务句柄 */
    PVOID                     PCIDEV_pvDevIrqArg;            /* 中断服务参数 */
    PVOID                     PCIDEV_pvDevDriver;            /* 驱动句柄 */
} PCI_DEV_CB;
typedef PCI_DEV_CB        * PCI_DEV_HANDLE;
```

所有 PCI 设备控制块通过管理节点形成管理列表,并以总线号、设备号、功能号作为索引。其中 PCIDEV_iType 字段用来标示该设备类型,其可能的取值如表 22.1 所列。

表 22.1   设备类型选项

设备类型	含　义
PCI_HEADER_TYPE_NORMAL	普通 PCI 设备
PCI_HEADER_TYPE_BRIDGE	PCI 桥设备
PCI_HEADER_TYPE_CARDBUS	CardBus 桥设备

PCI 设备控制块,只管理 PCI_HEADER_TYPE_NORMAL 类型设备,本文也只介绍普通 PCI 设备,对 PCI 桥和 CardBus 桥片不做过多介绍。为了保存 PCI 设备的基本配置空间,每个控制块中都包含了一个 PCI 标准设备头结构体。该结构体的具体实现如下:

```
typedef struct {
    UINT8                     PCIH_ucType;              /* PCI 类型 */
    /*
     * PCI_HEADER_TYPE_NORMAL
     * PCI_HEADER_TYPE_BRIDGE
     * PCI_HEADER_TYPE_CARDBUS
     */
    union {
        PCI_DEV_HDR        PCIHH_pcidHdr;
        PCI_BRG_HDR        PCIHH_pcibHdr;
        PCI_CBUS_HDR       PCIHH_pcicbHdr;
    } hdr;
#define PCIH_pcidHdr        hdr.PCIHH_pcidHdr
#define PCIH_pcibHdr        hdr.PCIHH_pcibHdr
#define PCIH_pcicbHdr       hdr.PCIHH_pcicbHdr
} PCI_HDR;
```

• PCIH_ucType:PCI 类型,即表 22.1 所列;
• hdr:设备头结构体。

PCI 标准设备头结构体中的 hdr 结构体是一个联合结构体,将根据 PCI 设备的类型,采用不同的 PCI 设备头结构,分别对应着三种不同的基本配置空间,其具体结构与 PCI 基本配置空间基本相同,主要包含厂商 ID、设备 ID 等配置信息,这里不做详细讲解,读者可自行查阅相关代码。

PCI 设备控制块中还有一个十分重要的成员,即资源控制块。在 PCI 设备配置时,系统根据 PCI 设备头,获取 PCI 所有的资源信息,并保存在 PCI 设备资源控制块中。普通 PCI 设备的常见资源包括 I/O、Memory、IRQ 以及 ROM 资源。该资源结构的详细内容如下:

```
typedef struct {
    pci_resource_size_t        PCIRS_stStart;
    pci_resource_size_t        PCIRS_stEnd;
    PCHAR                      PCIRS_pcName;
    ULONG                      PCIRS_ulFlags;
    ULONG                      PCIRS_ulDesc;
} PCI_RESOURCE_CB;
typedef PCI_RESOURCE_CB        * PCI_RESOURCE_HANDLE;
```

- PCIRS_stStart:资源的起始地址,如果为 IRQ 资源,则等于 IRQ 号;
- PCIRS_stEnd:资源结束地址,如果为 IRQ 资源,则等于 IRQ 号;
- PCIRS_pcName:资源名称;
- PCIRS_ulFlags:资源标志;
- PCIRS_ulDesc:资源描述符。

PCI 设备控制块中除了包含以上内容外,还包含了 PCI 设备的中断信息,包括 INTx 的中断引脚、中断线、虚拟中断向量号,MSI 中断的数量、描述等。关于 INTx、MSI 的具体含义,以及相关结构体在 22.2 节中已做出说明,此处不再重复。

上述所有内容都是安装 PCI 主控制驱动程序时所涉及到的内容,也就是说 SylixOS 在安装 PCI 设备驱动程序之前就已经管理好了所有的 PCI 设备。当加载 PCI 设备驱动时,系统会尝试绑定设备。SylixOS 中 PCI 设备驱动的注册函数如下:

```
#include <SylixOS.h>
INT  API_PciDrvRegister (PCI_DRV_HANDLE  hHandle);
```

函数 API_PciDrvRegister 原型分析:
- 此函数成功返回 ERROR_NONE,失败返回 PX_ERROR;
- 参数 hHandle 是驱动注册控制句柄。

函数 API_PciDrvRegister 向系统注册了一个 PCI 设备驱动,系统通过一个链表对其进行统一管理。其中传入的驱动控制句柄的详细信息如下:

```
typedef struct {
    LW_LIST_LINE           PCIDRV_lineDrvNode;        /* 驱动节点管理 */
    CHAR                   PCIDRV_cDrvName[PCI_DRV_NAME_MAX];
                                                      /* 驱动名称 */
    PVOID                  PCIDRV_pvPriv;             /* 私有数据 */
    PCI_DEV_ID_HANDLE      PCIDRV_hDrvIdTable;        /* 设备支持列表 */
    UINT32                 PCIDRV_uiDrvIdTableSize;   /* 设备支持列表大小 */
    /*
     *  驱动常用函数, PCIDRV_pfuncDevProbe 与 PCIDRV_pfuncDevRemove 不能为 LW_NULL,
     *  其他可选
     */
    INT( * PCIDRV_pfuncDevProbe) (PCI_DEV_HANDLE     hHandle,
                            const PCI_DEV_ID_HANDLE  hIdEntry);
    VOID   ( * PCIDRV_pfuncDevRemove) (PCI_DEV_HANDLE  hHandle);
    INT    ( * PCIDRV_pfuncDevSuspend) (PCI_DEV_HANDLE     hHandle,
                                  PCI_PM_MESSAGE_HANDLE    hPmMsg);
    INT    ( * PCIDRV_pfuncDevSuspendLate) (PCI_DEV_HANDLE   hHandle,
                                  PCI_PM_MESSAGE_HANDLE      hPmMsg);
    INT    ( * PCIDRV_pfuncDevResumeEarly) (PCI_DEV_HANDLE   hHandle);
    INT    ( * PCIDRV_pfuncDevResume) (PCI_DEV_HANDLE   hHandle);
    VOID   ( * PCIDRV_pfuncDevShutdown) (PCI_DEV_HANDLE   hHandle);
    PCI_ERROR_HANDLE       PCIDRV_hDrvErrHandler;     /* 错误处理句柄 */
    INT                    PCIDRV_iDrvFlag;           /* 驱动标志 */
    UINT32                 PCIDRV_uiDrvDevNum;        /* 关联设备数 */
    LW_LIST_LINE_HEADER    PCIDRV_plineDrvDevHeader;
                                                      /* 设备管理链表头 */
} PCI_DRV_CB;
typedef PCI_DRV_CB         * PCI_DRV_HANDLE;
```

驱动控制块中的 PCIDRV_hDrvIdTable 设备驱动列表中包含了该驱动程序所支持的所有 PCI 设备,驱动加载后系统会用其与所有存在的 PCI 设备进行匹配,匹配成功则进行绑定。驱动支持设备列表控制块的详细内容如下:

```
typedef struct {
    UINT32      PCIDEVID_uiVendor;        /* 厂商 ID */
    UINT32      PCIDEVID_uiDevice;        /* 设备 ID */
    UINT32      PCIDEVID_uiSubVendor;     /* 子厂商 ID */
    UINT32      PCIDEVID_uiSubDevice;     /* 子设备 ID */
    UINT32      PCIDEVID_uiClass;         /* 设备类 */
    UINT32      PCIDEVID_uiClassMask;     /* 设备子类 */
    ULONG       PCIDEVID_ulData;          /* 设备私有数据 */
} PCI_DEV_ID_CB;
typedef PCI_DEV_ID_CB        * PCI_DEV_ID_HANDLE;
```

设备匹配成功后系统会调用驱动控制块中的 PCIDRV_pfuncDevProbe 函数,因此该函数设备驱动必须实现。相应地,删除设备时,系统会调用驱动控制块中的 PCIDRV_pfuncDevRemove 函数,因此该函数设备驱动也需要完整地实现。

系统在调用 PCIDRV_pfuncDevProbe 函数时,会将匹配到的设备的设备控制块句柄以及设备列表控制块句柄作为参数传入。通常驱动程序需要先获取 PCI 设备的资源信息,如 memory 资源、I/O 资源和 IRQ 资源等。SylixOS 中获取 PCI 设备资源信息的函数原型如下:

```
#include <SylixOS.h>
PCI_RESOURCE_HANDLE  API_PciDevResourceGet(PCI_DEV_HANDLE  hDevHandle,
                                           UINT    uiType,
                                           UINT    uiNum);
```

函数 API_PciDevResourceGet 原型分析:
- 此函数成功返回资源句柄,失败返回LW_NULL;
- 参数 *hDevHandle* 是设备句柄;
- 参数 *uiType* 是资源类型;
- 参数 *uiNum* 是资源索引。

函数 API_PciDevResourceGet 从已知的设备中获取指定类型和索引的资源,该资源的控制块前文已做过介绍。其中的资源类型如表 22.2 所列。

表 22.2　PCI 设备资源类型选项

资源类型	含　义
PCI_IORESOURCE_IO	I/O 资源
PCI_IORESOURCE_MEM	Memory 资源
PCI_IORESOURCE_REG	Register 资源
PCI_IORESOURCE_IRQ	IRQ 资源
PCI_IORESOURCE_DMA	DMA 资源
PCI_IORESOURCE_BUS	Bus 资源

当同一类型资源存在多个时,需要通过索引区分,对不同的资源分别索引。值得注意的是,通过上述函数获取到的 I/O 和 Memory 资源并不能直接使用,因为得到的都是 PCI 总线域中的地址。如果想要正确地使用,必须将 PCI 总线域的地址转换为存储器域的地址。在 SyilxOS 中,默认 PCI 总线域的地址与存储器域的物理地址相等,因此只提供了从物理 I/O 空间映射内存到逻辑空间的函数,该函数原型如下:

```
#include <SylixOS.h>
PVOIDAPI_PciDevIoRemap(PVOID  pvPhysicalAddr, size_t  stSize);
```

函数 API_PciDevIoRemap 原型分析：

- 此函数成功返回虚拟地址，失败返回LW_NULL；
- 参数 *pvPhysicalAddr* 是物理内存地址；
- 参数 *stSize* 是需要映射的内存大小。

进行重新映射后，驱动程序便可以正常使用 PCI 设备的资源。PCIDRV_pfunc-DevProbe 函数在获取了相关资源后，便可进行设备相关的操作。对于 PCI 设备的中断相关操作，如 INTx 和 MSI，前面小节已经进行过相关说明。对于 PCI 设备中断的绑定和使能，SylixOS 提供了专门的 API 接口如下：

```
# include <SylixOS.h>
INT API_PciDevInterConnect (PCI_DEV_HANDLE    hHandle,
                            ULONG             ulVector,
                            PINT_SVR_ROUTINE  pfuncIsr,
                            PVOID             pvArg,
                            CPCHAR            pcName);
```

函数 API_PciDevInterConnect 原型分析：

- 此函数成功返回ERROR_NONE，失败返回PX_ERROR；
- 参数 *hHandle* 是设备句柄；
- 参数 *ulVector* 是中断向量；
- 参数 *pfuncIsr* 是中断服务函数；
- 参数 *pvArg* 是中断服务函数参数；
- 参数 *pcName* 是中断服务名称。

```
# include <SylixOS.h>
INT  API_PciDevInterEnable (PCI_DEV_HANDLE    hHandle,
                            ULONG             ulVector,
                            PINT_SVR_ROUTINE  pfuncIsr,
                            PVOID             pvArg);
```

函数 API_PciDevInterEnable 原型分析：

- 此函数成功返回ERROR_NONE，失败返回PX_ERROR；
- 参数 *hHandle* 是设备句柄；
- 参数 *ulVector* 是中断向量；
- 参数 *pfuncIsr* 是中断服务函数；
- 参数 *pvArg* 是中断服务函数参数。

与此相对应的，SyilxOS 提供了对应的 PCI 设备解除中断连接函数和 PCI 设备禁能中断函数，函数原型如下：

```
# include <SylixOS.h>
INTAPI_PciDevInterDisonnect (PCI_DEV_HANDLE      hHandle,
                             ULONG               ulVector,
                             PINT_SVR_ROUTINE    pfuncIsr,
                             PVOID               pvArg);
```

函数 API_PciDevInterDisonnect 原型分析：

- 此函数成功返回ERROR_NONE，失败返回PX_ERROR；
- 参数 *hHandle* 是设备句柄；
- 参数 *ulVector* 是中断向量；
- 参数 *pfuncIsr* 是中断服务函数；
- 参数 *pvArg* 是中断服务函数参数。

```
# include <SylixOS.h>
INT  API_PciDevInterDisable (PCI_DEV_HANDLE      hHandle,
                             ULONG               ulVector,
                             PINT_SVR_ROUTINE    pfuncIsr,
                             PVOID               pvArg);
```

函数 API_PciDevInterDisable 原型分析：

- 此函数成功返回ERROR_NONE，失败返回PX_ERROR；
- 参数 *hHandle* 是设备句柄；
- 参数 *ulVector* 是中断向量；
- 参数 *pfuncIsr* 是中断服务函数；
- 参数 *pvArg* 是中断服务函数参数。

当指定 PCI 驱动删除一个设备时，程序会调用驱动控制块中 PCIDRV_pfunc-DevRemove 函数，驱动程序需要在该函数中进行删除前的设备操作，以及各种资源的释放。

以上主要是驱动注册时的相关内容，SylixOS 还提供对应的驱动卸载函数，其函数原型如下：

```
# include <SylixOS.h>
INT  API_PciDrvDelete (PCI_DRV_HANDLE  hDrvHandle)
```

函数 API_PciDrvDelete 原型分析：

- 此函数成功返回ERROR_NONE，失败返回PX_ERROR；
- 参数 *hDrvHandle* 是驱动控制块句柄。

注：当 PCI 驱动属于活跃状态或还存在关联设备时，将无法卸载，该函数返回错误。

22.4 PCI 串口

PCI 串口主要是用来扩展 PC 的串口数量和种类。常见的 x86 机器主板上可能只有一个或者两个 RS232 的串口接口,在某些场景下不能满足对串口的需求,于是就有了 PCI 串口卡。通常 PCI 串口卡会支持拓展 2～8 个串口,也会支持 RS232、RS485、RS422 这几种串口格式。PCI 串口卡在工业和军工领域应用广泛。

SylixOS 在"libsylixos/SylixOS/driver/sio"目录下提供了两种不同厂商的 PCI 串口卡驱动,此两种驱动的设备都使用了 16C550 兼容的串口芯片。常见的 PCI 串口卡都是使用 16C550 这一系列的串口芯片。本文以 NETMOS 的 PCI 串口卡为例,说明 SyliOS 下 PCI 设备驱动的一般开发流程。

如前文所述,PCI 驱动加载后通过驱动支持设备列表进行绑定,因此驱动程序需要正确地提供本驱动所支持的所有设备 ID 信息。NETMOS PCI 串口卡驱动中关于支持设备列表的具体实现如下:

```
static const PCI_DEV_ID_CB  pciSioNetmosIdTbl[] = {
    {
        PCI_VENDOR_ID_NETMOS, PCI_DEVICE_ID_NETMOS_9901,
        0xa000, 0x1000, 0, 0,
        netmos_9912
    },
    {
        PCI_VENDOR_ID_NETMOS, PCI_DEVICE_ID_NETMOS_9912,
        0xa000, 0x1000, 0, 0,
        netmos_9912
    },
    {
        PCI_VENDOR_ID_NETMOS, PCI_DEVICE_ID_NETMOS_9922,
        0xa000, 0x1000, 0, 0,
        netmos_9912
    },
    {
        PCI_VENDOR_ID_NETMOS, PCI_DEVICE_ID_NETMOS_9904,
        0xa000, 0x1000, 0, 0,
        netmos_9912
    },
    {
        PCI_VENDOR_ID_NETMOS, PCI_DEVICE_ID_NETMOS_9900,
        0xa000, 0x1000, 0, 0,
        netmos_9912
```

```
        },
        {
        }                                      /* terminate list */
    };
```

在确定支持列表后,PCI 设备驱动程序需要实现自己的驱动控制块,并向系统注册。驱动控制块除了要包含支持设备列表外,还要实现该设备的一系列操作函数。其中 PCIDRV_pfuncDevProbe 函数和 PCIDRV_pfuncDevRemove 函数必须实现,其他函数可根据具体设备的需求具体实现。NETMOS PCI 串口驱动相关初始化代码如下:

```
INT   pciSioNetmosInit (VOID)
{
    INT             iRet;
    PCI_DRV_CB      tPciDrv;
    PCI_DRV_HANDLE  hPciDrv = &tPciDrv;
    lib_bzero(hPciDrv, sizeof(PCI_DRV_CB));
    iRet = pciSioNetmosIdTblGet(&hPciDrv->PCIDRV_hDrvIdTable,
                                &hPciDrv->PCIDRV_uiDrvIdTableSize);
    if (iRet != ERROR_NONE) {
        return  (PX_ERROR);
    }
    lib_strlcpy(&hPciDrv->PCIDRV_cDrvName[0], "pci_netmos", PCI_DRV_NAME_MAX);
    hPciDrv->PCIDRV_pvPriv = LW_NULL;              /* 设备驱动的私有数据 */
    hPciDrv->PCIDRV_hDrvErrHandler = LW_NULL;      /* 驱动错误处理 */
    hPciDrv->PCIDRV_pfuncDevProbe = pciSioNetmosProbe;
    hPciDrv->PCIDRV_pfuncDevRemove = pciSioNetmosRemove;
    iRet = API_PciDrvRegister(hPciDrv);
    if (iRet != ERROR_NONE) {
        return  (PX_ERROR);
    }
    return  (ERROR_NONE);
}
```

PCIDRV_pfuncDevProbe 函数是驱动探测到设备后进行绑定时所调用的,不同 PCI 设备的具体实现逻辑最终都要由此函数展开,是 PCI 设备驱动的核心内容。本例中的 NETMOS PCI 串口卡,在通过设备资源获取函数获取到 Memory 资源和 IRQ 资源后,经过简单的 Memory 资源映射,就可以和普通 16C550 芯片一样操作。本文主要讲解 PCI 设备驱动的开发方法,对 16C550 驱动的具体实现不做过多的说明。关于串口的相关内容和 SylixOS 中串口驱动模型可参考第 11 章。NETMOS PCI 串口卡驱动的具体实现如下:

```c
     static INT   pciSioNetmosProbe (PCI_DEV_HANDLE hPciDevHandle, const PCI_DEV_ID_HANDLE
hIdEntry)
     {
         INT                          i, iChanNum, iTtyNum;
         PCI_SIO_NETMOS              * pcisio;
         PCI_SIO_NETMOS_CFG         * pcisiocfg;
         SIO16C550_CHAN             * psiochan;
         SIO_CHAN                   * psio;
         ULONG                        ulVector;
         CHAR                         cDevName[64];
         PCI_RESOURCE_HANDLE          hResource;
         addr_t                       ulBaseAddr;              /* 起始地址 */
         PVOID                        pvBaseAddr;              /* 起始地址 */
         size_t                       stBaseSize;              /* 资源大小 */
         if (((!hPciDevHandle) || (!hIdEntry)) {
             _ErrorHandle(EINVAL);
             return   (PX_ERROR);
         }
         if (hIdEntry->PCIDEVID_ulData > ARRAY_SIZE(pciSioNetmosCard)) {
             _ErrorHandle(EINVAL);
             return   (PX_ERROR);
         }
         hResource = API_PciDevResourceGet(hPciDevHandle, PCI_IORESOURCE_MEM, 0);
         ulBaseAddr = (ULONG)(PCI_RESOURCE_START(hResource));
                                              /* 获取 MEM 的起始地 */
         stBaseSize = (size_t)(PCI_RESOURCE_SIZE(hResource));
                                              /* 获取 MEM 的大小 */
         pvBaseAddr = API_PciDevIoRemap((PVOID)ulBaseAddr, stBaseSize);
         if (!pvBaseAddr) {
             return   (PX_ERROR);
         }
         pcisio = &pciSioNetmosCard[hIdEntry->PCIDEVID_ulData];
         iChanNum = pcisio->NETMOS_uiPorts;                /* 获得设备通道数 */
         hResource = API_PciDevResourceGet(hPciDevHandle, PCI_IORESOURCE_IRQ, 0);
         ulVector = (ULONG)PCI_RESOURCE_START(hResource);
         API_PciDevMasterEnable(hPciDevHandle, LW_TRUE);
         write32(0, (addr_t)pvBaseAddr + 0x3fc);
         /*
          *   创建串口通道
          */
         for (i = 0; i < iChanNum; ++ i) {
```

```
                    psiochan = (SIO16C550_CHAN * )__SHEAP_ZALLOC(sizeof(SIO16C550_CHAN));
                    if (!psiochan) {
                        _ErrorHandle(ENOMEM);
                        return  (PX_ERROR);
                    }
                    pcisiocfg = (PCI_SIO_NETMOS_CFG * )__SHEAP_ZALLOC(sizeof(PCI_SIO_NETMOS_
CFG));
                    if (!pcisiocfg) {
                        __SHEAP_FREE(psiochan);
                        _ErrorHandle(ENOMEM);
                        return  (PX_ERROR);
                    }
                    pcisiocfg->CFG_idx = hPciDevHandle->PCIDEV_iDevFunction;
                    pcisiocfg->CFG_ulVector = ulVector;
                    pcisiocfg->CFG_ulBase = (addr_t)pvBaseAddr;
                    pcisiocfg->CFG_ulBaud = pcisio->NETMOS_uiBaud;
                    pcisiocfg->CFG_ulXtal = pcisio->NETMOS_uiBaud * 16;
                    pcisiocfg->CFG_pciHandle = hPciDevHandle;
                    psio = pciSioNetmosChan(hPciDevHandle->PCIDEV_iDevFunction,
                                      psiochan,
                                      pcisiocfg);
                    for (iTtyNum = 0; iTtyNum < 512; iTtyNum++) {
                        snprintf(cDevName, sizeof(cDevName),
                                PCI_SIO_NETMOS_TTY_PERFIX "%d", iTtyNum);
                        if (!API_IosDevMatchFull(cDevName)) {
                            break;
                        }
                    }
                    ttyDevCreate(cDevName, psio,
                    PCI_SIO_NETMOS_TTY_RBUF_SZ,
                    PCI_SIO_NETMOS_TTY_SBUF_SZ);      /* add tty device */
                }
            return  (ERROR_NONE);
        }
```

NETMOS PCI 串口卡有时需要作为主设备,因此需使能其 Master(主模式)模式。SyliOS 中设置使能主模式的函数原型如下:

```
# include <SylixOS.h>
INT  API_PciDevMasterEnable (PCI_DEV_HANDLE  hDevHandle, BOOL  bEnable);
```

函数 API_PciDevMasterEnable 原型分析:

- 此函数成功返回ERROR_NONE，失败返回PX_ERROR；
- 参数*hDevHandle*是设备控制句柄；
- 参数*bEnable*是使能与禁能标志，0 为禁能，1 为使能。

NETMOS PCI 串口驱动获取到存储器资源和中断资源后，将进行串口相关的驱动设置。在创建 SIO 通道时，16C550 兼容的串口驱动需要封装统一的读/写寄存器接口。NETMOS PCI 串口驱动的写寄存器接口具体实现如下：

```
static VOID   pciSioNetmosSetReg (SIO16C550_CHAN    * psiochan,
                                  INT       iReg,
                                  UINT8     ucValue)
{
    REGISTER PCI_SIO_NETMOS_CFG   * pcisiocfg = (PCI_SIO_NETMOS_CFG * )
                                                psiochan ->priv;
    write8(ucValue, pcisiocfg ->CFG_ulBase + 0x280 + ((addr_t)iReg * 4));
}
```

NETMOS PCI 串口驱动的读寄存器接口具体实现如下：

```
static UINT8   pciSioNetmosGetReg (SIO16C550_CHAN   * psiochan, INT    iReg)
{
    REGISTER PCI_SIO_NETMOS_CFG   * pcisiocfg = (PCI_SIO_NETMOS_CFG * )
                                                psiochan ->priv;
    return   (read8(pcisiocfg ->CFG_ulBase + 0x280 + ((addr_t)iReg * 4)));
}
```

完成以上的接口封装后，NETMOS PCI 串口驱动便可调用 16C550 兼容串口驱动的初始化函数进行设备初始化和中断绑定、使能操作。其具体实现如下：

```
static SIO_CHAN   * pciSioNetmosChan (UINT                 uiChannel,
                                      SIO16C550_CHAN       * psiochan,
                                      PCI_SIO_NETMOS_CFG   * pcisiocfg)
{
    CHAR    cIrqName[64];
    psiochan ->pdeferq = API_InterDeferGet(0);
    /*
     *   Receiver FIFO Trigger Level and Tirgger bytes table
     *   level   16 Bytes FIFO Trigger   32 Bytes FIFO Trigger   64 Bytes FIFO Trigger
     *    0              1                        8                        1
     *    1              4                        16                       16
     *    2              8                        24                       32
     *    3              14                       28                       56
     */
```

```
    psiochan->fifo_len = 8;
    psiochan->rx_trigger_level = 1;
    psiochan->baud = pcisiocfg->CFG_ulBaud;
    psiochan->xtal = pcisiocfg->CFG_ulXtal;
    psiochan->setreg = pciSioNetmosSetReg;
    psiochan->getreg = pciSioNetmosGetReg;
    psiochan->priv = pcisiocfg;
    API_PciDevInterDisable(pcisiocfg->CFG_pciHandle, pcisiocfg->CFG_ulVector,
                    (PINT_SVR_ROUTINE)pciSioNetmosIsr,
                    (PVOID)psiochan);
    sio16c550Init(psiochan);
    snprintf(cIrqName, sizeof(cIrqName), "pci_netmos_%d", uiChannel);
    API_PciDevInterConnect(pcisiocfg->CFG_pciHandle, pcisiocfg->CFG_ulVector,
                    (PINT_SVR_ROUTINE)pciSioNetmosIsr,
                    (PVOID)psiochan, cIrqName);
    API_PciDevInterEnable(pcisiocfg->CFG_pciHandle, pcisiocfg->CFG_ulVector,
                    (PINT_SVR_ROUTINE)pciSioNetmosIsr,
                    (PVOID)psiochan);
    return ((SIO_CHAN *)psiochan);
}
```

NETMOS PCI 串口驱动的中断处理函数在清除中断后,仍然调用 16C550 兼容串口驱动的通用中断处理函数。其具体实现如下:

```
static irqreturn_t  pciSioNetmosIsr (PVOID  pvArg, ULONG  ulVector)
{
    REGISTER SIO16C550_CHAN  * psiochan = (SIO16C550_CHAN *)pvArg;
    UINT8            ucIIR;
    ucIIR = pciSioNetmosGetReg(psiochan, IIR);
    if (ucIIR & 0x01) {
        return  (LW_IRQ_NONE);
    }
    sio16c550Isr(psiochan);
    return  (LW_IRQ_HANDLED);
}
```

以上便是 NETMOS PCI 串口驱动的核心内容,而控制块的 PCIDRV_pfunc-DevRemove 函数未做过多实现。

第 23 章

电源管理

23.1　电源管理简介

　　管理不同电源设备,并且将电源有效地分配给系统不同组件的技术就是电源管理。电源管理对于移动式设备、嵌入式设备至关重要。通过降低组件闲置时的能耗,优秀的电源管理系统能够将电池寿命延长 2 倍或 3 倍。传统的电源管理技术基于电源管理器件和外设控制,属于静态控制方式;新型综合控制模式结合具备智能电源管理功能的嵌入式微处理器,以操作系统为核心,动态调节处理器状态等技术,属于动静态结合控制方式。

　　电源管理技术在保证系统运转的基础上,尽量降低对能量的消耗,从而提高系统的生存竞争力。当电路工作或逻辑状态翻转时会产生动态功耗,未发生翻转时漏电流会造成静态功耗。根据系统负载进行性能调节,可以协调高性能与低功耗之间的矛盾。对一个给定负载,动态功耗的量值与供电电压的平方成正比,与运行频率成正比。降低供电电压并同时降低处理器的时钟速度,功耗将会呈立方速度下降,代价则是增加了运行时间。通过停止芯片模块的时钟和电源供应的办法,可将能耗降至最低,代价是重新启动该模块时需要额外能耗。操作系统通过有效地利用上述能耗管理方法,得到性能和功耗间的最佳平衡,达到节能的最大化。

23.2　SylixOS 电源管理模型分析

23.2.1　SylixOS 电源管理

　　SylixOS 电源管理分为 2 大部分:CPU 功耗管理和外设功耗管理。

　　CPU 功耗管理分为 3 种模式:

① 正常运行模式(Running):CPU 正常执行指令;

② 省电模式(Power Saving):所有具有电源管理功能的设备进入省电模式,同时 CPU 主频降低,多核 CPU 仅保留一个 CPU 运行;

③ 休眠模式(Sleep):系统休眠,所有具有电源管理功能的设备进入 Suspend 状态,如果系统需要通过指定事件唤醒休眠,则从复位向量处恢复,此时需要 Boot-Loader 或者 BIOS 程序的配合。

在对称多处理器 SMP 中,通过动态调整运行的 CPU 核的个数来实现 CPU 核的功耗管理。根据系统的负荷,关闭"多余的 CPU",在满足用户需求的前提下,尽可能地降低 CPU 的功耗。

外设功耗管理分为 4 个状态:

① 正常运行状态:设备被打开,并使能相应设备的电源和时钟,设备开始工作;

② 设备关闭状态:设备被关闭,驱动程序请求电源管理适配器断开设备电源与时钟,设备停止工作;

③ 省电模式状态:系统进入省电模式,并请求外设进入省电模式;

④ 设备空闲状态:设备的功耗管理单元具有看门狗功能,一旦设备空闲,且空闲时间超过设置,系统会将设备变为空闲状态。

如图 23.1 所示是 SylixOS 中电源管理基本结构图。

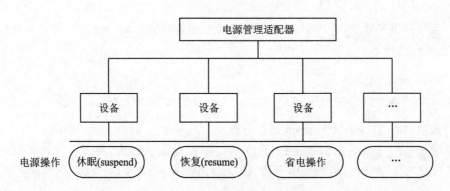

图 23.1　电源管理基本结构图

一个电源管理适配器(PM Adapter)可以管理多个设备,不同设备由相应的通道号区分,电源管理适配器管理的通道号总数决定了电源管理适配器可以管理的设备数。

电源管理适配器控制其管理设备的上电(连通设备电源与时钟)和掉电(断开设备电源与时钟)操作。同时,每个支持电源管理的设备也提供一套方法集,可通过调用系统提供的应用层接口,实现设备的各种工作状态的改变,从而实现应用程序对设备进行多种电源操作,比如进入休眠模式、进入省电模式和恢复正常模式等。如表 23.1 所列是应用程序可以切换的 6 种工作状态。

表 23.1　外设工作状态表

工作状态	描　述
Suspend	使所有支持休眠功能的外设进入休眠状态
Resume	使所有支持休眠功能的外设从休眠状态恢复正常状态
SavingEnter	使系统进入省电模式。控制所有支持电源管理的设备进入省电模式,同时设置运行的 CPU 核数目以及能耗级别
SavingExit	控制系统退出省电模式。控制所有支持电源管理的设备退出省电模式,同时设置运行的 CPU 核数目以及能耗级别
IdleEnter	设备功耗管理单元具有看门狗功能,一旦设备空闲且空闲时间超过设置,系统会将设备变为空闲状态
IdleExit	系统将使设备退出空闲模式,恢复为正常状态

23.2.2　电源管理 API

系统提供电源管理函数,用户使用对应函数可以实现电源管理功能。函数分析如下。

23.2.2.1　系统休眠

系统提供函数 API_PowerMSuspend 控制所有支持休眠功能的外设进入休眠状态,函数原型如下:

```
# include <SylixOS.h>
VOID  API_PowerMSuspend (VOID);
```

函数 API_PowerMSuspend 原型分析:

函数 API_PowerMSuspend 首先遍历电源管理设备链表,对所有支持休眠功能的外设进行休眠操作,然后调用函数 API_KernelSuspend 使内核进入休眠状态。

23.2.2.2　系统唤醒

系统提供函数 API_PowerMResume 控制所有支持休眠功能的外设从休眠状态恢复正常状态,函数原型如下:

```
# include <SylixOS.h>
VOID  API_PowerMResume (VOID);
```

函数 API_PowerMResume 原型分析:

函数 API_PowerMResume 首先遍历电源管理设备链表,对所有支持休眠唤醒功能的外设进行唤醒操作,然后调用 API_KernelResume 使内核从休眠状态唤醒。

23.2.2.3　设置 CPU 节能参数

系统提供函数 API_PowerMCpuSet 设置多核系统中运行的 CPU 核数目以及设置 CPU 能耗级别。函数原型如下：

```
# include <SylixOS.h>
VOID  API_PowerMCpuSet (ULONG  ulNCpus, UINT  uiPowerLevel);
```

函数 API_PowerMCpuSet 原型分析：
- 参数 *ulNCpus* 是运行态的 CPU 核个数；
- 参数 *uiPowerLevel* 是 CPU 能耗级别。

函数 API_PowerMCpuSet 根据参数 *ulNCpus* 获取用户设置的系统运行 CPU 核数，如果传入参数 *ulNCpus* 小于当前系统正在运行的 CPU 核数，则关闭一些 CPU 核；如果传入参数 *ulNCpus* 大于当前系统运行的 CPU 核数，则打开一些 CPU 核。根据传入参数 *uiPowerLevel* 设置 CPU 能耗级别，不同的能耗级别，CPU 以不同的主频运行。同时函数 API_PowerMCpuSet 还会遍历电源管理设备链表，将 CPU 节能参数通知所有支持电源管理的外设。

23.2.2.4　获取 CPU 节能参数

系统提供函数 API_PowerMCpuGet 获得当前运行的 CPU 个数和 CPU 能耗级别，函数原型如下：

```
# include <SylixOS.h>
VOID  API_PowerMCpuGet (ULONG  * pulNCpus, UINT  * puiPowerLevel);
```

函数 API_PowerMCpuGet 原型分析：
- 参数 *ulNCpus* 返回运行态的 CPU 核个数；
- 参数 *puiPowerLevel* 返回 CPU 能耗级别。

注：如果 *ulNCpus* 和 *puiPowerLevel* 为 NULL，则该函数不做处理。

23.2.2.5　系统进入省电模式

系统提供函数 API_PowerMSavingEnter 使系统进入省电模式。函数原型如下：

```
# include <SylixOS.h>
VOID  API_PowerMSavingEnter (ULONG  ulNCpus, UINT  uiPowerLevel);
```

函数 API_PowerMSavingEnter 原型分析：
- 参数 *ulNCpus* 是运行态的 CPU 核个数；
- 参数 *uiPowerLevel* 是 CPU 能耗级别。

函数 API_PowerMSavingEnter 通知支持电源管理的设备进入省电模式，同时调用函数 API_PowerMCpuSet 设置运行的 CPU 数目以及 CPU 能耗级别。

23.2.2.6 系统退出省电模式

系统提供函数 API_PowerMSavingExit 控制系统退出省电模式。函数原型如下：

```
#include <SylixOS.h>
VOID  API_PowerMSavingExit (ULONG  ulNCpus, UINT  uiPowerLevel);
```

函数 API_PowerMSavingExit 原型分析：

- 参数 *ulNCpus* 是运行态的 CPU 核个数；
- 参数 *uiPowerLevel* 是 CPU 能耗级别。

函数 API_PowerMSavingExit 通知所有支持电源管理的设备退出省电模式，同时调用函数 API_PowerMCpuSet 设置运行的 CPU 数目以及 CPU 能耗级别。

23.3 SylixOS 电源管理驱动实现

23.3.1 创建电源管理适配器

电源适配器驱动相关信息位于"libsylixos/SylixOS/system/pm"目录下，其适配器创建函数原型如下：

```
#include <SylixOS.h>
PLW_PM_ADAPTERAPI_PowerMAdapterCreate (CPCHAR        pcName,
                                       UINT    uiMaxChan,
                                       PLW_PMA_FUNCS    pmafuncs);
```

函数 API_PowerMAdapterCreate 原型分析：

- 函数成功返回电源管理适配器指针，失败返回LW_NULL；
- 参数 *pcName* 是电源管理适配器的名称；
- 参数 *uiMaxChan* 是电源管理适配器最大通道号；
- 参数 *pmafuncs* 是电源管理适配器操作函数。

函数 API_PowerMAdapterCreate 使用结构体PLW_PMA_FUNCS 来向内核提供传输函数集合，其详细描述如下：

```
typedef struct lw_pma_funcs {
    INT  ( * PMAF_pfuncOn)(PLW_PM_ADAPTER      pmadapter,
                           PLW_PM_DEV          pmdev);      / * 打开设备电源与时钟 * /
    INT  ( * PMAF_pfuncOff)(PLW_PM_ADAPTER      pmadapter,
                            PLW_PM_DEVpmdev);               / * 关闭设备电源与时钟 * /
```

```
        INT  ( * PMAF_pfuncIsOn)(PLW_PM_ADAPTER    pmadapter,
                                 PLW_PM_DEV         pmdev,
                                 BOOL              * pbIsOn);        /* 是否打开 */
        PVOID   PMAF_pvReserve[16];                                 /* 保留 */
} LW_PMA_FUNCS;
typedef LW_PMA_FUNCS    * PLW_PMA_FUNCS;
```

- PMAF_pfuncOn:打开设备电源与时钟函数;
- 第一个参数 *pmadapter* 为电源管理适配器指针,第二个参数 *pmdev* 是电源管理的设备节点指针;
- PMAF_pfuncOff:关闭设备电源与时钟函数;
- 第一个参数 *pmadapter* 为电源管理适配器指针,第二个参数 *pmdev* 是电源管理的设备节点指针;
- PMAF_pfuncIsOn:电源管理设备是否打开函数;
- 第一个参数 *pmadapter* 为电源管理适配器指针,第二个参数 *pmdev* 是电源管理的设备节点指针,第三个输出参数 *pbIsOn* 返回节点是否打开;
- PMAF_pvReserve:保留位。

PLW_PM_ADAPTER 数据结构主要包含当前电源管理适配器节点信息,结构体的详细描述如下:

```
# include <SylixOS.h>
typedef struct {
    LW_LIST_LINEPMA_lineManage;               /* 管理链表 */
    UINT PMA_uiMaxChan;                        /* 电源管理通道总数 */
    struct  lw_pma_funcs    * PMA_pmafunc;     /* 电源管理适配器操作函数 */
    PVOID      PMA_pvReserve[8];
    CHAR                    PMA_cName[1];       /* 电源管理适配器名称 */
} LW_PM_ADAPTER;
typedef LW_PM_ADAPTER * PLW_PM_ADAPTER;
```

- PMA_lineManage:管理链表,双向线性管理表;
- PMA_uiMaxChan:管理通道总数;
- PMA_pmafunc:指向电源管理适配器操作函数,即 API_PowerMAdapterCreate 函数注册到系统的操作函数集指针;
- PMA_pvReserve:保留位;
- PMA_cName:电源管理适配器名称。

系统提供 API_PowerMAdapterDelete 函数删除一个电源管理适配器,函数原型如下:

```
# include <SylixOS.h>
INT  API_PowerMAdapterDelete (PLW_PM_ADAPTER  pmadapter);
```

函数 API_PowerMAdapterDelete 原型分析：

- 函数成功返回ERROR_NONE，失败返回PX_ERROR；
- 参数 *pmadapter* 是电源管理适配器指针。

注：系统不推荐使用此函数来删除电源管理适配器。

系统提供 API_PowerMAdapterFind 函数查询一个电源管理适配器，函数原型如下：

```
# include <SylixOS.h>
PLW_PM_ADAPTER  API_PowerMAdapterFind (CPCHAR  pcName);
```

函数 API_PowerMAdapterFind 原型分析：

- 函数成功返回电源管理适配器指针，失败返回LW_NULL；
- 参数 *pcName* 是电源管理适配器名称。

23.3.2 创建电源管理适配器节点

编写电源管理外设驱动程序时，需要创建电源管理适配器节点，并把电源管理适配器节点加入到电源管理适配器中，以实现系统统一管理。创建电源管理适配器节点前需要实现外设的休眠、省电等电源管理操作的功能函数。

系统提供 API_PowerMDevInit 函数创建电源管理适配器节点，并完成电源管理适配器节点和电源管理适配器的绑定。函数原型如下：

```
# include <SylixOS.h>
INT  API_PowerMDevInit (PLW_PM_DEV        pmdev,
                        PLW_PM_ADAPTER    pmadapter,
                        UINT              uiChan,
                        PLW_PMD_FUNCS     pmdfunc);
```

函数 API_PowerMDevInit 原型分析：

- 函数成功返回ERROR_NONE，失败返回PX_ERROR；
- 参数 *pmdev* 是电源管理适配器设备节点指针；
- 参数 *pmadapter* 是电源管理节点所在电源管理适配器指针；
- 参数 *uiChan* 是电源管理节点所在电源管理适配器通道号；
- 参数 *pmd func* 是电源管理适配器节点操作函数。

API_PowerMDevInit 函数使用结构体PLW_PMD_FUNCS 来向内核提供传输函数集合，其详细描述如下：

```
typedef struct lw_pmd_funcs {
    INT  (*PMDF_pfuncSuspend)(PLW_PM_DEV  pmdev);   /*CPU 休眠*/
    INT  (*PMDF_pfuncResume)(PLW_PM_DEV  pmdev);    /*CPU 恢复*/
```

```
    INT    (* PMDF_pfuncPowerSavingEnter)(PLW_PM_DEV    pmdev);
    /* 系统进入省电模式 */
    INT    (* PMDF_pfuncPowerSavingExit)(PLW_PM_DEV    pmdev);
    /* 系统退出省电模式 */

    INT    (* PMDF_pfuncIdleEnter)(PLW_PM_DEV    pmdev);  /* 设备长时间不使用进入空闲 */
    INT    (* PMDF_pfuncIdleExit)(PLW_PM_DEV    pmdev);   /* 设备退出空闲 */

    INT    (* PMDF_pfuncCpuPower)(PLW_PM_DEV    pmdev);      /* CPU 改变主频能级 */
    PVOID      PMDF_pvReserve[16];                          /* 保留 */
} LW_PMD_FUNCS;
typedef LW_PMD_FUNCS    * PLW_PMD_FUNCS;
```

- PMDF_pfuncSuspend：CPU 休眠函数。
- 参数 *pmdev* 为电源管理设备节点指针，系统进入休眠状态时，具有电源管理功能的设备将调用此函数进入 Suspend 模式。
- PMDF_pfuncResume：CPU 恢复函数。
- 参数 *pmdev* 为电源管理设备节点指针，系统需要通过指定事件唤醒，离开休眠模式，将从复位向量处恢复，此时需要 BOOTLOADER 或 BIOS 程序配合。
- PMDF_pfuncPowerSavingEnter：系统进入省电模式函数。
- 参数 *pmdev* 为电源管理设备节点指针，系统进入省电模式时，所有具有电源管理功能的设备进入省电模式，同时 CPU 降速，多核 CPU 仅保留一个 CPU 运行。
- PMDF_pfuncPowerSavingExit：系统退出省电模式函数。
- 参数 *pmdev* 为电源管理设备节点指针。
- PMDF_pfuncIdleEnter：设备长时间不使用进入空闲状态函数。
- 参数 *pmdev* 为电源管理设备节点指针，如果设备功耗管理单元具有看门狗功能，一旦设备空闲时间超过看门狗设置，系统会自动调用 PMDF_pfuncIdleEnter 函数，请求将设备变为空闲状态。
- PMDF_pfuncIdleExit：设备退出空闲状态。
- 参数 *pmdev* 为电源管理设备节点指针。
- PMDF_pfuncCpuPower：CPU 改变主频能级函数。
- 参数 *pmdev* 为电源管理设备节点指针。
- PMDF_pvReserve：保留位。

PLW_PM_DEV 数据结构主要包含当前电源管理设备的相关信息，结构体详细描述如下：

```
typedef struct {
    LW_LIST_LINE        PMD_lineManage;         /* 管理链表 */
    PLW_PM_ADAPTER      PMD_pmadapter;          /* 电源管理适配器 */
    UINT PMD_uiChannel;                         /* 对应电源管理适配器通道号 */
    PVOID       PMD_pvReserve[8];
    PCHAR       PMD_pcName;                      /* 管理节点名 */
    PVOID       PMD_pvBus;                       /* 总线信息(驱动程序自行使用) */
    PVOID       PMD_pvDev;                       /* 设备信息(驱动程序自行使用) */
    UINT PMD_uiStatus;                          /* 初始为 0 */
# defineLW_PMD_STAT_NOR        0
# defineLW_PMD_STAT_IDLE       1
    LW_CLASS_WAKEUP_NODE        PMD_wunTimer;   /* 空闲时间计算 */
# define PMD_bInQ              PMD_wunTimer.WUN_bInQ
# define PMD_ulCounter         PMD_wunTimer.WUN_ulCounter
    struct lw_pmd_funcs     * PMD_pmdfunc;      /* 电源管理适配器操作函数 */
} LW_PM_DEV;
typedef LW_PM_DEV       * PLW_PM_DEV;
```

- PMD_lineManage：管理链表，双向线性管理表。
- PMD_pmadapter：设备节点所在的电源管理适配器。
- PMD_uiChannel：对应的电源管理适配器通道号。
- PMD_pvReserve：保留位。
- PMD_pcName：管理设备节点名称。
- PMD_pvBus：总线信息(驱动程序自行使用)。
- PMD_pvDev：设备信息(驱动程序自行使用)。
- PMD_uiStatus：设备状态，取值如表 23.2 所列。

表 23.2 设备状态信息

设备状态	含　义
LW_PMD_STAT_NOR	设备正常工作
LW_PMD_STAT_IDLE	设备空闲

- PMD_wunTimer：设备节点空闲时间计算。
- PMD_pmdfunc：指向电源管理适配器设备节点操作函数。

系统提供 API_PowerMDevTerm 函数删除一个电源管理适配器节点。函数原型如下：

```
# include <SylixOS.h>
INT  API_PowerMDevTerm (PLW_PM_DEV   pmdev);
```

函数 API_PowerMDevTerm 原型分析：

- 函数成功返回ERROR_NONE,失败返回PX_ERROR;
- 参数 *pmdev* 是电源管理适配器设备节点指针。

系统提供的 API 函数 API_PowerMDevOn,提供给用户在第一次打开一个电源管理适配器设备节点时调用。函数原型如下:

```
# include <SylixOS.h>
INT  API_PowerMDevOn (PLW_PM_DEV  pmdev);
```

函数 API_PowerMDevOn 原型分析:
- 函数成功返回ERROR_NONE,失败返回PX_ERROR;
- 参数 *pmdev* 是电源管理适配器设备节点指针。

系统提供的 API 函数 API_PowerMDevOff,提供给用户在最后一次关闭一个电源管理适配器设备节点时调用,函数原型如下:

```
# include <SylixOS.h>
INT  API_PowerMDevOff (PLW_PM_DEV  pmdev);
```

函数 API_PowerMDevOff 原型分析:
- 函数成功返回ERROR_NONE,失败返回PX_ERROR;
- 参数 *pmdev* 是电源管理适配器设备节点指针。

23.3.3　电源管理内核线程分析及设备空闲时间管理

在内核启动过程中,内核将会调用_PowerMInit 函数初始化电源管理,此时会创建一个电源管理线程"t_power"。SylixOS 电源管理系统提供了自动检测设备空闲并管理设备的功能,即对于支持空闲管理的电源设备(如显示器等)在长时间不使用时,应该将其置为休闲模式。对于显示器来说即关闭屏幕显示,从而降低设备的功耗,该功能可供对产品功耗有要求的开发者使用,可以通过软件层面降低产品的功耗。

SylixOS 电源管理系统提供的电源管理设备的空闲管理功能线程介绍如下:

```
# include <SylixOS.h>
static PVOID  _PowerMThread (PVOID  pvArg);
```

在"t_power"电源管理线程中,会循环判断当前唤醒链表中是否有超时的电源设备,若有则获取当前超时电源设备,从唤醒链表中删除该电源设备,同时修改该电源设备状态为空闲状态,执行相关状态切换操作;若没有则将定时器计数自减。

SylixOS 的电源设备空闲时间管理提供了三个接口,包括设置电源设备进入空闲模式的时间,获取电源设备进入空闲模式剩余的时间和关闭电源设备的空闲时间管理功能这三个函数。函数原型分别如下:

```
# include <SylixOS.h>
INT  API_PowerMDevSetWatchDog (PLW_PM_DEV  pmdev, ULONG  ulSecs);
```

函数 API_PowerMDevSetWatchDog 原型分析：
- 函数成功返回ERROR_NONE，失败返回PX_ERROR；
- 参数 *pmdev* 是电源管理适配器设备节点指针；
- 参数 *ulSecs* 是设置经过指定的秒数，设备将进入 idle 模式。

```
# include <SylixOS.h>
INT  API_PowerMDevGetWatchDog (PLW_PM_DEV  pmdev, ULONG  * pulSecs);
```

函数 API_PowerMDevGetWatchDog 原型分析：
- 函数成功返回ERROR_NONE，失败返回PX_ERROR；
- 参数 *pmdev* 是电源管理适配器设备节点指针；
- 参数 *pulSecs* 是设备将进入 idle 模式剩余的时间。

```
# include <SylixOS.h>
INT  API_PowerMDevWatchDogOff(PLW_PM_DEV  pmdev);
```

函数 PowerMDevWatchDogOff 原型分析：
- 函数成功返回ERROR_NONE，失败返回PX_ERROR；
- 参数 *pmdev* 是电源管理适配器设备节点指针。

设备驱动程序中若需要添加空闲管理功能，则应在设备驱动的使用函数（如接收函数、发送函数等）中注册看门狗，即调用函数 API_PowerMDevSetWatchDog，设备被添加到系统唤醒列表中，在"t_power"电源管理线程中进行设备空闲状态检测，从而实现空闲管理功能。

第 24 章

SylixOS 板级支持包

嵌入式系统由硬件环境、嵌入式操作系统和应用程序组成，硬件环境是操作系统和应用程序运行的硬件平台，应用程序的不同会对硬件环境提出不同的要求。因此，对于嵌入式系统来说，其运行的硬件平台具有多样性。为了给操作系统提供统一的运行环境，通常的做法是在硬件平台和操作系统之间提供硬件相关层，来屏蔽硬件差异。这种硬件相关层就是嵌入式系统中的板级支持包 BSP(Board Support Package)。

24.1　板级支持包文件结构

以下是使用 SylixOS 的集成开发环境 ReadEvo-IDE(简称 IDE)创建的一个 BSP 工程模板(模板对应的平台为 ARM mini2440，mini2440 是 ARM9 类型的开发板平台)，其内部文件结构如图 24.1 所示。

SylixOS BSP 文件结构主要包含 4 部分：

① Includes 文件主要包含 BSP 工程在编译 BASE 和编译工具链中需要用到的头文件。

② SylixOS 文件夹包含 BSP 工程的主要程序代码，由 3 个子文件夹组成：

- BSP 文件夹主要包含系统启动的程序框架代码，包括汇编代码、内存映射、BSP 参数配置等。整个 BSP 工程编译完之后，此文件夹内还会生成 symbol.c 和 symbol.h 两个包含符号表的文件。

- driver 文件夹主要包含整个操作系统运行时需要用到的底层硬件的驱动代码。

图 24.1　BSP 工程文件

- user 文件夹里面只有一个文件 main. c,整个 main. c 里只有一个接口,用于在操作系统成功启动之后,创建出一个 tshell 终端。
③ 工程里其余的文件主要是用于对整个工程编译和链接的配置。
- config. h 用于配置系统的 ROM,RAM 等参数。
- config. mk,Makefile,test. mk 用于编译 BSP 工程。
- config. ld,SylixOSBSP. ld 用于链接 BSP 工程。
④ 整个 BSP 工程编译完成之后,还会自动生成另外一个文件夹。工程如果是 debug 模式,则会生成一个 Debug 文件夹;反之,其模式是 release 模式,则会生成一个 Release 文件夹。生成的这个文件夹包含编译完成最终生成的 elf 文件和 bin 文件。

24.2　startup. S 简介

startup. S 是内核启动时执行的第一个文件。它主要用于实现系统启动时的复位操作。本节以上述创建的空 BSP 工程为例,简要介绍 IDE 中自动生成的 startup. S 文件里实现的相关操作。

24.2.1　堆栈设置

堆栈设置详情如下,startup. S 文件中包含的几个宏定义,用于配置 CPU 在各个处理器模式下的堆栈空间大小。CPU 总的堆栈大小是这几种模式下堆栈大小的总和,一般情况下,不需要对其做修改。

```
#define SVC_STACK_SIZE    0x00002000
#define SYS_STACK_SIZE    0x00001000
#define FIQ_STACK_SIZE    0x00001000
#define UND_STACK_SIZE    0x00001000
#define ABT_STACK_SIZE    0x00001000
#define IRQ_STACK_SIZE    0x00001000
#define CPU_STACKS_SIZE     (SVC_STACK_SIZE + \
                             SYS_STACK_SIZE + \
                             FIQ_STACK_SIZE + \
                             IRQ_STACK_SIZE + \
                             UND_STACK_SIZE + \
                             ABT_STACK_SIZE)
```

24.2.2　函数的声明与导出

汇编代码中如需使用外部函数,则要先对其进行声明。startup. S 中外部函数的声明详情如下,前面声明的几个函数用于处理异常向量。bspInit 函数作为从汇编代码跳入 C 代码执行的入口函数。

```
IMPORT_LABEL(archIntEntry)
IMPORT_LABEL(archAbtEntry)
IMPORT_LABEL(archPreEntry)
IMPORT_LABEL(archUndEntry)
IMPORT_LABEL(archSwiEntry)
IMPORT_LABEL(bspInit)
```

注：在创建的空的 BSP 工程里没有将 startup.S 里的函数作导出的操作。

24.2.3　异常向量表

异常向量表大多数情况下是通过汇编代码来实现的，startup.S 中的 vector 段详情如下所示。vector 段内定义了一些标签，用伪指令将其指向对应的异常处理函数，而异常处理函数就是 24.2.2 小节中声明的外部函数。异常向量表把这些标签赋值给 PC 指针，当发生对应的异常时，程序就能通过异常向量表跳转到对应的异常处理函数中执行。

```
SECTION(.vector)
FUNC_DEF(vector)
    LDR     PC, resetEntry
    LDR     PC, undefineEntry
    LDR     PC, swiEntry
    LDR     PC, prefetchEntry
    LDR     PC, abortEntry
    LDR     PC, reserveEntry
    LDR     PC, irqEntry
    LDR     PC, fiqEntry
    FUNC_END()
FUNC_LABEL(resetEntry)
.word   reset
FUNC_LABEL(undefineEntry)
.wordarchUndEntry
FUNC_LABEL(swiEntry)
.wordarchSwiEntry
FUNC_LABEL(prefetchEntry)
.wordarchPreEntry
FUNC_LABEL(abortEntry)
.wordarchAbtEntry
FUNC_LABEL(reserveEntry)
.word   0
```

```
FUNC_LABEL(irqEntry)
.wordarchIntEntry
FUNC_LABEL(fiqEntry)
.word   0
```

24.2.4 代码段

startup.S 的代码段主要定义了 reset 函数。它是系统复位及启动时会通过异常向量表首先执行的函数。reset 函数主要进行以下操作：

- 关看门狗。系统启动时，要将看门狗先关闭，防止不喂狗导致系统不断复位，不能正常启动。
- 初始化堆栈。为了初始化不同工作模式下的堆栈，reset 函数会通过设置 CPSR 寄存器和关中断的操作，让 CPU 处于对应的工作模式，然后根据配置的堆栈宏，设置 CPU 各个模式下的堆栈指针。
- 对核心硬件接口的操作。如 SDRAM、PLL 等，但一般这部分内容在 bootloader 中已经实现，因此这里可以不做操作。
- 初始化 data 段。参看 SylixOSBSP.ld 链接脚本，在链接器进行链接时会将 data 段初始化的数据装载在 text 段，装载地址为_etext，但 data 段真正的运行地址为 ORIGIN(DATA)，因此 startup.S 初始化 data 段的主要工作就是将_etext 的内容搬运到 ORIGIN(DATA)处，搬运的大小为 SIZEOF(.data)。
- 清 bss 段。reset 函数初始化 data 段之后，需要将 bss 段清零。
- 执行 C 程序，进入 bspInit 函数。根据 ATPCS 协议，reset 函数会设置 R0、R1、R2 和 FD，并把当前的地址保存到 LR 寄存器用于返回，然后跳转到 bspInit 函数中执行。

注：当前工程 bspinit 函数没有接收参数，若需要，可以在汇编中对 R0 等寄存器做操作。

24.3 内核启动参数

SylixOS 内核启动时，需要设置启动参数。如果 bootloader 支持，可以使用 bootloader 设置，但一般在 bspInit 函数内会设置内核启动参数。

使用 BSP 本身设置内核启动参数时，需要调用 API_KernelStartParam 函数。其函数原型如下：

```
#include <SylixOS.h>
ULONG    API_KernelStartParam(CPCHAR  pcParam);
```

函数 API_KernelStartPara 原型分析：

- 此函数成功返回 ERROR_NONE，失败返回错误号；
- 参数 *pcParam* 是启动参数，是以空格分开的一个字符串列表，通常具有如表 24.1 所列的形式：

表 24.1　内核启动参数示例说明

参　　数	说　　明
ncpus＝1	CPU 个数
dlog＝no	DEBUG LOG 信息打印
derror＝yes	DEBUG ERROR 信息打印
kfpu＝no	内核态对浮点支持(推荐 no)
heapchk＝yes	内存堆越界检查
hz＝100	系统 tick 频率,默认 100(推荐 100～10 000 范围内)
hhz＝100	高速定时器频率,默认与 Hz 相同(需 BSP 支持)
irate＝5	应用定时器分辨率,默认为 5 个 tick。(推荐 1～10 范围内)
hpsec＝1	热插拔循环检测间隔时间,单位:秒(推荐 1～5 秒)
bugreboot＝no	内核探测到 bug 时是否自动重启
rebootto＝10	重启超时时间
fsched＝no	SMP 系统内核快速调度
smt＝no	SMT 均衡调度
noitmr＝no	是否支持 ITIMER_REAL/ITIMER_VIRTUAL/ITIMER_PROF,默认为支持,建议运动控制等高实时性应用,可置为 yes 以提高 tick 速度
tmcvtsimple＝no	通过 timespec 转换 tick 超时,是否使用简单转换法,建议 Lite 类型处理器可采用 simple 转换法

综上,设置启动参数时,只需要定义一个字符串,包含需要设置的启动参数,然后调用 API_KernelStartParam 即可。

24.4　单核系统启动流程

本节使用 mini2440 的 SylixOS BSP 来介绍 SylixOS 单核启动流程。其主要流程如图 24.2 所示。

前面提到过 SylixOS 启动时,会先从 startup. S 文件中的 reset 汇编函数开始执行,reset 函数最后会调用 bspInit. c 文件中的 C 入口函数 bspInit 函数。

bspInit 函数包含了整个 BSP 单核启动的所有流程,其内容可以总结为以下部分:

- 初始化硬件,包括调试串口;
- 设置操作系统启动参数;
- 启动内核。

目前,因为 mini2440 大多使用 u-boot 启动,u-boot 本身会对板子上的基础硬件做初始化操作,其中包括调试串口,所以第一步可以不必做过多操作。

第二步启动参数设置,在上节已经做过介绍,需将启动参数传入 API_KernelStartParam 函数执行。

bspInit 函数最主要的操作是第三步启动内核。启动内核调用的是 API_KernelStart 。API_KernelStart 是一个宏,内容如下:

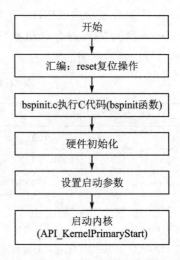

图 24.2 单核启动流程图

```
#Include <SylixOS.h>
#define API_KernelStartAPI_KernelPrimaryStart
```

它对应内核里的 API_KernelPrimaryStart 函数。此函数原型如下:

```
#Include <SylixOS.h>
VOID  API_KernelPrimaryStart (PKERNEL_START_ROUTINE    pfuncStartHook,
                              PVOID                    pvKernelHeapMem,
                              size_t                   stKernelHeapSize,
                              PVOID                    pvSystemHeapMem,
                              size_t                   stSystemHeapSize);
```

函数 API_KernelPrimaryStart 原型分析:

- 此函数没有返回值;
- 参数 *pfuncStartHook* 是系统启动中的用户回调;
- 参数 *pvKernelHeapMem* 是内核堆内存首地址;
- 参数 *stKernelHeapSize* 是内核堆大小;
- 参数 *pvSystemHeapMem* 是系统堆内存首地址;
- 参数 *stSystemHeapSize* 是系统堆大小。

API_KernelPrimaryStart 函数是系统内核的入口,只允许系统逻辑主核调用。因为 mini2440 是单核,其唯一的一个核就是逻辑主核,因此可以使用这个函数。

API_KernelPrimaryStart 函数会先对内核底层做初始化操作,这里的底层指的是系统堆和内核堆、一些消息队列以及内存管理等内容;然后会初始化中断系统;接着会对内核高层和 CPP 运行库做对应的初始化操作。

完成上述这些操作后,会执行用户的回调函数,即执行 *pfuncStartHook* 。mini2440 的 BSP 里实现的这个回调参数为 usrStartup。其调用如下：

```
API_KernelStart (usrStartup,
                 (PVOID)&__heap_start,
                 (size_t)&__heap_end - (size_t)&__heap_start,
                 LW_NULL, 0);
```

usrStartup 函数会初始化应用相关的组件，并且创建操作系统的第一个任务。在初始化相关组件的时候，用户需要注意代码编写的顺序，必须先初始化 VMM，才能正确初始化 CACHE。网络因为需要其他资源，所以需要最后初始化：

```
static VOID   usrStartup (VOID)
{
    LW_CLASS_THREADATTR      threakattr;
    /*
     *    注意，不要修改该初始化顺序（必须先初始化 vmm 才能正确地初始化 cache，
     *                          网络需要其他资源必须最后初始化）
     */
    halIdleInit();
# if LW_CFG_CPU_FPU2_EN > 0
    halFpuInit();
# endif                                  /* LW_CFG_CPU_FPU_EN > 0 */
# if LW_CFG_RTC_EN > 0
    halTimeInit();
# endif                                  /* LW_CFG_RTC_EN > 0 */
# if LW_CFG_VMM_EN > 0
    halVmmInit();
# endif                                  /* LW_CFG_VMM_EN > 0 */
# if LW_CFG_CACHE_EN > 0
    halCacheInit();
# endif                                  /* LW_CFG_CACHE_EN > 0 */
    API_ThreadAttrBuild (&threakattr,
                  __LW_THREAD_BOOT_STK_SIZE,
                  LW_PRIO_CRITICAL,
                  LW_OPTION_THREAD_STK_CHK,
                  LW_NULL);
    API_ThreadCreate ("t_boot",
                  (PTHREAD_START_ROUTINE)halBootThread,
                  &threakattr,
                  LW_NULL);                /* Create boot thread */
}
```

从上述代码中可以发现，在 usrStartup 最后会创建的操作系统的第一个任务，是

"t_boot"任务。该任务会初始化系统启动时要用的各项设备、驱动及 log 等内容。初始化完之后,会执行启动脚本并创建"t_main"线程。

当"t_main"线程创建完成之后,*pfuncStartHook* 执行完成,此时代码继续从 API_KernelPrimaryStart 函数中往后执行,API_KernelPrimaryStart 函数最后通过调用_KernelPrimaryEntry 函数启动内核。_KernelPrimaryEntry 函数原型如下:

```
# include <SylixOS.h>
static  VOID  _KernelPrimaryEntry (PLW_CLASS_CPU  pcpuCur)
```

函数_KernelPrimaryEntry 原型分析:
- 此函数没有返回值;
- 参数 *pcpuCur* 是当前 CPU 的信息。

这个函数是主核调用的启动函数。因为 mini2440 是单核,因此当前的 CPU 就是主核,从而可以调用此函数。_KernelPrimaryEntry 函数最终会调用_KernelPrimaryCoreStartup 函数,其函数原型如下:

```
# include <SylixOS.h>
static  VOID  _KernelPrimaryCoreStartup (PLW_CLASS_CPU  pcpuCur)
```

函数_KernelPrimaryCoreStartup 原型分析:
- 此函数没有返回值;
- 参数 *pcpuCur* 是当前 CPU 的信息。

_KernelPrimaryCoreStartup 函数使得系统的主核(负责初始化的核)进入多任务状态,方法是调用 archTaskCtxStart,即进行一次任务切换。此时,SylixOS 单核启动的流程基本完成。

24.5 多核系统启动初探

本节以 i. MX6Q 的 SylixOSBSP 为例来介绍 SylixOS 多核启动流程。其主要流程如图 24.3 所示。

注:i. MX6Q 是一款四核 ARM Cortex - A9 处理器。

多核启动相对于单核启动而言,主核的启动流程与单核启动大体相似。当执行完 startup. S 汇编后,调用的第一个 C 程序函数是 bspinit. c 文件里的 halPrimaryCpuMain 函数。这个函数与单核中的 bspinit 函数内容是一样的,最后都会调用 API_KernelPrimaryStart 函数。这些就不再赘述。

不同之处在于,多核的情况下,主核在调用 API_KernelPrimaryStart 函数完成了自己资源初始化之后,会多做一步操作,即调用_KernelBootSecondary 通知从核进行初始化操作。其函数原型如下:

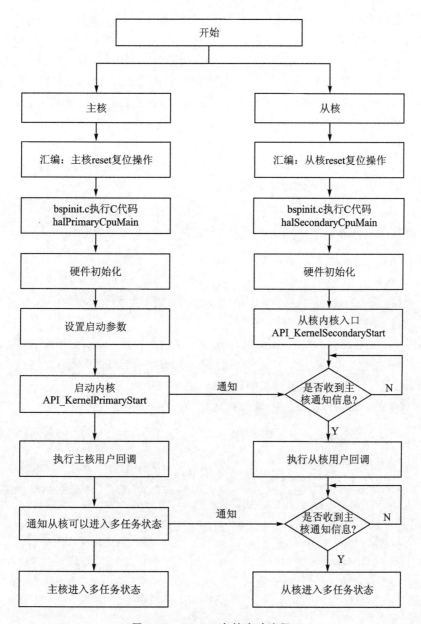

图 24.3　SylixOS 多核启动流程

```
# include <SylixOS.h>
static VOID  _KernelBootSecondary (VOID)
```

这个函数没有返回值和参数，其仅仅会修改一个全局变量 _K _ulSecondary-
Hold 的值，标记其他核可以进行启动，然后通过 LW_SPINLOCK_NOTIFY 宏去通
知其他核。

完成上述操作之后,主核就与单核启动一样,最后调用_KernelPrimaryCoreStartup,进入多任务状态。

与主核相同,从核启动也是从 startup. S 汇编代码开始。reset 检测到 CPU 不是主核时,会跳到从核 CPU 复位入口执行,同样会有有关 CACHE、MMU 和分支预测等内容,但因为主核已经进行了堆栈初始化操作,因此从核的复位函数不会有堆栈的操作。从核复位完成之后会进入到 C 代码中运行。

与主核不同,从核运行的第一个 C 函数是 bspinit. c 里的 halSecondaryCpuMain函数。halSecondaryCpuMain 函数一般只需调用从核系统内核入口函数 API_KernelSecondaryStart 即可。此函数原型如下:

```
# include <SylixOS.h>
VOID     API_KernelSecondaryStart (PKERNEL_START_ROUTINE  pStartHook);
```

函数 API_KernelSecondaryStart 原型分析:

- 此函数没有返回值;
- 参数 *pStartHook* 是从核的用户回调函数,用于初始化本 CPU 基本资源,例如 MMU,CACHE,FPU 等。

API_KernelSecondaryStart 会循环等待上述的主核通知,即循环检测_K_ulSecondaryHold 的值。当主核修改了这个值之后,从核才会继续执行操作。后续的操作就与主核类似,包括从核底层的初始化、用户回调以及从核启动多任务。

imx6Q 的 BSP 里,从核的回调函数是 halSecondaryCpuInit,如下:

```
static VOID   halSecondaryCpuInit (VOID)
{
  /*
   * 初始化 FPU 系统
   */
  API_KernelFpuSecondaryInit (ARM_MACHINE_A9, ARM_FPU_VFPv3);
  API_VmmLibSecondaryInit (ARM_MACHINE_A9);      /* 初始化 VMM 系统 */
  API_CacheLibSecondaryInit (ARM_MACHINE_A9);    /* 初始化 CACHE 系统 */
  armGicCpuInit (LW_FALSE, 255);                 /* 初始化当前 CPU 使用 GIC 接口 */
  halSmpCoreInit();                              /* 初始化 SMP 核心 */
}
```

其主要是按顺序初始化目标系统从核的 VFP、MMU、CACHE、中断、SMP 核心内容。

当用户回调执行完成以后,从核会调用_KernelSecondaryCoreStartup 函数进入多任务状态。这个函数的原型如下:

```
# include <SylixOS.h>
static  VOID  _KernelSecondaryCoreStartup (PLW_CLASS_CPU  pcpuCur)
```

函数_KernelSecondaryCoreStartup 原型分析：

- 此函数没有返回值；
- 参数 *pcpuCur* 是当前 CPU 的信息。

这个函数和主核调用的_KernelPrimaryCoreStartup 函数相比，_KernelSecond-aryCoreStartup 内会有等待主核运行的操作，从核进入多任务模式前必须得到主核的通知。在 SylixOS 里，不管是主核还是从核，当它们都进入多任务状态的时候，这两者属于对等关系，不分主从。此时，整个 SylixOS 多核系统启动完成。

24.6　板级支持包函数组

24.6.1　空闲 HOOK 初始化

系统启动时通过 halIdleInit 函数来初始化目标系统空闲时间作业，代码实现如下：

```
# include <SylixOS.h>
static VOID   halIdleInit (VOID)
{
    API_SystemHookAdd (__arm_wfi, LW_OPTION_THREAD_IDLE_HOOK);
}
```

API_SystemHookAdd 函数将__arm_wfi 函数注册为空闲 HOOK。此 HOOK 在任务上下文中被调用，空闲线程会不间断地调用此 HOOK，此 HOOK 只能在系统进入多任务前被设置。__arm_wfi 函数的作用是使 CPU 进入空闲等待中断。

注：CPU0 不能使用 WFI 指令。

函数 API_SystemHookAdd 的原型如下：

```
# include <SylixOS.h>
ULONG  API_SystemHookAdd (LW_HOOK_FUNC   hookfunc, ULONG   ulOpt);
```

函数 API_SystemHookAdd 原型分析：

- 此函数成功返回 ERROR_NONE；
- 参数 *hookfunc* 是 HOOK 功能函数；
- 参数 *ulOpt* 是 HOOK 类型，参见表 24.2。

表 24.2　HOOK 类型

HOOK 类型	含　义
LW_OPTION_THREAD_CREATE_HOOK	线程创建 HOOK
LW_OPTION_THREAD_DELETE_HOOK	线程删除 HOOK

HOOK 类型	含　义
LW_OPTION_THREAD_SWAP_HOOK	线程切换 HOOK
LW_OPTION_THREAD_TICK_HOOK	时钟中断 HOOK
LW_OPTION_THREAD_INIT_HOOK	线程初始化过程 HOOK
LW_OPTION_THREAD_IDLE_HOOK	空闲线程 HOOK
LW_OPTION_KERNEL_INITBEGIN	系统初始化 HOOK
LW_OPTION_KERNEL_INITEND	系统初始化完成 HOOK
LW_OPTION_KERNEL_REBOOT	系统重启(关机)HOOK
LW_OPTION_WATCHDOG_TIMER	系统软件看门狗 HOOK
LW_OPTION_OBJECT_CREATE_HOOK	内核对象创建 HOOK
LW_OPTION_OBJECT_DELETE_HOOK	内核对象删除 HOOK
LW_OPTION_FD_CREATE_HOOK	文件描述符创建 HOOK
LW_OPTION_FD_DELETE_HOOK	文件描述符删除 HOOK
LW_OPTION_CPU_IDLE_ENTER	当前 CPU 准备运行/恢复运行 IDLE 任务 HOOK
LW_OPTION_CPU_IDLE_EXIT	当前 CPUIDLE 任务被抢占 HOOK
LW_OPTION_CPU_INT_ENTER	当前 CPU 发生中断,在调用中断处理函数前 HOOK
LW_OPTION_CPU_INT_EXIT	当前 CPU 发生中断,在调用中断处理函数后 HOOK
LW_OPTION_STACK_OVERFLOW_HOOK	线程堆栈溢出 HOOK
LW_OPTION_FATAL_ERROR_HOOK	线程出现致命错误(接收到异常信号)HOOK
LW_OPTION_VPROC_CREATE_HOOK	进程创建 HOOK
LW_OPTION_VPROC_DELETE_HOOK	进程删除 HOOK

24.6.2　浮点运算器初始化

早期的 ARM 没有协处理器,所有浮点运算都是由 CPU 来模拟的,即所需浮点运算均在浮点运算模拟器(Float Math Emulation)上进行,需要的浮点运算,常要耗费数千个循环才能执行完毕,因此特别缓慢。ARM 核浮点运算分为软浮点和硬浮点,软浮点是通过浮点库去实现浮点运算的,效率低;硬浮点是通过浮点运算单元(FPU)来完成的,效率高。

浮点运算器初始化函数是 halFpuInit,该函数的代码实现如下:

```
# include <SylixOS.h>
static VOID  halFpuInit (VOID)
{
```

```
    API_KernelFpuPrimaryInit (ARM_MACHINE_A7，ARM_FPU_NONE);
}
```

API_KernelFpuPrimaryInit 函数进行浮点运算器初始化。在该函数中，会调用
archFpuPrimaryInit 函数初始化 FPU 单元，此函数针对不同架构，有不同的实现。
主要是针对不同的 FPU，初始化并获取 VFP 控制器操作函数集。

API_KernelFpuPrimaryInit 函数的原型如下：

```
# include <SylixOS.h>
VOID  API_KernelFpuPrimaryInit (CPCHAR  pcMachineName，CPCHAR  pcFpuName);
```

函数 API_KernelFpuPrimaryInit 原型分析：

- 参数 *pcMachineName* 是处理器的名称。可选择的处理器如表 24.3 所列。

表 24.3　支持的处理器

处理器架构	处理器宏	处理器名称
ARM	ARM_MACHINE_920	920
	ARM_MACHINE_926	926
	ARM_MACHINE_1136	1136
	ARM_MACHINE_1176	1176
	ARM_MACHINE_A5	A5
	ARM_MACHINE_A7	A7
	ARM_MACHINE_A8	A8
	ARM_MACHINE_A9	A9
	ARM_MACHINE_A15	A15
	ARM_MACHINE_A17	A17
	ARM_MACHINE_A53	A53
	ARM_MACHINE_A57	A57
	ARM_MACHINE_A72	A72
	ARM_MACHINE_A73	A73
	ARM_MACHINE_R4	R4
	ARM_MACHINE_R5	R5
	ARM_MACHINE_R7	R7
MIPS	MIPS_MACHINE_24KF	24kf
	MIPS_MACHINE_LS1X	loongson1x
	MIPS_MACHINE_LS2X	loongson2x
	MIPS_MACHINE_LS3X	loongson3x
	MIPS_MACHINE_JZ47XX	jz47xx

续表 24.3

处理器架构	处理器宏	处理器名称
PPC	PPC_MACHINE_603	603
	PPC_MACHINE_EC603	EC603
	PPC_MACHINE_604	604
	PPC_MACHINE_750	750
	PPC_MACHINE_MPC83XX	MPC83XX
	PPC_MACHINE_E200	E200
	PPC_MACHINE_E300	E300
	PPC_MACHINE_E500	E500
	PPC_MACHINE_E500V1	E500V1
	PPC_MACHINE_E500V2	E500V2
	PPC_MACHINE_E500MC	E500MC
	PPC_MACHINE_E600	E600
x86	X86_MACHINE_PC	x86

- 参数 $pcFpuName$ 是 FPU 的名称，可选择的 FPU 如表 24.4 所列。

表 24.4 支持的 FPU

处理器架构	FPU 宏或变量	FPU 名称
ARM	ARM_FPU_NONE	none
	ARM_FPU_VFP9_D16	vfp9 – d16
	ARM_FPU_VFP9_D32	vfp9 – d32
	ARM_FPU_VFP11	vfp11
	ARM_FPU_VFPv3	vfpv3
	ARM_FPU_VFPv4	vfpv4
	ARM_FPU_NEONv3	ARM_FPU_VFPv3
	ARM_FPU_NEONv4	ARM_FPU_VFPv4
MIPS	MIPS_FPU_NONE	none
	MIPS_FPU_VFP32	vfp32
PPC	PPC_FPU_NONE	none
	PPC_FPU_VFP	vfp
	PPC_FPU_SPE	spe
	PPC_FPU_ALTIVEC	altivec
x86	_G_bX86HasX87FPU	x87 FPU

24.6.3　实时时钟初始化

实时时钟(RTC)的主要功能是在系统掉电的情况下,利用备用电源使时钟继续运行,保证不会丢失时间信息。系统启动时通过 halTimeInit 函数初始化目标电路板时间系统,该函数代码实现如下:

```
# include <SylixOS.h>
static VOID  halTimeInit (VOID)
{
    boardTimeInit();
}
```

在 halTimeInit 函数中,调用 boardTimeInit 函数初始化目标电路板时间系统。用户可以根据需要,实现对应开发板的初始化代码。现以 SylixOS - EVB - i. MX6Q 验证平台为例,该平台 BSP 的 boardTimeInit 函数代码实现如下:

```
# include <SylixOS.h>
VOID boardTimeInit (VOID)
{
    PLW_RTC_FUNCS   pRtcFuncs;
    pRtcFuncs = rtcGetFuncs();
    rtcDrv();
    rtcDevCreate(pRtcFuncs);
    rtcToSys();
}
```

在 boardTimeInit 函数中,通过 rtcGetFuncs 函数获取 RTC 驱动硬件函数接口。

① rtcDrv 宏定义的是 API_RtcDrvInstall 函数。该函数向内核注册了一组操作接口,包括设备打开、设备关闭、设备 I/O 控制接口,函数原型如下:

```
# include <SylixOS.h>
INT  API_RtcDrvInstall (VOID);
```

② rtcDevCreate 宏定义的是 API_RtcDevCreate 函数。该函数建立一个 RTC 设备,并调用 RTC_pfuncInit 成员函数初始化硬件 RTC,函数原型如下:

```
# include <SylixOS.h>
INT  API_RtcDevCreate (PLW_RTC_FUNCS   prtcfuncs);
```

函数 API_RtcDevCreate 原型分析如下:

- 该函数成功返回ERROR_NONE ;
- 参数 *prtcfuncs* 是 RTC 操作函数集。

③ rtcToSys 宏定义的是 API_RtcToSys 函数,该函数将 RTC 设备时间同步到

系统时间,函数原型如下:

```
# include <SylixOS.h>
INT   API_RtcToSys (VOID);
```

24.6.4　MMU 全局内存映射表

内存管理单元 MMU(Memory Management Unit),负责虚拟地址到物理地址的转换,并提供硬件机制的内存访问权限检查。MMU 全局内存映射表的初始化函数是 halVmmInit,该函数的代码实现如下:

```
# include <SylixOS.h>
static VOID   halVmmInit (VOID)
{
    API_VmmLibInit(_G_physicalDesc, _G_virtualDesc, ARM_MACHINE_A7);
    API_VmmMmuEnable();
}
```

API_VmmLibInit 宏定义的是 API_VmmLibPrimaryInit 函数,该函数初始化 VMM 系统,函数原型如下所示:

```
# include <SylixOS.h>
ULONG   API_VmmLibPrimaryInit (LW_MMU_PHYSICAL_DESC      pphydesc[],
                               LW_MMU_VIRTUAL_DESC       pvirdes[],
                               CPCHAR                    pcMachineName)
```

函数 API_VmmLibPrimaryInit 原型分析:
- 此函数成功返回 ERROR_NONE ;
- 参数 *pphydesc* 是物理内存区描述表;
- 参数 *pvirdes* 是虚拟内存区描述表;
- 参数 *pcMachineName* 是 CPU 型号。

24.6.5　CACHE 初始化

在计算机系统中,CPU 的速度远远高于内存的速度,为了解决内存速度低下的问题,CPU 内部会放置一些 SRAM 用做 CACHE(缓存),来提高 CPU 访问程序和数据的速度。CACHE 的初始化函数是 halCacheInit,函数代码实现如下:

```
# include <SylixOS.h>
static VOIDhalCacheInit (VOID)
{
    API_CacheLibInit (CACHE_COPYBACK, CACHE_COPYBACK, ARM_MACHINE_A7);
    API_CacheEnable (INSTRUCTION_CACHE);
```

```
        API_CacheEnable(DATA_CACHE);
}
```

该函数中，主要调用 API_CacheLibInit 初始化 CACHE 系统，以及调用 API_
CacheEnable 使能指令和数据 CACHE。

① API_CacheLibPrimaryInit 功能是初始化 CACHE，与 CPU 构架相关，函数
原型如下：

```
# include <SylixOS.h>
ULONG  API_CacheLibPrimaryInit(CACHE_MODE    uiInstruction,
                               CACHE_MODE    uiData,
                               CPCHAR        pcMachineName);
```

函数 API_CacheLibPrimaryInit 原型分析：
- 此函数成功返回ERROR_NONE；
- 参数 *uiInstruction* 是 CACHE 模式，可参见表 24.5；
- 参数 *uiData* 是数据 CACHE 模式，可选择的模式与指令 CACHE 一样；
- 参数 *pcMachineName* 是 CPU 类型，支持的处理器可参见表 24.3。

表 24.3　CACHE 模式

CACHE 模式	说　明
CACHE_COPYBACK	回写模式
CACHE_WRITETHROUGH	写通模式
CACHE_DISABLED	旁路模式

② API_CacheEnable 功能是使能指定类型的 CACHE，函数原型如下：

```
# include <SylixOS.h>
INT  API_CacheEnable(LW_CACHE_TYPE    cachetype)
```

函数 API_CacheEnable 原型分析：
- 此函数成功返回ERROR_NONE；
- 参数 *cachetype* 指定 CACHE 类型，可参见表 24.6。

表 24.6　CACHE 类型

Cache 类型	说　明
INSTRUCTION_CACHE	指令 CACHE
DATA_CACHE	数据 CACHE

24.6.6　内核 shell 系统初始化

内核 shell 系统初始化函数是 halShellInit，函数代码实现如下所示：

```
# include <SylixOS.h>
static VOID  halShellInit (VOID)
{
    API_TShellInit();
    zlibShellInit();
    viShellInit();
    gdbInit();
    gdbModuleInit();
}
```

在该函数中主要有以下操作：

① API_TShellInit 函数安装 Tshell 程序，函数原型如下：

```
# include <SylixOS.h>
VOID  API_TShellInit (VOID);
```

② zlibShellInit 函数用于初始化 zlib shell 接口，函数原型如下：

```
# include <SylixOS.h>
VOID  zlibShellInit (VOID);
```

③ viShellInit 函数用于初始化 vi shell 接口，函数原型如下：

```
# include <SylixOS.h>
VOID  viShellInit (VOID);
```

④ gdbInit 宏定义的是 API_GdbInit 函数，该函数的作用是注册 GDBServer 命令，函数原型如下：

```
# include <SylixOS.h>
VOID  APl_GdbInit (VOID);
```

⑤ gdbModuleInit 宏定义的是 API_GdbModuleInit 函数。该函数的作用是注册 GDB module 命令，函数原型如下：

```
# include <SylixOS.h>
VOID  API_GdbModuleInit (VOID);
```

24.6.7 总线系统初始化

总线系统初始化函数是 halBusInit，该函数的代码实现如下：

```
# include <SylixOS.h>
static VOID  halBusInit (VOID)
{
```

```
    boardBusInit();
}
```

在该函数中,boardBusInit 函数用于初始化目标开发板总线系统。用户可以根据需要,实现对应开发板的初始化程序。现以 SylixOS‐EVB‐i.MX6Q 验证平台的 BSP 为例,代码实现如下:

```
# include <SylixOS.h>
VOID boardBusInit (VOID)
{
    PLW_I2C_FUNCS      pI2cFuncs;
    PLW_SPI_FUNCS      pSpiFuncs;
    API_I2cLibInit();
    API_SpiLibInit();
    pI2cFuncs = i2cBusFuns(0);
    if (pI2cFuncs) {
        API_I2cAdapterCreate("/bus/i2c/0", pI2cFuncs, 10, 1);
    }
    pI2cFuncs = i2cBusFuns(1);
    if (pI2cFuncs) {
        API_I2cAdapterCreate("/bus/i2c/1", pI2cFuncs, 10, 1);
    }
    pI2cFuncs = i2cBusFuns(2);
    if (pI2cFuncs) {
        API_I2cAdapterCreate("/bus/i2c/2", pI2cFuncs, 10, 1);
    }
}
```

该函数调用 API_I2cLibInit 和 API_SpiLibInit 函数,初始化 I^2C 和 SPI 组件库;调用 i2cBusFuns 函数初始化 I^2C 总线并获取驱动程序;最后调用 API_I2cAdapterCreate 函数创建 I^2C 适配器。

1. 初始化 I^2C 总线并获取操作函数集

```
# include <SylixOS.h>
PLW_I2C_FUNCSi2cBusFuns(UINT    uiChannel);
```

函数 i2cBusFuns 原型分析:

- 此函数返回总线操作函数集;
- 参数 *uiChannel* 是通道号。

2. 创建一个 I^2C 适配器

```
# include <SylixOS.h>
INTAPI_I2cAdapterCreate (CPCHAR                pcName,
```

```
PLW_I2C_FUNCS      pi2cfunc,
ULONG              ulTimeout,
INT                iRetry);
```

函数 API_I2cAdapterCreate 原型分析：
- 此函数成功返回ERROR_NONE；
- 参数 pcName 是适配器名称；
- 参数 pi2cfunc 是操作函数组，可通过 i2cBusFuns 函数获得；
- 参数 ulTimeout 是操作超时时间（ticks）；
- 参数 iRetry 是重试次数。

24.6.8 驱动程序初始化

系统启动时通过 halDrvInit 函数初始化目标系统静态驱动程序，代码实现如下：

```
# include <SylixOS.h>
static VOID  halDrvInit (VOID)
{
    rootFsDrv();
    procFsDrv();
    shmDrv();
    randDrv();
    ptyDrv();
    ttyDrv();
    memDrv();
    pipeDrv();
    spipeDrv();
    fatFsDrv();
    tpsFsDrv();
    ramFsDrv();
    romFsDrv();
    nfsDrv();
    yaffsDrv();
    canDrv();
}
```

在初始化标准设备驱动之前，需要安装 rootfs 和 procfs。halDrvInit 函数中都是宏操作，该函数内的初始化操作主要是向内核注册了操作接口。用户可以根据需要，在该函数中添加自己的驱动初始化程序，函数说明如表 24.7 所列。

表 24.7　驱动程序初始化操作

宏	宏定义的函数	说　明
rootFsDrv	API_RootFsDrvInstall	安装 rootfs 文件系统驱动程序
procFsDrv	API_ProcFsDrvInstall	安装 procfs 文件系统驱动程序
shmDrv	API_ShmDrvInstall	安装共享内存驱动程序
randDrv	API_RandDrvInstall	安装随机数发生器设备驱动程序
ptyDrv	API_PtyDrvInstall	安装 PTY 设备驱动程序
ttyDrv	API_TtyDrvInstall	安装 TTY 设备驱动程序
memDrv	API_MemDrvInstall	安装内存设备驱动程序
pipeDrv	API_PipeDrvInstall	安装管道设备驱动程序
spipeDrv	API_SpipeDrvInstall	安装字符流管道设备驱动程序
tpsFsDrv	API_TpsFsDrvInstall	安装 TPS 文件系统驱动程序
fatFsDrv	API_FatFsDrvInstall	安装 FAT 文件系统驱动程序
ramFsDrv	API_RamFsDrvInstall	安装 ramfs 文件系统驱动程序
romFsDrv	API_RomFsDrvInstall	安装 romfs 文件系统驱动程序
nfsDrv	API_NfsDrvInstall	安装 NFS 文件系统驱动程序
yaffsDrv	API_YaffsDrvInstall	安装 yaffs 文件系统驱动程序
canDrv	API_CanDrvInstall	安装 can 驱动程序

24.6.9　创建设备

系统启动时通过 halDevInit 函数初始化目标系统静态设备组件,该函数中的代码实现如下:

```
# include <SylixOS.h>
static VOID  halDevInit (VOID)
{
    rootFsDevCreate();
    procFsDevCreate();
    shmDevCreate();
    randDevCreate();
    SIO_CHAN    * psio0 = sioChanCreate(0);
    ttyDevCreate ("/dev/ttyS0", psio0, 30, 50);
    boardDevInit();
    yaffsDevCreate ("/yaffs2");
}
```

用户可以根据需要,在该函数中创建设备。该函数中主要做了如下操作:

① rootFsDevCreate 宏定义的是 API_RootFsDevCreate 函数,该函数创建根文件系统,函数原型如下:

```
# include <SylixOS.h>
INT  API_RootFsDevCreate (VOID);
```

② procFsDevCreate 宏定义的是 API_ProcFsDevCreate 函数,该函数创建 proc 文件系统,函数原型如下:

```
# include <SylixOS.h>
INT  API_ProcFsDevCreate (VOID);
```

③ shmDevCreate 宏定义的是 API_ShmDevCreate 函数,该函数创建共享内存设备,函数原型如下:

```
# include <SylixOS.h>
INT  API_ShmDevCreate (VOID);
```

④ randDevCreate 宏定义的是 API_RandDevCreate 函数,该函数创建随机数文件,函数原型如下:

```
# include <SylixOS.h>
INT  API_RandDevCreate (VOID);
```

⑤ sioChanCreate 函数用于创建串口 0 通道,函数原型如下:

```
# include <SylixOS.h>
SIO_CHAN  * sioChanCreate (INT   iChannelNum);
```

函数 sioChanCreate 原型分析:

- 此函数成功返回 SIO 通道;
- 参数 *iChannelNum* 是硬件通道号。

⑥ ttyDevCreate 宏定义的是 API_TtyDevCreate 函数,该函数用于添加 TTY 设备,函数原型如下:

```
# include <SylixOS.h>
INT  API_TtyDevCreate (PCHAR         pcName,
                       SIO_CHAN  *   psiochan,
                       size_t        stRdBufSize,
                       size_t        stWrtBufSize)
```

函数 API_TtyDevCreate 原型分析:

- 此函数成功返回ERROR_NONE;

- 参数 *pcName* 是设备名；
- 参数 *psiochan* 是同步 I/O 函数集；
- 参数 *stRdBufSize* 是输入缓冲区大小；
- 参数 *stWrtBufSize* 是输出缓冲区大小。

⑦ yaffsDevCreate 宏定义的是 API_YaffsDevCreate 函数，该函数创建 YAFFS 设备，函数原型如下：

```
# include <SylixOS.h>
LW_API INT API_YaffsDevCreate(PCHAR  pcName);
```

函数 API_YaffsDevCreate 原型分析：
- 此函数成功返回ERROR_NONE；
- 参数 *pcName* 是设备名（设备挂接的节点地址）。

24.6.10　创建内核标准文件描述符

系统启动时通过 halStdFileInit 函数初始化目标系统标准文件描述符，函数代码实现如下：

```
# include <SylixOS.h>
static VOID  halStdFileInit (VOID)
{
    int    iFd = open("/dev/ttyS0", O_RDWR, 0);
    if (iFd >= 0) {
        ioctl(iFd, FIOBAUDRATE,   SIO_BAUD_115200);
        ioctl(iFd, FIOSETOPTIONS,(OPT_TERMINAL & (~OPT_7_BIT)));
        ioGlobalStdSet(STD_IN,  iFd);
        ioGlobalStdSet(STD_OUT, iFd);
        ioGlobalStdSet(STD_ERR, iFd);
    }
}
```

内核标准文件描述符有三种，具体参见表 24.8。在 halStdFileInit 函数中，将这三个标准文件描述符定向到串口设备/dev/ttyS0。

表 24.8　标准文件描述符

标准文件描述符	说　明
STD_IN	标准输入
STD_OUT	标准输出
STD_ERR	标准错误

24.6.11　日志系统初始化

日志系统将系统运行的每一个状况信息都用文字记录下来,这些信息有助于系统运行过程中正常状态和系统运行错误时快速定位错误位置的途径等。

系统启动时通过 halLogInit 函数初始化目标系统日志系统,代码实现如下:

```
# include <SylixOS.h>
static VOID  halLogInit (VOID)
{
    fd_set       fdLog;
    FD_ZERO(&fdLog);
    FD_SET(STD_OUT, &fdLog);
    API_LogFdSet(STD_OUT + 1, &fdLog);
}
```

该函数中主要调用 API_LogFdSet 函数初始化日志系统。API_LogFdSet 函数首先设置 LOG 需要关心的文件集,然后启动内核打印线程。函数原型如下:

```
# include <SylixOS.h>
INT  API_LogFdSet (INT  iWidth, fd_set  * pfdsetLog);
```

函数 API_LogFdSet 原型分析:

- 此函数成功返回ERROR_NONE ;
- 参数 *iWidth* 是最大的文件描述符+1,类似 select()第一个参数;
- 参数 *pfdsetLog* 是新的文件集。

在日志系统中,使用消息队列来传递信息。当内核打印线程从消息队列中读到数据时,就向文件集中的所有对象输出信息。消息的来源为 API_LogPrintk 函数和 API_logMsg 函数。

24.6.12　挂载磁盘系统

用户可以根据需要,在 halBootThread 函数中挂载对应的磁盘系统。现以 mini2440 的 SylixOS BSP 为例,代码片段如下:

```
# ifdef __GNUC__
    nand_init();
    mtdDevCreateEx("/n");
# else
    nandDevCreateEx("/n");
# endif
```

① nand_Init 函数初始化 NandFlash 驱动,函数原型如下:

```
# include <SylixOS.h>
VOID nandInit (VOID);
```

② mtdDevCreateEx 函数用来挂载文件系统。该函数中，会首先初始化 boot 分区 YAFFS 设备结构体以及 common 分区 YAFFS 设备结构体，然后调用 yaffs_add_device 函数，将这两个对象添加到 YAFFS 设备表，执行 yaffs_mount 命令进行挂载。函数原型如下：

```
# include <SylixOS.h>
int  mtdDevCreateEx (char  * pcDevName);
```

函数 mtdDevCreateEx 原型分析：
* 此函数成功返回ERROR_NONE；
* 参数 *pcDevName* 是设备名。

24.6.13　创建根文件系统目录

系统启动时通过 halStdDirInit 函数创建根文件系统目录，目录的权限为文件夹默认权限(754)。需要创建的目录如表 24.9 所列。

表 24.9　目录说明

目　录	SD 或 eMMC 符号链接路径	NAND FLASH 符号链接路径	说　明
/usb	无	无	通常用于挂载 USB 设备
/boot	/media/sdcard0	/yaffs2/n0/boot	引导程序文件，例如：BSP；时常是一个单独的分区
/etc	/media/sdcard1/etc	/yaffs2/n0/etc	系统主要的设定档几乎都放置在这个目录内，例如环境变量配置文件 profile、网络配置文件 ifparam.ini、系统启动脚本 startup.sh
/ftk	/media/sdcard1/ftk	/yaffs2/n1/ftk	FTK 图形系统
/qt	/media/sdcard1/qt	/yaffs2/n1/qt	Qt 图形系统
/lib	/media/sdcard1/lib	/yaffs2/n1/lib	/bin/和/sbin/中二进制文件必要的库文件。对于 NAND Flash 还会创建/yaffs2/n1/lib/modules 文件夹
/usr	/media/sdcard1/usr	/yaffs2/n1/usr	默认软件都会存于该目录下。用于存储只读用户数据的第二层次；包含绝大多数的用户工具和应用程序。对于 NAND Flash 还会创建/yaffs2/n1/usr/lib 文件夹
/bin	/media/sdcard1/bin	/yaffs2/n1/bin	需要在单用户模式可用的必要命令(可执行文件)；面向所有用户，例如：cat、ls、cp 和/usr/bin 等

目 录	SD 或 eMMC 符号链接路径	NAND FLASH 符号链接路径	说 明
/sbin	/media/sdcard1/sbin	/yaffs2/n1/sbin	必要的系统二进制文件
/apps	/media/sdcard1/apps	/yaffs2/n1/apps	用户应用程序
/home	/media/sdcard1/home	/yaffs2/n1/home	用户的家目录,包含保存的文件、个人设置等
/root	/media/sdcard1/root	/yaffs2/n1/root	超级用户的家目录
/var	/media/sdcard1/var	/yaffs2/n1/var	变量文件,即在正常运行的系统中其内容不断变化的文件,如日志、脱机文件和临时电子邮件文件
/tmp	/var/tmp	/yaffs2/n1/tmp	临时文件,在系统重启时目录中文件不会被保留

sdcard0 和 sdcard1 分别为 SD 或 eMMC 的两个分区,其中 sdcard0 通常为 FAT32 文件系统,作为启动分区;sdcard1 通常为 TpsFs 文件系统。n0 和 n1 为 NAND 的两个分区,均为 YAFFS 文件系统。

24.6.14 配置系统环境

系统环境的配置包括环境变量的配置、设置时区和设置 rootfs 时间基准,下面分别进行介绍。

1. 环境变量的配置

环境变量(Environment Variables)是指在操作系统中用来指定操作系统运行环境的参数,如:临时文件夹位置和系统文件夹位置等。SylixOS 初始环境变量如表 24.10 所列。

表 24.10 SylixOS 初始环境变量

数据传输标志	含 义
SYSTEM	系统打印信息
VERSION	版本信息
LICENSE	许可信息
TMPDIR	临时文件夹
TZ	时区
KEYBOARD	键盘
MOUSE	鼠标
TSLIB_TSDEVICE	触摸屏校准关联设备
TSLIB_CALIBFILE	触摸屏校准文件
SO_MEM_PAGES	动态内存虚拟页面数量

续表 24.10

数据传输标志	含　义
FIO_FLOAT	fio 浮点支持
SYSLOGD_HOST	syslog 服务器地址
NFS_CLIENT_AUTH	NFS 默认使用 auth_unix
NFS_CLIENT_PROTO	NFS 默认使用 UDP 协议
PATH	PATH 启动时默认路径
LD_LIBRARY_PATH	LD_LIBRARY_PATH 默认值
LANG	
LC_ALL	多国语言与编码
PATH_LOCALE	
DEBUG_CPU	是否将被调对象锁定到一个 CPU
LOGINBL_TO	网络登录黑名单刷新时间
LOGINBL_REP	连续出现几次则加入黑名单
LUA_PATH	
LUA_CPATH	LUA 环境
TERM	
TERMCAP	终端

内核 Shell 系统初始化时,halShellInit 中的 API_TShellInit 函数会初始化系统环境变量。函数原型如下:

```
# include <SylixOS.h>
VOID  API_TShellInit (VOID);
```

在 halBootThread 函数中会调用 system("varload")指令,从/etc/profile 中读取环境变量。

2. 设置时区

环境变量配置完成后,会调用 lib_tzset 函数,该函数通过环境变量中的 TZ 设置时区。在 lib_tzset 函数中,如果获取 TZ 环境变量失败,则使用默认时区信息,为中国标准时间。该函数原型如下:

```
# include <SylixOS.h>
VOID  lib_tzset (VOID);
```

3. 设置 rootfs 时间基准

rtcToRoot 宏定义的是 API_RtcToRoot 函数,该函数用于设置当前 RTC 时间为根文件系统基准时间。此函数成功返回 ERROR_NONE。函数原型如下:

```
# include <SylixOS.h>
INTAPI_RtcToRoot (VOID);
```

24.6.15 网络系统初始化

系统启动时通过 halNetInit 和 halNetifAttch 函数初始化网络系统。网络初始化一般放在 Shell 初始化之后，因为初始化网络组件时，会自动注册 Shell 命令。

halNetInit 函数主要是初始化网络组件，函数代码实现如下：

```
# include <SylixOS.h>
static VOID   halNetInit (VOID)
{
    API_NetInit();
    API_NetSnmpInit();
# if LW_CFG_NET_PING_EN > 0
    API_INetPingInit();
    API_INetPing6Init();
# endif
# if LW_CFG_NET_NETBIOS_EN > 0
    API_INetNetBiosInit();
    API_INetNetBiosNameSet("sylixos");
# endif
# if LW_CFG_NET_TFTP_EN > 0
    API_INetTftpServerInit("/tmp");
# endif
# if LW_CFG_NET_FTPD_EN > 0
    API_INetFtpServerInit("/");
# endif
# if LW_CFG_NET_TELNET_EN > 0
    API_INetTelnetInit(LW_NULL);
# endif
# if LW_CFG_NET_NAT_EN > 0
    API_INetNatInit();
# endif
# if LW_CFG_NET_NPF_EN > 0
    API_INetNpfInit();
# endif
# if LW_CFG_NET_VPN_EN > 0
    API_INetVpnInit();
# endif
}
```

函数中的主要操作如下：

① API_NetInit 函数：向操作系统内核注册网络组件，函数原型如下：

```
# include <SylixOS.h>
VOID  API_NetInit (VOID);
```

② API_INetPingInit 函数：初始化 Ping 工具，函数原型如下：

```
# include <SylixOS.h>
VOID  API_INetPingInit (VOID);
```

③ API_INetPing6Init 函数：初始化 Ipv6 ping 工具，函数原型如下：

```
# include <SylixOS.h>
VOID  API_INetPing6Init (VOID);
```

④ API_INetNetBiosInit 和 API_INetNetBiosNameSet 函数：初始化 lwipnet-
bios 简易名字服务器，函数原型如下：

```
# include <SylixOS.h>
VOID  API_INetNetBiosInit (VOID);
ULONG  API_INetNetBiosNameSet (CPCHAR  pcLocalName);
```

函数 API_INetNetBiosNameSet 原型分析：

- 此函数成功返回 ERROR_NONE ；
- 参数 pcLocalName 是名称。

⑤ API_INetTftpServerInit 函数：初始化 Tftp 服务器，函数原型如下：

```
# include <SylixOS.h>
VOID  API_INetTftpServerInit (CPCHAR  pcPath);
```

函数 API_INetTftpServerInit 原型分析：

- 参数 pcPath 是本地目录。

⑥ API_INetFtpServerInit 函数：初始化 Tftp 服务器根目录，函数原型如下：

```
# include <SylixOS.h>
VOID  API_INetFtpServerInit (CPCHAR  pcPath);
```

函数 API_INetFtpServerInit 原型分析：

- 参数 pcPath 是本地目录。

⑦ API_INetTelnetInit 函数：初始化 Telnet 工具，函数原型如下：

```
# include <SylixOS.h>
VOID  API_INetTelnetInit (const PCHAR  pcPtyStartName);
```

函数 API_INetFtpServerInit 原型分析：

· 参数 *pcPtyStartName* 是 pty 起始文件名。

⑧ API_INetNatInit 函数：Internet NAT 初始化，函数原型如下：

```
#include <SylixOS.h>
VOID  API_INetNatInit (VOID);
```

⑨ API_INetNpfInit 函数：Net Packet filter 初始化，函数原型如下：

```
#include <SylixOS.h>
INT  API_INetNpfInit (VOID);
```

函数 API_INetNpfInit 原型分析：

· 此函数成功返回 ERROR_NONE。

⑩ API_INetVpnInit 函数：初始化 Vpn 服务，函数原型如下：

```
#include <SylixOS.h>
VOID  API_INetVpnInit (VOID);
```

24.6.16　POSIX 兼容系统初始化

POSIX 子系统的初始化函数是 halPosixInit。如果系统支持 Proc 文件系统，则必须放在 proc 文件系统安装之后。halPosixInit 函数的代码实现如下：

```
#include <SylixOS.h>
static VOID  halPosixInit (VOID)
{
    API_PosixInit();
}
```

该函数中调用 API_PosixInit 函数初始化 POSIX 系统，函数原型如下：

```
#include <SylixOS.h>
VOID  API_PosixInit (VOID);
```

24.6.17　内核符号系统初始化

驱动也是存在于内核空间的，它的每一个函数、每一个变量都会有对应的符号，这部分符号也可以称作内核符号，它们不导出就只能为自身所用，导出后就可以成为公用。导出的那部分内核符号就是常说的内核符号表。

halSymbolInit 函数初始化目标系统符号表环境，为模块加载提供环境。halSymbolInit 函数代码实现如下：

```
# include <SylixOS.h>
static VOID   halSymbolInit (VOID)
{
# ifdef __GNUC__
    void * __aeabi_read_tp();
# endif
    API_SymbolInit();
# ifdef __GNUC__
    symbolAddAll();
    API_SymbolAdd("__aeabi_read_tp",(caddr_t)__aeabi_read_tp,
                  LW_SYMBOL_FLAG_XEN);
    API_SymbolAdd("lcdDevInit",(caddr_t)lcdDevInit, LW_SYMBOL_FLAG_REN);
    API_SymbolAdd("boardGpioCheck",(caddr_t)boardGpioCheck,
                  LW_SYMBOL_FLAG_REN);
    API_SymbolAdd("sysClockGet",(caddr_t)sysClockGet, LW_SYMBOL_FLAG_REN);
# endif
}
```

函数中的主要操作如下：

① API_SymbolInit 函数：初始化系统符号表，函数原型如下：

```
# include <SylixOS.h>
VOID   API_SymbolInit (VOID);
```

② symbolAddAll 函数：将系统的所有 API 导入到符号表中，供模块装载器使用，函数原型如下：

```
# include <SylixOS.h>
static LW_INLINE   INT symbolAddAll (VOID);
```

③ API_SymbolAdd 函数：向符号表添加一个符号，函数原型如下：

```
# include <SylixOS.h>
INTAPI_SymbolAdd (CPCHAR   pcName, caddr_t   pcAddr, INT   iFlag)
```

函数 API_SymbolAdd 原型分析：

- 此函数成功返回 ERROR_NONE；
- 参数 *pcName* 是符号名；
- 参数 *pcAddr* 是地址；
- 参数 *iFlag* 参数是符号类型，可参见表 24.11。

表 24.11　符号类型

符号类型	说　明
LW_SYMBOL_FLAG_STATIC	不能删除的静态符号
LW_SYMBOL_FLAG_REN	可读符号
LW_SYMBOL_FLAG_WEN	可写符号
LW_SYMBOL_FLAG_XEN	可执行符号

24.6.18　内核装载器初始化

系统启动时通过 halLoaderInit 函数初始化目标系统程序或模块装载器，函数的代码实现如下：

```
# include <SylixOS.h>
static VOID  halLoaderInit (VOID)
{
    API_LoaderInit();
}
```

该函数调用 API_LoaderInit 函数初始化 Loader 组件。主要是安装符号表查询的回调函数、I/O 系统回调组和系统重启回调函数，以及初始化 Loader 内部 Shell 命令。函数原型如下：

```
# include <SylixOS.h>
VOID  API_LoaderInit (VOID);
```

24.6.19　执行系统启动脚本

系统启动时通过执行 system("shfile /etc/startup.sh")指令，执行系统启动脚本 startup.sh。该指令必须在 Shell 初始化后调用。

用户可以通过该启动脚本，设置开机自启动。编辑"/etc/startup.sh"，把启动程序的 Shell 命令输入进去即可，类似于 Windows 下的"启动"。

24.6.20　启动系统内核主线程

在 BSP 的初始化工作完成后，会创建并启动 t_main 线程，即系统内核主线程。t_main 的代码实现如下：

```
# include <SylixOS.h>
int  t_main (void)
{
```

```
        struct utsname   name;
        uname(&name);
        printf("sysname  : %s\n", name.sysname);
        printf("nodename : %s\n", name.nodename);
        printf("release  : %s\n", name.release);
        printf("version  : %s\n", name.version);
        printf("machine  : %s\n", name.machine);
        Lw_TShell_Create(STDOUT_FILENO, LW_OPTION_TSHELL_PROMPT_FULL |
                                        LW_OPTION_TSHELL_VT100);
        return  (0);
}
```

在该函数中,通过调用 uname 函数,获取当前系统的信息。在输出这些信息后,会调用 Lw_TShell_Create 函数来创建一个 ttiny shell 系统。Lw_TShell_Create 宏定义的是 API_TShellCreate 函数,函数原型如下:

```
#include <SylixOS.h>
LW_OBJECT_HANDLEAPI_TShellCreate(INT  iTtyFd, ULONG  ulOption)
```

函数 API_TShellCreate 原型分析:

* 该函数返回 Shell 线程的句柄;
* 参数 *iTtyFd* 是终端设备的文件描述符,在 BSP 中传输的参数是STDOUT_FILENO ,该宏是标准输出描述符;
* 参数 *ulOption* 是启动参数,具体参见表 24.12。

表 24.12　启动参数

启动参数	说　明
LW_OPTION_TSHELL_VT100	使用 VT100 终端控制字符
LW_OPTION_TSHELL_AUTHEN	使用用户认证
LW_OPTION_TSHELL_NOLOGO	是否不显示 Logo
LW_OPTION_TSHELL_NOECHO	无回显
LW_OPTION_TSHELL_PROMPT_FULL	全部显示命令提示符
LW_OPTION_TSHELL_CLOSE_FD	Shell 退出时关闭 fd

参考文献

[1] 郑强,等. Linux 驱动开发入门与实践[M]. 北京:清华大学出版社,2014.

[2] 宋敬彬,孙海滨,等. Linux 网络编程[M]. 北京:清华大学出版社,2010.

[3] Stevens W Richard. TCP/IP 详解[M]. 卷 1:协议. 北京:机械工业出版社,2011.

[4] Stevens W Richard. TCP/IP 详解[M]. 卷 2:实现. 北京:机械工业出版社,2011.

[5] 杜春雷. ARM 体系结构与编程[M]. 北京:清华大学出版社,2003.

[6] Bryant R E,等. 深入理解计算机系统[M]. 3 版. 北京:机械工业出版社,2016.

[7] William Stallings. 操作系统——精髓与设计原理[M]. 7 版. 陈向群,陈渝,译. 北京:电子工业出版社,2012.